つくりながら学ぶ！

LLM自作入門

Sebastian Raschka［著］
株式会社クイープ［訳］
巣籠悠輔［監訳］

Build A Large Language Model (From Scratch)

Build a Large Language Model (From Scratch)
by Sebastian Raschka

●原著公式サイト
https://www.manning.com/books/build-a-large-language-model-from-scratch
※サイトの運営・管理はすべて原著出版社と著者が行っています。
●ソースコード
https://github.com/rasbt/LLMs-from-scratch
https://www.manning.com/downloads/2690
●本書の正誤に関するサポート情報を以下のサイトで提供していきます。
https://book.mynavi.jp/supportsite/detail/9784839987800.html

まえがき

筆者はずっと言語モデルに魅力されてきました。筆者の AI への旅は、かれこれ 10 年以上も前の、統計学的パターン分類の授業から始まりました。その授業がきっかけで、歌詞に基づいて曲の雰囲気を検出するモデルと Web アプリケーションを開発するという初めての独立プロジェクトに取り組むことになりました。

時は流れて 2022 年、ChatGPT がリリースされ、大規模言語モデル（LLM）が世界を席巻し、多くの人々の働き方に革命をもたらしました。これらのモデルは信じがたいほど用途が広く、文法のチェック、電子メールの作成、長い文書の要約などのタスクを支援します。これは人間のようなテキストを解析・生成する LLM の能力のおかげです。こうした能力は、カスタマーサービスからコンテンツ作成、さらにはコーディングやデータ分析のようなより技術的なものまで、さまざまな分野で重要となります。

その名前が示唆するように、LLM の特徴は「大規模」であることです。LLM は非常に大規模であり、パラメータの数は数百万から数十億にもおよびます（比較として、より伝統的な機械学習や統計学的手法では、パラメータが 2 つだけの小さなモデルを使って、Iris データセットを 90% 以上の正解率で分類できます）。しかし、従来の手法と比べて大規模であるにもかかわらず、LLM は必ずしもブラックボックスではありません。

本書では、LLM をどのように構築するのかを一歩ずつ学んでいきます。本書を最後まで読めば、ChatGPT で使われているような LLM がどのような仕組みになっているのかを基礎的なレベルでしっかり理解できるはずです。筆者は、基本的な概念と基礎的なコードについて自信をつけることが成功への鍵であると考えています。そうしたスキルは、バグの修正やパフォーマンスの改善だけではなく、新しいアイデアを試してみるのにも役立ちます。

数年前、筆者が LLM に取り組み始めたときには、一般的な理解を深めるために、多くの研究論文や不完全なコードリポジトリをふるいにかけながら、LLM の実装方法を手探りで学ばなければなりませんでした。本書では、LLM の主要なコンポーネントと開発フェーズのすべてを詳しく説明するステップバイステップ形式の実装チュートリアルを開発・共有することで、LLM をより身近なものにしたいと考えています。

LLM を理解する最善の方法は、LLM を一からコーディングすることであると筆者は確信しています。そして、これが楽しい作業であることも実感できるでしょう。

本書を読みながらコーディングを楽しんでください！

謝辞

本の執筆は大仕事であり、最初から最後まで忍耐強く支えてくれた妻の Liza に心から感謝したいと思います。彼女の無条件の愛と絶え間ない励ましは、なくてはならないものでした。

Daniel Kleine には、書きかけの章やコードについて予想をはるかに超える貴重な意見を寄せてくれたことに大変感謝しています。Daniel の細部への鋭い観察眼と洞察に満ちた提案が、本書の読書体験をよりスムーズで楽しいものにしてくれたことは間違いありません。

また、Manning Publications のすばらしいスタッフにも感謝したいと思います。Michael Stephens は本書の方向性を決めるために生産的な話し合いを何度も重ねてくれました。Manning のガイドラインを遵守する上で Dustin Archibald の建設的なフィードバックとガイダンスは欠かせないものでした。また、この型破りなゼロからのアプローチという特異な要求に柔軟に対処してくれたことにも感謝しています。Aleksandar Dragosavljević、Kari Lucke、Mike Beady にはそのプロフェッショナルなレイアウトに、Susan Honeywell と彼女のチームにはグラフィックスに手を入れて磨き上げてくれたことに特に感謝しています。

Robin Campbell と彼女の優秀なマーケティングチームには、執筆全体を通じて計り知れないサポートをいただいたことに心から感謝しています。

最後に、レビュー担当者にも感謝の意を表します。Anandaganesh Balakrishnan、Anto Aravinth、Ayush Bihani、Bassam Ismail、Benjamin Muskalla、Bruno Sonnino、Christian Prokopp、Daniel Kleine、David Curran、Dibyendu Roy Chowdhury、Gary Pass、Georg Sommer、Giovanni Alzetta、Guillermo Alcántara、Jonathan Reeves、Kunal Ghosh、Nicolas Modrzyk、Paul Silisteanu、Raul Ciotescu、Scott Ling、Sriram Macharla、Sumit Pal、Vahid Mirjalili、Vaijanath Rao、Walter Reade には、原稿について丁寧なフィードバックをいただきました。あなた方の鋭い観察眼と洞察に満ちたコメントは、本書の品質を向上させるのに不可欠でした。

この旅に貢献してくれたすべての方々に心から感謝しています。あなた方のサポート、知識、献身は、本書を実現するための糧となりました。ありがとう！

本書について

本書『Build a Large Language Model (From Scratch)』は、GPT型の大規模言語モデル（LLM）を一から理解して構築するために書かれました。本書では、テキストデータの扱い方とAttentionメカニズムのコーディングの基礎を理解した後、完全なGPTモデルの実装に一から取り組みます。続いて、テキスト分類や指示追従など、特定のタスクを目的とした事前学習のメカニズムとファインチューニングに進みます。本書を最後まで読めば、LLMの仕組みをしっかりと理解し、独自のモデルを構築するためのスキルを身につけることができるでしょう。あなたが作成するモデルは、大規模な基礎モデルに比べれば規模は小さいものの、もとになっている概念は同じであり、最先端のLLMの構築に使われている中核的なメカニズムやテクニックを理解するための強力な教育ツールになるでしょう。

本書の対象読者

本書は、LLMの仕組みに関する理解を深め、独自のモデルを一から構築する方法を学びたいと考えている機械学習の愛好家、エンジニア、学生、実務家のために書かれています。初心者でも経験者でも、既存のスキルや知識を使って、LLMの作成に使われる概念とテクニックを理解できます。

本書の特徴は、LLMの構築プロセス全体を包括的にカバーしていることです。これには、モデルアーキテクチャを実装するためのデータセットの扱い方から、ラベルなしデータでの事前学習、そして特定のタスク向けのファインチューニングまでが含まれています。本書の執筆時点では、LLMを一から構築するためのこれほど完全かつ実践的なアプローチを提供している資料は他にありません。

本書のコード例を理解するには、Pythonプログラミングをしっかり理解している必要があります。機械学習、ディープラーニング、人工知能（AI）の知識があれば役立ちますが、この分野での幅広い知識や経験は必要ありません。LLMは独特であるとはいえAIの一種であるため、この分野に慣れていない場合でもついていけるでしょう。

LLMはディープニューラルネットワークのアーキテクチャに基づいて構築されるため、ディープニューラルネットワークの経験がある場合は、身近に感じられる概念があるかもしれません。ただし、PyTorchを使いこなせることは前提条件ではありません。付録Aは簡潔なPyTorch入門であり、本書全体のコード例を理解するのに必要なスキルはそこで身につけることができます。

高校レベルの数学の理解 —— 特にベクトルや行列の操作は、LLMの内部の仕組みを調べるときに役立つ可能性があります。ただし、本書に登場する主な概念や考え方を理解するために、高度な数学の知識は必要はありません。

最も重要な前提条件は、Pythonプログラミングの基礎固めがしっかりできていることです。この知識があれば、LLMの魅力的な世界を探検し、本書に登場する概念やコード例を理解する準備は万全です。

本書の構成：ロードマップ

本書では、各章が前の章で紹介された概念やテクニックをベースとする構成になっています。このため、本書は最初から順番に読んでいくように設計されています。本書は、LLM の本質的な側面とその実装をカバーする 7 つの章で構成されています。

1 章では、LLM の基本的な概念を大まかに紹介します。ここでは、ChatGPT プラットフォームで使われているような LLM のベースとなっている Transformer アーキテクチャを調べます。

2 章では、LLM を一から構築するための計画を立て、LLM の訓練に向けてテキストを準備するプロセスを取り上げます。これには、テキストの単語トークンとサブワードトークンへの分割、バイトペアエンコーディングによる高度なトークン化、スライディングウィンドウを使った訓練データのサンプリング、そして LLM に入力として与えるためのトークンのベクトル化が含まれます。

3 章では、LLM で使われている Attention メカニズムに着目し、基本的な Self-Attention フレームワークを紹介した後、拡張された Self-Attention メカニズムに進みます。ここでは、LLM がトークンを 1 つずつ生成できるようにする Causal Attention モジュールの実装、過剰適合を抑制するためにドロップアウトを使って Attention の重みをランダムにマスクする方法、そして複数の Causal Attention モジュールを Multi-head Attention として積み重ねる方法について説明します。

4 章では、人間のようなテキストを生成するために訓練できる GPT 型の LLM のコーディングを重点的に見ていきます。ここでは、ニューラルネットワークの学習を安定させるための層の活性化の正規化、モデルをより効果的に訓練するためのディープニューラルネットワークでのショートカット接続の追加、さまざまなサイズの GPT モデルを作成するための Transformer ブロックの実装、そして GPT モデルのパラメータ数とストレージ要件の計算などのテクニックを取り上げます。

5 章では、LLM の事前学習プロセスを実装します。ここでは、LLM が生成したテキストの品質を評価するための訓練データセットと検証データセットでの損失の計算、訓練関数の実装と LLM の事前学習、LLM を引き続き訓練するためのモデルの重みの保存と読み込み、そして OpenAI からの事前学習済みの重みの読み込みについて説明します。

6 章では、LLM のさまざまなファインチューニングアプローチを紹介します。ここでは、テキスト分類に向けたデータセットの準備、ファインチューニングに向けた LLM の事前学習の調整、スパムメッセージを特定するための LLM のファインチューニング、そしてファインチューニング済みの LLM 分類器の正解率の評価について説明します。

7 章では、LLM のインストラクションチューニングプロセスを調べます。ここでは、教師ありインストラクションチューニングに向けたデータセットの準備、指示データを訓練バッチにまとめる方法、事前学習済みの LLM の読み込みと人間の指示に従わせるためのファインチューニング、LLM が生成した応答を評価のために抽出する方法、そしてインストラクションチューニングされた LLM の評価について説明します。

コードについて

本書のサンプルコードはすべて Manning の Web サイトで提供されています。

https://www.manning.com/books/build-a-large-language-model-from-scratch

また、GitHub リポジトリで Jupyter Notebook 形式でも提供されています。

https://github.com/rasbt/LLMs-from-scratch

そして、本書の練習問題の解答はすべて付録 C に含まれています。

本書には、番号付きのリストと本文中のコードの両方で、コード例が大量に含まれています。どちらの場合も、通常の本文と区別するために、コード例は `fixed-width font like this` のような等幅フォントで示されています。

多くの場合、元のソースコードの体裁は変更されています。本書のページ内に収まるように改行が追加され、インデントが変更されています。さらに、ソースコード内のコメントが本文中で説明されている場合は、コードから削除されていることがよくあります。なお、重要な概念を強調するために、コードの多くに注釈が追加されています。

本書の重要な目標の 1 つはアクセシビリティであるため、コード例は通常のラップトップで効率的に実行できるように慎重に設計されており、特別なハードウェアは必要ありません。ただし、GPU が利用できる場合は、そのさらなる性能を活用するために、データセットとモデルをスケールアップするためのヒントが特定のセクションで提供されています。

本書では、LLM を一から実装するためのテンソル／ディープラーニングライブラリとして PyTorch を使います。PyTorch が初めての場合は、付録 A から読むことをお勧めします。付録 A は、推奨されるセットアップ方法を含めた、詳細な PyTorch 入門と位置付けられています。

その他のオンラインリソース

AI と LLM の最新動向に興味がある場合は、次の資料が参考になるでしょう。

- 筆者のブログでは、LLM に焦点を合わせた最新の AI 研究に関する記事を定期的に掲載しています。
  https://magazine.sebastianraschka.com/

ディープラーニングと PyTorch を習得するための手助けが必要な場合は、次の資料が参考になるでしょう。

- 筆者の Web サイトで無料で提供しているディープラーニング講習に取り組めば、最新のテクニックをすばやく習得するのに役立ちます。
  https://sebastianraschka.com/teaching

本書に関連する特典資料を探している場合は、次の Web サイトを参照してください。

- 本書の GitHub リポジトリでは、本書での学習を補うための追加の資料とサンプルが見つかります。
  https://github.com/rasbt/LLMs-from-scratch

表紙のイラストについて

本書『Build a Large Language Model (From Scratch)』のカバーイラストは、1841 年に出版された Louis Curmer の本に掲載されたもので、「Le duchesse」(公爵夫人)という題が付いている。これらの絵はどれも精巧に描かれており、手で彩色されている。

当時は、人々の服装だけで、住んでいる場所や、職業、身分を簡単に特定することができた。Manning では、コンピュータビジネスがもたらす創造力と新たな取り組みへの敬意を込め、こうしたコレクションの作品によって鮮やかによみがえる、数世紀前の多様性に富んだ地域の暮らしぶりを表紙にあしらっている。

監訳者より

「ディープラーニング」という言葉が世の中を席巻し、まるで未来を切り開く魔法のように語られていたのは、ほんの数年前のことです。しかし、技術の進化は驚くほどのスピードで進み、気づけば「生成 AI」や「LLM（Large Language Model）」といった新たなキーワードが話題の中心になっています。これらの技術は、チャットや文章生成、さらには画像生成など、私たちの日常や仕事の在り方を一変させるインパクトを与えました。

生成 AI や LLM は、膨大なデータを活用して言語を学習し、人間と見紛うほどの自然な対話や創造的なコンテンツ生成を可能にするものです。一方、その背後にはディープラーニングの基盤となる理論やアルゴリズムがあることを忘れてはいけません。これまでの技術の積み重ねの結果が今の LLM であり、また今の LLM を土台として今後も技術が発展していくことでしょう。

これまで、そしてこれからの技術革新を深く楽しむためには、その仕組みを理解し、自分の手で作り上げる経験が大きな力を発揮します。本書は、LLM をスクラッチで実装するという挑戦を通じて、生成 AI とディープラーニングの本質に触れる機会を提供しています。それにより得られる知識や技術は、きっと大きな財産となるはずです。

巣籠 悠輔

目次

大規模言語モデルを理解する

本章の内容

- 大規模言語モデル（LLM）の基本概念
- LLM のベースとなっている Transformer アーキテクチャとは
- LLM を一から構築するための計画

OpenAI の ChatGPT で提供されているような大規模言語モデル（Large Language Model：LLM）は、この数年間に開発されたディープニューラルネットワークモデルです。LLM により、自然言語処理（Natural Language Processing：NLP）は新たな時代を迎えています。LLM が登場する前の従来の手法は、手書きのルールやもっと単純なモデルで捕捉できるような電子メールのスパム分類や単純なパターン認識で成果を上げていました。しかし、詳細な指示の解析、コンテキスト分析の実行、コンテキストに即した自然な文章の生成など、複雑な理解や生成能力が要求される言語タスクでは、一般に十分な性能は発揮できませんでした。たとえば、前世代の言語モデルでは、キーワードリストからの電子メールの書き起こしは不可能でした。現代の LLM なら、造作もないタスクです。

LLM は、人間の言語を理解し、生成し、解釈するという驚くべき能力を持っています。ただし、言語モデルの「理解する」は、あくまでも、一貫性があり、コンテキストに即しているように見える方法でテキストを処理・生成できるという意味であり、人間のような意識や理解力を持つという意味ではないことを明確にしておくことが重要です。

ディープラーニングは、ニューラルネットワークに焦点を合わせた機械学習と人工知能（AI）のサブセットです。ディープラーニングの進歩により、LLM は膨大な量のテキストデータで訓練されるようになりました。この大規模な訓練により、LLM は以前のアプローチよりも人間の言語のコンテキスト情報や機微をより深く捉えるようになっています。結果として、テキスト翻訳、感情分析、質問応答など、幅広いNLPタスクの性能がLLMによって大幅に向上しています。

現代のLLMと以前のNLPモデルのもう1つの重要な違いは、以前のNLPモデルが一般にテキスト分類や言語翻訳といった特定のタスクを目的として設計されていたことです。そうした初期のNLPモデルはその狭い用途で成果を上げていましたが、LLMはさまざまなNLPタスクでより幅広くその能力を示しています。

LLMの成功は、多くのLLMのベースとなっているTransformerアーキテクチャと、LLMの訓練に使われる膨大な量のデータのおかげであると考えることができます。Transformerアーキテクチャと膨大な量のデータでの訓練により、手動でエンコードすることが難しい言語のニュアンスや、コンテキスト、パターンを捉えることが可能になっています。

この「Transformerアーキテクチャに基づいてモデルを実装し、LLMの訓練に大規模な訓練データセットを使う」という転換はNLPを根本的に変化させており、人間の言語を理解して対話するためのより高性能なツールが提供されるようになっています。

ここでは、「Transformerアーキテクチャに基づくChatGPT型のLLMを段階的に実装しながら、LLMを理解する」という本書の主な目的を達成するための基礎固めをします。

1.1 LLMとは何か

LLMとは、人間のようなテキストを理解し、生成し、反応するように設計されたニューラルネットワークのことです。これらのモデルは膨大な量のテキストデータで訓練されたディープニューラルネットワークであり、場合によっては、そうしたデータはインターネット上で公開されているテキスト全体のかなりの部分をカバーするものになります。

LLM（Large Language Model）の「Large」は、モデルのパラメータの数を基準とするモデルの大きさと、モデルの訓練に使われる巨大なデータセットの両方を指します。このようなモデルでは、パラメータの数が数百億から数千億におよぶことも珍しくありません。これらのパラメータはネットワークの調整可能な重みであり、シーケンスの次の単語を予測するために訓練中に最適化されます。この次単語予測が意味を持つのは、テキスト内のコンテキスト、構造、関係を理解するためのモデルの訓練に、言語に内在する連続的な性質を活用するからです。とはいえ、この非常に単純なタスクから、これほど有能なモデルを生成できることに多くの研究者が驚かされています。この後の章では、次単語予測を行うための訓練をステップごとに説明しながら実装していきます。

LLMは**Transformer**と呼ばれるアーキテクチャを利用しています。このアーキテクチャでは、予測を行うときに入力のさまざまな部分に選択的に注意を払うことができるため、特に人間の言語のニュアンスや複雑さを扱うのに適しています。

LLMはテキストを**生成**する能力を持つため、生成人工知能、略して**生成AI**（もしくは**GenAI**）と見なされます。図1-1に示すように、AIは「人間のような知能を必要とするタスクを実行できるマシンの創造」というもっと広い分野です。この分野には、言語を理解する、パターンを認識する、意思決定を行うといったタスクに加えて、機械学習やディープラーニングのような分野が含まれています。

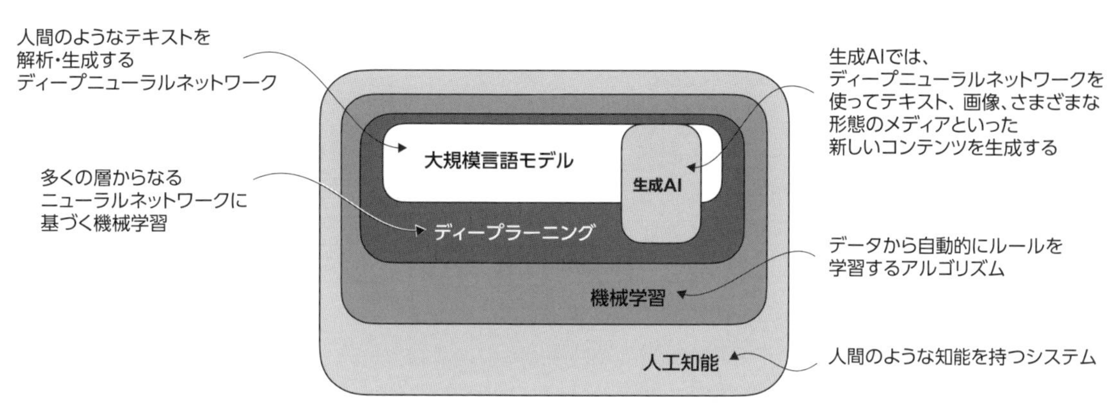

図 1-1： さまざまな分野の関係を表す階層図。この図が示唆するように、LLM はディープラーニングテクニックの具体的な応用であり、その人間のようなテキストを処理・生成する能力を利用している。ディープラーニングは多層ニューラルネットワークの活用に焦点を合わせた機械学習の一分野である。機械学習とディープラーニングは、コンピュータがデータから学習し、一般に人間の知能を必要とするタスクを実行できるようにするアルゴリズムの実装を目指す分野である

AI の実装に使われるアルゴリズムは、機械学習分野の焦点です。具体的に言うと、機械学習には、明示的にプログラムすることなくデータから学習し、予測や意思決定を行うことができるアルゴリズムを開発することが含まれます。具体的な例として、機械学習の実際の応用としてスパムフィルタを思い浮かべてください。スパムメールを特定するためのルールを明示的に記述する代わりに、スパムまたは正当なメールとしてラベル付けされたメールのサンプルを機械学習アルゴリズムに入力として与えます。訓練データセットでの予測誤差を最小限に抑えることで、モデルはスパムの兆候であるパターンや特徴を認識することを学習し、新しいメールをスパムかそうでないかのどちらかに分類できるようになります。

図 1-1 に示したように、ディープラーニングは機械学習のサブセットであり、3 つ以上の層からなるニューラルネットワークを活用することで、データに内在する複雑なパターンや抽象概念をモデル化することに焦点を合わせています。このようなニューラルネットワークは、ディープニューラルネットワークとも呼ばれます。ディープラーニングとは対照的に、従来の機械学習では、手作業による特徴量抽出が必要となります。つまり、人間の専門家がモデルに最も関連している特徴量を特定し、選択しなければなりません。

AI の分野では、現在は機械学習とディープラーニングが主流ですが、ルールベースシステム、遺伝的アルゴリズム、エキスパートシステム、ファジィ論理、記号推論など、他のアプローチもあります。

スパムの分類の例に戻ると、従来の機械学習では、特定のキーワード（「懸賞」、「当選」、「無料」など）の頻度、感嘆符の数、すべて大文字の単語の使用、疑わしいリンクの有無などの特徴量を、人間の専門家がメールの本文から手作業で抽出するかもしれません。そして、専門家が定義したこれらの特徴量に基づいてデータセットが作成され、モデルの訓練に使われます。従来の機械学習とは対照的に、ディープラーニングでは、手作業による特徴量抽出は必要ありません。つまり、ディープラーニングモデルと最も関連のある特徴量を、人間の専門家が特定して選択する必要は

ないのです（ただし、スパムを分類するための従来の機械学習でもディープラーニングでも、スパムかどうかを表すラベルの収集はやはり必要です。そうしたラベルは専門家かユーザーが収集しなければなりません）。

では、LLM が現在解決できる問題、LLM が対処する課題、そして後ほど実装する一般的な LLM アーキテクチャを見ていきましょう。

1.2 LLM の応用

非構造化テキストデータを解析して理解するという高度な能力を持つ LLM は、さまざまなドメインで幅広く応用されています。現在、LLM は機械翻訳、新たなテキストの生成（図 1-2）、感情分析、テキストの要約、その他多くのタスクに利用されています。最近では、小説や記事、さらにはコンピュータコードなどのコンテンツの作成にも使われています。

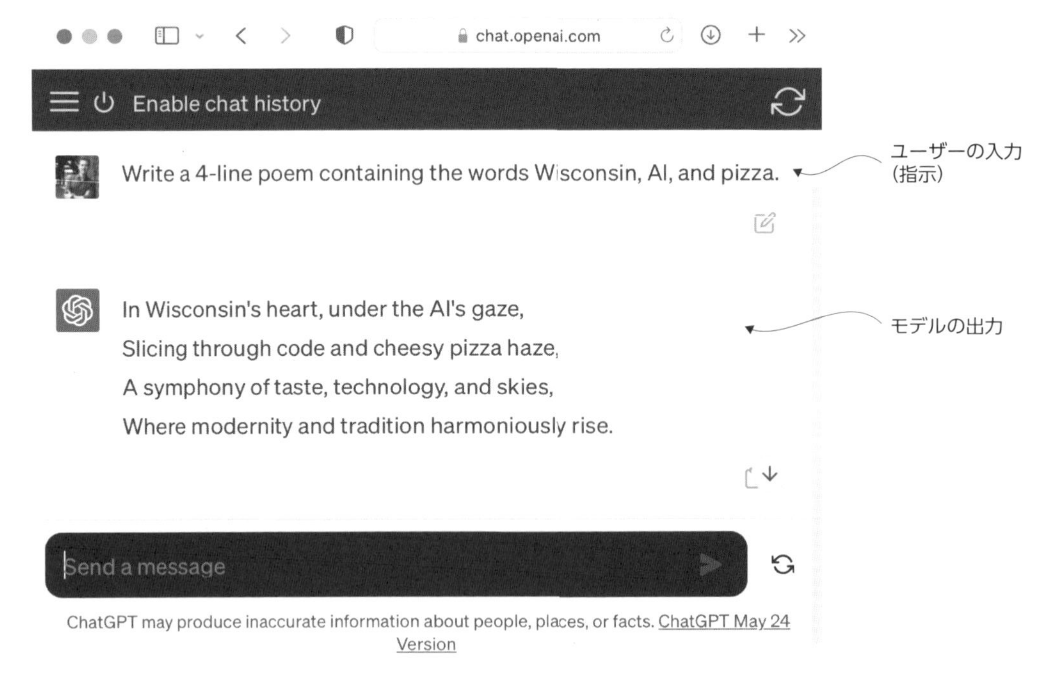

図 1-2：LLM のインターフェイスにより、ユーザーと AI システム間の自然言語によるコミュニケーションが可能になる。このスクリーンショットでは、ChatGPT がユーザーの指示に従って詩を書いている

OpenAI の ChatGPT や Google の Gemini（旧称 Bard）など、高度なチャットボットやバーチャルアシスタントも LLM で動かすことができます。そのようにして、ユーザーの問い合わせに答えたり、Google 検索や Microsoft Bing のような従来の検索エンジンを補強したりできます。

さらに、医学や法律などの専門分野で、膨大な量のテキストから知識を効率よく取り出すために LLM が使われることもあります。これには、文書の取捨選択、長い文章の要約、専門的な質問への回答などが含まれます。

要するに、テキストの解析と生成を必要とするほぼすべてのタスクを自動化する上で、LLMはかけがえのない存在です。その用途は事実上無限であり、これらのモデルの新しい使い方が考案され、模索される過程で、私たちとテクノロジーとの関係がLLMによって再定義され、より会話的で、直観的で、利用しやすいものになる可能性があることは明らかです。

ここでは、LLMの仕組みを一から理解することに焦点を合わせた上で、テキストを生成する能力を持つLLMを実装します。また、LLMにクエリを実行させるためのテクニックも学びます。これには、質問への回答から、テキストの要約、異なる言語への翻訳までが含まれます。つまり、ChatGPTのような複雑なLLMアシスタントがどのような仕組みで動作するのかをステップ形式で学んでいきます。

1.3 LLMの事前学習とファインチューニング

なぜLLMを独自に構築するのでしょうか。LLMを一からコーディングすれば、その仕組みと制限を理解するためのすばらしい練習になるからです。また、独自のドメインに特化したデータセットで、またはそうしたドメインのタスクに合わせて、既存のオープンソースのLLMアーキテクチャを事前学習したりファインチューニングしたりするのに必要な知識も獲得できます。

> **NOTE**　現在のほとんどのLLMは、ディープラーニングライブラリPyTorchを使って実装されています。PyTorchについては、付録Aで包括的に紹介しています。

モデルの性能に関しては、特定のタスクやドメインに特化したカスタムメイドのLLMのほうが、ChatGPTが提供しているような、幅広い応用を目的として設計された汎用LLMよりも性能がよいことが調査で明らかになっています。例としては、金融分野専用のBloombergGPTや、医学的な質問応答用にカスタマイズされたLLMが挙げられます（詳細については、付録Bを参照）。

カスタムメイドのLLMを使うことには、特にデータプライバシーに関して利点がいくつかあります。たとえば、企業は機密保持の懸念から、OpenAIのようなサードパーティのLLMプロバイダとセンシティブなデータを共有することに躊躇するかもしれません。さらに、より小さなカスタムLLMを開発すれば、（Appleのような企業が現在模索している）ラップトップやスマートフォンといった顧客デバイスへの直接のデプロイメントも可能になります。

このローカル実装では、待ち時間の大幅な短縮や、サーバー関連のコスト削減が可能になります。さらに、カスタムLLMによって開発者が完全な自律性を手にし、モデルの更新や修正を必要に応じてコントロールできるようになります。

LLMを構築する一般的なプロセスには、事前学習とファインチューニングが含まれます。事前学習の「事前」は、言語に対する理解を幅広く深めるために、LLMのようなモデルを大規模で多様なデータセットで訓練する初期段階を意味します。この事前学習されたモデルは、ファインチューニングを通じてさらにブラッシュアップできる基礎的なリソースとして使われます。ファインチューニングとは、特定のタスクやドメインにより特化した、より規模の小さなデータセットで、モデルを特別に訓練するプロセスのことです。図 1-3 は、この事前学習とファインチューニングからなる 2 段階のアプローチを示しています。

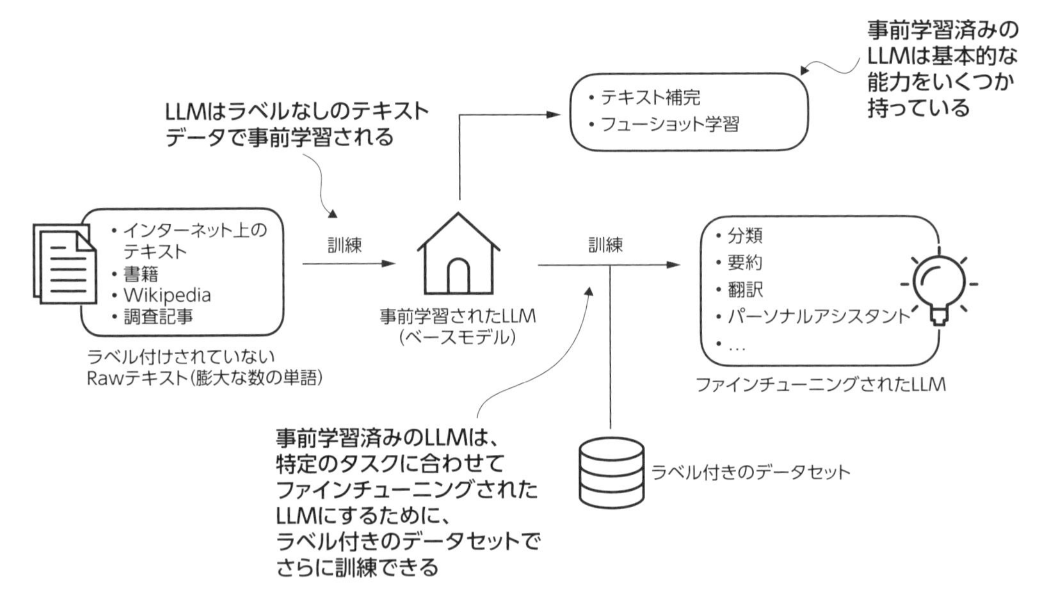

図 1-3： LLM の事前学習では、大規模なテキストデータセットで次単語予測を行う。事前学習済みの LLM は、より小さなラベル付きのデータセットを使ってファインチューニングできる

LLM を作成する最初のステップでは、テキストデータからなる大規模なコーパスでモデルを訓練します。このようなテキストデータを **Raw** テキストと呼ぶことがあります。この「Raw」は、このデータがラベル情報のない普通のテキストであることを意味します（なお、フォーマット文字や未知の言語の文書を取り除くといったフィルタリングが適用されることがあります）。

NOTE 機械学習をかじったことのある読者は、教師あり学習パラダイムで訓練される従来の機械学習やディープニューラルネットワークでは、ラベル付けが必要だと気付いているかもしれません。しかし、LLM の事前学習では、ラベル情報が必要であるとは限りません。事前学習では、LLM は自己教師あり学習を使い、入力データからラベルを独自に生成します。

LLM のこの最初の訓練ステップは、**事前学習**（pretraining）とも呼ばれます。このステップでは、よく**ベースモデル**または**基盤モデル**と呼ばれる最初の事前学習済みの LLM を作成します。そうしたモデルの典型的な例は、GPT-3 モデルです。GPT-3 は、ChatGPT として公開されたオリジナルモデルの前身です。このモデルには、テキストを補完する能力があり、ユーザーが途中まで書きかけた文章を完成させることができます。また、限定的ながらフューショット学習（few-shot Learning）の能力もあり、大規模な訓練データがなくても、わずかなサンプルに基づいて新しいタスクの実行方法を学習できます。

大規模なテキストデータセットで（テキストの次の単語を予測するように）事前学習済みの LLM があれば、この LLM をラベル付きのデータでさらに訓練できます。このさらなる訓練が**ファインチューニング**（fine-tuning）です。

LLM のファインチューニングのカテゴリのうち最もよく知られているのは、**インストラクションチューニング**（instruction fine-tuning）と**分類チューニング**（classification fine-tuning）の 2 つです。インストラクションチューニングでは、ラベル付きのデータセットが、指示と応答のペア —— たとえば、テキストを翻訳するためのクエリと正しく翻訳されたテキストなどで構成されます。分類チューニングでは、ラベル付きのデータセットはテキストと関連するクラスラベル —— たとえば、「spam」ラベルと「not spam」ラベルで構成されます。

本書では、LLM の事前学習とファインチューニングのコード実装を取り上げ、ベース LLM を事前学習した後のインストラクションチューニングと分類チューニングを詳しく見ていきます。

1.4 Transformer アーキテクチャ

現代のほとんどの LLM は、**Transformer** アーキテクチャに基づいています。Transformer は、2017 年の論文『Attention Is All You Need』[1] で紹介されたディープニューラルネットワークアーキテクチャです。LLM を理解するには、英語のテキストをドイツ語やフランス語に翻訳する機械翻訳のために開発された、オリジナルの Transformer アーキテクチャを理解しなければなりません。次ページの図 1-4 は、Transformer アーキテクチャの簡略図を示しています。

Transformer アーキテクチャは、エンコーダとデコーダの 2 つのサブモジュールで構成されます。エンコーダモジュールは、入力テキストを処理して、入力のコンテキスト情報を捕捉する一連の数値表現（ベクトル）に変換します。デコーダモジュールは、これらのエンコーディングベクトルを受け取り、出力テキストを生成します。たとえば翻訳タスクでは、エンコーダがソース言語のテキストをベクトルにエンコードし、デコーダがこれらのベクトルをデコードしてターゲット言語のテキストを生成します。エンコーダとデコーダはどちらも多層構造になっており、それらの層はいわゆる Self-Attention メカニズムで接続されています。入力がどのように前処理され、エンコードされるのかなど、多くの疑問が渦巻いているかもしれません。これらの疑問点については、以降の章で段階的に実装しながら解決していくことにします。

[1] https://arxiv.org/abs/1706.03762

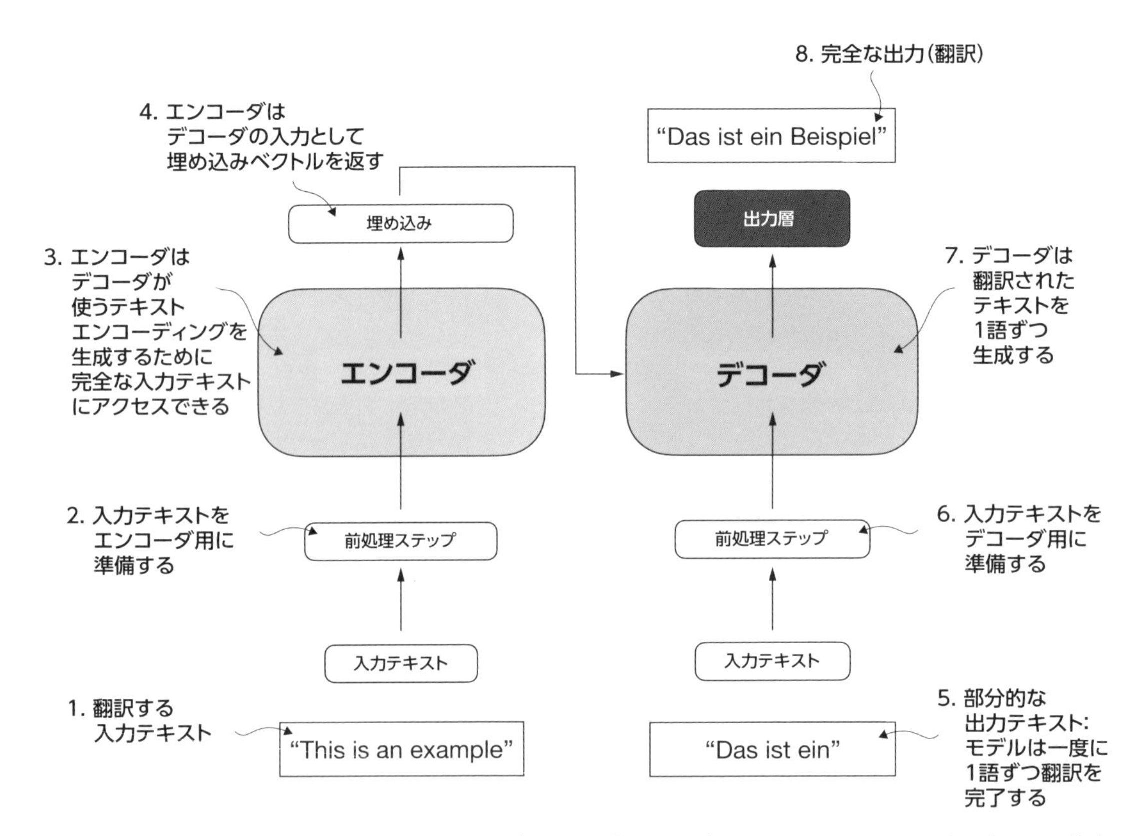

図 1-4：言語翻訳のためのディープラーニングモデルであるオリジナルの Transformer アーキテクチャの簡略図。Transformer は、(a) 入力テキストを処理してその埋め込み表現（異なる次元にわたってさまざまな特徴を捉える数値表現）を生成するエンコーダと、(b) 翻訳されたテキストを 1 語ずつ生成するためにこの埋め込み表現を活用するデコーダという 2 つの部分で構成される。この図は翻訳プロセスの最終段階を示しており、デコーダは元の入力テキスト（"This is an example"）と部分的に翻訳された文章（"Das ist ein"）に基づいて、翻訳を完成させるために最後の単語（"Beispiel"）だけを生成する

図 1-4 には示されていませんが、Self-Attention メカニズムは Transformer と LLM の重要なコンポーネントであり、シーケンス内の異なる単語やトークンの重要度をモデルが相対的に評価できるようにするメカニズムです。このメカニズムにより、入力データの長期的な依存関係やコンテキストに基づく関係をモデルが捕捉できるようになるため、コンテキストに即した一貫性のある出力を生成する能力が強化されます。ただし、このメカニズムは複雑であるため、3 章で段階的に実装しながら説明することにします。

Transformer アーキテクチャの後継モデルである **BERT**（Bidirectional Encoder Representations from Transformers）やさまざまな **GPT**（Generative Pre-trained Transformers）モデルは、このアーキテクチャをさまざまなタスクに適応させるために同じ概念に基づいて構築されています。興味がある場合は、付録 B を参照してください。

BERT は、オリジナルの Transformer のエンコーダサブモジュールに基づいて構築されており、GPT とは訓練のアプローチが異なっています。GPT が生成タスクを目的として設計されているの

に対し、BERT やその派生モデルはマスクされた単語の予測 —— 与えられた文章においてマスク（隠蔽）されている単語をモデルが予測するタスク —— に特化しています（図 1-5）。このユニークな戦略で訓練された BERT は、感情予測や文書分類といったテキスト分類タスクに特に適しています。たとえば本書の執筆時点では、X（旧 Twitter）が有害なコンテンツの検出に BERT を使っています。

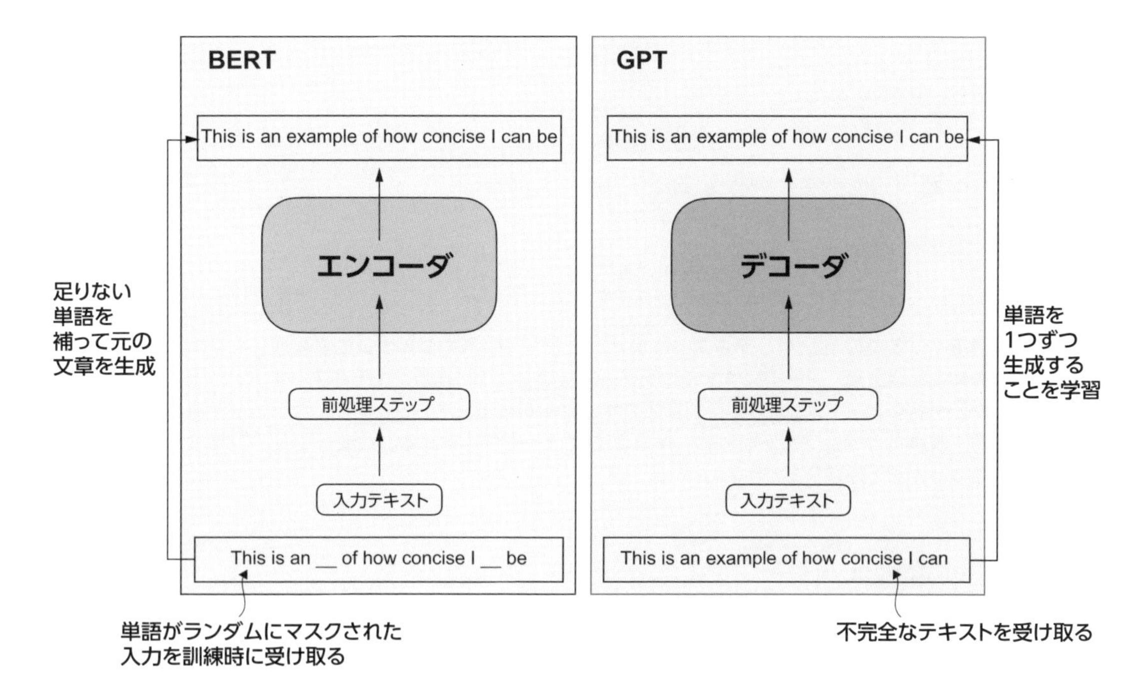

図 1-5：Transformer のエンコーダサブモジュールとデコーダサブモジュールの可視化。左図のエンコーダ部分は、マスクされた単語の予測を行う BERT 型の LLM の例であり、主にテキスト分類のようなタスクに使われる。右図のデコーダ部分は、生成タスクや一貫性のあるテキストシーケンスの生成を目的として設計された GPT 型の LLM を示している

一方で、GPT はオリジナルの Transformer アーキテクチャのデコーダ部分に焦点を合わせており、テキストの生成を必要とするタスク向けに設計されています。こうしたタスクには、機械翻訳、テキストの要約、小説の執筆、コンピュータコードの作成などが含まれます。

GPT モデルは、テキスト補完タスクの実行を主な目的として設計され、訓練されていますが、その能力は驚くほど多才でもあります。GPT モデルはゼロショット学習とフューショット学習の達人です。ゼロショット（zero-shot）学習とは、事前に具体的なサンプルを与えられることなく、まったく新しいタスクに汎化する能力のことです。これに対し、フューショット学習とは、ユーザーが入力として与えるごく限られた数のサンプルから学習することを意味します（図 1-6）。

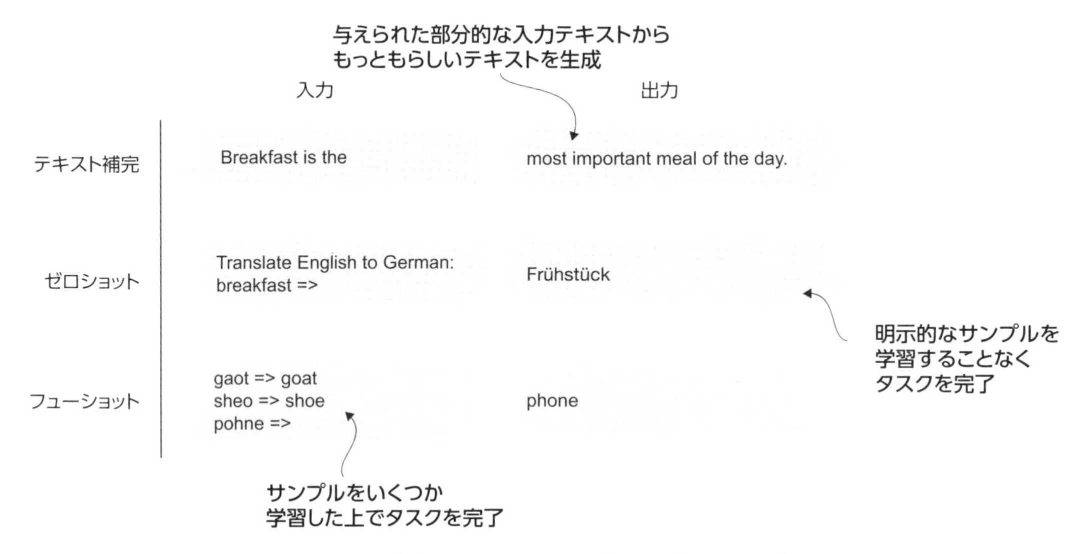

図 1-6：GPT 型の LLM は、テキスト補完だけではなく、入力に基づいてさまざまなタスクを実行できる。そのために、再訓練、ファインチューニング、またはタスクに適したモデルアーキテクチャの変更を行う必要はない。場合によっては、入力に目的変数のサンプルが含まれていると助けになることがあるが、GPT 型の LLM には、具体的なサンプルがなくてもタスクを実行する能力がある。前者はフューショット学習、後者はゼロショット学習と呼ばれる

Transformer vs. LLM

現在の LLM は Transformer アーキテクチャに基づいています。このため、Transformer と LLM はしばしば文献において同義語として扱われます。しかし、Transformer はコンピュータビジョンにも利用できるため、すべての Transformer が LLM というわけではありません。また、リカレントアーキテクチャや畳み込みアーキテクチャに基づく LLM もあるため、すべての LLM が Transformer というわけでもありません。こうした代替アーキテクチャの主な動機は、LLM の計算効率を向上させることにあります。こうした代替アーキテクチャが Transformer ベースの LLM の能力に対抗できるかどうか、そして実際に導入されるかどうかはまだわかりません。本書では単純に、GPT に類似する Transformer ベースの LLM を「LLM」と呼ぶことにします。興味がある場合は、これらのアーキテクチャを説明している文献を付録 B に記載してあるので、ぜひ確認してください。

1.5　大規模なデータセットを活用する

よく知られている GPT 型のモデルや BERT 型のモデルを訓練するための大規模なデータセットは、膨大な数の単語が含まれた多様で包括的なテキストコーパスを表します。このようなデータセットには、さまざまなトピック、自然言語、コンピュータ言語が含まれています。ChatGPT の

最初のバージョンでは、ベースモデルとして GPT-3 が使われました。具体的な例として、この GPT-3 モデルの事前学習に使われたデータセットを表 1-1 にまとめておきます。

表 1-1：GPT-3 LLM の事前学習データセット

データセット名	データセットの説明	トークン数	訓練データに占める割合
CommonCrawl（フィルタリング済み）	Web クロールデータ	4,100 億	60%
WebText2	Web クロールデータ	190 億	22%
Books1	インターネットベースの書籍コーパス	120 億	8%
Books2	インターネットベースの書籍コーパス	550 億	8%
Wikipedia	高品質なテキスト	30 億	3%

表 1-1 には、トークンの数が示されています。トークンとは、モデルが読み取るテキストの単位のことです。データセットに含まれているトークンの数は、テキストに含まれている単語や句読点の数にほぼ相当します。2 章では、テキストをトークンに変換するプロセスであるトークン化に取り組みます。

要するに、これらのモデルがさまざまなタスク（言語構文、セマンティクス、コンテキスト、さらには一般的な知識を必要とするものなど）で優れた性能を発揮できるのは、この訓練データセットの規模と多様性のおかげです。

これらのモデルは事前学習されているため、下流のタスクでさらにファインチューニングを行うことができます。こうしたモデルがベースモデルや基礎モデルと呼ばれるのはそのためです。LLM の事前学習には、膨大な量のリソースが必要であり、非常にコストがかかります。たとえば、GPT-3 の事前学習のコストは、クラウドコンピューティングのクレジットに換算して 460 万ドルと見積もられています[2]。

よい知らせは、オープンソースモデルとして提供されている多くの事前学習済みの LLM を、訓練データには含まれていなかったテキストを生成、抽出、編集するための汎用ツールとして利用できることです。また、LLM は比較的小さなデータセットでも特定のタスクに合わせてファインチューニングできるため、より少ない計算リソースで性能を向上させることができます。

本書では、教育上の目的で事前学習のためのコードを実装し、LLM の事前学習に使います。そのための計算はすべてコンシューマハードウェアで実行できます。事前学習のコードを実装した後は、一般に公開されているモデルの重みを再利用して、本書で実装するアーキテクチャに読み込む方法を学びます。このようにすると、LLM のファインチューニングを行うときに、コストのかかる事前学習ステップを省略できます。

[2] https://www.reddit.com/r/MachineLearning/comments/h0jwoz/d_gpt3_the_4600000_language_model/

GPT-3 データセットの詳細

表 1-1 は、GPT-3 で使われたデータセットを示しています。表中の［訓練データに占める割合］列は、サンプリングデータの丸め誤差を調整して合計でだいたい 100% になるようにしたものです。［トークン数］列の合計は 4,990 億ですが、モデルは 3,000 億個のトークンでのみ訓練されています。GPT-3 の論文の著者は、4,990 億個のトークンをすべて使ってモデルを訓練しなかった理由を明らかにしていません。

その背景を探るために、CommonCrawl データセットのサイズについて考えてみましょう。このデータセットだけで 4,100 億個のトークンが含まれており、約 570GB のストレージが必要になります。一方、Meta の Llama（Large Language Model Meta AI）のような GPT-3 の後発モデルでは、Arxiv の研究論文（92GB）や Stack Exchange のコード関連の Q&A（78GB）など、追加のデータソースを含むように訓練の範囲が拡大されています。

GPT-3 の論文の著者は訓練データセットを共有していませんが、公開されているデータセットの中に、Dolma[3] という同等のデータセットがあります。ただし、このコレクションには著作物が含まれている可能性があり、正確な利用条件は意図しているユースケースや国によって異なる可能性があります。

1.6 詳説：GPT アーキテクチャ

GPT は、もともとは OpenAI の Radford らによる論文『Improving Language Understanding by Generative Pre-Training』[4] で紹介されたアーキテクチャです。GPT-3 は、このモデルのスケールアップバージョンであり、より多くのパラメータを持ち、より大規模なデータセットで訓練されています。さらに、ChatGPT で提供されていたオリジナルモデルは、OpenAI の InstructGPT 論文[5] の手法を使って、大規模な指示データセットで GPT-3 をファインチューニングするという方法で作成されています。図 1-6 に示したように、これらは有能なテキスト補完モデルであり、他にもスペル修正、分類、言語翻訳といったタスクを実行できます。図 1-7 に示すように、GPT モデルが比較的単純な次単語予測タスクで事前学習されていることを考えると、これは驚くべきことです。

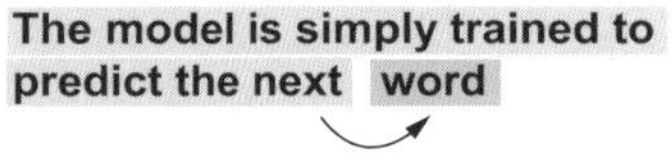

The model is simply trained to
predict the next word

図 1-7：GPT モデルの次単語予測タスクによる事前学習では、システムは文中の単語を見て、その次に来る単語を予測することを学習する。このアプローチは、言語において単語やフレーズが一般にどのように組み合わされるのかをモデルが理解するのに役立つ。そのようにして、他のさまざまなタスクに応用できるベースモデルが形成される

[3] "Dolma: An Open Corpus of Three Trillion Tokens for LLM Pretraining Research" by Soldaini et al. 2024, https://arxiv.org/abs/2402.00159

[4] https://cdn.openai.com/research-covers/language-unsupervised/language_understanding_paper.pdf

[5] https://arxiv.org/abs/2203.02155

次単語予測タスクは、自己教師あり学習に分類されるタスクであり、自己教師あり学習は自己ラベル付けの一種です。そのため、訓練データのラベルを明示的に収集する必要はなく、データの構造そのものを利用できます —— つまり、文や文書の次の単語を、モデルが予測するラベルとして利用できます。この次単語予測タスクでは、ラベルを「その場で」作成できるため、ラベル付けされていない大規模なテキストデータセットを LLM の訓練に利用することが可能になります。

1.4 節で取り上げたオリジナルの Transformer アーキテクチャと比較すると、一般的な GPT アーキテクチャは比較的シンプルです。基本的には、デコーダ部分だけであり、エンコーダはありません（図 1-8）。GPT のようなデコーダスタイルのモデルは、単語を 1 つずつ予測することでテキストを生成するため、**自己回帰**モデルの一種と見なされます。自己回帰モデルは、過去の出力を未来の予測値として取り込むモデルです。GPT では、新しい単語はそれぞれその前にあるシーケンスに基づいて選択されるため、結果として得られるテキストの一貫性がよくなります。

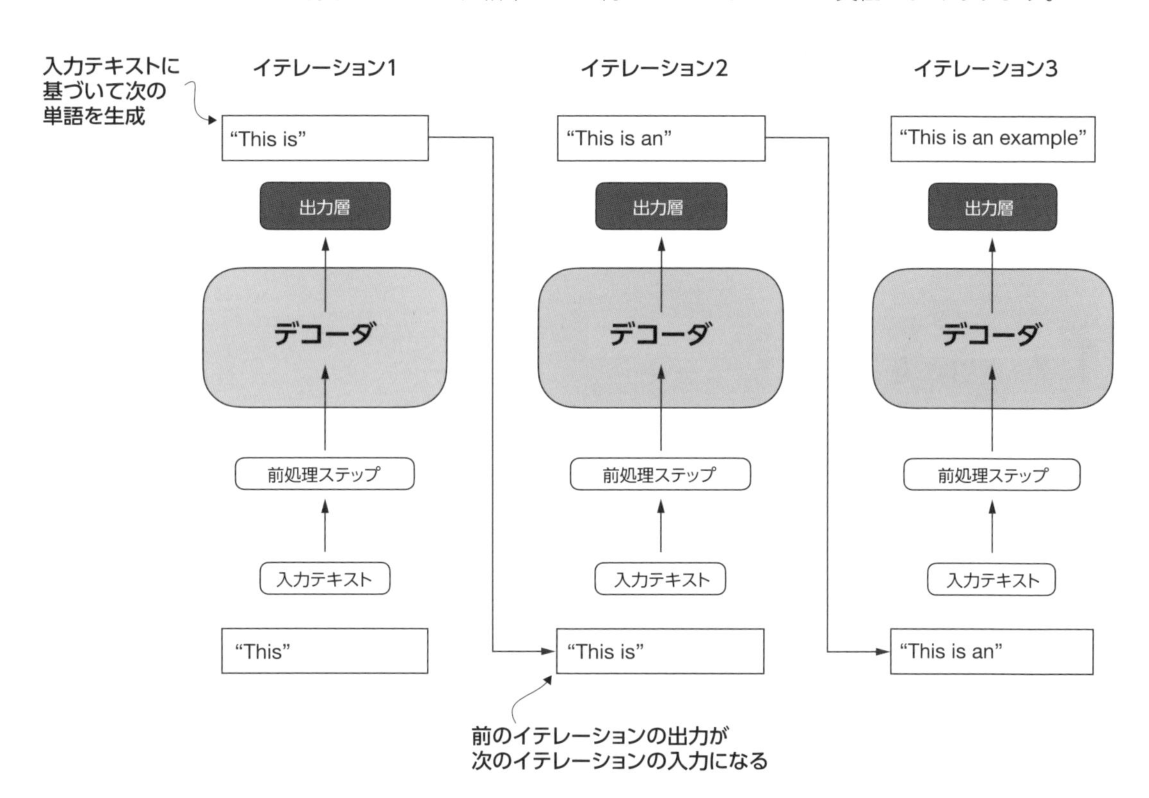

図 1-8：GPT アーキテクチャは Transformer アーキテクチャのデコーダ部分だけでできている。左から右に向かう一方向の処理として設計されているため、テキストを 1 語ずつ繰り返し生成するテキスト生成タスクや次単語予測タスクに適している

GPT-3 のようなアーキテクチャは、Transformer モデルよりもずっと大型です。たとえば、オリジナルの Transformer では、エンコーダブロックとデコーダブロックが 6 回繰り返されていました。GPT-3 には Transformer 層が 96 もあり、合計 1,750 億個のパラメータがあります。

GPT-3 が導入されたのは 2020 年であり、ディープラーニングや LLM の開発の基準からすると、ずいぶん昔のことに思えます。しかし、Meta の Llama モデルといった最近のアーキテクチャは依然として同じ基本概念に基づいており、変更点はごくわずかです。したがって、GPT を理解することはこれまでと同じように重要です。そこで本書では、GPT における重要なアーキテクチャの実装に焦点を合わせた上で、後発の LLM ではどのような微調整が行われたのかについて紹介します。

エンコーダブロックとデコーダブロックで構成されるオリジナルの Transformer モデルは、言語翻訳を目的として明示的に設計されたものですが、GPT モデルは —— より大規模でありながら、次単語予測を目的としたよりシンプルなデコーダのみのアーキテクチャであるにもかかわらず —— 翻訳タスクを実行することも可能です。次単語予測は特に翻訳を目的としたタスクではないため、翻訳の能力が次単語予測タスクで訓練されたモデルから生じたことは、研究者にとって当初は予想外のことでした。

モデルが明示的な訓練を受けていないタスクを実行する能力のことを、**創発的行動**（emergent behavior）と呼びます。この能力は、訓練中に明示的に教え込まれるわけではなく、モデルが多様なコンテキストで膨大な量の多言語データに触れる中で自然に生じるものです。GPT モデルが言語間の翻訳パターンを「学習」し、そのために特別に訓練されたわけでもないのに翻訳タスクを実行できるという事実は、こうした大規模な生成言語モデルの利点と能力を示す具体的な例です。多様なタスクを実行するときに、そのつど異なるモデルを使う必要はなくなっています。

1.7 LLM を構築する

LLM を理解するための基礎固めができたところで、LLM を一からコーディングしてみましょう。GPT の基本的な考え方を青写真として、図 1-9 に示すように、3 つのステージに分けて取り組むことにします。

ステージ 1 では、基本的なデータ前処理ステップを学び、すべての LLM の心臓部である Attention メカニズムをコーディングします。ステージ 2 では、新しいテキストを生成する能力を持つ GPT 型の LLM のコーディングと事前学習の方法を学びます。また、高性能な NLP システムの開発に不可欠な、LLM の評価の基礎にも取り組みます。

LLM の事前学習を一から行うのは大変な作業であり、GPT 型のモデルには数千ドルから数百万ドルもの計算コストがかかります。このため、ステージ 2 では、小規模なデータセットを使って教育目的で訓練を実行することに焦点を合わせます。さらに、公開されているモデルの重みを読み込むためのコードサンプルも提供します。

最後のステージ 3 では、事前学習済みの LLM を、クエリへの回答やテキストの分類といった指示に従うようにファイルチューニングします。クエリへの回答やテキストの分類は、多くの現実の応用や研究において最も一般的なタスクです。

次章からはいよいよ、このエキサイティングな旅が始まります。楽しみですね！

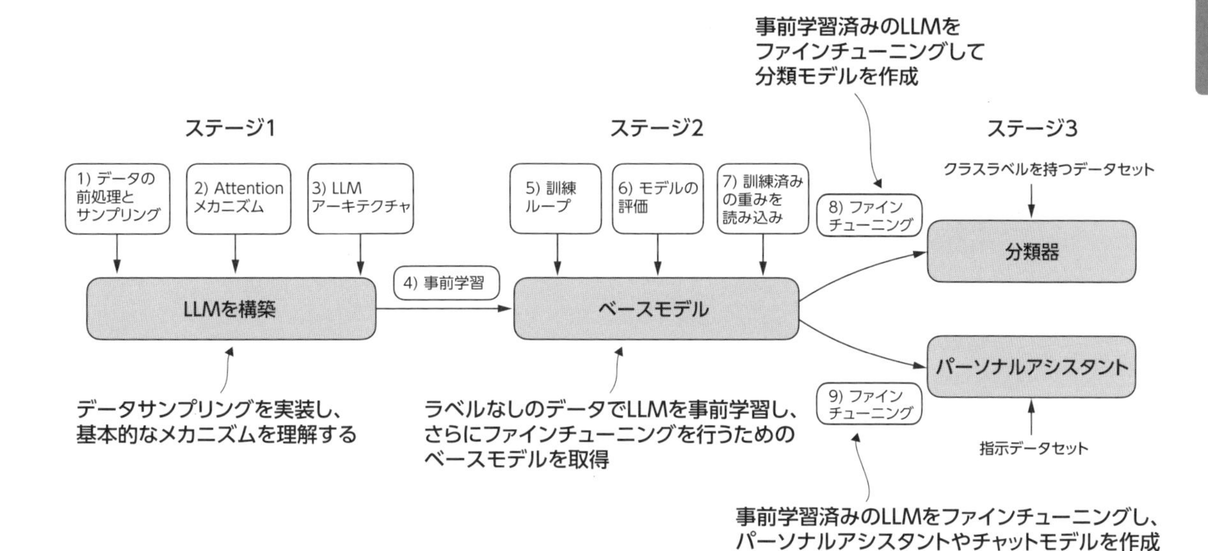

図 1-9:LLM をコーディングするための 3 つのステージでは、LLM アーキテクチャとデータ前処理プロセスを実装し（ステージ 1)、ベースモデルを作成するために LLM の事前学習を実行し（ステージ 2)、パーソナルアシスタントやテキスト分類器にするためにベースモデルのファインチューニングを行う（ステージ 3)

1.8 本章のまとめ

- LLM は NLP の分野を一変させた。以前は、明示的なルールベースのシステムや、より単純な統計学的手法に頼ることがほとんどだった。LLM の登場により、人間の言語の理解、生成、翻訳の進歩につながる新たなディープラーニング主導のアプローチが導入された。
- 現代の LLM は、主に 2 つのステップで訓練される。
  - まず、文中の次の単語の予測をラベルとして使うことで、ラベル付けされていないテキストからなる大規模なコーパスで事前学習を行う。
  - 次に、指示に従ったり、分類タスクを実行したりするために、ラベル付けされたより小さなターゲットデータセットでファインチューニングを行う。
- LLM は Transformer アーキテクチャに基づいている。Transformer アーキテクチャの中心にあるのは、LLM が一度に 1 語ずつ出力を生成するときに、入力シーケンス全体に選択的にアクセスできるようにする Attention メカニズムである。
- オリジナルの Transformer アーキテクチャは、テキストを解析するエンコーダと、テキストを生成するデコーダで構成されている。
- GPT-3 や ChatGPT など、テキストを生成し、指示に従うための LLM のアーキテクチャは単純で、デコーダモジュールだけを実装している。
- LLM の事前学習には、膨大な数の単語からなる大規模なデータセットが不可欠である。

- GPT 型のモデルの一般的な事前学習タスクは文中の次の単語を予測することだが、こうした LLM は、テキストを分類、翻訳、要約する能力など、創発的な特性を示す。
- LLM の事前学習によって得られるベースモデルは、さまざまな下流タスクに合わせてより効率よくファインチューニングできる。
- カスタムデータセットでファインチューニングされた LLM は、特定のタスクにおいて一般的な LLM の性能を凌駕することがある。

2
テキストデータの準備

本章の内容

- LLM を訓練するためのテキストを準備する
- テキストを単語とそれよりも小さな単位（サブワード）に分割する
- バイトペアエンコーディング：テキストをトークン化するより高度な方法
- スライディングウィンドウを使った訓練データのサンプリング
- トークンを LLM に入力として渡すためのベクトルに変換する

前章では、大規模言語モデル（LLM）の一般的な構造を取り上げ、膨大な量のテキストで LLM の事前学習を行うことを学びました。具体的には、Transformer アーキテクチャに基づくデコーダのみの LLM に焦点を合わせました。Transformer は、ChatGPT で使われているモデルや他のよく知られている GPT 型の LLM のベースとなっているアーキテクチャです。

事前学習では、LLM はテキストを 1 語ずつ処理します。次単語予測タスクを使って数百万から数十億のパラメータで LLM を訓練すると、目を見張るような能力を持つモデルが得られます。これらのモデルをさらにファインチューニングすると、一般的な指示に従うモデルや、特定のターゲットタスクを実行するモデルが得られます。しかし、LLM を実装して訓練する前に、訓練データセットを準備する必要があります（図 2-1）。

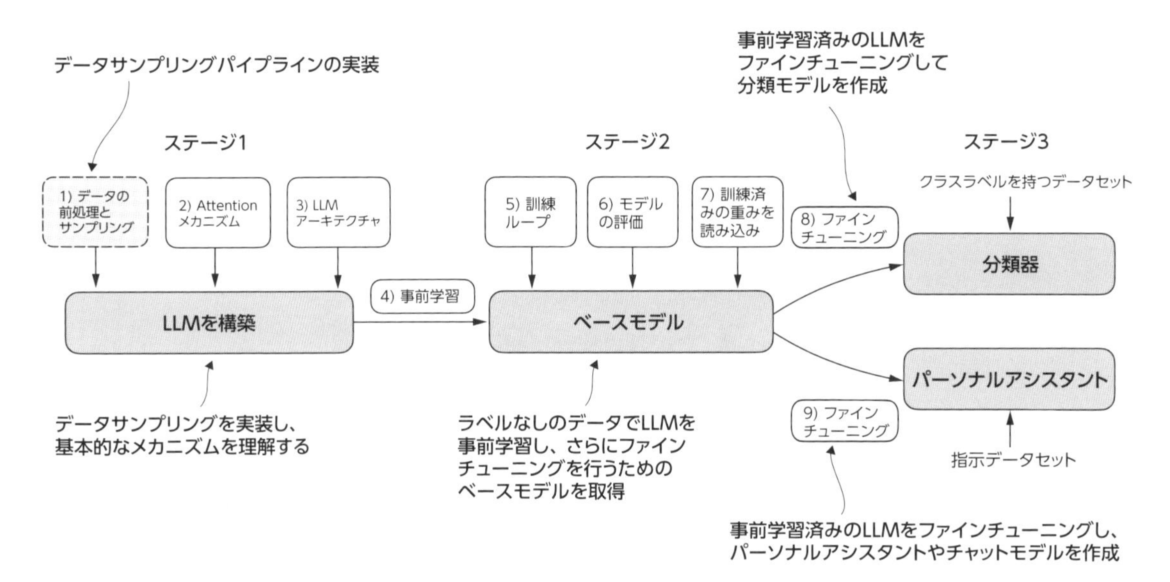

図 2-1：LLM をコーディングするための 3 つのステージ。本章では、ステージ 1 のステップ 1 であるデータサンプリングパイプラインの実装に焦点を合わせる

ここでは、LLM を訓練するための入力テキストを準備する方法を学びます。テキストを個々のワードトークンやサブワードトークンに分割すると、LLM 用のベクトル表現にエンコードできるようになります。また、バイトペアエンコーディングのような高度なトークン化スキームについても学びます。バイトペアエンコーディングは、よく知られている GPT 型の LLM で利用されています。最後に、LLM の訓練に必要な入力変数と目的変数のペアを生成するためのサンプリング戦略とデータローダーも実装します。

2.1 単語埋め込み

LLM をはじめとするディープニューラルネットワークモデルは、Raw テキストを直接処理できません。テキストはカテゴリカルデータなので、ニューラルネットワークの実装や訓練に使われる数学演算とは相性がよくありません。このため、単語を連続値のベクトルとして表現する手段が必要です。

> **NOTE**　ベクトルやテンソルになじみがない場合は、付録 A の A.2.2 項が参考になるでしょう。

データをベクトルフォーマットに変換するという概念は、よく**埋め込み**（embedding）と呼ばれます。図 2-2 に示すように、特定のニューラルネットワーク層や事前学習済みの別のニューラルネットワークモデルを使って、オーディオ、ビデオ、テキストなど、さまざまなタイプのデータを埋め込むことができます。ただし、データフォーマットの種類ごとに異なる埋め込みモデルが必要であることに注意が必要です。たとえば、テキスト用に設計された埋め込みモデルを、オーディオデータやビデオデータの埋め込みに使ってもうまくいかないでしょう。

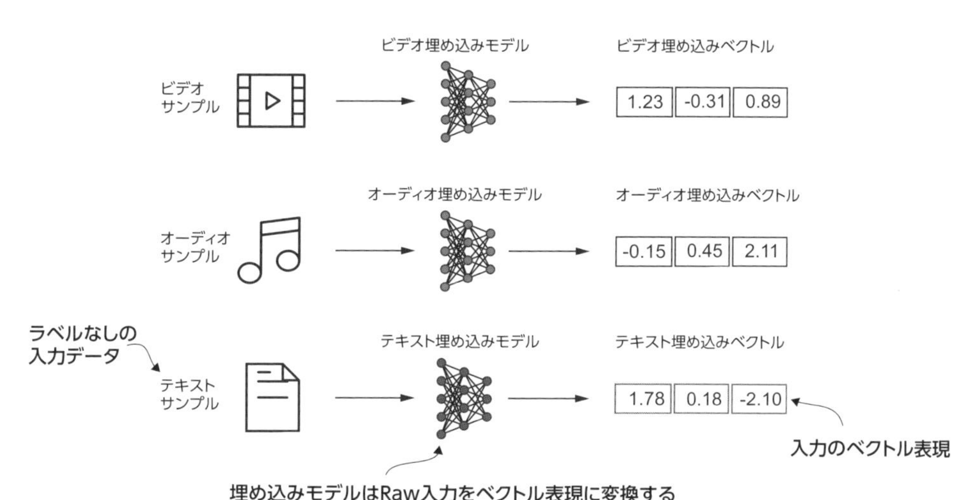

図 2-2：ディープラーニングモデルは、オーディオ、ビデオ、テキストなどのデータフォーマットをそのままの形式では処理できない。そこで、埋め込みモデルを使ってこの Raw データを密ベクトル表現に変換すると、ディープラーニングアーキテクチャが簡単に理解して処理できるようになる。具体的には、この図は Raw データを 3 次元の数値ベクトルに変換するプロセスを示している

突き詰めれば、埋め込みとは、単語、画像、さらには文書全体といった離散値のオブジェクトから、連続値のベクトル空間へのマッピング（写像）のことです。埋め込みの主な目的は、数値以外のデータをニューラルネットワークが処理できる形式に変換することです。

単語埋め込みはテキスト埋め込みの最も一般的な形式ですが、文章、段落、文書全体の埋め込みも存在します。文章や段落の埋め込みは、**RAG**（Retrieval-Augmented Generation）でよく使われる選択肢です。RAG は、テキストを生成するときに、生成（テキストの生成など）と検索（外部知識ベースの検索など）を組み合わせて関連する情報を取り出すシステムですが、本書では取り上げません。本章の目的は、テキストを 1 語ずつ生成することを学習する GPT 型の LLM を訓練することなので、単語埋め込みに焦点を合わせることにします。

単語埋め込みを生成するために、何種類かのアルゴリズムやフレームワークが開発されてきました。初期の最もよく知られている例の 1 つは、**word2vec** というアプローチです。word2vec はニューラルネットワークアーキテクチャを訓練し、目的の単語からその周辺のコンテキストを予測するか、コンテキストの単語群から目的の単語を予測することで、単語埋め込みを生成します。word2vec のベースとなっている主な考え方は、似たようなコンテキストに現れる単語は、似たような意味を持つ傾向があるというものです。このため、可視化目的で 2 次元の単語埋め込みを射影すると、似ている単語によってクラスタが形成されることがわかります（図 2-3）。

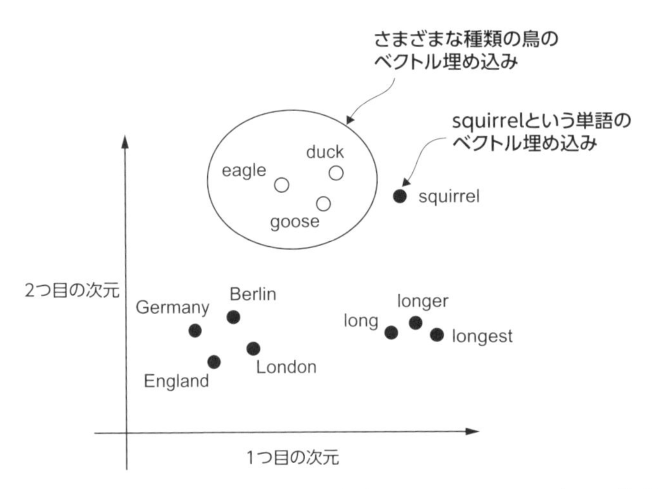

図 2-3：単語埋め込みが 2 次元の場合は、このように 2 次元の散布図としてプロットできる。word2vec などの単語埋め込みテクニックを使うと、似たような概念に対応する単語は、埋め込み空間において互いの近くに現れることが多い。たとえば、異なる種類の鳥は、国や都市よりも、埋め込み空間において互いの近くにプロットされる

単語埋め込みの次元は、1 次元から数千次元までさまざまです。次元が高くなるほど、より微妙な関係を捉えることが可能になるかもしれませんが、その分計算効率が犠牲になります。

機械学習モデルの埋め込みの生成には、word2vec のような事前学習済みのモデルを利用できますが、LLM は一般に、埋め込みを独自に生成します。それらの埋め込みは入力層の一部として機能し、訓練中に更新されます。word2vec を使う代わりに LLM の訓練の一部として埋め込みを最適化することには、それらの埋め込みが特定のタスクやデータに対して最適化されるという利点があります。本章の後半では、そうした埋め込み層を実装します（3 章で説明するように、LLM はコンテキスト対応の出力埋め込みも生成できます）。

残念ながら、高次元の埋め込みは可視化にとって難題です。なぜなら、私たちの知覚や一般的なグラフ表現は本質的に 3 次元以下に制限されているからです。図 2-3 で、2 次元の埋め込みを 2 次元の散布図としてプロットしたのはそのためです。ただし、LLM を扱うときには、通常はもっと高い次元の埋め込みを使います。GPT-2 と GPT-3 の埋め込みサイズは、特定のモデルのバリエーションやサイズに応じて変化します（埋め込みサイズはよくモデルの隠れ状態の次元数と呼ばれます）。埋め込みサイズの選択は、性能と効率のトレードオフに関係しています。具体的な例を挙げると、最も小さい GPT-2 モデル（パラメータ数が 1 億 1,700 万と 1 億 2,500 万）の埋め込みサイズは 768 次元です。そして最も大きい GPT-3 モデル（パラメータ数が 1,750 億）の埋め込みサイズは 12,288 次元です。

次節では、LLM で使われる埋め込みを準備するために必要なステップを順番に見ていきます。これには、テキストを単語に分割し、単語をトークンに変換し、トークンを埋め込みベクトルに変換するステップが含まれます。

2.2 テキストをトークン化する

入力テキストを個々のトークンに分割する方法を見てみましょう。これはLLM用の埋め込みを生成するために必要な前処理ステップです。これらのトークンは、個々の単語か、句読点を含む特殊文字のどちらかになります（図2-4）。

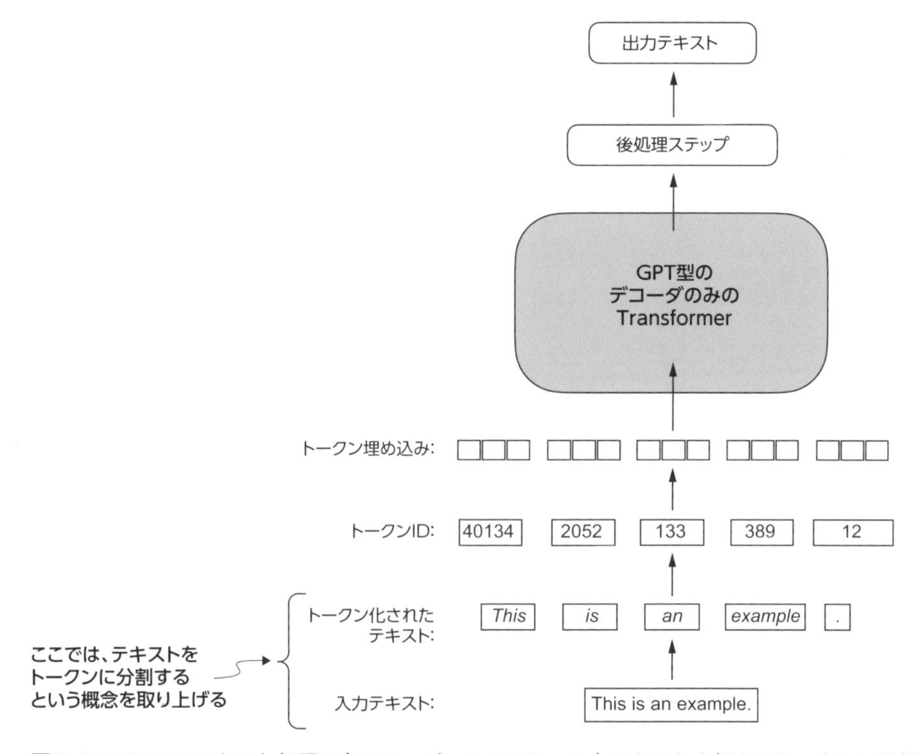

図2-4：LLMでのテキスト処理の各ステップ。ここでは、入力テキストを個々のトークンに分割する。トークンは単語か、句読点を含む特殊文字のどちらか

LLMの訓練のためにトークン化するテキストは、Edith Whartonの短編小説『The Verdict』です。この小説はパブリックドメインとして公開されており、LLMの訓練タスクに使うことが許可されています。このテキスト[1]をコピーしてテキストファイルに貼り付けることができます。筆者は、`the-verdict.txt`というテキストファイルにコピーしました。

なお、この`the-verdict.txt`ファイルは、本書のGitHubリポジトリ[2]にも含まれています。このファイルは次のPythonコードでダウンロードできます。

[1] https://en.wikisource.org/wiki/The_Verdic

[2] https://github.com/rasbt/LLMs-from-scratch/tree/main/ch02/01_main-chapter-code

```
import urllib.request

url = ("https://raw.githubusercontent.com/rasbt/"
       "LLMs-from-scratch/main/ch02/01_main-chapter-code/"
       "the-verdict.txt")
file_path = "the-verdict.txt"
urllib.request.urlretrieve(url, file_path)
```

次に、Python の標準のファイル読み取りユーティリティを使って `the-verdict.tx` ファイルを読み込みます（リスト 2-1）。

リスト 2-1：『The Verdict』をテキストサンプルとして読み込む

```
with open("the-verdict.txt", "r", encoding="utf-8") as f:
    raw_text = f.read()

print("Total number of character:", len(raw_text))
print(raw_text[:99])
```

これらの `print` 文は、文字の総数に続いて、このファイルの最初の 100 文字を出力します。

```
Total number of character: 20479
I HAD always thought Jack Gisburn rather a cheap genius--though a good fellow
enough--so it was no
```

ここでの目標は、この 20,479 文字の短編小説を個々の単語か特殊文字としてトークン化し、LLM を訓練するための埋め込みを生成できるようにすることです。

> **NOTE**　LLM を扱うときには、数百万件の記事や数十万冊の書籍（何ギガバイトものテキスト）を処理するのが一般的です。ただし、教育目的であれば、1 冊の本のような小さなテキストサンプルを処理すれば十分です。テキスト処理ステップの主な考え方を理解し、コンシューマハードウェアで合理的な時間内に実行できるようにするには、それで十分だからです。

このテキストを分割してトークンのリストにするにはどうすればよいでしょうか。ここでちょっと寄り道をして、Python の正規表現ライブラリ `re` を使うことにします（後ほど組み込みのトークナイザに移行するので、正規表現の構文を覚える必要はありません）。

簡単なサンプルテキストで試してみましょう。`re.split()` で次の構文を使うと、テキストをホワイトスペース文字で分割することができます。

```
import re

text = "Hello, world. This, is a test."
result = re.split(r'(\s)', text)
print(result)
```

結果として、個々の単語、ホワイトスペース、句読点文字が列挙されます。

```
['Hello,', ' ', 'world.', ' ', 'This,', ' ', 'is', ' ', 'a', ' ', 'test.']
```

サンプルテキストを個々の単語に分割するなら、ほとんどの場合は、この単純なトークン化スキームでうまくいきます。ただし、いくつかの単語にまだ句読点文字がくっついており、別々のリストアイテムにしたいところです。また、テキストをすべて小文字にするのもやめておきます。大文字は、LLMが固有名詞と普通名詞を区別し、文の構造を理解し、大文字を正しく使ったテキストの生成を学習するのに役立つからです。

ホワイトスペース（`\s`）と、コンマ、ピリオド（`[,.]`）での正規表現分割を修正してみましょう。

```
result = re.split(r'([,.]|\s)', text)
print(result)
```

単語と句読点が別々のリストアイテムになっていることがわかります。

```
['Hello', ',', '', ' ', 'world', '.', '', ' ', 'This', ',', '', ' ', 'is',
 ' ', 'a', ' ', 'test', '.', '']
```

残っている小さな問題は、リストに依然としてホワイトスペースが含まれていることです。必要であれば、こうした冗長な文字は安全に取り除くことができます。

```
result = [item for item in result if item.strip()]
print(result)
```

結果として、ホワイトスペースのない出力が得られます。

```
['Hello', ',', 'world', '.', 'This', ',', 'is', 'a', 'test', '.']
```

NOTE　単純なトークナイザを開発する際、ホワイトスペースを別の文字としてエンコードするのか、それとも単に取り除いてしまうのかは、アプリケーションとその要件によって決まります。ホワイトスペースを取り除けば、メモリや計算の要件が削減されます。ただし、テキストの正確な構造に敏感なモデル（たとえば、インデントやスペーシングに敏感なPythonコード）を訓練する場合は、ホワイトスペースを残しておくほうが効果的です。ここでは、トークン化された出力を単純で簡潔なものにするために、ホワイトスペースを取り除きます。後ほど、ホワイトスペースを取り除かないトークン化スキームに切り替えます。

ここで考案したトークン化スキームは、単純なサンプルテキストではうまくいきます。この方式をもう少し改良し、疑問符、引用符、（『The Verdict』の最初の100文字に含まれていた）ダブルダッシュなど、他の種類の句読点や特殊文字も扱えるようにしてみましょう。

```
text = "Hello, world. Is this-- a test?"
result = re.split(r'([,.:;?_!"()\']|--|\s)', text)
result = [item.strip() for item in result if item.strip()]
print(result)
```

出力は次のとおりです。

```
['Hello', ',', 'world', '.', 'Is', 'this', '--', 'a', 'test', '?']
```

図 2-5 にまとめた結果から、このトークン化スキームならテキスト内のさまざまな特殊文字をうまく扱えることがわかります。

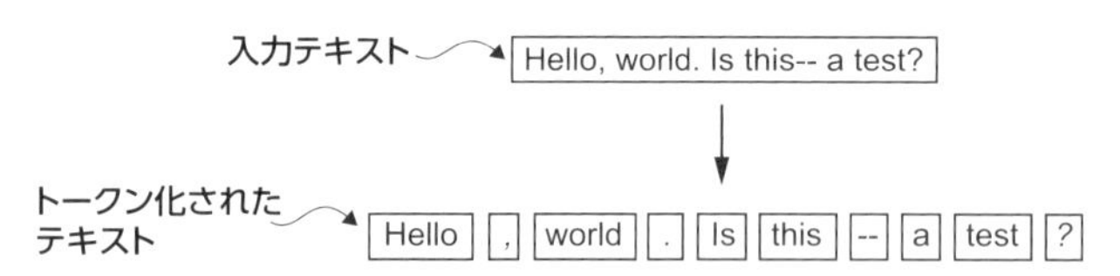

図 2-5： ここまで実装してきたトークン化スキームは、テキストを個々の単語と句読点文字に分割する。この具体的な例では、サンプルテキストが 10 個のトークンに分割される

基本的なトークナイザが利用できるようになったところで、『The Verdict』全体に適用してみましょう。

```
preprocessed = re.split(r'([,.:;?_!"()\']|--|\s)', raw_text)
preprocessed = [item.strip() for item in preprocessed if item.strip()]
print(len(preprocessed))
```

この `print` 文の出力 `4690` は、このテキスト内の（ホワイトスペースを除く）トークンの数を表しています。実際に目で見てチェックするために、最初の 30 個のトークンを出力してみましょう。

```
print(preprocessed[:30])
```

結果として得られた出力は、このトークナイザがテキストをうまく処理していることを示しています。すべての単語と特殊文字がきれいに分割されています。

```
['I', 'HAD', 'always', 'thought', 'Jack', 'Gisburn', 'rather', 'a', 'cheap',
 'genius', '--', 'though', 'a', 'good', 'fellow', 'enough', '--', 'so',
 'it', 'was', 'no', 'great', 'surprise', 'to', 'me', 'to', 'hear', 'that',
 ',', 'in']
```

2.3 トークンをトークン ID に変換する

次に、これらのトークンを Python の文字列から整数表現に変換して、トークン ID を生成してみましょう。この変換は、トークン ID を埋め込みベクトルに変換する前の中間ステップです。

前節で生成したトークンをトークン ID にマッピングするには、まず語彙を構築しなければなりません。この語彙は、一意な単語と特殊文字を一意な整数にマッピングする方法を定義します(図 2-6)。

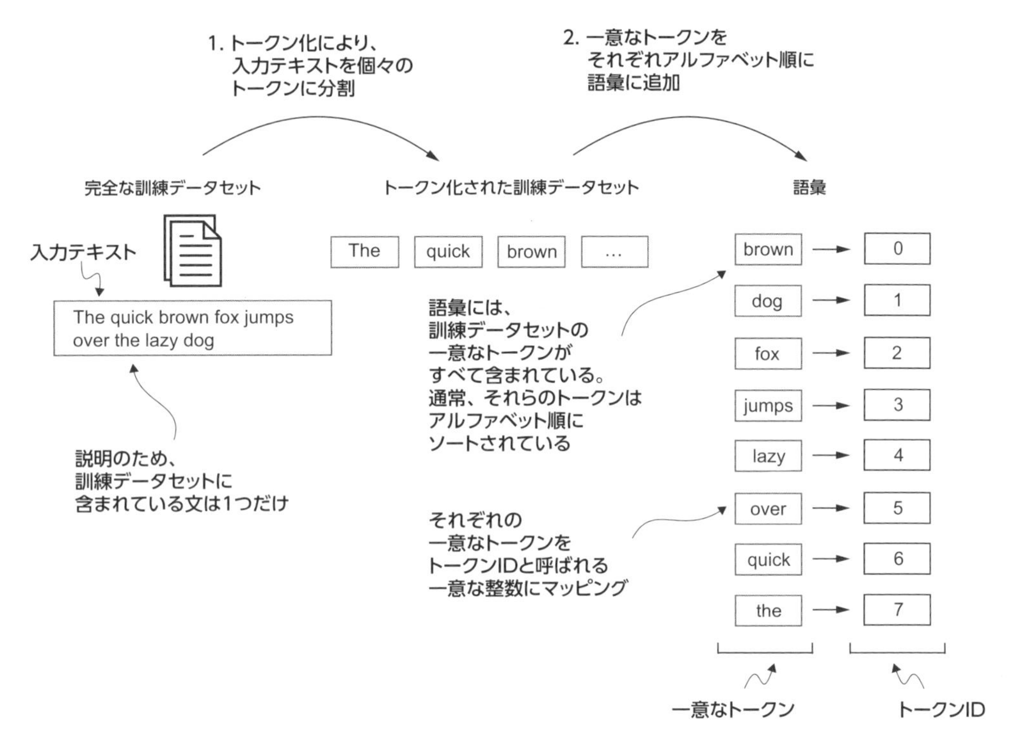

図 2-6：訓練データセットのテキスト全体を個々のトークンに分割することで語彙を構築する。個々のトークンをアルファベット順にソートし、重複しているトークンを取り除く。続いて、一意なトークンを集約したものが語彙になる。語彙は一意なトークンをそれぞれ一意な整数値にマッピングする方法を定義する。ここで示している語彙は意図的に小さくしてあり、単純に保つために句読点や特殊文字を含んでいない

『The Verdict』をトークン化し、`preprocessed` という Python 変数に代入したところで、語彙のサイズを特定するために、一意なトークンからなるリストを作成し、アルファベット順に並べ替えてみましょう。

```
all_words = sorted(set(preprocessed))
vocab_size = len(all_words)
print(vocab_size)
```

このコードによって語彙のサイズが 1,130 であることが特定されたら、語彙を作成して、その最初の 51 個のエントリを出力してみましょう（リスト 2-2）。

リスト 2-2：語彙を作成

```
vocab = {token:integer for integer,token in enumerate(all_words)}

for i, item in enumerate(vocab.items()):
    print(item)
    if i >= 50:
        break
```

出力は次のようになります。

```
('!', 0)
('"', 1)
("'", 2)
......
('Her', 49)
('Hermia', 50)
```

この語彙には、一意な整数ラベルに関連付けられた個々のトークンが含まれています。次の目標は、この語彙を使って、新しいテキストをトークン ID に変換することです（図 2-7）。

LLM の出力を数値からテキストに戻したい場合は、トークン ID をテキストに変換する方法が必要です。その場合は、トークン ID を対応するテキストトークンにマッピングする語彙の逆バージョン（逆引き語彙）を作成することができます。

完全なトークナイザクラスを Python で実装してみましょう。このクラスには、語彙を使ってトークン ID を生成するために、テキストをトークンに分割し、文字列から整数へのマッピングを実行する `encode()` メソッドがあります。さらに、トークン ID をテキストに戻すために、整数から文字列へのマッピングを実行する `decode()` メソッドもあります。このトークナイザ実装のコードはリスト 2-3 のようになります。

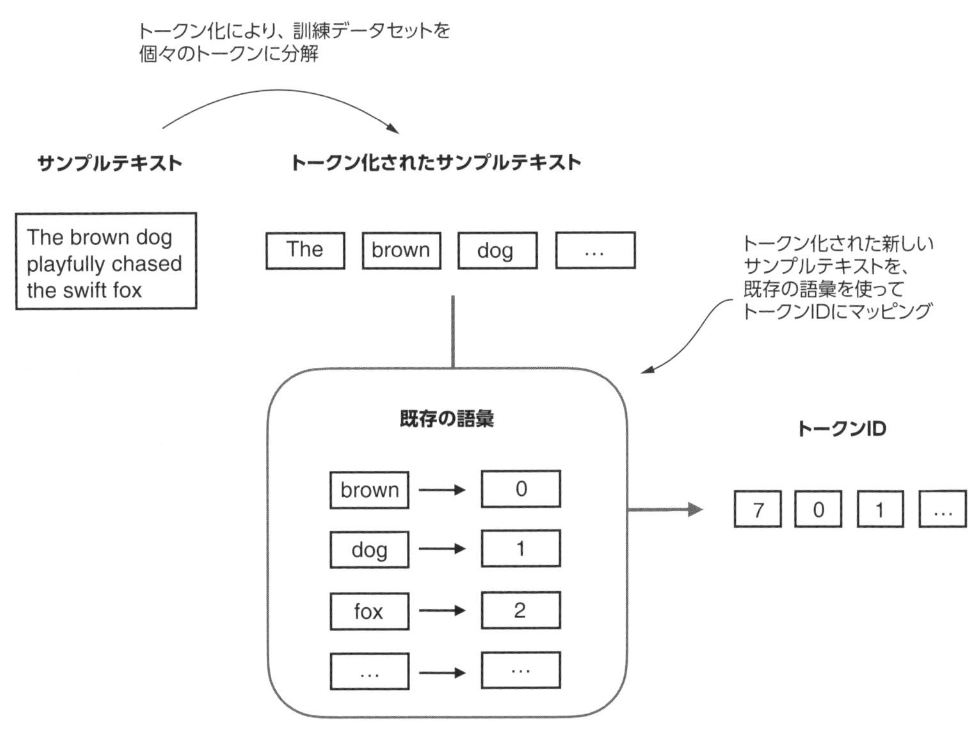

図 2-7：新しいテキストサンプルを使って、テキストをトークン化し、語彙を使ってテキストトークンをトークン ID に変換する。語彙は訓練データセット全体から構築され、訓練データセット自体にも、新しいテキストサンプルにも適用できる。単純に保つために、この語彙には句読点や特殊文字は含まれていない

リスト 2-3：シンプルなテキストトークナイザの実装

```
class SimpleTokenizerV1:
    def __init__(self, vocab):
        self.str_to_int = vocab
        self.int_to_str = {i:s for s,i in vocab.items()}

    def encode(self, text):
        preprocessed = re.split(r'([,.?_!"()\']|--|\s)', text)
        preprocessed = [
            item.strip() for item in preprocessed if item.strip()
        ]
        ids = [self.str_to_int[s] for s in preprocessed]
        return ids

    def decode(self, ids):
        text = " ".join([self.int_to_str[i] for i in ids])
        text = re.sub(r'\s+([,.?!"()\'])', r'\1', text)
        return text
```

- `self.str_to_int = vocab`：encodeメソッドとdecodeメソッドでアクセスできるように語彙をクラス属性として格納
- `self.int_to_str = ...`：トークンIDを元のテキストトークンにマッピングする逆引き語彙を作成
- `def encode(self, text):`：入力テキストをトークンIDに変換
- `def decode(self, ids):`：トークンを変換してテキストに戻す
- `text = re.sub(...)`：指定された句読点の前にあるスペースを削除

この SimpleTokenizerV1 クラスを使って、既存の語彙に基づいて新しいトークナイザオブジェクトをインスタンス化し、この語彙を使ってテキストのエンコーディングとデコーディングを実行できるようになりました（図 2-8）。

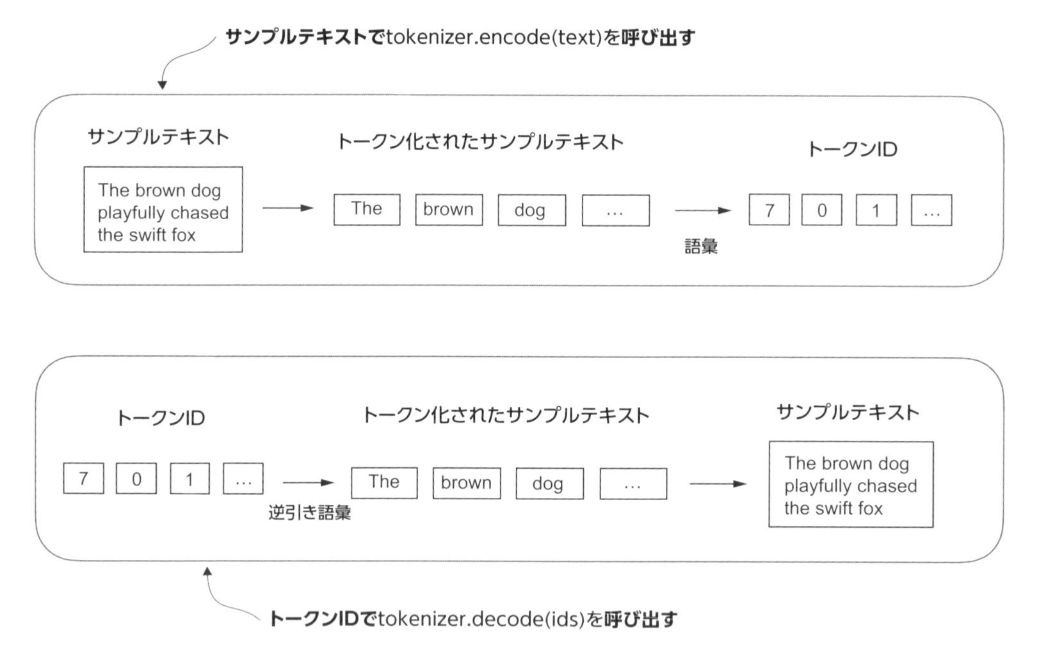

図 2-8：トークナイザ実装には、encode と decode という 2 つの共通メソッドがある。encode メソッドは、サンプルテキストを受け取り、個々のトークンに分割し、語彙を使ってトークンをトークン ID に変換する。decode メソッドは、トークン ID を受け取り、トークン ID をテキストトークンに変換し、テキストトークンをつないで自然なテキストにする

SimpleTokenizerV1 クラスから新しいトークナイザオブジェクトをインスタンス化し、実際に『The Verdict』の一節をトークン化してみましょう。

```
tokenizer = SimpleTokenizerV1(vocab)
text = """"It's the last he painted, you know,"
           Mrs. Gisburn said with pardonable pride."""
ids = tokenizer.encode(text)
print(ids)
```

このコードは次のトークン ID を出力します。

```
[1, 56, 2, 850, 988, 602, 533, 746, 5, 1126, 596, 5, 1, 67, 7, 38, 851, 1108,
 754, 793, 7]
```

次に、decode() メソッドを使って、これらのトークン ID をテキストに戻せるかどうか確かめてみましょう。

```
print(tokenizer.decode(ids))
```

出力は次のようになります。

```
" It' s the last he painted, you know," Mrs. Gisburn said with pardonable
 pride.
```

この出力から、**decode()** メソッドがトークン ID を元のテキストにうまく変換したことがわかります。

ここまではよいでしょう。訓練データセットの一節をもとに、テキストをトークンに変換し、トークンをテキストに戻せるトークナイザを実装しました。今度は、訓練データセットに含まれていない新しいテキストサンプルで試してみましょう。

```
text = "Hello, do you like tea?"
print(tokenizer.encode(text))
```

このコードを実行すると、次のようなエラーになります。

```
KeyError: 'Hello'
```

問題は、「Hello」という単語が『The Verdict』では使われていないことです。したがって、この単語は語彙に含まれていません。このことは、LLM に取り組むときには、語彙を増やすために大規模で多様な訓練データセットを考慮する必要があることを浮き彫りにしています。

次節では、未知の単語を含んでいるテキストでトークナイザをさらにテストし、追加の特別なトークンについて説明します。これらのトークンを利用すれば、LLM の訓練中にさらにコンテキスト情報を提供できます。

2.4 特別なコンテキストトークンを追加する

未知の単語に対処するためにトークナイザを修正する必要があります。また、特別なコンテキストトークンの使い方と、そうしたトークンを追加することについても検討する必要があります。コンテキストトークンを追加すると、テキストのコンテキストやその他の関連情報に対するモデルの理解を向上させることができます。こうした特別なトークンには、たとえば未知の単語や文書の境界を示すマーカーを含めることができます。具体的には、図 2-9 に示すように、2 つの新しいトークン `<|unk|>` と `<|endoftext|>` をサポートするように語彙とトークナイザ（`SimpleTokenizerV2`）を変更します。

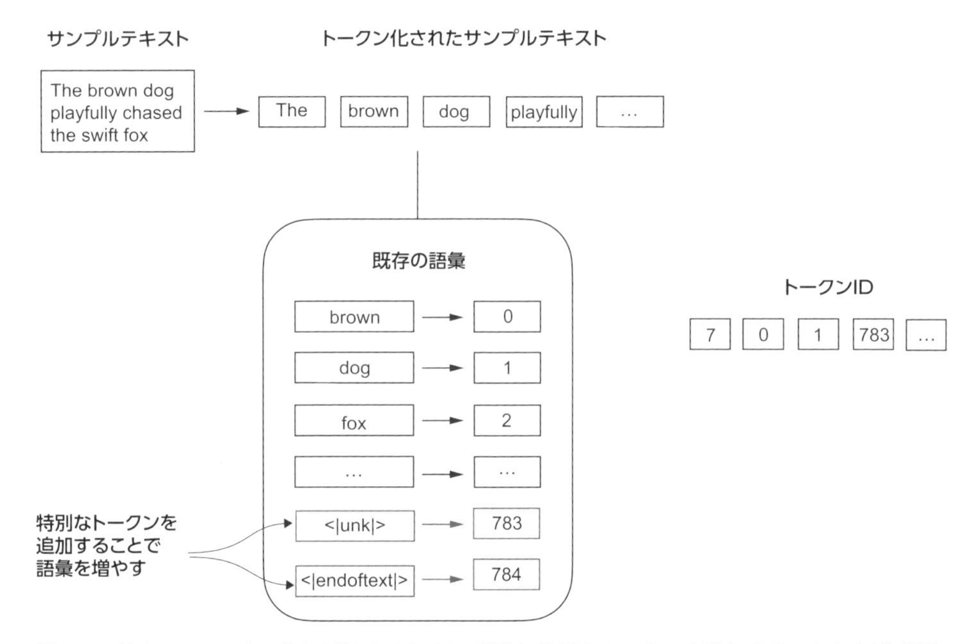

図 2-9：特定のコンテキストに対処するために、語彙に特別なトークンを追加する。たとえば、訓練データセットには含まれておらず、したがって既存の語彙にも含まれていない新しい未知の単語を表すために、<|unk|> トークンを追加する。さらに、<|endoftext|> トークンを追加して、無関係な 2 つのテキストソースを分離できるようにする

語彙の一部ではない単語に遭遇した場合は、<|unk|> トークンを使うようにトークナイザを修正できます。さらに、無関係なテキストの間にトークンを追加します。たとえば、GPT 型の LLM を複数の独立した文書や書籍で訓練するときには、図 2-10 に示すように、前のテキストソースに続く各文書や書籍の前にトークンを挿入するのが一般的です。このようにすると、「これらのテキストソースは訓練のために連結されているが、実際には無関係である」ことを LLM が理解しやすくなります。

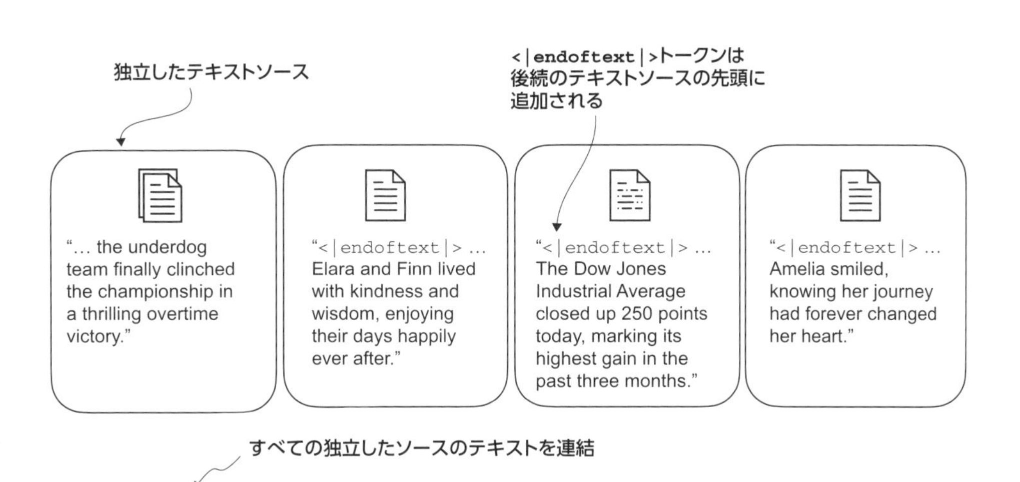

図 2-10：複数の独立したテキストソースを扱うときには、それらのテキストの間に <|endoftext|> トークンを追加する。これらの <|endoftext|> トークンが特定のセグメントの開始または終了を示すマーカーとして機能することで、LLM による処理や理解の効率化が可能になる

では、この 2 つの特別なトークン `<|unk|>` と `<|endoftext|>` を一意な単語のリストに追加することで、語彙を修正してみましょう。

```
all_tokens = sorted(list(set(preprocessed)))
all_tokens.extend(["<|endoftext|>", "<|unk|>"])
vocab = {token:integer for integer,token in enumerate(all_tokens)}

print(len(vocab.items()))
```

この `print` 文の出力から、新しい語彙のサイズが 1,132 であることがわかります（以前の語彙のサイズは 1,130）。

さらに簡単なチェックとして、更新された語彙の最後の 5 つの項目を出力してみましょう。

```
for i, item in enumerate(list(vocab.items())[-5:]):
    print(item)
```

出力は次のようになります。

```
('younger', 1127)
('your', 1128)
('yourself', 1129)
('<|endoftext|>', 1130)
('<|unk|>', 1131)
```

この出力から、2 つの新しい特別なトークンが確かに語彙に組み込まれたことがわかります。次に、リスト 2-3 のトークナイザのコードをリスト 2-4 のように調整します。

リスト 2-4：未知の単語に対処するシンプルなテキストトークナイザ

```
class SimpleTokenizerV2:
    def __init__(self, vocab):
        self.str_to_int = vocab
        self.int_to_str = { i:s for s,i in vocab.items()}

    def encode(self, text):
        preprocessed = re.split(r'([,.:;?_!"()\']|--|\s)', text)
        preprocessed = [
            item.strip() for item in preprocessed if item.strip()
        ]
        preprocessed = [
            item if item in self.str_to_int
            else "<|unk|>" for item in preprocessed
        ]
        ids = [self.str_to_int[s] for s in preprocessed]
        return ids

    def decode(self, ids):
        text = " ".join([self.int_to_str[i] for i in ids])
        text = re.sub(r'\s+([,.:;?!"()\'])', r'\1', text)
        return text
```

未知の単語を<|unk|>トークンに置き換える

指定された句読点の前にあるスペースを置き換える

リスト 2-3 で実装した `SimpleTokenizerV1` と比較すると、新しい `SimpleTokenizerV2` には、未知の単語を `<|unk|>` トークンで置き換えるという違いがあります。

では、この新しいトークナイザを実際に試してみましょう。このテストには、2 つの独立した無関係な文章を連結した単純なサンプルテキストを使うことにします。

```
text1 = "Hello, do you like tea?"
text2 = "In the sunlit terraces of the palace."
text = " <|endoftext|> ".join((text1, text2))
print(text)
```

出力は次のとおりです。

```
Hello, do you like tea? <|endoftext|> In the sunlit terraces of the palace.
```

次に、リスト 2-2 で作成した語彙と `SimpleTokenizerV2` を使って、サンプルテキストをトークン化してみましょう。

```
tokenizer = SimpleTokenizerV2(vocab)
print(tokenizer.encode(text))
```

このコードを実行すると、次のトークンIDが出力されます。

```
[1131, 5, 355, 1126, 628, 975, 10, 1130, 55, 988, 956, 984, 722, 988, 1131,
 7]
```

トークンIDのリストに、<|endoftext|>トークンのIDである**1130**と、未知の単語に使われる<|unk|>トークンのIDである**1131**が含まれていることがわかります。

簡単なサニティチェックとして、トークンIDをテキストトークンに戻してみましょう。

```
print(tokenizer.decode(tokenizer.encode(text)))
```

出力は次のとおりです。

```
<|unk|>, do you like tea? <|endoftext|> In the sunlit terraces of
 the <|unk|>.
```

トークンIDから変換されたテキストを元の入力テキストと比較してみると、『The Verdict』には、"Hello"と"palace"の2つの単語が含まれていないことがわかります。

LLMによっては、さらに次のような特別なトークンの追加を検討する研究者もいます。

- [BOS]（beginning of sequence）
  テキストの始まりを表す。コンテンツの一部がどこで始まるのかをLLMに知らせる。
- [EOS]（end of sequence）
  テキストの末尾に配置される。<|endoftext|>と同様に、特に複数の無関係なテキストを連結するときに役立つ。このトークンは、たとえばWikipediaの2つの異なる記事や2冊の書籍を連結するときに、1つの記事や書籍が終わって次の記事や書籍が始まる場所を示す。
- [PAD]（padding）
  バッチサイズが1よりも大きいLLMを訓練する際には、バッチにさまざまな長さのテキストが含まれているかもしれない。すべてのテキストを同じ長さにするために、短いテキストは[PAD]トークンを使ってパディングされる。その際、テキストはそのバッチにおいて最も長いテキストと同じ長さになるまでパディングされる。

GPTモデルに使われているトークナイザでは、こうしたトークンはどれも必要ではありません。単純に<|endoftext|>を使うだけです。<|endoftext|>は[EOS]に類似したトークンであり、パディングにも使われます。ただし、この後の章で見ていくように、バッチ入力で訓練を行うときには、通常はマスクを使います。つまり、パディングされたトークンには注意を払わないということです。したがって、パディングのために選択した特別なトークンは重要ではなくなります。

さらに、GPTモデルに使われているトークナイザは、語彙に含まれていない単語に対して<|unk|>トークンを使いません。GPTモデルは代わりに、**バイトペアエンコーディング**（byte pair encoding：BPE）のトークナイザを使い、単語をそれよりも小さな単位（サブワード）に分割

します。次節では、このバイトペアエンコーディングについて説明します。

2.5 バイトペアエンコーディング

バイトペアエンコーディング(BPE)という概念に基づく、より高度なトークン化スキームについて説明しましょう。BPEトークナイザは、GPT-2、GPT-3、そしてChatGPTで使われているオリジナルモデルのようなLLMの訓練に使われているトークナイザです。

BPEの実装はかなり複雑になることがあるため、ここでは**tiktoken**[3]という Python の既存のオープンソースライブラリを使うことにします。tiktokenは、Rustのソースコードに基づいてBPEアルゴリズムを非常に効率よく実装しています。他のPythonライブラリと同様に、tiktokenはターミナルでPythonの`pip`インストーラを使ってインストールできます。

```
pip install tiktoken
```

ここで使うコードは、tiktoken 0.7.0に基づいています[4]。現在インストールされているバージョンは、次のコードを使って確認できます。

```
from importlib.metadata import version
import tiktoken

print("tiktoken version:", version("tiktoken"))
```

インストールが完了したら、tiktokenのBPEトークナイザをインスタンス化できます。

```
tokenizer = tiktoken.get_encoding("gpt2")
```

このトークナイザの使い方は、前節で実装した`SimpleTokenizerV2`クラスの`encode()`メソッドの使い方と同じです。

```
text = (
    "Hello, do you like tea? <|endoftext|> In the sunlit terraces"
    "of someunknownPlace."
)
integers = tokenizer.encode(text, allowed_special={"<|endoftext|>"})
print(integers)
```

このコードは次のトークンIDを出力します。

```
[15496, 11, 466, 345, 588, 8887, 30, 220, 50256, 554, 262, 4252, 18250, 8812,
 2114, 286, 617, 34680, 27271, 13]
```

[3] https://github.com/openai/tiktoken

[4] [訳注] 検証では、tiktoken 0.8.0を使用した。

続いて、SimpleTokenizerV2と同様に、decode()メソッドを使ってトークンIDをテキストに戻すことができます。

```
strings = tokenizer.decode(integers)
print(strings)
```

このコードの出力は次のようになります。

```
Hello, do you like tea? <|endoftext|> In the sunlit terraces of
 someunknownPlace.
```

先のトークンIDとデコードされたテキストから、注目すべき点が2つあることがわかります。1つは、<|endoftext|>トークンに50256という比較的な大きなトークンIDが割り当てられていることです。実際には、GPT-2、GPT-3、そしてChatGPTのオリジナルモデルなどの訓練に使われたBPEトークナイザの語彙の合計サイズは50,257であり、<|endoftext|>に割り当てられているのは最後のトークンIDです。

もう1つは、BPEトークナイザがsomeunknownPlaceのような未知の単語のエンコーディングとデコーディングを正しく行うことです。BPEトークナイザは未知の単語がどのようなものであろうと対処できます。<|unk|>トークンを使わずに、どのようにしてこれをなし遂げるのでしょうか。

BPEのベースとなっているアルゴリズムは、事前に定義された語彙に含まれていない単語を、より小さなサブワード単位か、場合によってはばらばらの文字に分解します。このようにすると、語彙に存在しない単語を扱えるようになります。このBPEアルゴリズムのおかげで、トークン化の途中に未知の単語に遭遇した場合、トークナイザはその単語をサブワードトークンか文字のシーケンスとして表現することができます（図2-11）。

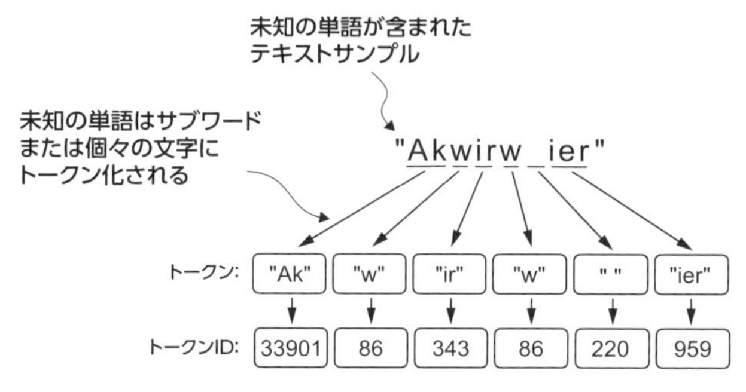

図2-11：BPEトークナイザは未知の単語をサブワードや個々の文字に分解する。このようにしてどのような単語でも解析できるため、BPEトークナイザでは、未知の単語を<|unk|>のような特別なトークンで置き換える必要はない

未知の単語をばらばらの文字に分解する能力のおかげで、トークナイザ、ひいてはトークナイザで訓練されるLLMは、訓練データに存在しない単語が含まれていたとしても、あらゆるテキストを処理できます。

> **練習問題 2-1：未知の単語のバイトペアエンコーディング**
> tiktoken ライブラリの BPE トークナイザを未知の単語 `"Akwirw ier"` に適用し、個々のトークン ID を出力してください。続いて、このリストに含まれている個々の整数で `decode()` メソッドを呼び出し、図 2-11 に示したマッピングを再現してください。最後に、それらのトークン ID で `decode()` メソッドを呼び出し、元の入力 `"Akwirw ier"` を再現できるかどうかチェックしてください。

BPE の詳しい説明と実装は本書の適用範囲外ですが、簡単に言うと、BPT は頻出する文字をサブワードにマージし、頻出するサブワードを単語にマージするという方法で語彙を構築します。たとえば、最初のステージでは、個々の文字をすべて語彙に追加します（a、b、...）。次のステージでは、一緒に出現する頻度が高い文字の組み合わせをサブワードにマージします。たとえば、`"d"` と `"e"` は、`"define"`、`"depend"`、`"made"`、`"hidden"` など、多くの英単語に共通する `"de"` というサブワードにマージされるかもしれません。こうしたマージは頻度カットオフによって決定されます。

2.6 スライディングウィンドウによるデータサンプリング

LLM 用の埋め込みを作成する次のステップは、LLM の訓練に必要な入力変数と目的変数のペアを生成することです。入力変数と目的変数のペアとは、どのようなものでしょうか。すでに説明したように、LLM の事前学習はテキストにおいて次に来る単語を予測するという方法で行われます（図 2-12）。

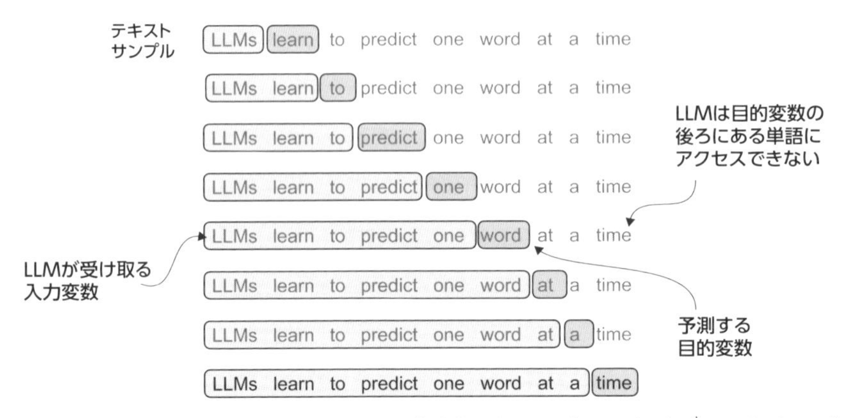

図 2-12：テキストサンプルから LLM の入力変数となるサブサンプルとして入力ブロックを抽出する。訓練中の LLM の予測タスクは、入力ブロックに続く次の単語を予測することである。訓練中は、目的変数の後ろにある単語をすべてマスクする。なお、図中のテキストは LLM で処理する前にトークン化しなければならないが、ここではわかりやすいようにトークン化のステップを省略している

スライディングウィンドウアプローチを使って、図 2-12 の入力変数と目的変数のペアを訓練データセットから取り出すデータローダーを実装してみましょう。まず、BPE トークナイザを使って『The Verdict』全体をトークン化します。

```
with open("the-verdict.txt", "r", encoding="utf-8") as f:
    raw_text = f.read()

enc_text = tokenizer.encode(raw_text)
print(len(enc_text))
```

このコードを実行すると、BPE トークナイザを適用した後の訓練データセットのトークンの合計数である `'5145'` が返されます。

次に、デモ目的で、このデータセットから最初の 50 個のトークンを削除します。そうすると、この後のステップで扱うテキストがもう少し興味深いものになります。

```
enc_sample = enc_text[50:]
```

次単語予測タスクのための入力変数と目的変数のペアを作成する最も簡単で直観的な方法の 1 つは、x と y という 2 つの変数を作成することです。x には入力トークンが含まれ、y には（x を 1 つ後ろにシフトさせた）ターゲットトークンが含まれます。

```
context_size = 4  ← context_sizeは入力に含まれるトークンの数を決定する
x = enc_sample[:context_size]
y = enc_sample[1:context_size+1]
print(f"x: {x}")
print(f"y:      {y}")
```

このコードを実行すると、次の出力が得られます。

```
x: [290, 4920, 2241, 287]
y:      [4920, 2241, 287, 257]
```

入力変数と（入力を 1 つ後ろにシフトさせた）目的変数を一緒に処理することで、次単語予測タスク（図 2-12）を次のように作成できます。

```
for i in range(1, context_size+1):
    context = enc_sample[:i]
    desired = enc_sample[i]
    print(context, "---->", desired)
```

このコードを実行すると、次の出力が得られます。

```
[290] ----> 4920
[290, 4920] ----> 2241
[290, 4920, 2241] ----> 287
[290, 4920, 2241, 287] ----> 257
```

矢印（---->）の左側にあるものはすべてLLMが受け取る入力を表しており、矢印の右側にあるトークンIDはLLMが予測することになっている目的のトークンIDを表しています。同じコードでトークンIDをテキストに変換したバージョンは次のようになります。

```
for i in range(1, context_size+1):
    context = enc_sample[:i]
    desired = enc_sample[i]
    print(tokenizer.decode(context), "---->", tokenizer.decode([desired]))
```

次の出力は、入力と出力がテキストフォーマットではどうなるかを示しています。

```
and ----> established
and established ----> himself
and established himself ----> in
and established himself in ----> a
```

LLMの訓練に利用できる入力変数と目的変数のペアはこれで完成です。

トークンを埋め込みに変換する前に必要な残りの作業は、効率的なデータローダーを実装することだけです。このデータローダーは、入力データセットを繰り返し処理しながら、入力変数と目的変数をPyTorchのテンソルとして返します。PyTorchのテンソルについては、多次元配列として考えることができます。具体的に言うと、ここで取得したいのは、入力テンソルとターゲットテンソルという2つのテンソルです。入力テンソルにはLLMが見るテキスト（入力変数）が含まれており、ターゲットテンソルにはLLMが予測する目的変数が含まれています。図2-13では、説明のためにトークンを文字列形式で示していますが、BPEトークナイザの`encode()`メソッドはトークン化とトークンIDへの変換の両方を1つのステップとして実行するため、コード実装ではトークンIDを直接操作します。

NOTE　効率的なデーターローダーの実装には、PyTorchの組み込みクラスである`Dataset`と`DataLoader`を使います。PyTorchのインストールに関する補足情報とガイダンスについては、付録AのA.1.3項を参照してください。

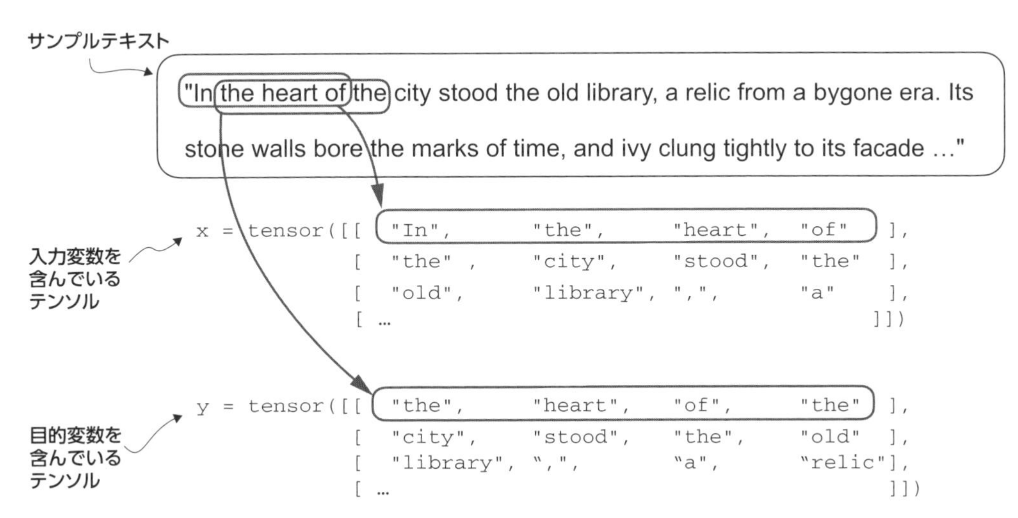

図 2-13： 効率的なデータローダーを実装するために、入力をテンソル x に集める。x の各行は 1 つの入力コンテキストを表す。2 つ目のテンソル y には、対応する目的変数（次の単語）が含まれている。目的変数は入力変数を 1 つ後ろにシフトさせることによって作成される

データセットクラスのコードはリスト 2-5 のようになります。

リスト 2-5：バッチ入力と目的変数のためのデータセット

```
import torch
from torch.utils.data import Dataset, DataLoader

class GPTDatasetV1(Dataset):
    def __init__(self, txt, tokenizer, max_length, stride):
        self.input_ids = []
        self.target_ids = []
        token_ids = tokenizer.encode(txt)

        for i in range(0, len(token_ids) - max_length, stride):
            input_chunk = token_ids[i:i + max_length]
            target_chunk = token_ids[i + 1: i + max_length + 1]
            self.input_ids.append(torch.tensor(input_chunk))
            self.target_ids.append(torch.tensor(target_chunk))

    def __len__(self):
        return len(self.input_ids)

    def __getitem__(self, idx):
        return self.input_ids[idx], self.target_ids[idx]
```

- テキスト全体をトークン化（token_ids = tokenizer.encode(txt)）
- スライディングウィンドウを使って『The Verdict』を max_length の長さのシーケンスに分割（for i in range(...)）
- データセットに含まれている行の総数を返す（__len__）
- データセットから1行を返す（__getitem__）

GPTDatasetV1 クラスは、PyTorch の Dataset クラスをベースとし、データセットから個々の行をどのように取り出すかを定義します。データセットの各行は、（max_length の長さの）トークン ID で構成され、input_chunk テンソルに代入されます。target_chunk テンソルには、対応する目的変数が代入されます。このデータセットを PyTorch の DataLoader と組み合わせた

場合、このデータセットから返されるデータはどのようなものになるでしょうか。興味がある場合は、続きを読んでください。さらに理解が深まるはずです。

> **NOTE**　PyTorch の Dataset クラスの構造を見るのは初めて、という場合は、Dataset クラスと DataLoader クラスの一般的な構造と使い方を説明している付録 A の A.6 節の説明が参考になるでしょう。

GPTDatasetV1 と PyTorch の DataLoader を使って入力をバッチで読み込むコードはリスト 2-6 のようになります。

リスト 2-6：入力変数と目的変数のペアでバッチを生成するデーターローダー

```
def create_dataloader_v1(txt, batch_size=4, max_length=256, stride=128,
                         shuffle=True, drop_last=True, num_workers=0):

    tokenizer = tiktoken.get_encoding("gpt2")  ← トークナイザを初期化

    dataset = GPTDatasetV1(txt, tokenizer, max_length, stride)  ← データセットを作成

    dataloader = DataLoader(
        dataset,
        batch_size=batch_size,
        shuffle=shuffle,
        drop_last=drop_last,  ← drop_last=Trueは、指定されたbatch_sizeよりも最後のバッチが短い場合に、訓練中の損失値のスパイクを防ぐためにそのバッチを除外する
        num_workers=num_workers  ← 前処理に使うCPUプロセスの数
    )

    return dataloader
```

リスト 2-5 の GPTDatasetV1 クラスとリスト 2-6 の create_dataloader_v1() 関数がどのように連動するのかについて理解を深めるために、コンテキストサイズが 4 の LLM で、バッチサイズが 1 のデーターローダーをテストしてみましょう。

```
with open("the-verdict.txt", "r", encoding="utf-8") as f:
    raw_text = f.read()

dataloader = create_dataloader_v1(
    raw_text,
    batch_size=1,
    max_length=4,
    stride=1,
    shuffle=False
)
data_iter = iter(dataloader)  ← データローダーをPythonのイテレータに変換し、Pythonの組み込み関数next()で次のエントリを取得
first_batch = next(data_iter)
print(first_batch)
```

このコードを実行すると、次の出力が得られます。

```
[tensor([[  40,  367, 2885, 1464]]), tensor([[ 367, 2885, 1464, 1807]])]
```

first_batch 変数には、2 つのテンソルが含まれています。1 つ目のテンソルは入力トークン ID を格納し、2 つ目のテンソルは出力トークン ID を格納します。max_length は 4 に設定されているため、2 つのテンソルはそれぞれトークン ID を 4 つ格納します。なお、4 という入力サイズは非常に小さく、説明を単純にするために選ばれただけであることに注意してください。LLM を訓練するときには、入力サイズとして少なくとも 256 を使うのが一般的です。

stride=1 の意味を理解するために、このデータセットから別のバッチを取り出してみましょう。

```
second_batch = next(data_iter)
print(second_batch)
```

2 つ目のバッチの内容は次のとおりです。

```
[tensor([[  367, 2885, 1464, 1807]]), tensor([[2885, 1464, 1807, 3619]])]
```

1 つ目のバッチと 2 つ目のバッチを比較してみると、2 つ目のバッチのトークン ID が位置を 1 つずらしたものであることがわかります。たとえば、1 つ目のバッチの 2 つ目の ID は 367 であり、これは 2 つ目のバッチの 1 つ目の ID です。stride 設定は、バッチ間での入力のシフトを位置の数で表します。次ページの図 2-14 に示すように、そのようにしてスライディングウィンドウアプローチをエミュレートしています。

練習問題 2-2：さまざまなストライドとコンテキストサイズのデータローダー

データローダーの仕組みについてさらに理解を深めるために、max_length=2 と stride=2、max_length=8 と stride=2 など、異なる設定でデータローダーを実行してみてください。

ここまでデータローダーからのサンプリングに使ってきたバッチサイズ 1 は、説明を目的とする分には有用です。ディープラーニングの経験がある場合は、バッチサイズが小さいと訓練時に必要なメモリが少なくなるものの、モデルの更新時にノイズが増える（勾配の計算やパラメータの更新が不安定になる）可能性があることに気付いているかもしれません。標準のディープラーニングと同じように、バッチサイズはトレードオフであり、LLM を訓練するときに実験すべきハイパーパラメータです。

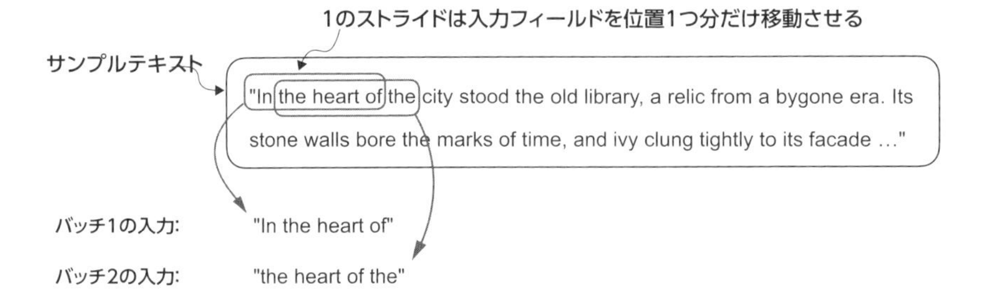

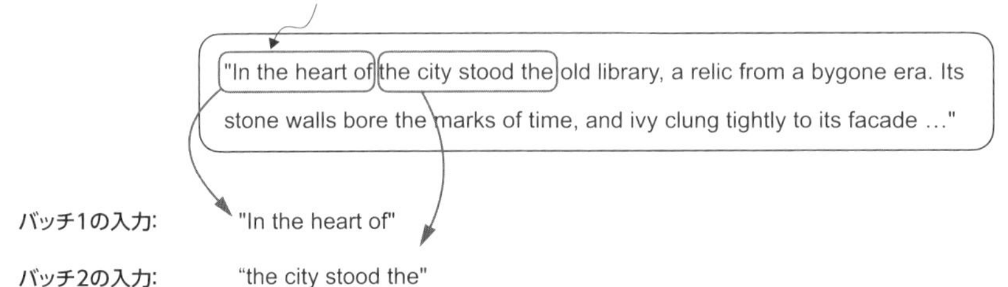

図 2-14：入力データセットから複数のバッチを作成するときには、テキストを横切るように入力ウィンドウをスライドさせる。ストライドを 1 にすると、次のバッチを作成するときに入力ウィンドウが位置 1 つ分だけ移動する。ストライドを入力ウィンドウのサイズと同じに設定すれば、バッチ間のオーバーラップを防ぐことができる

データローダーで 1 よりも大きなバッチサイズでサンプリングを行う方法を見てみましょう。

```
dataloader = create_dataloader_v1(
    raw_text, batch_size=8, max_length=4, stride=4, shuffle=False
)

data_iter = iter(dataloader)
inputs, targets = next(data_iter)
print("Inputs:\n", inputs)
print("\nTargets:\n", targets)
```

このコードを実行すると、次の出力が得られます。

```
Inputs:
 tensor([[   40,   367,  2885,  1464],
        [ 1807,  3619,   402,   271],
        [10899,  2138,   257,  7026],
        [15632,   438,  2016,   257],
        [  922,  5891,  1576,   438],
        [  568,   340,   373,   645],
        [ 1049,  5975,   284,   502],
        [  284,  3285,   326,    11]])
Targets:
 tensor([[  367,  2885,  1464,  1807],
        [ 3619,   402,   271, 10899],
```

```
        [ 2138,   257,  7026, 15632],
        [  438,  2016,   257,   922],
        [ 5891,  1576,   438,   568],
        [  340,   373,   645,  1049],
        [ 5975,   284,   502,   284],
        [ 3285,   326,    11,   287]])
```

データセットのすべての単語を利用する（単語を1つたりともスキップしない）ために、ストライドを4に増やしている点に注意してください。これはバッチ間のオーバーラップを防ぐための措置です。オーバーラップが多いと（モデルが同じデータを何度も見てしまい）過剰適合のリスクが高まる可能性があります。

2.7 トークン埋め込みを作成する

LLMの訓練用の入力テキストを準備する最後のステップは、トークンIDを埋め込みベクトルに変換することです（図2-15）。その下準備として、埋め込み層の重みをランダムな値で初期化する必要があります。この初期化が、LLMの学習プロセスの出発点となります。5章では、LLMの訓練の一部として、埋め込み層の重みを最適化します。

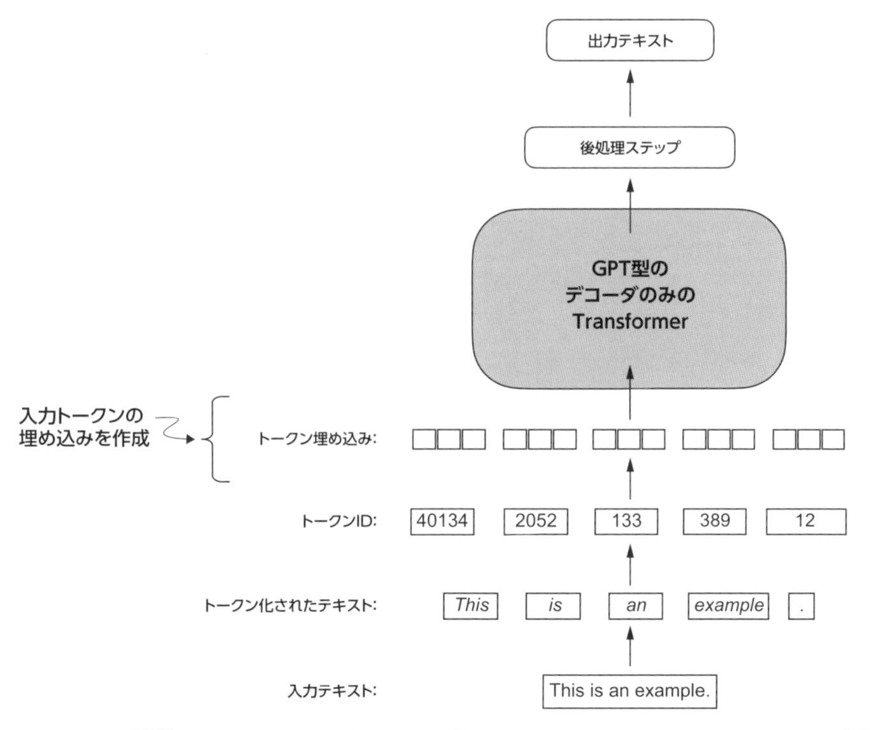

図2-15：下準備として、テキストをトークン化し、テキストトークンをトークンIDに変換し、トークンIDを埋め込みベクトルに変換する。ここでは、埋め込みベクトルを作成するために、先ほど生成したトークンIDを使う

連続値のベクトル表現（埋め込み）が必要なのは、GPT型のLLMが誤差逆伝播法（バックプロパゲーションアルゴリズム）で訓練されたディープニューラルネットワークだからです。

> **NOTE**　誤差逆伝播法によるニューラルネットワークの訓練の仕組みを確認したい場合は、付録AのA.4節を参照してください。

実際に例を見ながら、トークンIDが埋め込みベクトルに変換される仕組みを確認することにしましょう。トークンIDが2、3、5、1の4つの入力トークンがあるとします。

```
input_ids = torch.tensor([2, 3, 5, 1])
```

ここでは単純に、（BPEトークナイザの50,257語の語彙ではなく）わずか6語の小さな語彙があり、サイズ3の埋め込みを作成したいとします（GPT-3の埋め込みサイズは12,288次元です）。

```
vocab_size = 6
output_dim = 3
```

vocab_sizeとoutput_dimを使って、PyTorchの埋め込み層をインスタンス化し、再現性を確保するために乱数シードを123に設定します。

```
torch.manual_seed(123)
embedding_layer = torch.nn.Embedding(vocab_size, output_dim)
print(embedding_layer.weight)
```

このコードを実行すると、埋め込み層の重み行列が出力されます。

```
Parameter containing:
tensor([[ 0.3374, -0.1778, -0.1690],
        [ 0.9178,  1.5810,  1.3010],
        [ 1.2753, -0.2010, -0.1606],
        [-0.4015,  0.9666, -1.1481],
        [-1.1589,  0.3255, -0.6315],
        [-2.8400, -0.7849, -1.4096]], requires_grad=True)
```

埋め込み層の重み行列には、小さな乱数値が含まれています。これらの値は、LLM自体の最適化の一部として、LLMの訓練時に最適化されます。さらに、この重み行列が6行3列であることもわかります。語彙に含まれているトークン（6つ）ごとに1つの行があり、埋め込みベクトルの次元（3）ごとに1つの列があります。

では、この埋め込み層をトークンIDに適用して埋め込みベクトルを生成してみましょう。

```
print(embedding_layer(torch.tensor([3])))
```

これにより、次のような埋め込みベクトルが出力されます。

```
tensor([[-0.4015,  0.9666, -1.1481]], grad_fn=<EmbeddingBackward0>)
```


トークン ID 3 に対する埋め込みベクトルを先の埋め込み層の重み行列と比較すると、4 行目（Python のインデックスは 0 始まりなので、インデックス 3 の行）と同一であることがわかります。つまり、埋め込み層は事実上、トークン ID に基づいて埋め込み層の重み行列から行を取り出すルックアップ演算を行っているのです。

NOTE one-hot エンコーディングに詳しい読者のために説明すると、ここで説明している埋め込み層アプローチは、基本的には、「one-hot エンコーディングの後に全結合層で行列積をとる」という処理のより効率的な方法にすぎません。この点については、GitHub リポジトリの補足コード[5]で具体的に示しているのでぜひ確認してください。埋め込み層は、one-hot エンコーディング＋行列積アプローチと同等の、より効率的な実装にすぎないため、誤差逆伝播法で最適化できるニューラルネットワーク層と見なすことができます。

1 つのトークン ID を 3 次元の埋め込みベクトルに変換する方法を確認したところで、4 つの入力 ID（`torch.tensor([2, 3, 5, 1])`）のすべてに適用してみましょう。

```
print(embedding_layer(input_ids))
```

このコードの出力から、結果として 4 × 3 行列が得られることがわかります。

```
tensor([[ 1.2753, -0.2010, -0.1606],
        [-0.4015,  0.9666, -1.1481],
        [-2.8400, -0.7849, -1.4096],
        [ 0.9178,  1.5810,  1.3010]], grad_fn=<EmbeddingBackward0>)
```

この出力行列の各行は、埋め込み層の重み行列でのルックアップ演算によって得られます（次ページの図 2-16）。

トークン ID から埋め込みベクトルを作成したところで、次節では、これらの埋め込みベクトルに少し手を加えて、テキスト内のトークンの位置情報をエンコードすることにします。

[5] https://github.com/rasbt/LLMs-from-scratch/tree/main/ch02/03_bonus_embedding-vs-matmul

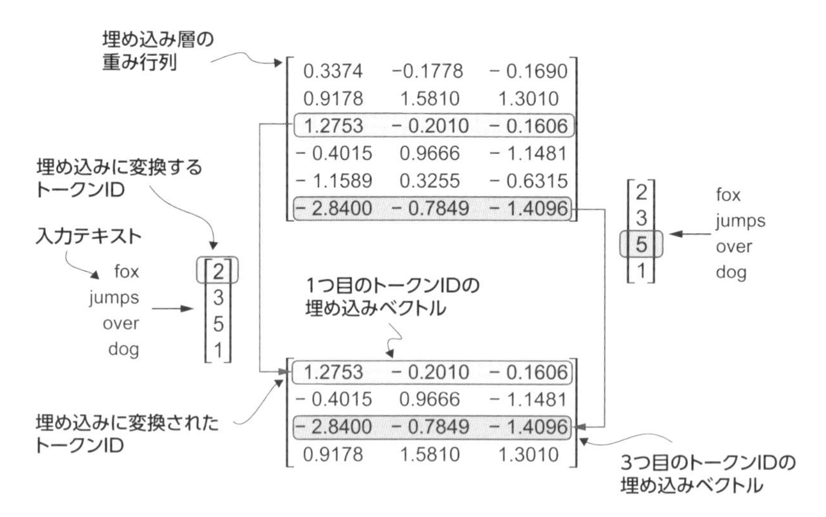

図 2-16：埋め込み層はルックアップ演算を行うことで、埋め込み層の重み行列からトークン ID に対応する埋め込みベクトルを取得する。たとえば、トークン ID 5 の埋め込みベクトルは、埋め込み層の重み行列の 6 行目である（Python のインデックスは 0 始まりなので、5 行目ではなく 6 行目である）。これらのトークン ID は 2.3 節の小さな語彙から生成されたものとする

2.8 単語の位置をエンコードする

トークン埋め込みは、基本的には、LLM の入力に適しています。一方で、LLM の小さな欠点は、その Self-Attention メカニズム（3 章を参照）にシーケンス内のトークンの位置や順序という概念がないことです。先ほど紹介した埋め込み層は、図 2-17 に示すように、トークン ID がシーケンス内のどの位置にあろうと、同じトークン ID を常に同じベクトル表現にマッピングします。

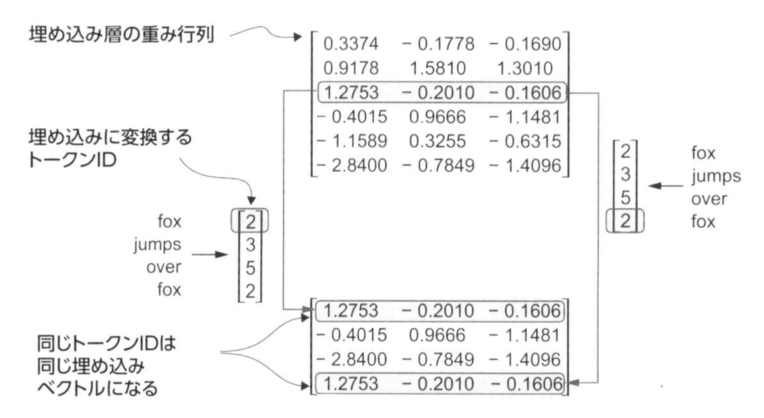

図 2-17：埋め込み層は、トークン ID をその入力シーケンスでの位置にかかわらず同じベクトル表現に変換する。たとえば、トークン ID 5 は、それが入力ベクトルの 1 つ目のトークン ID だろうと、4 つ目のトークン ID だろうと、同じ埋め込みベクトルになる

原則として、トークン ID の位置に依存しない決定論的な埋め込みは、再現性という目的には有効です。しかし、LLM 自体の Self-Attention メカニズムも位置に依存しないため、LLM に位置情報を追加すれば助けになります。

位置を認識する埋め込みには、大きく分けて、相対位置埋め込みと絶対位置埋め込みの 2 つがあります。位置情報の追加は、この 2 つの埋め込みを使って実現できます。絶対位置埋め込みは、シーケンス内の特定の位置に直接関連付けられます。入力シーケンスの位置ごとに、その正確な位置を伝えるために、トークンの埋め込みに一意な埋め込みが加算されます。たとえば、図 2-18 に示すように、1 つ目のトークンが特定の位置埋め込みを持ち、2 つ目のトークンが別の埋め込みを持つ、といった具合になります。

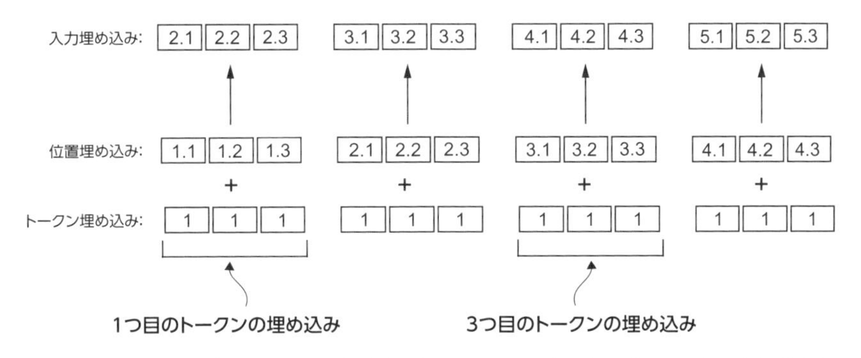

図 2-18：LLM の入力埋め込みを生成するために、トークン埋め込みベクトルに位置埋め込みが加算される。位置埋め込みベクトルは元のトークン埋め込みベクトルと同じ次元を持つ。ここでは単純に、トークン埋め込みベクトルを値 1 で表している

相対位置埋め込みでは、トークンの絶対的な位置に着目するのではなく、トークン間の相対的な位置（距離）に着目します。つまり、「正確な位置」ではなく、「どれくらい離れているか」という観点からモデルがトークン間の関係を学習します。この手法の利点は、さまざまな長さのシーケンスに（訓練中にそうした長さのシーケンスが使われなかったとしても）モデルがうまく汎化できるようになることです。

どちらのタイプの位置埋め込みも、トークン間の順序や関係を理解する LLM の能力を向上させ、コンテキストに対応したより正確な予測を行えるようにすることを目的としています。どちらを選択するかは、多くの場合、具体的な応用方法や処理するデータの性質によって決まります。

OpenAI の GPT モデルは絶対位置埋め込みを使っており、オリジナルの Transformer モデルの位置エンコーディングのように固定値（事前定義された値）を使うのではなく、訓練プロセスの過程で埋め込みの値を最適化します。この最適化プロセスはモデル自体の訓練の一部です。では、LLM の入力を生成するための最初の位置埋め込みを作成してみましょう。

ここまでは、説明を単純に保つために、非常に小さな埋め込みサイズに焦点を合わせてきました。今回は、より現実的で有効な埋め込みサイズを使うことにし、入力トークンを 256 次元のベクトル表現にエンコードします。オリジナルの GPT-3 モデルが使っていた埋め込みよりは小さいですが（GPT-3 では、埋め込みサイズは 12,288 次元）、実験には妥当なサイズです。さらに、トークン ID は先に実装した BPE トークナイザ（語彙のサイズは 50,257）によって生成されていると仮定します。

```
vocab_size = 50257
output_dim = 256
token_embedding_layer = torch.nn.Embedding(vocab_size, output_dim)
```

この埋め込み層（`token_embedding_layer`）を使ってデータローダーからデータをサンプリングすると、各バッチの各トークンが 256 次元のベクトルに埋め込まれます。バッチサイズが 8、バッチ内の各シーケンスのトークン数が 4 の場合、結果として 8 × 4 × 256 のテンソルが得られます。

まず、データローダー（2.6 節を参照）をインスタンス化してみましょう。

```
max_length = 4

dataloader = create_dataloader_v1(
    raw_text, batch_size=8, max_length=max_length, stride=max_length,
    shuffle=False
)

data_iter = iter(dataloader)
inputs, targets = next(data_iter)
print("Token IDs:\n", inputs)
print("\nInputs shape:\n", inputs.shape)
```

このコードの出力は次のようになります。

```
Token IDs:
 tensor([[   40,   367,  2885,  1464],
        [ 1807,  3619,   402,   271],
        [10899,  2138,   257,  7026],
        [15632,   438,  2016,   257],
        [  922,  5891,  1576,   438],
        [  568,   340,   373,   645],
        [ 1049,  5975,   284,   502],
        [  284,  3285,   326,    11]])

Inputs shape:
 torch.Size([8, 4])
```

トークン ID テンソルは 8 × 4 次元であり、データバッチがそれぞれ 4 つのトークンを持つ 8 つのテキストサンプルで構成されていることを意味します。

では、埋め込み層を使って、これらのトークン ID を 256 次元のベクトルに埋め込んでみましょう。

```
token_embeddings = token_embedding_layer(inputs)
print(token_embeddings.shape)
```

このコードを実行すると、次の出力が得られます。

```
torch.Size([8, 4, 256])
```

8 × 4 × 256 次元のテンソル出力は、各トークン ID が 256 次元のベクトルとして埋め込まれたことを示しています。

GPT モデルが使っている絶対位置埋め込みの場合は、token_embedding_layer と同じ埋め込み次元を持つ別の埋め込み層を作成すればよいだけです。

```
context_length = max_length
pos_embedding_layer = torch.nn.Embedding(context_length, output_dim)
pos_embeddings = pos_embedding_layer(torch.arange(context_length))
print(pos_embeddings.shape)
```

pos_embedding_layer に対する入力は、通常はプレースホルダベクトル torch.arange(context_length) です。このプレースホルダベクトルは、0 から context_length - 1 までの整数シーケンスを生成します。context_length は、LLM がサポートしている入力シーケンスの最大の長さを表す変数であり、ここでは max_length と同じ長さを選択しています。実際には、入力テキストの長さは context_length を超えることがあり、その場合は切り詰めなければなりません。

このコードの出力は次のとおりです。

```
torch.Size([4, 256])
```

位置埋め込みテンソルが 4 つの 256 次元ベクトルで構成されていることがわかります。これらの位置埋め込みテンソルは直接トークン埋め込みに追加できます。そうすると、PyTorch が 4 × 256 次元の pos_embeddings テンソルを、8 つのバッチのそれぞれで、4 × 256 次元のトークン埋め込みテンソルに加算します。

```
input_embeddings = token_embeddings + pos_embeddings
print(input_embeddings.shape)
```

出力は次のとおりです。

```
torch.Size([8, 4, 256])
```

ここで作成した input_embeddings は、次章から実装を開始する LLM のメインモジュールで処理できる入力サンプルの埋め込みです。図 2-19 に、ここまでのプロセスをまとめておきます。

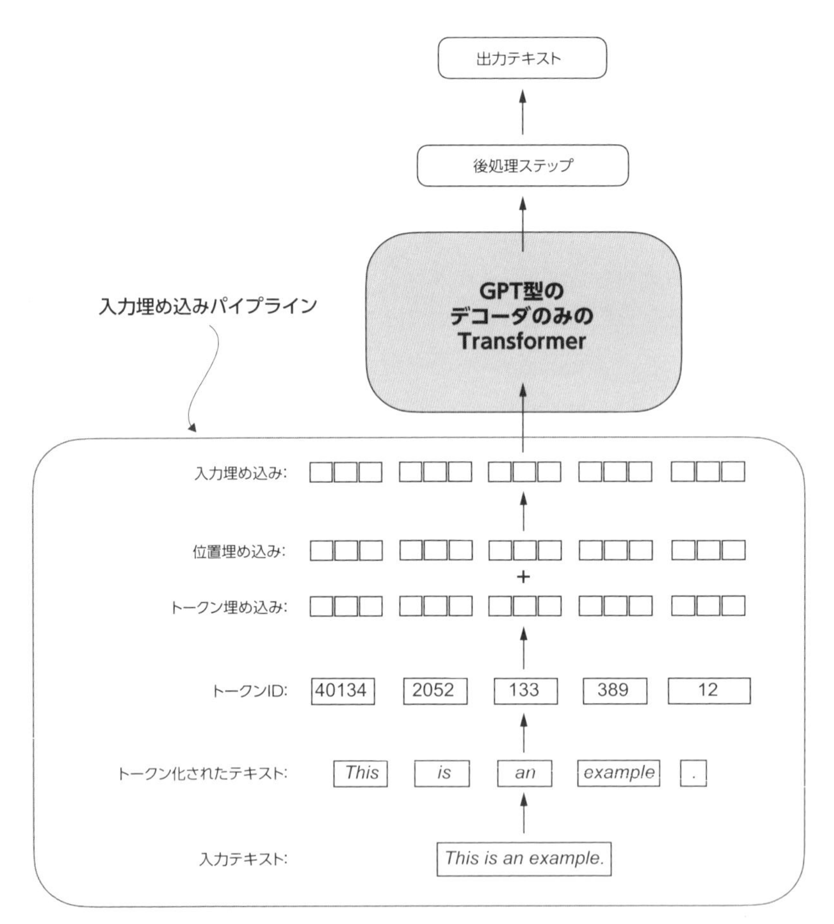

図 2-19：入力処理パイプラインの一部として、まず、入力テキストが個々のトークンに分割される。次に、これらのトークンが語彙を使ってトークン ID に変換される。さらに、トークン ID が埋め込みベクトルに変換され、同じサイズの位置埋め込みが加算される。結果として、LLM のメイン層の入力として利用できる入力埋め込みが得られる

2.9　本章のまとめ

- LLM は Raw テキストを処理できないため、LLM を扱うときには、テキストデータを埋め込みと呼ばれる数値ベクトルに変換する必要がある。埋め込みは、（単語や画像のような）離散値のデータを連続値のベクトル空間にマッピングすることで、ニューラルネットワークの演算に適合させる。
- 最初のステップとして、Raw テキストがトークンに分割される。トークンは単語の場合と文字の場合がある。次に、トークンがトークン ID と呼ばれる整数表現に変換される。

- 未知の単語や無関係なテキスト間の境界など、さまざまなコンテキストに対するモデルの理解と処理能力を向上させるために、`<|unk|>` や `<|endoftext|>` などの特別なトークンを追加できる。
- GPT-2 や GPT-3 のような LLM で使われているバイトペアエンコーディング（BPE）トークナイザでは、未知の単語をサブワード単位やばらばらの文字に分解することで、効率よく処理できる。
- トークン化されたデータでスライディングウィンドウアプローチを使うことで、LLM を訓練するための入力変数と目的変数のペアを生成する。
- PyTorch の埋め込み層は、トークン ID に対応するベクトルを取り出すルックアップ演算として機能する。結果として得られる埋め込みベクトルは、トークンの連続値表現を提供する。LLM のようなディープラーニングモデルを訓練する上で、この表現は非常に重要である。
- トークン埋め込みは、各トークンに対して一貫性のあるベクトル表現を提供するが、シーケンス内でのトークンの位置に関する情報を持たない。この問題を修正するために、大きく分けて絶対位置埋め込みと相対位置埋め込みの 2 種類の位置埋め込みが存在する。OpenAI の GPT モデルは、絶対位置埋め込みを利用している。位置埋め込みはトークン埋め込みベクトルに加算され、モデルの訓練中に最適化される。

3
Attention メカニズムのコーディング

本章の内容

- ニューラルネットワークで Attention メカニズムを使う理由
- 基本的な Self-Attention フレームワーク：ここから Self-Attention メカニズムを進化させていく
- Causal Attention モジュール：Self-Attention にマスクを追加して LLM がトークンを 1 つずつ生成できるようにする
- ドロップアウトマスク：過剰適合を抑制するために Attention の重みをランダムに選択してマスクする
- Multi-head Attention モジュール：複数の Causal Attention モジュールを積み重ねる

前章では、テキストを個々のワードトークンやサブワードトークンに分割し、LLM 用のベクトル表現（埋め込み）にエンコードすることで、LLM の訓練に向けて入力テキストを準備する方法について説明しました。

本章では、LLM アーキテクチャの根幹である Attention メカニズムに着目します（図 3-1）。その際には、主に他の要素から切り離した状態で Attention メカニズムを調べて、その仕組みや原理を解明します。続いて、Self-Attention メカニズムの実際の動作を確認し、テキストを生成するモデルを作成するために、Self-Attention メカニズムを中心に LLM の残りの部分を実装します。

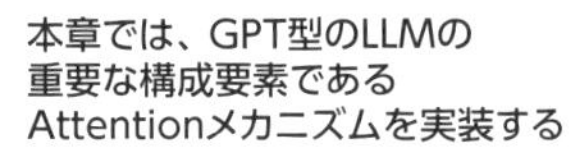

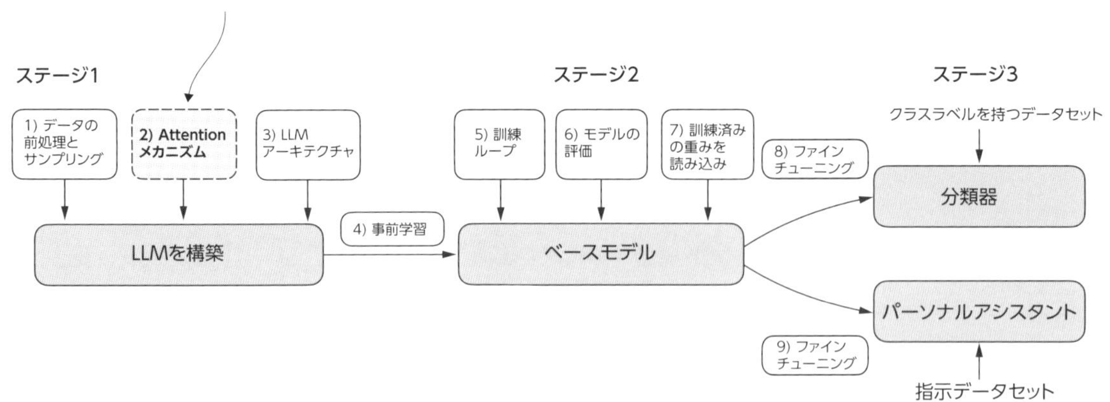

図3-1： LLMをコーディングするための3つのステージ。本章では、ステージ1のステップ2であるAttentionメカニズムの実装に焦点を合わせる。AttentionメカニズムはLLMアーキテクチャに不可欠な部分である

図3-2に示すように、本章では4種類のAttentionメカニズムを実装します。これらのAttentionメカニズムはそれぞれ1つ前に実装されたメカニズムに基づいています。コンパクトで効率的なMulti-head Attentionを実装し、次章で実装するLLMアーキテクチャに組み込めるようにすることが、ここでの目標となります。

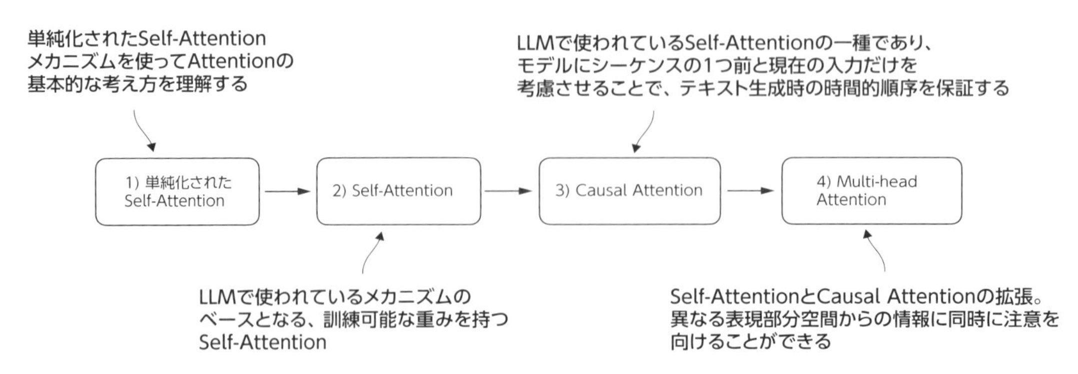

図3-2： 本章で実装する4種類のAttentionメカニズム。訓練可能な重みを追加する前の単純化されたSelf-Attentionから始める。Causal Attentionメカニズムは、Self-Attentionにマスクを追加することで、LLMが単語を1つずつ生成できるようにする。最後のMulti-head Attentionは、Attentionメカニズムを複数のヘッドで構成することで、モデルが入力データのさまざまな側面を並行して捕捉できるようにする

3.1 長いシーケンスをモデル化するときの問題点

LLMの根幹である**Self-Attention**メカニズムを詳しく見ていく前に、Attentionメカニズムを含んでいない、LLMが登場する前のアーキテクチャの問題点について考えてみましょう。たとえ

ば、ある言語を別の言語に翻訳する言語翻訳モデルを開発したいとします。図 3-3 に示すように、ソース言語とターゲット言語の文法構造の違いにより、単純にテキストを単語ごとに翻訳するというわけにはいきません。

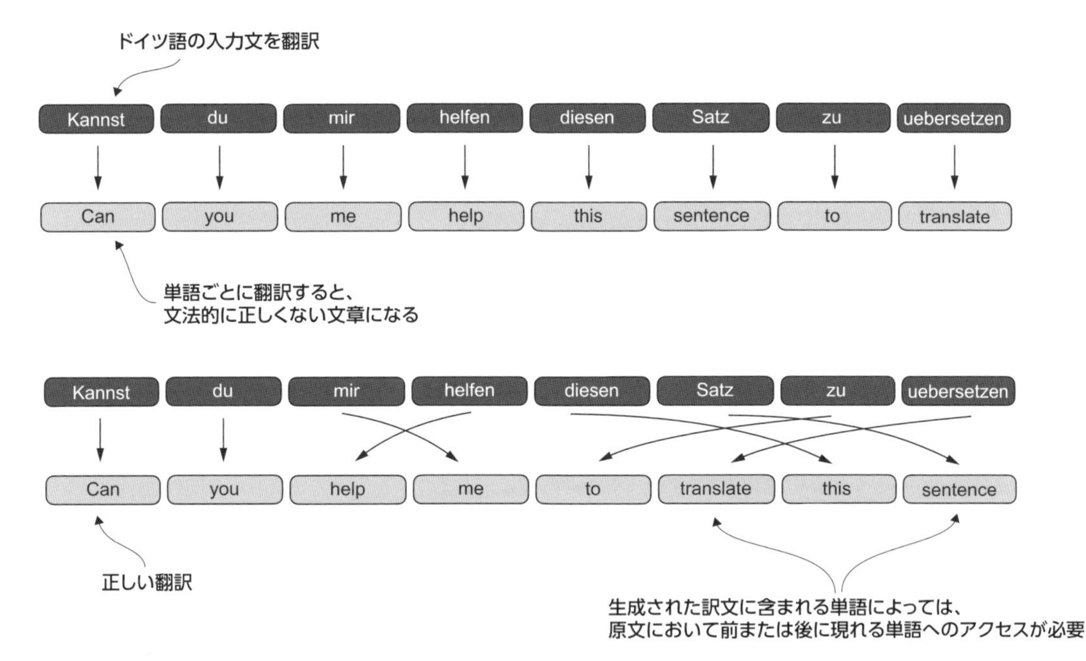

図 3-3： ある言語を別の言語に（たとえば、ドイツ語から英語に）翻訳する場合、ただ単に単語ごとに翻訳することはできない。翻訳プロセスでは、コンテキストの理解と文法上の調整が必要となる

この問題に対処するための一般的な方法は、**エンコーダ**と**デコーダ**の 2 つのサブモジュールを持つディープニューラルネットワークを使うことです。エンコーダの役目は、最初にテキスト全体を読み込んで処理することであり、デコーダの役目は、続いて翻訳されたテキストを生成することです。

Transformer が登場するまで、言語翻訳のエンコーダ・デコーダアーキテクチャとして最もよく知られていたのは、**リカレントニューラルネットワーク**（Recurrent Neural Network：RNN）でした。再帰型ニューラルネットワークとも呼ばれる RNN は、前のステップの出力が現在のステップの入力として渡されるニューラルネットワークの一種であり、テキストのような連続的なデータに非常に適しています。RNN をよく知らなくても心配はいりません。この後の説明を読み進める上で、RNN の詳細な仕組みを知っている必要はありません。ここでは、エンコーダ・デコーダアーキテクチャの一般的な概念のほうに重点を置いています。

RNN では、入力テキストがエンコーダに渡され、エンコーダがテキストを逐次的に処理します。エンコーダはステップごとに隠れ状態（隠れ層の内部値）を更新することで、入力テキストの全体的な意味を最終的な隠れ状態に取り込もうとします（図 3-4）。続いて、デコーダがこの最終的な隠れ状態をもとに、翻訳文を 1 語ずつ生成していきます。デコーダもステップごとに隠れ状態を更新することで、次単語予測に必要なコンテキストを維持します。

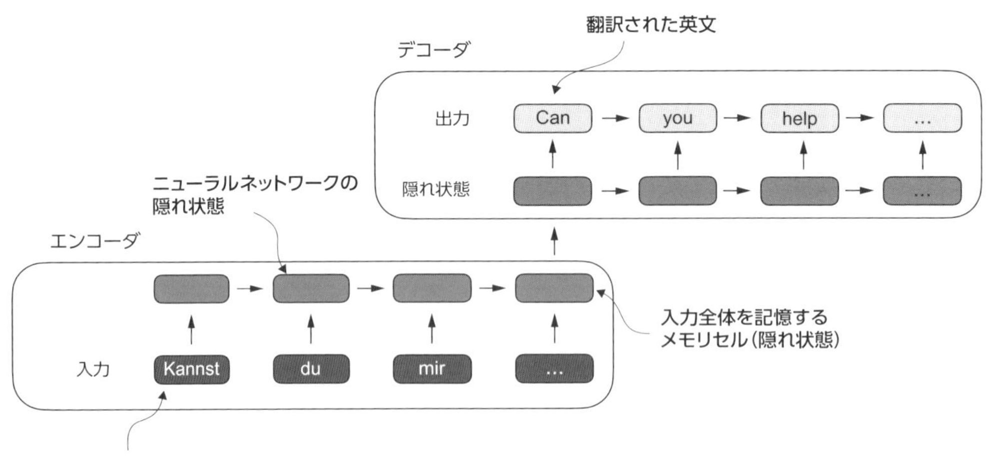

図3-4：Transformerモデルが登場する前は、機械翻訳にはRNNがよく使われていた。RNNでは、エンコーダがソース言語のトークンシーケンスを入力として受け取り、入力テキスト全体の圧縮表現を隠れ状態（ニューラルネットワークの中間層）にエンコードする。続いて、デコーダが現在の隠れ状態をもとに、トークンごとに翻訳を開始する

こうしたエンコーダ・デコーダ型のRNNの内部の仕組みを知る必要はありませんが、ここで鍵となるのは、エンコーダ部分が入力テキスト全体を処理して隠れ状態（メモリセル）に詰め込むことです。続いて、デコーダがこの隠れ状態をもとに出力を生成します。この隠れ状態については、前章で説明した埋め込みベクトルと考えればよいでしょう。

RNNの大きな制約は、デコーディング中にエンコーダの過去の隠れ状態に直接アクセスできないことです。結果として、関連情報がすべて詰め込まれた現在の隠れ状態に完全に依存することになります。このため、特に依存関係が長距離におよぶような複雑な文章では、コンテキストが失われてしまう可能性があります。

幸いなことに、LLMを構築するにあたって必ずしもRNNを理解する必要はありません。RNNにAttentionを設計する動機となった欠点があったことだけ覚えておいてください。

3.2 Attentionメカニズムでデータの依存関係を捉える

RNNは、短い文章はうまく翻訳できますが、入力の前の単語に直接アクセスできないため、長い文章はうまく翻訳できません。このアプローチの大きな欠点の1つは、エンコードされた入力全体をたった1つの隠れ状態に記憶してデコーダに渡さなければならないことです（図3-4）。

そこで研究者たちは2014年にRNN用の**Bahdanau Attention**メカニズムを開発しました（該当する論文の1人目の著者が名前の由来。付録Bを参照）。図3-5に示すように、このメカニズム

は、デコーダが各デコーディングステップで入力シーケンスの異なる部分に選択的にアクセスできるようにRNNを改良したものです。

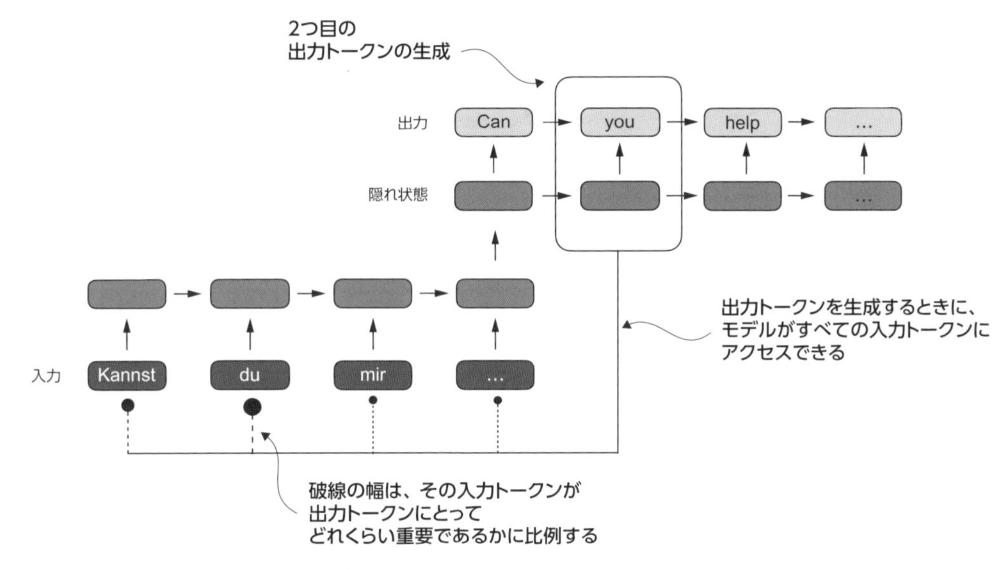

図3-5：Attentionメカニズムでは、ネットワークのテキスト生成デコーダ部分がすべての入力トークンに選択的にアクセスできる。これは、特定の出力トークンを生成する上で、ある入力トークンが他の入力トークンよりも重要であることを意味する。重要度は、後ほど計算するAttentionの重みによって決まる。なお、この図はAttentionの全体的な考え方を示すものであり、Bahdanauメカニズムの正確な実装を示すものではないことに注意

興味深いことに、自然言語処理（NLP）用のディープニューラルネットワークを構築するためのアーキテクチャがRNNでなくてもよいことに研究者たちが気付いて、（1章で説明した）オリジナルのTransformerアーキテクチャを提案したのは、それからわずか3年後のことでした。Transformerアーキテクチャには、Bahdanau Attentionメカニズムにヒントを得たSelf-Attentionメカニズムが含まれていました。

Self-Attentionとは、シーケンスの表現を計算するときに、入力シーケンス内の各位置が同じシーケンス内の他のすべての位置の関連性を考慮できるようにするメカニズムのことです。つまり、このメカニズムでは、それぞれの位置が他の位置にその重要度に応じて「注意を払う」ことができます。Self-Attentionは、GPTシリーズなど、Transformerアーキテクチャに基づく現代のLLMの重要な構成要素です。

本章では、図3-6に示すように、GPT型のモデルで使われているSelf-Attentionメカニズムのコーディングと理解に焦点を合わせます。次章では、LLMの残りの部分のコーディングに取り組みます。

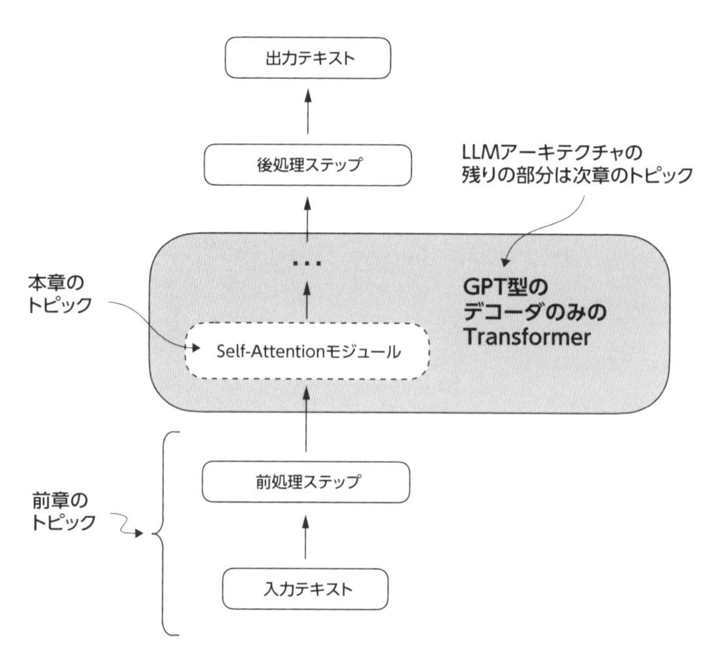

図3-6：Self-AttentionはTransformerアーキテクチャのメカニズムであり、シーケンス内の各位置が同じシーケンス内の他のすべての位置にその重要度に応じて注意を払えるようにすることで、より効率的な入力表現を計算するために使われる。本章では、このSelf-Attentionメカニズムを一からコーディングする。次章では、GPT型のLLMの残りの部分をコーディングする

3.3 Self-Attentionを使って入力の異なる部分に注意を払う

ここでは、Self-Attentionメカニズムの内部構造を取り上げ、このメカニズムを一からコーディングする方法を学びます。Self-Attentionは、Transformerアーキテクチャに基づくすべてのLLMの基礎となるものです。集中力と注意力がかなり要求される作業になるかもしれませんが、基本的な部分をマスターすれば、本書とLLMの実装全般の最も難しい側面の1つを攻略できたことになります。

Self-Attentionの「Self」とは

Self-Attentionの「Self」は、1つの入力シーケンス内の異なる位置を関連付けることによってAttentionの重みを計算するという、このメカニズムの能力を指しています。このメカニズムは、文中の単語や画像内のピクセルなど、入力自体のさまざまなパーツ間の関係や依存性を評価し、学習します。

対照的に、従来のAttentionメカニズムでは、2つの異なるシーケンスの要素間の関係に焦点を合わせます。たとえばSequence-to-Sequenceモデルでは、図3-5に示したような、入力シーケンスと出力シーケンス間の関係に注意を向けるかもしれません。

Self-Attention に取り組むのは初めて、という場合は特にそうですが、このメカニズムは複雑に見えることがあります。そこで、Self-Attention の単純化されたバージョンを調べることから始めます。その後、LLM で使われている Self-Attention —— つまり、訓練可能な重みを持つ Self-Attention メカニズムを実装します。

3.3.1 訓練可能な重みを持たない単純な Self-Attention メカニズム

まず、訓練可能な重みをいっさい持たない、単純化された Self-Attention メカニズムを実装します。図 3-7 は、この Self-Attention メカニズムの概要図です。訓練可能な重みを追加する前に、Self-Attention の重要な概念を明らかにすることが目標となります。

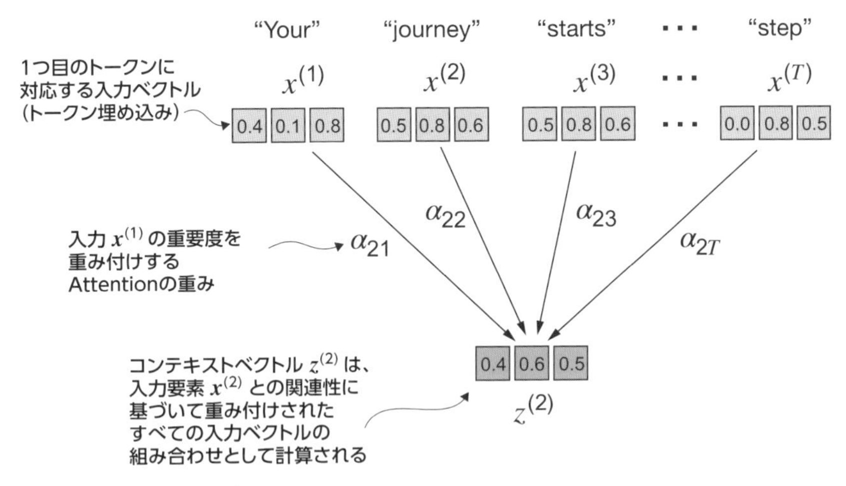

図 3-7：Self-Attention の目標は、他のすべての入力要素からの情報を組み合わせて、各入力要素のコンテキストベクトルを計算することである。この例では、コンテキストベクトル $z^{(2)}$ を計算する。$z^{(2)}$ を計算するための各入力要素の重要度（貢献度）は、Attention の重み $\alpha_{21} \sim \alpha_{2T}$ によって決まる。$z^{(2)}$ を計算する際、Attention の重みは入力要素 $x^{(2)}$ と他のすべての入力要素との関連性に基づいて計算される

図 3-7 は、$x^{(1)}$ から $x^{(T)}$ までの T 個の要素からなる入力シーケンス (x) を示しています。このシーケンスは一般に文章のようなテキストを表し、すでにトークン埋め込みに変換されています。

例として、`"Your journey begins with one step"` のような入力テキストについて考えてみましょう。この場合、$x^{(1)}$ のようなシーケンスの要素はそれぞれ、`"Your"` のような特定のトークンを表す d 次元の埋め込みベクトルに対応しています。図 3-7 では、こうした入力ベクトルを 3 次元の埋め込みベクトルとして表しています。この Self-Attention での目標は、入力シーケンスの各要素 $x^{(i)}$ に対してコンテキストベクトル $z^{(i)}$ を計算することです。**コンテキストベクトル**については、強化された埋め込みベクトルとして解釈できます。

この概念を具体的に理解するために、図 3-7 の 2 つ目の入力要素 $x^{(2)}$（トークン `"journey"` に対応）の埋め込みベクトルと、それに対応するコンテキストベクトル $z^{(2)}$ に着目してみましょう。このコンテキストベクトル $z^{(2)}$ は、$x^{(2)}$ と他のすべての入力要素 $x^{(1)} \sim x^{(T)}$ に関する情報が追加された、強化された埋め込みベクトルです。

コンテキストベクトルはSelf-Attentionにおいて重要な役割を果たします。コンテキストベクトルの目的は、(文章のような) 入力シーケンスの各要素について、より豊かな表現を作成することにあります。コンテキストベクトルはシーケンス内の他のすべての要素からの情報を組み込んでおり (図3-7)、文章中の単語と単語の関係や関連性を理解する必要があるLLMにとって不可欠な表現です。後ほど、LLMがコンテキストベクトルの構築方法を学習できるようにするために、このSelf-Attentionに訓練可能な重みを追加します。そのようにして、LLMが次のトークンを生成する上で、これらのコンテキストベクトルが意味を持つようにします。ですがその前に、これらの重みと結果として得られるコンテキストベクトルを一歩ずつ計算する、単純化されたSelf-Attentionメカニズムを実装してみましょう。

次の入力シーケンス (文章) を見てください。このシーケンスはすでに3次元ベクトル (2章を参照) に埋め込まれています。なお、ここでは改行なしでページに収まるように埋め込みの次元を小さくしました。

```
import torch

inputs = torch.tensor(
    [[0.43, 0.15, 0.89],  # Your (x^1)
     [0.55, 0.87, 0.66],  # journey (x^2)
     [0.57, 0.85, 0.64],  # starts (x^3)
     [0.22, 0.58, 0.33],  # with (x^4)
     [0.77, 0.25, 0.10],  # one (x^5)
     [0.05, 0.80, 0.55]]  # step (x^6)
)
```

Self-Attentionを実装する最初のステップは、図3-8に示すように、Attentionスコアと呼ばれる中間値ωを計算することです。図3-8では、スペースの都合上、先の`inputs`テンソルの値を切り捨てており、たとえば0.87は0.8に切り捨てられています。このように切り捨てると、単語`"journey"`と`"starts"`の埋め込みが偶然にも似ているように見えるかもしれません。

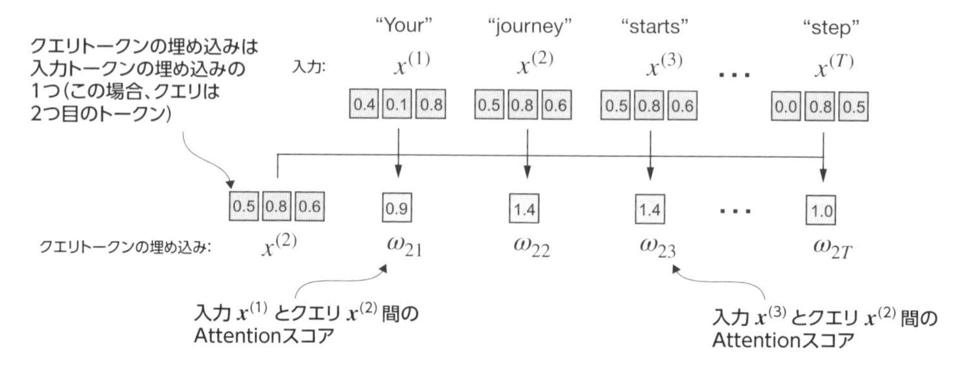

図3-8：全体的な目標は、2つ目の入力要素$x^{(2)}$をクエリとした場合にコンテキストベクトル$z^{(2)}$がどのように計算されるのかを示すことである。この図は1つ目の中間ステップを表しており、クエリ$x^{(2)}$と他のすべての入力要素間のAttentionスコアωをドット積として計算している (散らかって見えないように数値を小数点以下1桁で切り捨てている点に注意)

図3-8は、クエリトークンと各入力トークン間でのAttentionスコアの計算方法を示しています。これらのスコアは、クエリ ($x^{(2)}$) と他の入力トークンの間でドット積を計算することによって決定されます。

```
query = inputs[1]  ◀──── 2つ目の入力トークンをクエリとして使う

attn_scores_2 = torch.empty(inputs.shape[0])
for i, x_i in enumerate(inputs):
    attn_scores_2[i] = torch.dot(x_i, query)

print(attn_scores_2)
```

計算されたAttentionスコアは次のとおりです。

```
tensor([0.9544, 1.4950, 1.4754, 0.8434, 0.7070, 1.0865])
```

ドット積

ドット積とは、基本的には、2つのベクトルを要素ごとに掛け合わせ、その積の総和を求める簡潔な方法のことです。

```
res = 0.
for idx, element in enumerate(inputs[0]):
    res += inputs[0][idx] * query[idx]
print(res)
print(torch.dot(inputs[0], query))
```

このコードの出力は、要素ごとの積の和がドット積と同じ結果になることを裏付けています。

```
tensor(0.9544)
tensor(0.9544)
```

ドット積演算は、2つのベクトルを結合してスカラー値を得るための数学的な手段であるだけではなく、ベクトルどうしの類似度の尺度でもあります。なぜなら、2つのベクトルがどれくらい密に並んでいるか（どれくらい同じ方向を向いているか）を定量化するからです。ベクトル間のドット積が大きいほど、ベクトル間の類似度は高くなります。Self-Attentionメカニズムでは、ドット積はシーケンスの各要素が他の要素にどれくらい注目しているか（注意を払っている度合い）を決定します。ドット積が大きいほど、2つの要素は類似していると見なされ、それらの間のAttentionスコアも高くなります。

次のステップでは、先に計算したAttentionスコアをそれぞれ正規化します（図3-9）。正規化の主な目的は、Attentionの重みの総和が1になるようにして、確率的な（相対的な重要度としての）解釈を可能にすることです。こうした正規化は、LLMにおいて重みの解釈を容易にし、学習の安定性を維持するのに役立つ慣例となっています。

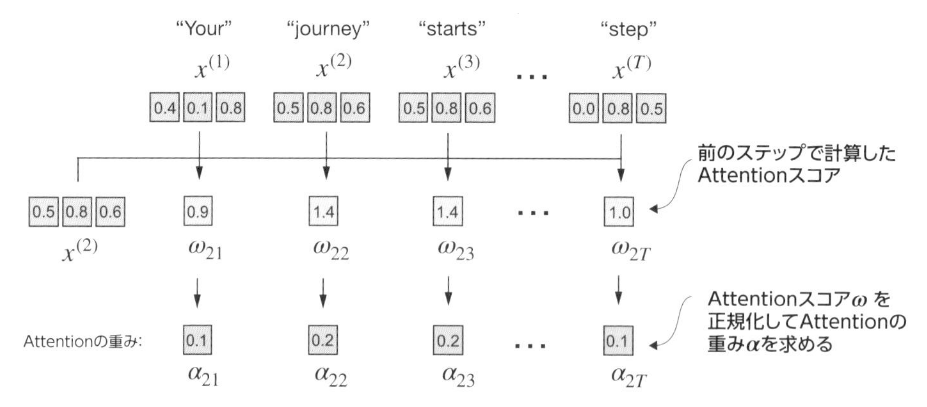

図3-9：入力クエリ $x^{(2)}$ についてAttentionスコア ω_{21} ～ ω_{2T} を計算した後、Attentionスコアを正規化することにより、Attentionの重み α_{21} ～ α_{2T} を求める

この正規化ステップを実現する簡単な方法は次のようになります。

```
attn_weights_2_tmp = attn_scores_2 / attn_scores_2.sum()
print("Attention weights:", attn_weights_2_tmp)
print("Sum:", attn_weights_2_tmp.sum())
```

出力が示すように、Attentionの重みの総和は1になります。

```
Attention weights: tensor([0.1455, 0.2278, 0.2249, 0.1285, 0.1077, 0.1656])
Sum: tensor(1.0000)
```

実際には、正規化にはソフトマックス関数を使うのが一般的であり、そのほうが適切です。このアプローチは極端な値をうまく扱うのに適しており、訓練時の勾配特性をより安定させます。Attentionスコアを正規化するためのソフトマックス関数の基本実装は次のようになります。

```
def softmax_naive(x):
    return torch.exp(x) / torch.exp(x).sum(dim=0)

attn_weights_2_naive = softmax_naive(attn_scores_2)
print("Attention weights:", attn_weights_2_naive)
print("Sum:", attn_weights_2_naive.sum())
```

出力が示すように、ソフトマックス関数でも同じ目的が達成され、Attentionの重みの総和が1になるように正規化されます。

```
Attention weights: tensor([0.1385, 0.2379, 0.2333, 0.1240, 0.1082, 0.1581])
Sum: tensor(1.)
```

さらに、ソフトマックス関数では、Attentionの重みが常に正になることも保証されます。これにより、出力を確率（相対的な重要度）として解釈できるようになり、重みが大きいほど重要度が高いと考えることができます。

なお、この素朴なソフトマックス実装（`softmax_naive()`）は、大きな入力値や小さな入力値を扱うときに、オーバーフローやアンダーフローといった数値の不安定性の問題に直面するかもしれません。そのため、実際には、性能面で広く最適化されているPyTorchのソフトマックス実装を使うことをお勧めします。

```
attn_weights_2 = torch.softmax(attn_scores_2, dim=0)
print("Attention weights:", attn_weights_2)
print("Sum:", attn_weights_2.sum())
```

このケースでは、`softmax_naive()`関数と同じ結果になります。

```
Attention weights: tensor([0.1385, 0.2379, 0.2333, 0.1240, 0.1082, 0.1581])
Sum: tensor(1.)
```

Attentionスコアを正規化してAttentionの重みを計算したところで、図3-10に示す最後のステップに進む準備ができました。このステップでは、入力トークンの埋め込み$x^{(i)}$と対応するAttentionの重みの積を求め、結果として得られたベクトルをすべて加算します。つまり、コンテキストベクトル$z^{(2)}$は、各入力ベクトルと対応するAttentionの重みを掛け合わせ、それらをすべて加算することによって得られる加重和です。

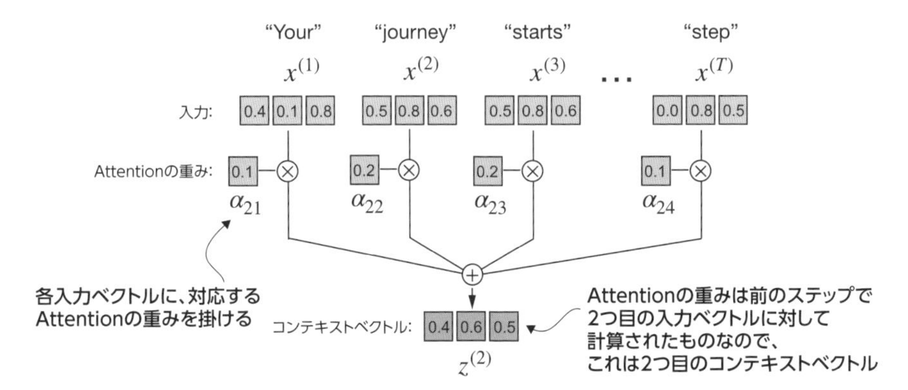

図3-10：クエリ$\boldsymbol{x}^{(2)}$のAttentionの重みを求めるためにAttentionスコアを計算して正規化した後の最後のステップは、コンテキストベクトル$z^{(2)}$を計算することである。このコンテキストベクトルは、すべての入力ベクトル$\boldsymbol{x}^{(1)}$～$\boldsymbol{x}^{(T)}$にAttentionの重みを掛け、結果を加算したものである

```
query = inputs[1]  ← 2つ目の入力トークンがクエリ

context_vec_2 = torch.zeros(query.shape)
for i,x_i in enumerate(inputs):
    context_vec_2 += attn_weights_2[i]*x_i

print(context_vec_2)
```

この計算の結果は次のとおりです。

```
tensor([0.4419, 0.6515, 0.5683])
```

次項では、すべてのコンテキストベクトルを同時に計算するために、このコンテキストベクトルの計算手続きを一般化します。

3.3.2 すべての入力トークンについてAttentionの重みを計算する

前項では、2つ目の入力（図3-11の濃い網掛けの行）に対するAttentionの重みとコンテキストベクトルを計算しました。今度は、この計算を拡張し、すべての入力についてAttentionの重みとコンテキストベクトルを計算します。

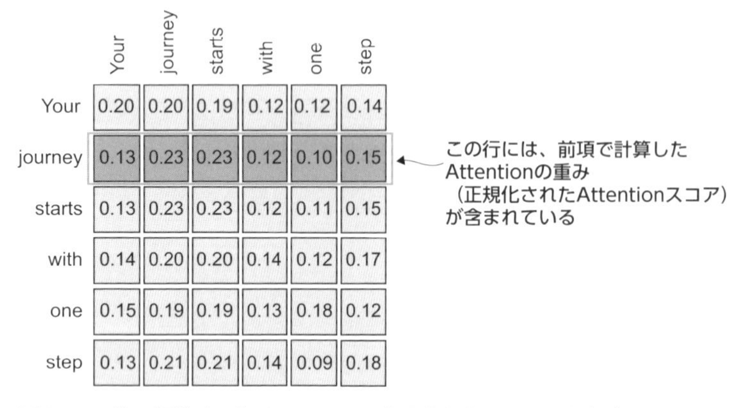

図3-11：濃い網掛けの行は2つ目の入力要素をクエリとした場合のAttentionの重みを示している。ここでは、この計算を一般化して、他のAttentionの重みをすべて計算する（なお、この図の数値は散らかって見えるのを防ぐために小数点以下2桁で切り捨てられている。各行の値の合計は、本来は1.0、つまり100%になるはずだ）

ここでは、前項と同じ3つのステップ（図3-12）に従いますが、2つ目のコンテキストベクトル $z^{(2)}$ だけではなく、すべてのコンテキストベクトルを計算するようにコードを少し修正します。

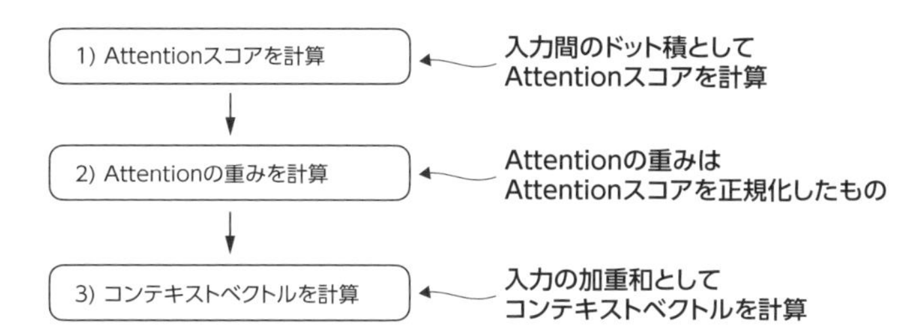

図 3-12：ステップ 1 では、すべての入力のペアについてドット積を計算するために for ループを追加する

3
章

```
attn_scores = torch.empty(6, 6)
for i, x_i in enumerate(inputs):
    for j, x_j in enumerate(inputs):
        attn_scores[i, j] = torch.dot(x_i, x_j)

print(attn_scores)
```

Attention スコアは次のようになります。

```
tensor([[0.9995, 0.9544, 0.9422, 0.4753, 0.4576, 0.6310],
        [0.9544, 1.4950, 1.4754, 0.8434, 0.7070, 1.0865],
        [0.9422, 1.4754, 1.4570, 0.8296, 0.7154, 1.0605],
        [0.4753, 0.8434, 0.8296, 0.4937, 0.3474, 0.6565],
        [0.4576, 0.7070, 0.7154, 0.3474, 0.6654, 0.2935],
        [0.6310, 1.0865, 1.0605, 0.6565, 0.2935, 0.9450]])
```

図 3-11 で示したように、テンソルの各要素は、入力の各ペア間の Attention スコアを表しています。図 3-11 の値は正規化されているため、このテンソルの正規化されていない Attention スコアとは異なっていることに注意してください。正規化については、後ほど取り組みます。

この Attention スコアテンソルの計算には、Python の `for` ループを使いました。ただし、`for` ループには一般に遅いという問題があります。行列積を使えば、同じ結果を効率よく求めることができます。

```
attn_scores = inputs @ inputs.T
print(attn_scores)
```

結果が先ほどと同じであることは目視で確認できます。

```
tensor([[0.9995, 0.9544, 0.9422, 0.4753, 0.4576, 0.6310],
        [0.9544, 1.4950, 1.4754, 0.8434, 0.7070, 1.0865],
        [0.9422, 1.4754, 1.4570, 0.8296, 0.7154, 1.0605],
        [0.4753, 0.8434, 0.8296, 0.4937, 0.3474, 0.6565],
        [0.4576, 0.7070, 0.7154, 0.3474, 0.6654, 0.2935],
        [0.6310, 1.0865, 1.0605, 0.6565, 0.2935, 0.9450]])
```

図 3-12 のステップ 2 では、各行を正規化して、各行の値の合計が 1 になるようにします。

```
attn_weights = torch.softmax(attn_scores, dim=-1)
print(attn_weights)
```

これにより、図3-10に示した値と一致する以下のAttention重みテンソルが返されます。

```
tensor([[0.2098, 0.2006, 0.1981, 0.1242, 0.1220, 0.1452],
        [0.1385, 0.2379, 0.2333, 0.1240, 0.1082, 0.1581],
        [0.1390, 0.2369, 0.2326, 0.1242, 0.1108, 0.1565],
        [0.1435, 0.2074, 0.2046, 0.1462, 0.1263, 0.1720],
        [0.1526, 0.1958, 0.1975, 0.1367, 0.1879, 0.1295],
        [0.1385, 0.2184, 0.2128, 0.1420, 0.0988, 0.1896]])
```

PyTorchを使っている場合、`torch.softmax()`のような関数の`dim`パラメータは、入力テンソルのどの次元に沿って関数を計算するのかを指定します。`dim=-1`に設定すると、`attn_scores`テンソルの最後の次元に沿って正規化を適用するように`softmax()`関数に指示することになります。たとえば、`attn_scores`が`[rows, columns]`の形状を持つ2次元テンソルの場合は、列ごとに正規化が行われ、各行の（列次元での）値の合計が1になります。

各行の値の合計がすべて1になることを確認してみましょう。

```
row_2_sum = sum([0.1385, 0.2379, 0.2333, 0.1240, 0.1082, 0.1581])
print("Row 2 sum:", row_2_sum)
print("All row sums:", attn_weights.sum(dim=-1))
```

結果は次のとおりです。

```
Row 2 sum: 1.0
All row sums: tensor([1.0000, 1.0000, 1.0000, 1.0000, 1.0000, 1.0000])
```

図3-12の最後の3つ目のステップでは、これらのAttentionの重みと行列積を使って、すべてのコンテキストベクトルを計算します。

```
all_context_vecs = attn_weights @ inputs
print(all_context_vecs)
```

結果として得られる出力テンソルの各行には、3次元のコンテキストベクトルが含まれています。

```
tensor([[0.4421, 0.5931, 0.5790],
        [0.4419, 0.6515, 0.5683],
        [0.4431, 0.6496, 0.5671],
        [0.4304, 0.6298, 0.5510],
        [0.4671, 0.5910, 0.5266],
        [0.4177, 0.6503, 0.5645]])
```

出力の 2 行目を前項で計算したコンテキストベクトル $z^{(2)}$ と比較すると、このコードが正しいことをダブルチェックできます。

```
print("Previous 2nd context vector:", context_vec_2)
```

次の結果から、前項で計算した context_vec_2 が、先のテンソルの 2 行目と完全に一致していることがわかります。

```
Previous 2nd context vector: tensor([0.4419, 0.6515, 0.5683])
```


単純な Self-Attention メカニズムのウォークスルーは以上となります。次節では、訓練可能な重みを追加することで、LLM がデータから学習し、特定のタスクでの性能を改善できるようにします。

3.4 訓練可能な重みを持つ Self-Attention を実装する

次のステップは、オリジナルの Transformer アーキテクチャ、GPT モデル、その他のよく知られている LLM で使われている Self-Attention メカニズムを実装することです。この Self-Attention メカニズムは、**Scaled Dot-Product Attention** とも呼ばれます。図 3-13 は、この Self-Attention メカニズムが LLM の実装という広いコンテキストの中でどのように位置付けられるのかを示しています。

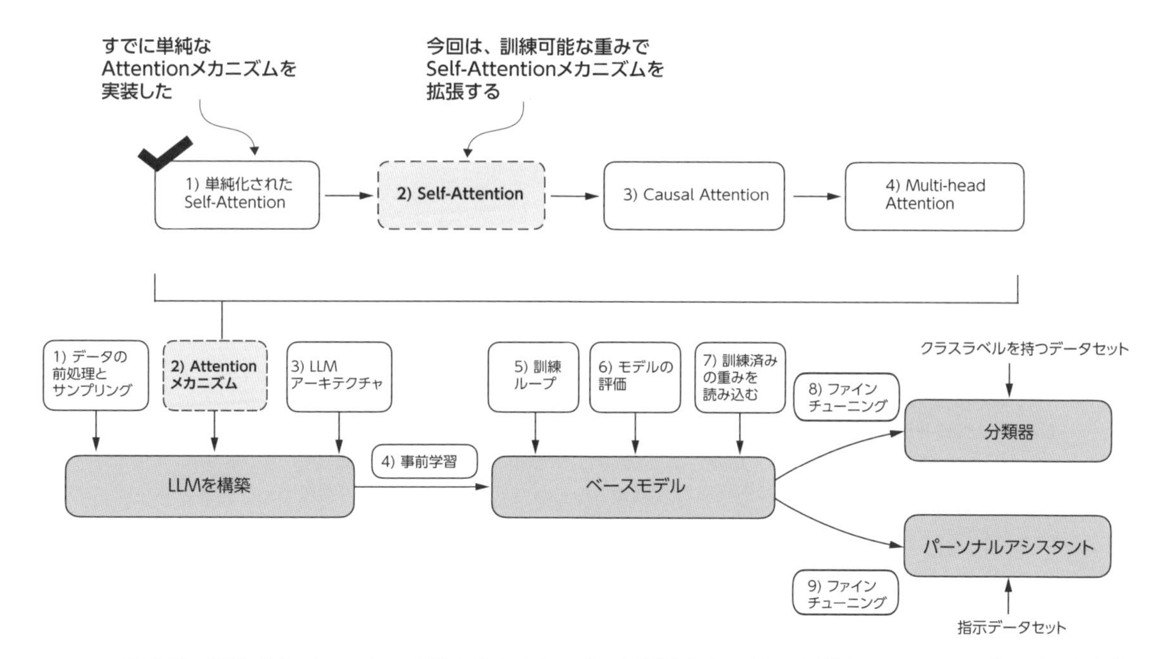

図 3-13：前節では、Attention の基本的なメカニズムを理解するために、単純な Attention メカニズムを実装した。今回は、この Attention メカニズムに訓練可能な重みを追加する。後ほど、Causal Attention マスクと複数のヘッドを追加することで、この Self-Attention メカニズムを拡張する

図3-13に示したように、訓練可能な重みを持つSelf-Attentionメカニズムは、これまでの概念に基づいています。つまり、特定の入力要素に対応する入力ベクトルの加重和としてコンテキストベクトルを計算したいということです。前節で実装した基本的なSelf-Attentionメカニズムと比べると、違いはごくわずかであることがわかります。

最も顕著な違いは、モデルの訓練中に更新される重み行列の導入です。このような訓練可能な重み行列は、モデル（具体的には、モデル内部のAttentionモジュール）が「適切な」コンテキストベクトルの構築方法を学習する上で非常に重要です（LLMの訓練は5章で行います）。

ここでは、2つのサブセクションに分けて、このSelf-Attentionメカニズムに取り組むことにします。まず、前回と同じように、コーディングをステップごとに行います。次に、コードをコンパクトなPythonクラスにまとめて、LLMアーキテクチャにインポートできるようにします。

3.4.1 Attentionの重みを段階的に計算する

ここでは、訓練可能な重み行列 W_q、W_k、W_v を導入することで、Self-Attentionメカニズムを段階的に実装します。この3つの行列は、それぞれ入力トークン埋め込み $x^{(i)}$ をクエリベクトル、キーベクトル、値ベクトルに射影するために使われます（図3-14）。

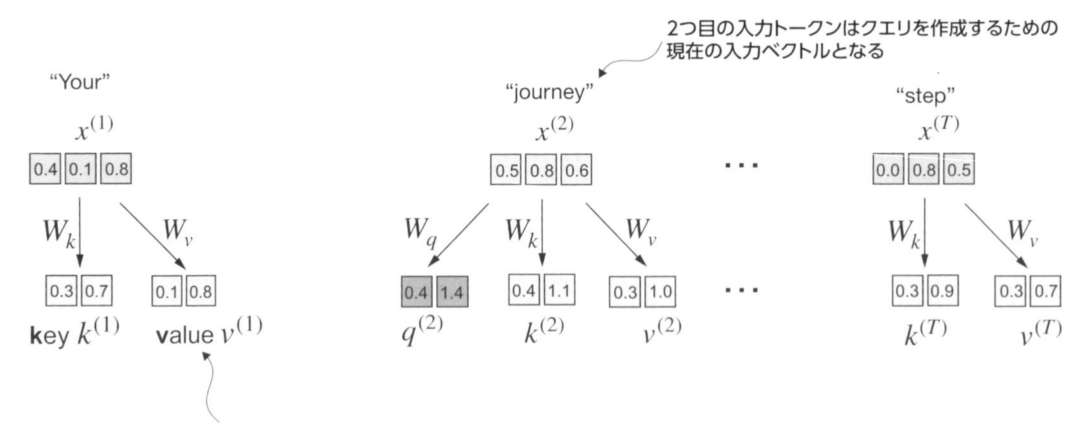

図3-14：訓練可能な重み行列を持つSelf-Attentionメカニズムの最初のステップでは、入力要素 $\boldsymbol{x}$ に対してクエリベクトル（$\boldsymbol{q}$）、キーベクトル（$\boldsymbol{k}$）、値ベクトル（$\boldsymbol{v}$）を計算する。前節と同様に、2つ目の入力 $\boldsymbol{x}^{(2)}$ をクエリ入力とする。クエリベクトル $\boldsymbol{q}^{(2)}$ は、入力 $\boldsymbol{x}^{(2)}$ と重み行列 W_q の行列積によって得られる。同様に、キーベクトル $\boldsymbol{k}^{(2)}$ と値ベクトル $\boldsymbol{v}^{(2)}$ はそれぞれ入力 $\boldsymbol{x}^{(2)}$ と重み行列 $\boldsymbol{W}_k$、$\boldsymbol{W}_v$ の行列積によって得られる

前節では、コンテキストベクトル $z^{(2)}$ を求めるために単純な方法でAttentionの重みを計算しましたが、そのときは2つ目の入力要素 $x^{(2)}$ をクエリとして定義しました。続いて、この計算を一般化して、`"Your journey begins with one step"` という6語の入力文のコンテキストベクトル $z^{(1)}$～$z^{(T)}$ をすべて計算しました。

ここでも同様に、コンテキストベクトル（$z^{(2)}$）を1つだけ計算することから始めます。続いて、

すべてのコンテキストベクトルを計算するために、このコードに手を加えます。
　まず、変数をいくつか定義します。

```
x_2 = inputs[1]           ← 2つ目の入力要素
d_in = inputs.shape[1]    ← 入力埋め込みのサイズ（d_in=3）
d_out = 2                 ← 出力埋め込みのサイズ（d_out=2）
```

　GPT 型のモデルでは、入力と出力の次元は通常は同じですが、ここでは計算を追いやすくするために、入力（d_in=3）と出力（d_out=2）の次元に異なる値を使っている点に注意してください。
　次に、図 3-14 に示した 3 つの重み行列 W_q、W_k、W_v を初期化します。

```
torch.manual_seed(123)
W_query = torch.nn.Parameter(torch.rand(d_in, d_out), requires_grad=False)
W_key   = torch.nn.Parameter(torch.rand(d_in, d_out), requires_grad=False)
W_value = torch.nn.Parameter(torch.rand(d_in, d_out), requires_grad=False)
```

　出力を見やすくするために `requires_grad=False` を設定していますが、モデルの訓練に重み行列を使う場合は、訓練中にそれらの行列を更新するために `requires_grad=True` に設定することになります。
　次に、クエリベクトル、キーベクトル、値ベクトルを計算します。

```
query_2 = x_2 @ W_query
key_2 = x_2 @ W_key
value_2 = x_2 @ W_value
print(query_2)
```

　`d_out` を使って対応する重み行列の列数を 2 に設定したので、`query_2` の出力は 2 次元ベクトルになります。

```
tensor([0.4306, 1.4551])
```

重みパラメータ vs. Attention の重み

重み行列 W の「重み」は、「重みパラメータ」の略です。重みパラメータはニューラルネットワークの訓練中に最適化される値です。これを Attention の重みと混同しないように注意してください。すでに見てきたように、Attention の重みは、コンテキストベクトルが入力の異なる部分にどの程度依存するのか —— つまり、ネットワークが入力の異なる部分に注意を払う度合いを決定します。
要するに、重みパラメータはネットワークの接続（結合）を定義するために学習される基本的な係数であり、Attention の重みはコンテキストに特化した動的な値です。

3章

とりあえずの目標はコンテキストベクトルを1つ計算することですが（$z^{(2)}$）、すべての入力要素のキーベクトルと値ベクトルも必要です。なぜなら、それらのベクトルはクエリ$q^{(2)}$に対するAttentionの重みの計算に必要だからです（図3-14を参照）。

これらのキーベクトルと値ベクトルは行列積を使って求めることができます。

```
keys = inputs @ W_key
values = inputs @ W_value
print("keys.shape:", keys.shape)
print("values.shape:", values.shape)
```

出力からわかるように、6つの入力トークンが3次元から2次元の埋め込み空間にうまく射影されています。

```
keys.shape: torch.Size([6, 2])
values.shape: torch.Size([6, 2])
```

次のステップは、Attentionスコアを計算することです（図3-15）。

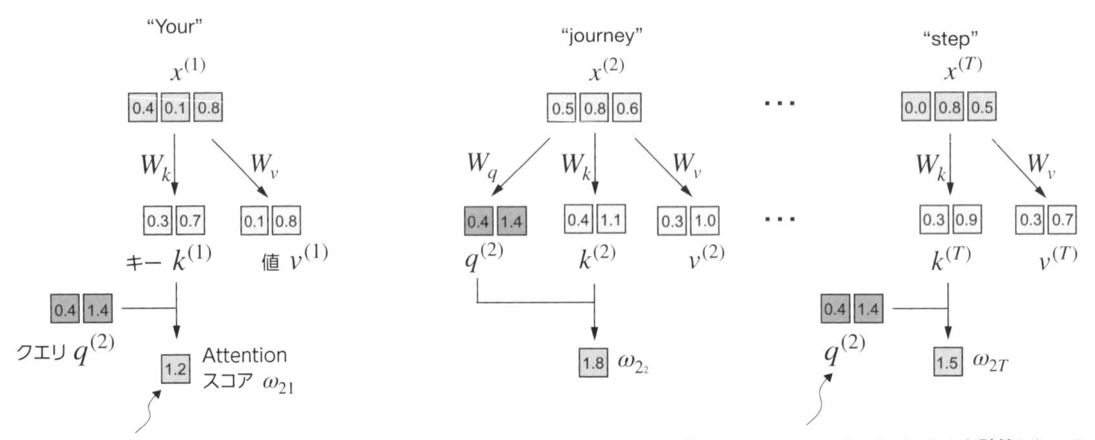

図3-15： Attentionスコアの計算は、前節の単純なSelf-Attentionメカニズムで使ったものと同様のドット積計算である。新しい部分は、入力要素間のドット積を直接計算するのではなく、入力を対応する重み行列で変換することによって得られるクエリとキーを使うことである

まず、Attentionスコア$\boldsymbol{\omega}_{22}$を計算します。

```
keys_2 = keys[1]            ← Pythonのインデックスは0始まり
attn_score_22 = query_2.dot(keys_2)
print(attn_score_22)
```

正規化していないAttentionスコアは次のとおりです。

```
tensor(1.8524)
```

この計算についても、行列積を使って、すべての Attention スコアを計算するように一般化できます。

```
attn_scores_2 = query_2 @ keys.T  ←── このクエリに対するすべてのAttentionスコア
print(attn_scores_2)
```

簡単なチェックとして、出力の 2 つ目の要素が、先に計算した `attn_score_22` の内容と一致していることを確認してください。

```
tensor([1.2705, 1.8524, 1.8111, 1.0795, 0.5577, 1.5440])
```

ここで、Attention スコアから Attention の重みの計算に進みます（図 3-16）。Attention スコアをスケールし、ソフトマックス関数を使って Attention の重みを計算します。ただし今回は、Attention スコアをキーの埋め込み次元の平方根で割るという方法でスケールします（平方根をとることは、数学的には 0.5 で指数をとるのと同じです）。

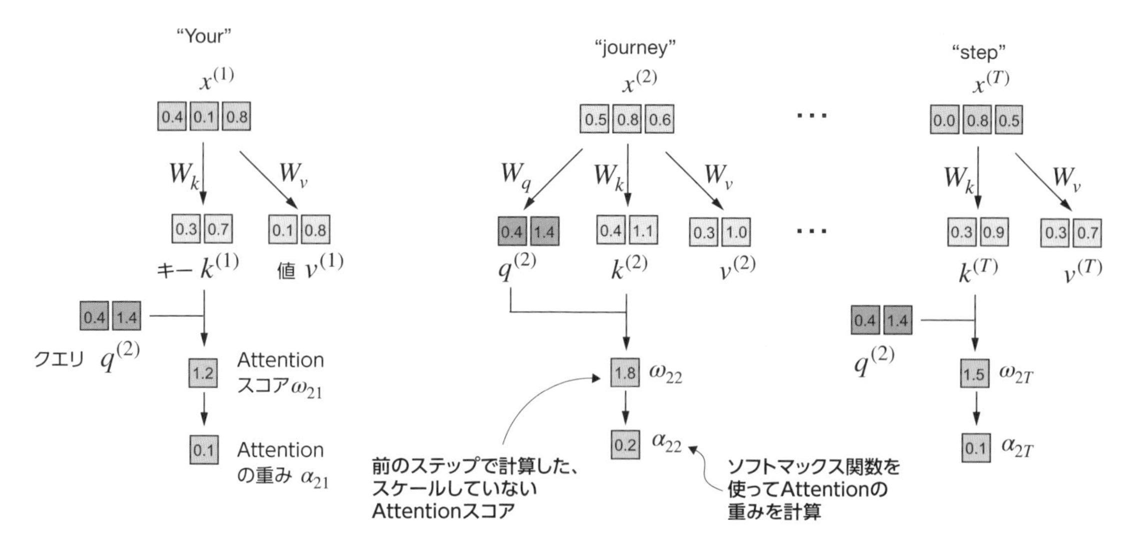

図 3-16：Attention スコア ω を計算した後、ソフトマックス関数で正規化し、Attention の重み α を求める

```
d_k = keys.shape[-1]
attn_weights_2 = torch.softmax(attn_scores_2 / d_k**0.5, dim=-1)
print(attn_weights_2)
```

Attention の重みは次のようになります。

```
tensor([0.1500, 0.2264, 0.2199, 0.1311, 0.0906, 0.1820])
```

Scaled Dot-Product Attention の理論的根拠

埋め込み次元のサイズで正規化を行う理由は、小さな勾配を避けて訓練性能を向上させることにあります。たとえば GPT 型の LLM では、埋め込み次元が通常は 1,000 を超えるようにスケールアップされるため、大きなドット積にソフトマックス関数が適用され、誤差逆伝播法で非常に小さな勾配が発生する可能性があります。ドット積が大きくなるに従い、ソフトマックス関数の振る舞いがステップ関数のようになり、勾配がゼロに近づいていきます。このような小さな勾配は、学習を極端に遅くしたり、訓練を停滞させたりする原因になります。

埋め込み次元の平方根によるスケーリングは、この Self-Attention メカニズムが Scaled Dot-Product Attention と呼ばれる所以です。

さて、最後のステップは、コンテキストベクトルを計算することです（図 3-17）。

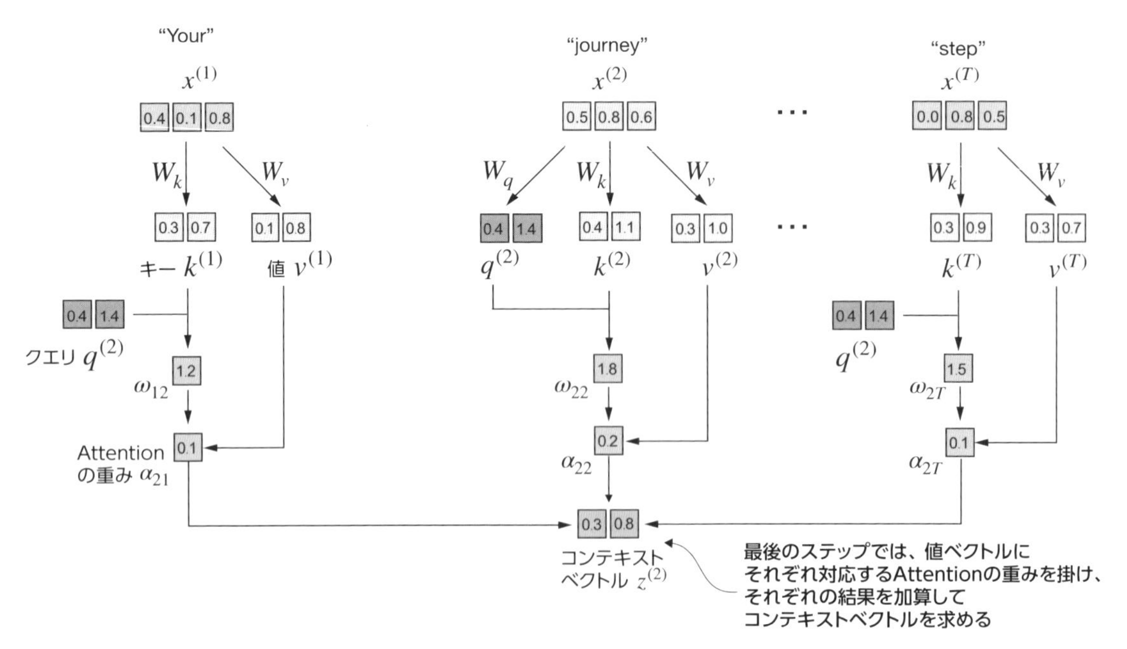

図 3-17：Self-Attention の最後のステップでは、Attention の重みを使ってすべての値ベクトルを組み合わせることで、コンテキストベクトルを計算する

前節で入力ベクトルに対する加重和としてコンテキストベクトルを計算したときと同様に、今度は値ベクトルに対する加重和としてコンテキストベクトルを計算します。この計算に使われる Attention の重みは、各値ベクトルの重要度を評価して重み付けする因子として機能します。また、前回と同様に、行列積を使うと出力を 1 ステップで計算できます。

```
context_vec_2 = attn_weights_2 @ values
print(context_vec_2)
```

計算されたコンテキストベクトルの内容は次のとおりです。

```
tensor([0.3061, 0.8210])
```


今のところは、コンテキストベクトルを 1 つ計算しただけです（$z^{(2)}$）。次は、このコードを一般化して、入力シーケンス $z^{(1)}$～$z^{(T)}$ のコンテキストベクトルをすべて計算します。

なぜクエリ、キー、値なのか

Attention メカニズムで言うところの「クエリ」、「キー」、「値」は、情報検索とデータベースの分野から拝借したものです。それらの分野では、情報の格納、検索、取得に同じような概念が使われています。

クエリ（query）は、データベースの検索クエリに相当するもので、文中の単語やトークンなど、モデルが注目している（理解しようとしている）現在のアイテムを表します。クエリは、入力シーケンスの他の部分にどの程度注意を払うべきかを判断するために使われます。

キー（key）は、インデックス付けや検索に使われるデータベースのキーのようなものです。Attention メカニズムでは、文中の単語といった入力シーケンスの各アイテムにキーが関連付けられています。これらのキーはクエリのマッチングに使われます。

Attention メカニズムでの**値**（value）は、データベースのキーバリューペアのバリューと同じで、入力アイテムの実際の内容（表現）を表します。モデルは、クエリに最も関連しているのはどのキーか —— つまり、現在注目しているアイテムに最も関連しているのは入力のどの部分かを判断し、対応する値を取り出します。

3.4.2　コンパクトな Self-Attention Python クラスを実装する

ここまでは、Self-Attention メカニズムの出力を計算するために多くの手順を踏んできました。一歩ずつ進むことができたのは、その主な目的が Self-Attention メカニズムを理解することだったからです。実際には、次章の LLM 実装を念頭に置いて、このコードをリスト 3-1 のような Python クラスにまとめておくと便利です。

リスト 3-1：コンパクトな Self-Attention クラス

```
import torch.nn as nn

class SelfAttention_v1(nn.Module):

    def __init__(self, d_in, d_out):
        super().__init__()
        self.W_query = nn.Parameter(torch.rand(d_in, d_out))
```

```
        self.W_key = nn.Parameter(torch.rand(d_in, d_out))
        self.W_value = nn.Parameter(torch.rand(d_in, d_out))

    def forward(self, x):
        keys = x @ self.W_key
        queries = x @ self.W_query
        values = x @ self.W_value

        attn_scores = queries @ keys.T  # ω
        attn_weights = torch.softmax(
            attn_scores / keys.shape[-1]**0.5, dim=-1
        )
        context_vec = attn_weights @ values
        return context_vec
```

このSelfAttention_v1は、torch.nn.Moduleの派生クラスです。Moduleは、PyTorchのモデル層の作成と管理に必要な機能を提供するPyTorchモデルの基本的な構成要素です。

__init__()メソッドは、クエリ、キー、値に対する訓練可能な重み行列（W_query、W_key、W_value）を初期化します。これらの重み行列のサイズはそれぞれ入力次元d_inから出力次元d_outへの変換を表します。

フォワードパスでは、forward()メソッドを使います。このメソッドは、クエリとキーの積に基づいてAttentionスコア（attn_scores）を計算し、ソフトマックス関数を使って正規化し、Attentionの重みを求めます。最後に、これらの重みを値に掛けることで、コンテキストベクトルを生成します。

このクラスは次のように使うことができます。

```
torch.manual_seed(123)
sa_v1 = SelfAttention_v1(d_in, d_out)
print(sa_v1(inputs))
```

inputsは6つの埋め込みベクトルを含んでいるため、結果として6つのコンテキストベクトルを含んでいる行列が得られます。

```
tensor([[0.2996, 0.8053],
        [0.3061, 0.8210],
        [0.3058, 0.8203],
        [0.2948, 0.7939],
        [0.2927, 0.7891],
        [0.2990, 0.8040]], grad_fn=<MmBackward0>)
```

簡単なチェックとして、出力の2つ目の要素（[0.3061, 0.8210]）が、前項で計算したcontext_vec_2の内容と一致していることを確認してください。実装したばかりのSelf-Attentionメカニズムをまとめると、図3-18のようになります。

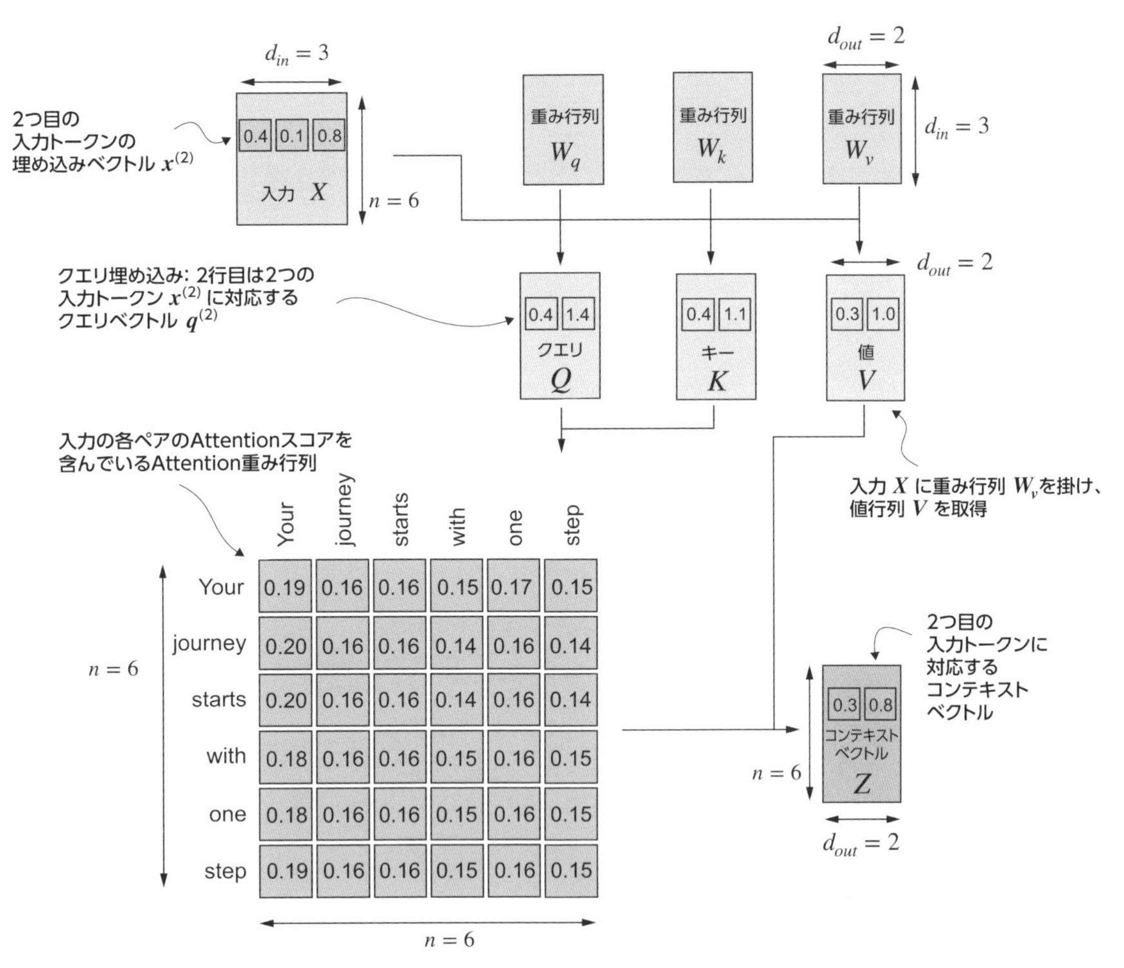

図 3-18：Self-Attention では、入力行列 $\boldsymbol{X}$ の入力ベクトルを 3 つの重み行列 $\boldsymbol{W}_q$、$\boldsymbol{W}_k$、$\boldsymbol{W}_v$ で変換する。結果として得られたクエリ（$\boldsymbol{Q}$）と値（$\boldsymbol{K}$）に基づいて Attention 重み行列を計算する。続いて、Attention 重み行列と値（$\boldsymbol{V}$）を使ってコンテキストベクトル（$\boldsymbol{Z}$）を計算する。ここでは、目で見てわかりやすいように、複数の入力からなるバッチではなく、$\boldsymbol{n}$ 個のトークンを含んだ 1 つの入力テキストに着目している。結果として、3 次元の入力テンソルが 2 次元の行列に射影される。このようにすると、関連するプロセスの可視化と理解が容易になる。この後の図と一貫性を保つために、Attention 重み行列の値は実際の Attention の重みを表していない（この図の数値は散らかって見えるのを防ぐために小数点以下 2 桁で切り捨てられている。各行の値の合計は、本来は 1.0、つまり 100% になるはずだ）

Self-Attention では、訓練可能な重み行列 W_q、W_k、W_v が使われます。これらの行列はそれぞれ入力データを変換し、Attention メカニズムの重要な構成要素であるクエリ、キー、値を生成します。この後の章で見ていくように、こうした訓練可能な重みは、モデルが訓練中にさらにデータを見ることによって調整されます。

PyTorch の `torch.nn.Linear` 層を利用すれば、`SelfAttention_v1` の実装をさらに改善できます（リスト 3-2）。バイアスユニットを無効にすると、`Linear` は実質的に行列積を計算します。

さらに、torch.nn.Parameter(torch.rand(...)) を明示的に実装する代わりに Linear を利用することには、Linear が最適化された重み初期化スキームを組み込んでいて、より安定した効果的なモデルの訓練に貢献するという大きな利点もあります。

リスト 3-2：PyTorch の Linear 層を利用する Self-Attention クラス

```
class SelfAttention_v2(nn.Module):

    def __init__(self, d_in, d_out, qkv_bias=False):
        super().__init__()
        self.W_query = nn.Linear(d_in, d_out, bias=qkv_bias)
        self.W_key = nn.Linear(d_in, d_out, bias=qkv_bias)
        self.W_value = nn.Linear(d_in, d_out, bias=qkv_bias)

    def forward(self, x):
        keys = self.W_key(x)
        queries = self.W_query(x)
        values = self.W_value(x)

        attn_scores = queries @ keys.T
        attn_weights = torch.softmax(
            attn_scores / keys.shape[-1]**0.5, dim=-1
        )
        context_vec = attn_weights @ values
        return context_vec
```

SelfAttention_v2 の使い方は SelfAttention_v1 と同じです。

```
torch.manual_seed(789)
sa_v2 = SelfAttention_v2(d_in, d_out)
print(sa_v2(inputs))
```

出力は次のとおりです。

```
tensor([[-0.0739, 0.0713],
        [-0.0748, 0.0703],
        [-0.0749, 0.0702],
        [-0.0760, 0.0685],
        [-0.0763, 0.0679],
        [-0.0754, 0.0693]], grad_fn=<MmBackward0>)
```

SelfAttention_v1 と SelfAttention_v2 の出力が異なるのは、torch.nn.Linear がより洗練された重み初期化スキームを使っているために、重み行列の重みの初期値が異なるためです。

練習問題 3-1：SelfAttention_v1 と SelfAttention_v2 を比較する

SelfAttention_v1 と SelfAttention_v2 が生成する結果が異なるのは、SelfAttention_v2 の torch.nn.Linear と、SelfAttention_v1 の torch.nn.Parameter(torch.rand(d_in, d_out)) とで、重み初期化スキームが異なるためです。SelfAttention_v1 と SelfAttention_v2 の実装がそれ以外の点では似ていることをチェックするために、SelfAttention_v2 オブジェクトの重み行列を SelfAttention_v1 オブジェクトに転送して、どちらのオブジェクトでも同じ結果が得られることを確認してください。

ここでの課題は、SelfAttention_v2 のインスタンスの重みを SelfAttention_v1 のインスタンスに正しく割り当てることです。そのためには、両方のバージョンの重みの関係を理解する必要があります（ヒント：torch.nn.Linear は重み行列を転置形で格納します）。重みを割り当てた後、両方のインスタンスが同じ出力を生成することを確認できるはずです。

次節では、因果的（causal）要素とマルチヘッド要素を取り入れることに焦点を合わせた上で、この Self-Attention メカニズムを改良します。因果的要素は、モデルがシーケンスの未来の情報にアクセスしないように Attention メカニズムを修正するために使われます。このアプローチは、各単語の予測が前の単語にのみ依存すべきである言語モデリングのようなタスクにとって非常に重要です。

マルチヘッド要素は、Attention メカニズムを複数の「ヘッド」に分割するために使われます。それぞれのヘッドがデータの異なる側面を学習することで、異なる位置にあるさまざまな表現部分空間の情報にモデルが同時に注意を払えるようになります。これにより、複雑なタスクでのモデルの性能がよくなります。

3.5 Causal Attention で未来の単語を隠す

多くの LLM タスクでは、シーケンスの次のトークンを予測するときに、Self-Attention メカニズムに現在の位置よりも前に現れるトークンだけを考慮させたくなります。Causal Attention は、**Masked Attention** とも呼ばれる特殊な Self-Attention であり、与えられたトークンを処理して Attention スコアを計算するときに、モデルがシーケンスの前と現在の入力だけを考慮するように制約します。この点で、入力シーケンス全体に一度にアクセスできる標準の Self-Attention メカニズムとは対照的です。

今回は、標準の Self-Attention メカニズムを修正して **Causal Attention** メカニズムを作成します。Causal Attention は、この後の章で取り組む LLM の開発に不可欠なメカニズムです。このメカニズムを GPT 型の LLM で実現するために、トークンを処理するたびに、入力テキストの現在のトークンよりも後ろにある未来のトークンをマスクします（図 3-19）。行列の上三角部分（対角線よりも上の部分）にある Attention の重みをマスクし、マスクされていない重みを正規化して各行の重みの合計が 1 になるようにします。後ほど、このマスキングと正規化のステップをコードで実装します。

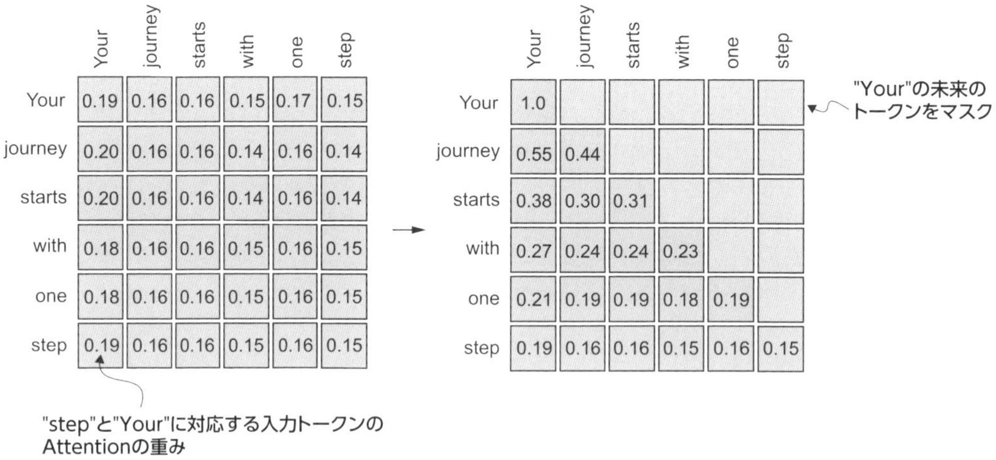

	Your	journey	starts	with	one	step
Your	0.19	0.16	0.16	0.15	0.17	0.15
journey	0.20	0.16	0.16	0.14	0.16	0.14
starts	0.20	0.16	0.16	0.14	0.16	0.14
with	0.18	0.16	0.16	0.15	0.16	0.15
one	0.18	0.16	0.16	0.15	0.16	0.15
step	0.19	0.16	0.16	0.15	0.16	0.15

→

	Your	journey	starts	with	one	step
Your	1.0					
journey	0.55	0.44				
starts	0.38	0.30	0.31			
with	0.27	0.24	0.24	0.23		
one	0.21	0.19	0.19	0.18	0.19	
step	0.19	0.16	0.16	0.15	0.16	0.15

"Your"の未来のトークンをマスク

"step"と"Your"に対応する入力トークンのAttentionの重み

図 3-19：Causal Attention では、与えられた入力に対して LLM が Attention の重みを使ってコンテキストベクトルを計算するときに、未来のトークンにアクセスできないように行列の上三角部分（対角線よりも上の部分）の重みをマスクする。たとえば、2 行目の "journey" という単語の場合は、前の単語（"Your"）と現在の位置（"journey"）の重みだけを残す

3.5.1 Causal Attention マスクを適用する

次のステップは、Causal Attention マスクをコードで実装することです。「Causal Attention マスクを適用して、マスクされた Attention の重みを求める」ステップを実装するために、前節の Attention スコアと重みを使って Causal Attention メカニズムのコードを実装してみましょう（図 3-20）。

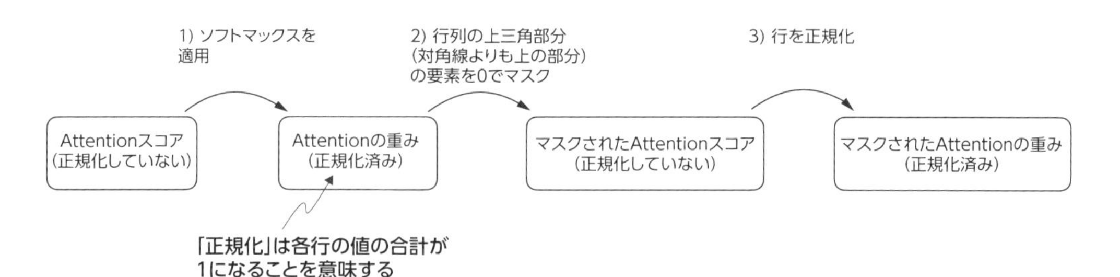

図 3-20：Causal Attention でマスクされた Attention 重み行列を求める方法の 1 つは、Attention スコアにソフトマックス関数を適用し、行列の上三角部分（対角線よりも上の部分）の要素をゼロ化し、結果の行列を正規化することである

最初のステップでは、前回と同じように、ソフトマックス関数を使って Attention の重みを計算します。

```
queries = sa_v2.W_query(inputs)  ◀── 前節のSelfAttention_v2オブジェクトの
keys = sa_v2.W_key(inputs)            クエリとキーの重み行列を再利用

attn_scores = queries @ keys.T
attn_weights = torch.softmax(attn_scores / keys.shape[-1]**0.5, dim=-1)
print(attn_weights)
```

Attention の重みは次のようになります。

```
tensor([[0.1921, 0.1646, 0.1652, 0.1550, 0.1721, 0.1510],
        [0.2041, 0.1659, 0.1662, 0.1496, 0.1665, 0.1477],
        [0.2036, 0.1659, 0.1662, 0.1498, 0.1664, 0.1480],
        [0.1869, 0.1667, 0.1668, 0.1571, 0.1661, 0.1564],
        [0.1830, 0.1669, 0.1670, 0.1588, 0.1658, 0.1585],
        [0.1935, 0.1663, 0.1666, 0.1542, 0.1666, 0.1529]],
       grad_fn=<SoftmaxBackward0>)
```

2 つ目のステップは、PyTorch の `tril()` 関数を使ってマスクを作成することです。このマスクの対角線よりも上の部分の値は 0 です。

```
context_length = attn_scores.shape[0]
mask_simple = torch.tril(torch.ones(context_length, context_length))
print(mask_simple)
```

結果として次のマスクが得られます。

```
tensor([[1., 0., 0., 0., 0., 0.],
        [1., 1., 0., 0., 0., 0.],
        [1., 1., 1., 0., 0., 0.],
        [1., 1., 1., 1., 0., 0.],
        [1., 1., 1., 1., 1., 0.],
        [1., 1., 1., 1., 1., 1.]])
```

このマスクを Attention の重みに掛けると、行列の上三角部分の値を 0 にできます。

```
masked_simple = attn_weights*mask_simple
print(masked_simple)
```

次に示すように、対角線よりも上の部分の要素が 0 になったことがわかります。

```
tensor([[0.1921, 0.0000, 0.0000, 0.0000, 0.0000, 0.0000],
        [0.2041, 0.1659, 0.0000, 0.0000, 0.0000, 0.0000],
        [0.2036, 0.1659, 0.1662, 0.0000, 0.0000, 0.0000],
        [0.1869, 0.1667, 0.1668, 0.1571, 0.0000, 0.0000],
        [0.1830, 0.1669, 0.1670, 0.1588, 0.1658, 0.0000],
        [0.1935, 0.1663, 0.1666, 0.1542, 0.1666, 0.1529]],
       grad_fn=<MulBackward0>)
```

3つ目のステップは、各行のAttentionの重みが合計で1になるように再び正規化することです。各行の各要素を各行の合計で割ると、この正規化を実現できます。

```
row_sums = masked_simple.sum(dim=-1, keepdim=True)
masked_simple_norm = masked_simple / row_sums
print(masked_simple_norm)
```

結果として、対角線よりも上にあるAttentionの重みが0で、行の総和が1になるAttention重み行列が得られます。

```
tensor([[1.0000, 0.0000, 0.0000, 0.0000, 0.0000, 0.0000],
        [0.5517, 0.4483, 0.0000, 0.0000, 0.0000, 0.0000],
        [0.3800, 0.3097, 0.3103, 0.0000, 0.0000, 0.0000],
        [0.2758, 0.2460, 0.2462, 0.2319, 0.0000, 0.0000],
        [0.2175, 0.1983, 0.1984, 0.1888, 0.1971, 0.0000],
        [0.1935, 0.1663, 0.1666, 0.1542, 0.1666, 0.1529]],
       grad_fn=<DivBackward0>)
```

情報が漏れている？

マスクを適用した後にAttention重み行列を再び正規化する際には、最初は（マスクするはずの）未来のトークンの情報がまだ現在のトークンに影響を与える可能性があるように見えるかもしれません。なぜなら、未来のトークンの値がソフトマックス関数の計算に含まれているからです。ただし、ここでの重要なポイントは、マスキング後にAttention重み行列を再び正規化するときに実質的に行っているのは、（マスクされた位置を除いた）より小さなサブセットでのソフトマックスの再計算だということです。マスクされた位置はソフトマックスの値に寄与しないからです。

ソフトマックスには、最初はすべての位置を分母に取り込んでいたにもかかわらず、マスキングと再正規化の後は、マスクされた位置が無効になるという優れた数学的性質があります。つまり、それらの位置が意味のある方法でソフトマックスのスコアに影響を与えることはありません。

もう少し単純に言うと、マスキングと再正規化後のAttention重み行列の分布は、まるで最初からマスクされていない位置だけで計算されたかのようになります。このため、狙いどおり、未来の（マスクされた）トークンから情報が漏れることはありません。

この時点でCausal Attentionの実装を終わらせることもできますが、まだ改善の余地があります。図3-21に示すように、ソフトマックス関数の数学的性質を利用して、マスクされたAttentionの重みの計算をより少ないステップ数で効率よく実装してみましょう。

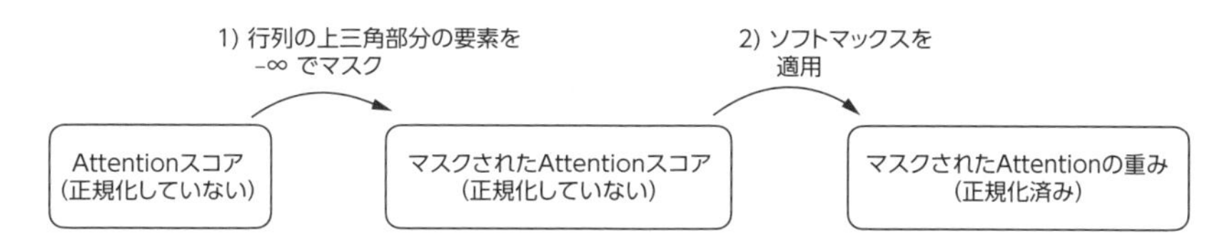

図 3-21：Causal Attention でマスクされた Attention 重み行列を求めるより効率的な方法は、ソフトマックス関数を適用する前に、Attention スコアを負の無限大の値でマスクすることである

ソフトマックス関数は、入力を確率分布に変換します。負の無限大の値 ($-\infty$) が行に存在する場合、ソフトマックス関数はそれらの値をゼロの確率として扱います（数学的には、$e^{-\infty}$ が 0 に近づくためです）。

対角線よりも上の部分に 1 を持つマスクを作成し、これらの 1 を負の無限大 ($-\infty$) に置き換えると、より効率的なマスキングトリックを実装できます。

```
mask = torch.triu(torch.ones(context_length, context_length), diagonal=1)
masked = attn_scores.masked_fill(mask.bool(), -torch.inf)
print(masked)
```

結果として、次のマスクが得られます。

```
tensor([[0.2899, -inf, -inf, -inf, -inf, -inf],
        [0.4656, 0.1723, -inf, -inf, -inf, -inf],
        [0.4594, 0.1703, 0.1731, -inf, -inf, -inf],
        [0.2642, 0.1024, 0.1036, 0.0186, -inf, -inf],
        [0.2183, 0.0874, 0.0882, 0.0177, 0.0786, -inf],
        [0.3408, 0.1270, 0.1290, 0.0198, 0.1290, 0.0078]],
       grad_fn=<MaskedFillBackward0>)
```

あとは、マスクされた結果にソフトマックス関数を適用すれば完了です。

```
attn_weights = torch.softmax(masked / keys.shape[-1]**0.5, dim=1)
print(attn_weights)
```

次の出力を見てわかるように、各行の値の合計は 1 であり、それ以上正規化を行う必要はありません。

```
tensor([[1.0000, 0.0000, 0.0000, 0.0000, 0.0000, 0.0000],
        [0.5517, 0.4483, 0.0000, 0.0000, 0.0000, 0.0000],
        [0.3800, 0.3097, 0.3103, 0.0000, 0.0000, 0.0000],
        [0.2758, 0.2460, 0.2462, 0.2319, 0.0000, 0.0000],
        [0.2175, 0.1983, 0.1984, 0.1888, 0.1971, 0.0000],
        [0.1935, 0.1663, 0.1666, 0.1542, 0.1666, 0.1529]],
       grad_fn=<SoftmaxBackward0>)
```

これで、前節と同じように、この Attention の重みをコンテキストベクトルの計算に利用できるはずです（`context_vec = attn_weights @ values`）。ですがその前に、Causal Attentionメカニズムに小さな調整をもう1つ加えることにします。この調整は、LLMの訓練時に過剰適合（オーバーフィッティング）を抑制するのに役立ちます。

3.5.2　Attentionの重みにドロップアウトマスクを適用する

ディープラーニングでの**ドロップアウト**（dropout）とは、ランダムに選択された隠れ層ユニットを訓練中に無視することで、実質的に「ドロップアウト」させるテクニックのことです。このテクニックは、特定の隠れ層ユニットのセットにモデルが過度に依存しないようにすることで、過剰適合を防ぐのに役立ちます。ここで重要なのは、ドロップアウトが使われるのは訓練時だけで、訓練後は無効になることです。

GPTのようなモデルをはじめとするTransformerアーキテクチャでは、Attentionメカニズムのドロップアウトは一般に2つのタイミングで適用されます。1つはAttentionの重みを計算した後であり、もう1つはAttentionの重みを値ベクトルに適用した後です。ここでは、Attentionの重みを計算した後にドロップアウトマスクを適用します（図3-22）。実際には、こちらのタイミングのほうが一般的です。

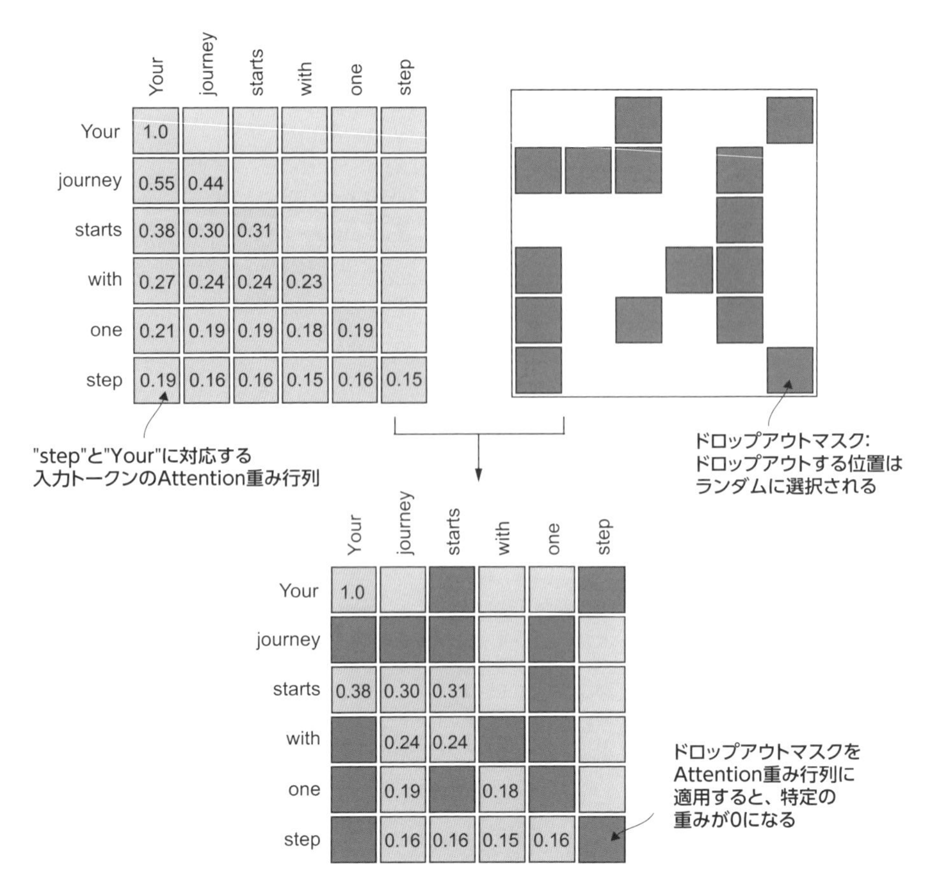

図3-22：
Causal Attentionのマスク（左上）に加えて、さらにドロップアウトマスク（右上）を適用することで、訓練時の過剰適合を抑制するためにさらにAttentionの重みをゼロ化する

次のコードでは、ドロップアウト率を 50% にしており、Attention の重みの半分がマスクされることになります（この後の章で GPT モデルを訓練する際には、0.1 や 0.2 といったもっと低いドロップアウト率を使います）。最初は単純に、PyTorch のドロップアウト実装を 1 埋めの 6 × 6 テンソルに適用してみましょう。

```
torch.manual_seed(123)
dropout = torch.nn.Dropout(0.5)    ← ドロップアウト率として50%を選択
example = torch.ones(6, 6)    ← 1埋めの行列を作成
print(dropout(example))
```

約半分の値が 0 になっていることがわかります。

```
tensor([[2., 2., 0., 2., 2., 0.],
        [0., 0., 0., 2., 0., 2.],
        [2., 2., 2., 2., 0., 2.],
        [0., 2., 2., 0., 0., 2.],
        [0., 2., 0., 2., 0., 2.],
        [0., 2., 2., 2., 2., 0.]])
```

Attention 重み行列に 50% の割合でドロップアウトを適用すると、行列の要素の半分がランダムにゼロ化されます。アクティブな（0 に設定されなかった）要素の減少を補うために、行列の残りの要素の値は係数 1 / 0.5 = 2 でスケールアップされます。このスケーリングは Attention の重みの全体的なバランスを維持する上で非常に重要です。このようにすると、Attention メカニズムの平均的な影響力が訓練フェーズと推論フェーズの両方で一貫した状態に保たれるからです。

今度は、ドロップアウトを Attention 重み行列に適用してみましょう。

```
torch.manual_seed(123)
print(dropout(attn_weights))
```

ドロップアウト後の Attention 重み行列では、一部の要素がゼロ化され、残っていた 1 が再びスケールアップされます。

```
tensor([[2.0000, 0.0000, 0.0000, 0.0000, 0.0000, 0.0000],
        [0.0000, 0.0000, 0.0000, 0.0000, 0.0000, 0.0000],
        [0.7599, 0.6194, 0.6206, 0.0000, 0.0000, 0.0000],
        [0.0000, 0.4921, 0.4925, 0.0000, 0.0000, 0.0000],
        [0.0000, 0.3966, 0.0000, 0.3775, 0.0000, 0.0000],
        [0.0000, 0.3327, 0.3331, 0.3084, 0.3331, 0.0000]],
      grad_fn=<MulBackward0>
```

なお、ドロップアウト後の出力はオペレーティングシステム（OS）によって異なることがあるので注意してください。この矛盾については、PyTorch issue tracker[1] を参照してください。

[1] https://github.com/pytorch/pytorch/issues/121595

Causal Attentionとドロップアウトによるマスキングについて理解したところで、コンパクトなPythonクラスを開発する準備ができました。このクラスは、これら2つのテクニックを効率よく適用できるような設計になっています。

3.5.3　コンパクトなCausal Attentionクラスを実装する

ここでは、Causal Attentionとドロップアウトによる調整を前節で開発したPythonクラス`SelfAttention_v2`に組み込みます。このクラスは、最後に実装するAttentionメカニズムである**Multi-head Attention**を開発するためのテンプレートになります。

このCausalAttentionクラスの実装に取りかかる前に、このクラスのコードが2つ以上の入力からなるバッチを扱えるようにしてみましょう。このようにすると、前章で実装したデータローダーが生成するバッチ出力をCausalAttentionクラスでサポートできるようになります。

ここでは単純に、こうしたバッチ入力をシミュレートするために、入力テキストサンプルを複製します。

```
batch = torch.stack((inputs, inputs), dim=0)
print(batch.shape)  ← それぞれ6つのトークンからなる2つの入力：各トークンの埋め込み次元は3
```

結果として、3次元テンソルが作成されます。このテンソルはそれぞれ6つのトークンを持つ2つの入力テキストで構成されており、トークンはそれぞれ3次元の埋め込みベクトルです。

```
torch.Size([2, 6, 3])
```

リスト3-3のCausalAttentionクラスは、ドロップアウトマスクとCausal Attentionマスクが追加されたこと以外は、前節で実装した`SelfAttention_v2`クラスとほぼ同じです。

リスト3-3：コンパクトなCausal Attentionクラス

```
class CausalAttention(nn.Module):
    def __init__(self, d_in, d_out, context_length, dropout, qkv_bias=False):
        super().__init__()
        self.d_out = d_out
        self.W_query = nn.Linear(d_in, d_out, bias=qkv_bias)
        self.W_key = nn.Linear(d_in, d_out, bias=qkv_bias)
        self.W_value = nn.Linear(d_in, d_out, bias=qkv_bias)

        self.dropout = nn.Dropout(dropout)  ← SelfAttention_v2と比べると、ドロップアウト層が追加されている
        self.register_buffer(
            'mask',
            torch.triu(torch.ones(context_length, context_length),
            diagonal=1)
        )  ← register_buffer()呼び出しも新たに追加されている（この後の説明を参照）

    def forward(self, x):
        b, num_tokens, d_in = x.shape  ← 次元1と2を入れ替える。バッチ次元は最初の位置（0）のまま
        keys = self.W_key(x)
        queries = self.W_query(x)
```

```
        values = self.W_value(x)

        attn_scores = queries @ keys.transpose(1, 2)
        attn_scores.masked_fill_(
        self.mask.bool()[:num_tokens, :num_tokens], -torch.inf)
        attn_weights = torch.softmax(
            attn_scores / keys.shape[-1]**0.5, dim=-1
        )
        attn_weights = self.dropout(attn_weights)

        context_vec = attn_weights @ values
        return context_vec
```

PyTorchでは、末尾にアンダースコアを持つ演算はインプレースで実行され、無駄なメモリコピーが回避される

ここで追加したコード行はどれも見覚えがあるはずですが、`__init__()` メソッドに `self.register_buffer()` 呼び出しが追加されています。PyTorch での `register_buffer()` 呼び出しはすべてのケースで必要というわけではありませんが、この場合はいくつかの利点があります。たとえば、本書の LLM で `CausalAttention` クラスを使うときには、LLM を訓練するときに重要になるであろう、「バッファ（登録されたテンソル）をモデルとともに適切なデバイス（CPU または GPU）に自動的に移動させる」という操作が行われます。このことは、これらのテンソルがモデルパラメータと同じデバイス上にあることを明示的に確認して、デバイス不一致エラーを防ぐという操作がいらなくなることを意味します。

`SelfAttention_v2` のときと同様に、`CausalAttention` クラスは次のように使うことができます。

```
torch.manual_seed(123)
context_length = batch.shape[1]
ca = CausalAttention(d_in, d_out, context_length, 0.0)
context_vecs = ca(batch)
print("context_vecs.shape:", context_vecs.shape)
```

結果として、コンテキストベクトルは 3 次元テンソルとなり、トークンはそれぞれ 2 次元の埋め込みで表現されます。

```
context_vecs.shape: torch.Size([2, 6, 2])
```

ここまでの作業をまとめると、図 3-23 のようになります。本節では、ニューラルネットワークでの Causal Attention の概念と実装に焦点を合わせてきました。次節では、この概念を発展させて、Multi-head Attention モジュールを実装します。Multi-head Attention は、複数の Causal Attention メカニズムを並列に実装します。

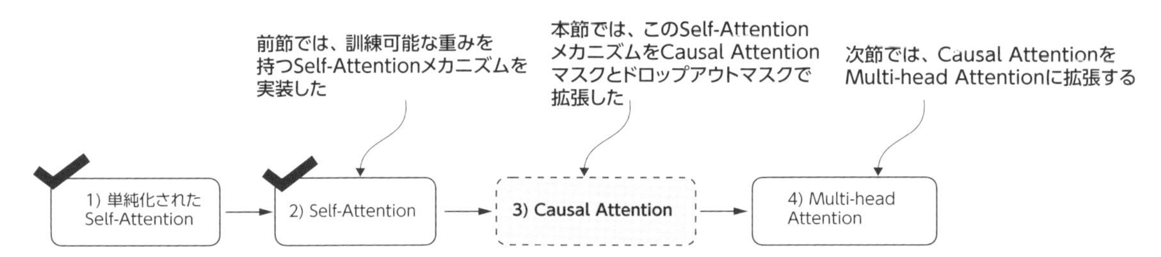

図 3-23： ここまでの作業のまとめ。単純な Attention メカニズムから始めて、訓練可能な重みを追加した後、Causal Attention マスクを追加した。次は、Causal Attention メカニズムを拡張して、本書の LLM で使う Multi-head Attention をコーディングする

3.6 Single-head Attention を Multi-head Attention に拡張する

最後のステップは、前節で実装した Causal Attention クラスを複数のヘッドで拡張することです。このメカニズムは **Multi-head Attention** とも呼ばれます。

「Multi-head」は、Attention メカニズムを複数の「ヘッド」に分割し、それぞれのヘッドが独立して動作することを表します。この場合は、1 つの Causal Attention モジュールを「Single-head Attention」と見なすことができます。Single-head Attention には、入力を逐次的に処理する 1 セットの Attention 重み行列しか存在しません。

ここでは、この Causal Attention から Multi-head Attention への拡張に取り組みます。まず、複数の Causal Attention モジュールを積み重ねることで、Multi-head Attention を直観的に構築します。次に、同じ Multi-head Attention をより複雑ながら計算効率のよい方法で実装します。

3.6.1 複数の Single-head Attention 層を積み重ねる

実際に Multi-head Attention を実装するには、Self-Attention メカニズム（図 3-18）のインスタンスを複数作成し、それぞれのインスタンスに独自の重みを持たせて、それぞれのインスタンスの出力を組み合わせる必要があります。Self-Attention メカニズムの複数のインスタンスを使うと計算量が多くなる可能性がありますが、Transformer ベースの LLM のようなモデルが得意とするような複雑なパターン認識には不可欠です。

図 3-24 は、Multi-head Attention モジュールの構造を示しています。Multi-head Attention モジュールは図 3-18 で示した複数の Single-head Attention モジュールを積み重ねたものです。

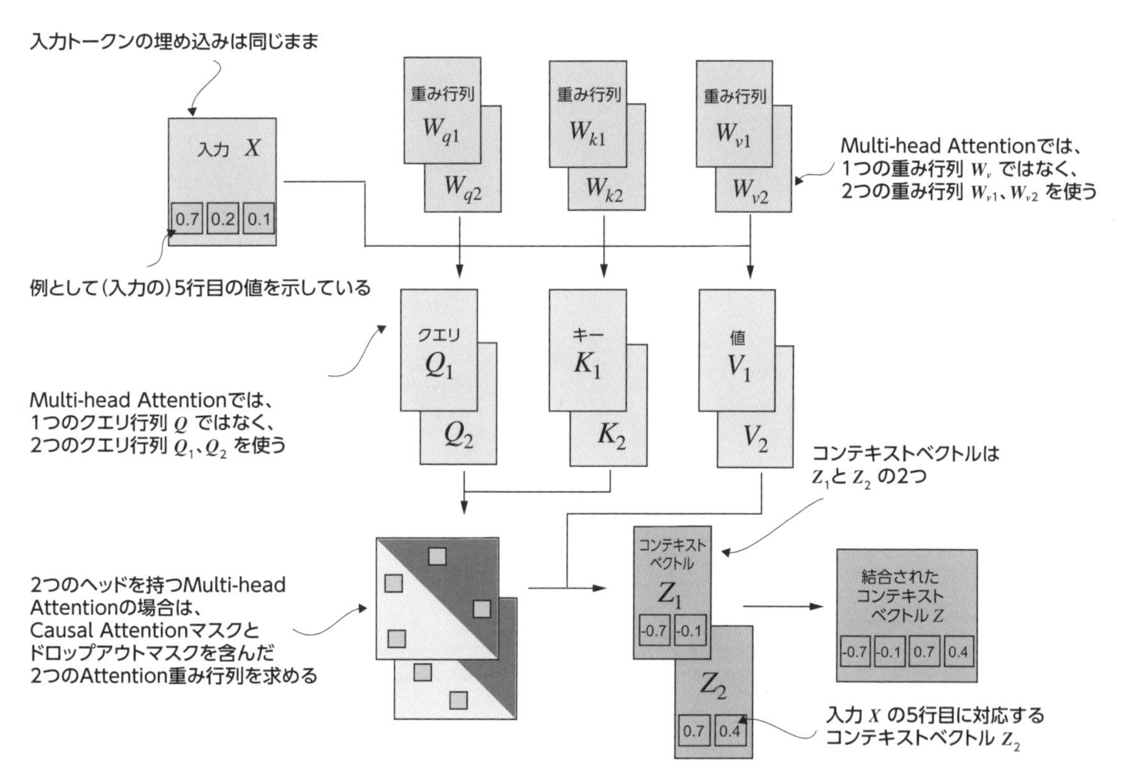

図 3-24：この Multi-head Attention モジュールは 2 つの Single-head Attention モジュールを積み重ねたものである。つまり、2 つのヘッドを持つ Multi-head Attention モジュールでは、値行列の計算に値ベクトルの重み行列を 1 つだけ使う代わりに（$\boldsymbol{W}_v$）、値ベクトルの重み行列を 2 つ使う（$\boldsymbol{W}_{v1}$、$\boldsymbol{W}_{v2}$）。他の重み行列（$\boldsymbol{W}_q$、$\boldsymbol{W}_k$）についても同じである。コンテキストベクトルを 2 つ計算し（$\boldsymbol{Z}_1$、$\boldsymbol{Z}_2$）、1 つのコンテキストベクトル行列 $\boldsymbol{Z}$ にまとめることができる

先に述べたように、Multi-head Attention の主な考え方は、学習済みの異なる線形射影で Attention メカニズムを複数回（並列に）実行するというものです。学習済みの線形射影とは、入力データ（Attention メカニズムのクエリベクトル、キーベクトル、値ベクトルなど）に重み行列を掛けた結果のことです。コードでは、`MultiHeadAttentionWrapper` というシンプルなクラスを実装することで（リスト 3-4）、このメカニズムを実現できます。このクラスは、前節で実装した `CausalAttention` クラスの複数のインスタンスを積み重ねたものです。

リスト 3-4：Multi-head Attention を実装するラッパークラス

```
class MultiHeadAttentionWrapper(nn.Module):
    def __init__(self, d_in, d_out, context_length, dropout, num_heads,
                 qkv_bias=False):
        super().__init__()
        self.heads = nn.ModuleList(
            [CausalAttention(d_in, d_out, context_length, dropout, qkv_bias)
             for _ in range(num_heads)]
        )
```

```
    def forward(self, x):
        return torch.cat([head(x) for head in self.heads], dim=-1)
```

　たとえば、このMultiHeadAttentionWrapperクラスを2つのAttentionヘッド（num_heads=2）と出力次元2（d_out=2）のCausalAttentionで使う場合は、図3-25に示すように、4次元のコンテキストベクトル（d_out*num_heads=4）が得られます。

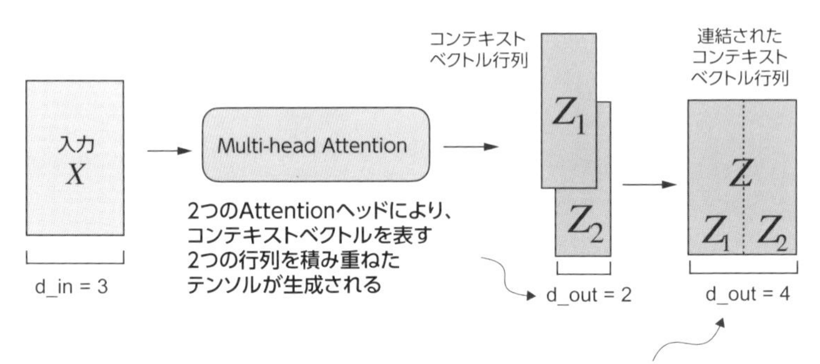
入力
X
d_in = 3
Multi-head Attention
2つのAttentionヘッドにより、
コンテキストベクトルを表す
2つの行列を積み重ねた
テンソルが生成される
コンテキスト
ベクトル行列
Z1
Z2
d_out = 2
連結された
コンテキスト
ベクトル行列
Z
Z1 Z2
d_out = 4
コンテキストベクトルの埋め込み次元に2(d_out=2)を選択した場合、
最終的な埋め込み次元は4(d_out×num_heads)になる

図3-25：MultiHeadAttentionWrapperを使うときには、Attentionヘッドの数（num_heads）を指定する。num_heads=2と指定すると、コンテキストベクトル行列が2つ含まれたテンソルが得られる。各コンテキストベクトル行列の行はトークンに対応するコンテキストベクトルを表し、列はd_out=4で指定された埋め込み次元を表す。これらのコンテキストベクトル行列を列の次元に沿って連結する。Attentionヘッドが2つ、埋め込み次元が2なので、最終的な埋め込み次元は2×2＝4である

　具体的な例として、MultiHeadAttentionWrapperクラスを先のCausalAttentionクラスと同じように使ってみましょう。

```
torch.manual_seed(123)
context_length = batch.shape[1]  # トークンの数
d_in, d_out = 3, 2
mha = MultiHeadAttentionWrapper(d_in, d_out, context_length, 0.0, num_heads=2)
context_vecs = mha(batch)

print(context_vecs)
print("context_vecs.shape:", context_vecs.shape)
```

　コンテキストベクトルを表すテンソルは次のようになります。

```
tensor([[[-0.4519,  0.2216, 0.4772, 0.1063],
         [-0.5874,  0.0058, 0.5891, 0.3257],
         [-0.6300, -0.0632, 0.6202, 0.3860],
         [-0.5675, -0.0843, 0.5478, 0.3589],
         [-0.5526, -0.0981, 0.5321, 0.3428],
         [-0.5299, -0.1081, 0.5077, 0.3493]],
```

```
        [[-0.4519,  0.2216, 0.4772, 0.1063],
         [-0.5874,  0.0058, 0.5891, 0.3257],
         [-0.6300, -0.0632, 0.6202, 0.3860],
         [-0.5675, -0.0843, 0.5478, 0.3589],
         [-0.5526, -0.0981, 0.5321, 0.3428],
         [-0.5299, -0.1081, 0.5077, 0.3493]]], grad_fn=<CatBackward0>)
context_vecs.shape: torch.Size([2, 6, 4])
```


context_vecs テンソルの最初の次元は 2 ですが、これは入力テキストが 2 つあるためです（それらのコンテキストベクトルがまったく同じなのは、入力テキストを複製したからです）。2 つ目の次元は、各入力に含まれている 6 つのトークンを表しています。3 つ目の次元は、各トークンの 4 次元の埋め込みを表しています。

練習問題 3-2：2 次元の埋め込みベクトルを返す

MultiHeadAttentionWrapper(..., num_heads=2) 呼び出しの入力引数を変更し、num_heads=2 の設定はそのままで、出力コンテキストベクトルが 4 次元ではなく 2 次元になるようにしてください。ヒント：クラスの実装を変更する必要はなく、他の入力引数を 1 つ変更するだけです。

複数の Single-head Attention モジュールの組み合わせである MultiHeadAttentionWrapper の実装はこれで完了です。ただし、これらのモジュールは forward() メソッドの [head(x) for head in self.heads] で逐次的に処理されます。複数のヘッドを並列に処理すれば、この実装を改善できるはずです。そのための 1 つの方法は、行列積を使ってすべての Attention ヘッドの出力を同時に計算することです。

3.6.2 重みを分割することで Multi-head Attention を実装する

前項では、複数の Single-head Attention を積み重ねて Multi-head Attention を実装する MultiHeadAttentionWrapper モジュールを作成しました。その際には、複数の CausalAttention オブジェクトをインスタンス化して組み合わせるという方法をとりました。

MultiHeadAttentionWrapper と CausalAttention という2つの別々のクラスを使い続ける代わりに、これらの概念を MultiHeadAttention という 1 つのクラスにまとめることができます。また、Multi-head Attention をより効率よく実装するために、MultiHeadAttentionWrapper と CausalAttention のコードをマージするだけではなく、他にもいくつか修正を加えることにします。

MultiHeadAttentionWrapper モジュールでは、それぞれ別の Attention ヘッドを表す CausalAttention オブジェクトのリスト（self.heads）を作成するという方法で複数のヘッドを実装しています。CausalAttention クラスは Attention メカニズムを独立して実行し、各ヘッドからの結果は連結されます。対照的に、次の MultiHeadAttention クラスは、マルチヘッド機能を 1 つのクラスに統合します。このクラスは、射影されたクエリテンソル、キーテンソル、値テンソルの形状を変更することで入力を複数のヘッドに分割し、Attention を計算した後、これらのヘッドからの結果を組み合わせます。

`MultiHeadAttention` クラスについて説明する前に、そのコードを見てみましょう（リスト 3-5）。

リスト 3-5：効率的な Multi-head Attention クラス

```
class MultiHeadAttention(nn.Module):
    def __init__(self, d_in, d_out, context_length, dropout, num_heads,
                 qkv_bias=False):
        super().__init__()
        assert (d_out % num_heads == 0), "d_out must be divisible by num_heads"

        self.d_out = d_out
        self.num_heads = num_heads
        self.head_dim = d_out // num_heads  ◀── 出力次元数をヘッド数で分割

        self.W_query = nn.Linear(d_in, d_out, bias=qkv_bias)
        self.W_key = nn.Linear(d_in, d_out, bias=qkv_bias)
        self.W_value = nn.Linear(d_in, d_out, bias=qkv_bias)

        self.out_proj = nn.Linear(d_out, d_out)  ◀── Linear層を使ってヘッドの出力を組み合わせる
        self.dropout = nn.Dropout(dropout)
        self.register_buffer(
            "mask",
            torch.triu(torch.ones(context_length, context_length), diagonal=1)
        )

    def forward(self, x):
        b, num_tokens, d_in = x.shape

        keys = self.W_key(x)  ◀── テンソルの形状は(b, num_tokens, d_out)
        queries = self.W_query(x)
        values = self.W_value(x)

        # num_heads次元を追加して行列を暗黙的に分割。
        # 続いて、最後の次元を展開し、形状を(b, num_tokens, d_out)から(b, num_tokens, num_heads, head_dim)に変換
        keys = keys.view(b, num_tokens, self.num_heads, self.head_dim)
        values = values.view(b, num_tokens, self.num_heads, self.head_dim)
        queries = queries.view(b, num_tokens, self.num_heads, self.head_dim)

        # 形状を(b, num_tokens, num_heads, head_dim)から(b, num_heads, num_tokens, head_dim)に転置
        keys = keys.transpose(1, 2)
        queries = queries.transpose(1, 2)
        values = values.transpose(1, 2)

        attn_scores = queries @ keys.transpose(2, 3)  ◀── 各ヘッドのドット積を計算

        mask_bool = self.mask.bool()[:num_tokens, :num_tokens]  ◀── マスクをトークン数で切り捨て

        attn_scores.masked_fill_(mask_bool, -torch.inf)  ◀── Attentionスコアを埋めるためにマスクを使う

        attn_weights = torch.softmax(attn_scores / keys.shape[-1]**0.5, dim=-1)
        attn_weights = self.dropout(attn_weights)

        context_vec = (attn_weights @ values).transpose(1, 2)  ◀── テンソルの形状は(b, num_tokens, n_heads, head_dim)
```

```
        context_vec = context_vec.contiguous().view(   ◀── self.d_out = self.num_heads * self.head_dim
            b, num_tokens, self.d_out                       に基づいてヘッドを結合
        )

        context_vec = self.out_proj(context_vec)   ◀── 線形射影を追加

        return context_vec
```

MultiHeadAttention クラス内での形状の変更（view()）と転置（transpose()）は、数学的には複雑に思えますが、MultiHeadAttention クラスが実装している概念は前項の MultiHeadAttentionWrapper と同じです。

全体的に見た場合、前項の MultiHeadAttentionWrapper では、複数の Single-head Attention 層を積み重ねて Multi-head Attention 層として結合しました。MultiHeadAttention クラスでは、統合アプローチをとっています。つまり、マルチヘッド層を出発点とし、内部でマルチヘッド層を個々の Attention ヘッドに分割します（図 3-26）。

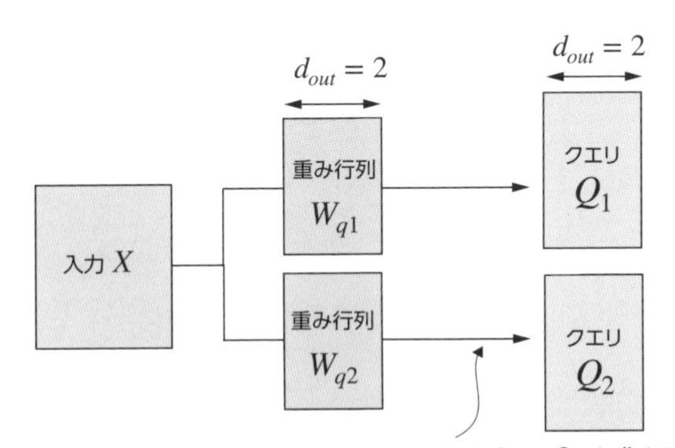

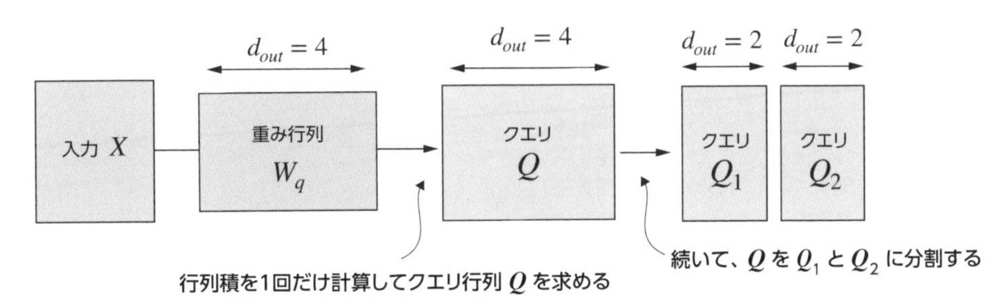

図 3-26： 2 つの Attention ヘッドを持つ MultiHeadAttentionWrapper クラスでは、2 つの重み行列 $\boldsymbol{W}_{q1}$、$\boldsymbol{W}_{q2}$ を初期化し、2 つのクエリ行列 $\boldsymbol{Q}_1$、$\boldsymbol{Q}_2$ を計算した（上図）。MultiheadAttention クラスでは、より大きな重み行列 $\boldsymbol{W}_q$ を 1 つだけ初期化し、入力との行列積を 1 回だけ計算してクエリ行列 $\boldsymbol{Q}$ を求め、このクエリ行列を $\boldsymbol{Q}_1$ と $\boldsymbol{Q}_2$ に分割する（下図）。キーと値についても同様

クエリテンソル、キーテンソル、値テンソルの分割は、PyTorchの`view()`メソッドと`transpose()`メソッドを使ったテンソルの形状変更演算と転置演算を通じて実現されます。最初に入力を（クエリ、キー、値に対する線形層を使って）変換し、続いてマルチヘッドを表すために形状を変更します。

この操作の鍵は、`d_out`次元を`num_heads`と`head_dim`に分割する部分にあります（`head_dim = d_out / num_heads`）。この分割は`view()`メソッドを使って実現されます。つまり、次元`(b, num_tokens, d_out)`のテンソルの形状を次元`(b, num_tokens, num_heads, head_dim)`に変更します。

これらのテンソルは`num_heads`次元が`num_tokens`次元の前に来るように転置され、結果として`(b, num_heads, num_tokens, head_dim)`という形状になります。こうした転置は、異なるヘッド間でクエリ、キー、値を正しい順番に揃え、バッチベースの行列積を効率よく計算する上で非常に重要です。

このバッチベースの行列積の例として、次のようなテンソルがあるとしましょう。

```
a = torch.tensor([[[[0.2745, 0.6584, 0.2775, 0.8573],
                    [0.8993, 0.0390, 0.9268, 0.7388],
                    [0.7179, 0.7058, 0.9156, 0.4340]],

                   [[0.0772, 0.3565, 0.1479, 0.5331],
                    [0.4066, 0.2318, 0.4545, 0.9737],
                    [0.4606, 0.5159, 0.4220, 0.5786]]]])
```

このテンソルの形状は(b, num_heads, num_tokens, head_dim) = (1, 2, 3, 4)

このテンソル自体とテンソルのビューの間でバッチベースの行列積を計算します。テンソルのビューは、最後の2つの次元`num_tokens`と`head_dim`を転置したものです。

```
print(a @ a.transpose(2, 3))
```

結果は次のようになります。

```
tensor([[[[1.3208, 1.1631, 1.2879],
          [1.1631, 2.2150, 1.8424],
          [1.2879, 1.8424, 2.0402]],

         [[0.4391, 0.7003, 0.5903],
          [0.7003, 1.3737, 1.0620],
          [0.5903, 1.0620, 0.9912]]]])
```

この場合、PyTorchでの行列積の実装は4次元の入力テンソルを扱うため、行列積は最後の2つの次元（`num_tokens`と`head_dim`）で計算され、個々のヘッドごとに繰り返されます。

たとえば、ここで説明した方法は、次のようにヘッドごとに行列積を計算する方法に対する、よりコンパクトな方法となります。

```
first_head = a[0, 0, :, :]
first_res = first_head @ first_head.T
print("First head:\n", first_res)

second_head = a[0, 1, :, :]
second_res = second_head @ second_head.T
print("\nSecond head:\n", second_res)
```

結果はバッチベースの行列積（`print(a @ a.transpose(2, 3))`）を使ったときとまったく同じです。

```
First head:
 tensor([[1.3208, 1.1631, 1.2879],
         [1.1631, 2.2150, 1.8424],
         [1.2879, 1.8424, 2.0402]])

Second head:
 tensor([[0.4391, 0.7003, 0.5903],
        [0.7003, 1.3737, 1.0620],
        [0.5903, 1.0620, 0.9912]])
```

`MultiHeadAttention`の説明に戻ると、Attention重み行列とコンテキストベクトルを計算した後、すべてのヘッドからのコンテキストベクトルを転置して、`(b, num_tokens, num_heads, head_dim)`の形状に戻します。これらのベクトルの形状を`(b, num_tokens, d_out)`に変更（フラット化）すると、実質的にすべてのヘッドからの出力を結合することになります。

さらに、ヘッドを結合した後の`MultiHeadAttention`に対して、`CausalAttention`クラスにはなかった出力射影層（`self.out_proj`）を追加しています。この出力射影層は、厳密には必要ありませんが（詳細については、付録Bを参照）、多くのLLMアーキテクチャで一般的に使われているため、ここでも参考までに追加することにしました。

`MultiHeadAttention`クラスは、テンソルの形状変更と転置が追加されているために`MultiHeadAttentionWrapper`よりも複雑に見えますが、その分効率的です。たとえば、`keys = self.W_key(x)`のように、キーを計算するための行列積が1回で済みます（クエリと値についても同じです）。`MultiHeadAttentionWrapper`では、最も計算コストのかかるステップの1つであるこの行列積の計算を繰り返す必要がありました。

`MultiHeadAttention`クラスの使い方は、先に実装した`SelfAttention`クラスや`CausalAttention`クラスと同じです。

```
torch.manual_seed(123)
batch_size, context_length, d_in = batch.shape
d_out = 2
mha = MultiHeadAttention(d_in, d_out, context_length, 0.0, num_heads=2)
context_vecs = mha(batch)
print(context_vecs)
print("context_vecs.shape:", context_vecs.shape)
```

次の結果から、出力次元が d_out 引数によって直接制御されることがわかります。

```
tensor([[[0.3190, 0.4858],
         [0.2943, 0.3897],
         [0.2856, 0.3593],
         [0.2693, 0.3873],
         [0.2639, 0.3928],
         [0.2575, 0.4028]],

        [[0.3190, 0.4858],
         [0.2943, 0.3897],
         [0.2856, 0.3593],
         [0.2693, 0.3873],
         [0.2639, 0.3928],
         [0.2575, 0.4028]]], grad_fn=<ViewBackward0>)
context_vecs.shape: torch.Size([2, 6, 2])
```

LLM の実装と訓練に使う MultiHeadAttention クラスの実装はこれで完了です。このコードは完全に機能しますが、出力を読みやすくするために、埋め込みのサイズと Attention ヘッドの数は比較的小さくしています。

たとえば、最も小さい GPT-2 モデル（1 億 1,700 万パラメータ）の場合、Attention ヘッドは 12 個、コンテキストベクトルの埋め込みサイズは 768 です。最も大きい GPT-2 モデル（15 億パラメータ）では、Attention ヘッドは 25 個、コンテキストベクトルの埋め込みサイズは 1,600 です。GPT モデルでは、トークン入力とコンテキストベクトルの埋め込みサイズは同じ（d_in = d_out）です。

練習問題 3-3：GPT-2 と同じ規模の Attention モジュールを初期化する

MultiHeadAttention を使って、最も小さい GPT-2 モデル（Attention ヘッドは 12 個）と同じ数の Attention ヘッドを持つ Multi-head Attention モジュールを初期化してください。また、入力と出力に GPT-2 と同じ埋め込みサイズ（768 次元）を使ってください。なお、最も小さい GPT-2 モデルはコンテキストの長さとして 1,024 トークンをサポートしています。

3.7 本章のまとめ

- Attention メカニズムは入力要素を拡張されたコンテキストベクトル表現に変換する。それらの表現には、すべての入力に関する情報が組み込まれている。
- Self-Attention メカニズムは、コンテキストベクトル表現を入力の加重和として計算する。
- 単純化された Attention メカニズムでは、Attention の重みをドット積で計算する。
- ドット積とは、2 つのベクトルを要素ごとに掛け合わせ、その積を合計する簡潔な方法のことである。
- 行列積は（厳密には必要ないが）、入れ子の `for` ループを置き換えることで、計算をよりコンパクトに効率よく実装するのに役立つ。
- LLM で使われている Self-Attention メカニズムは、Scaled Dot-Product Attention とも呼ばれ、入力の中間変換（クエリ、キー、値）を計算するために訓練可能な重み行列を導入する。
- テキストを左から右に読んで生成する LLM を扱うときには、LLM が未来のトークンにアクセスしないようにするために、Causal Attention マスクを追加する。
- LLM での過剰適合を抑制するために、Attention の重みをゼロ化する Causal Attention マスクに加えて、ドロップアウトマスクを追加することができる。
- Transformer ベースの LLM の Attention モジュールは、Causal Attention の複数のインスタンスを使うため、Multi-head Attention と呼ばれる。
- Causal Attention モジュールの複数のインスタンスを積み重ねると、Multi-head Attention モジュールを作成できる。
- Multi-head Attention モジュールをより効率よく作成する方法では、バッチベースの行列積を使う。

テキストを生成するための GPT モデルを一から実装する

本章の内容

- 人間のようなテキストを生成するために訓練できる GPT 型の LLM を実装する
- ニューラルネットワークの学習を安定させるために層の活性化を正規化する
- ディープニューラルネットワークにショートカット接続を追加する
- さまざまなサイズの GPT モデルを作成するために Transformer ブロックを実装する
- GPT モデルのパラメータ数とストレージ要件を計算する

前章では、LLM の中核的な構成要素の 1 つである Multi-head Attention メカニズムを理解して実装しました。本章では、LLM の他の構成要素を実装し、そこから GPT 型のモデルを組み立てます。次章では、人間のようなテキストを生成するために、このモデルを訓練します。

図 4-1 に示す LLM アーキテクチャは、いくつかの構成要素でできています。個々の構成要素を詳しく見ていく前に、このモデルアーキテクチャを俯瞰的に捉えてみましょう。

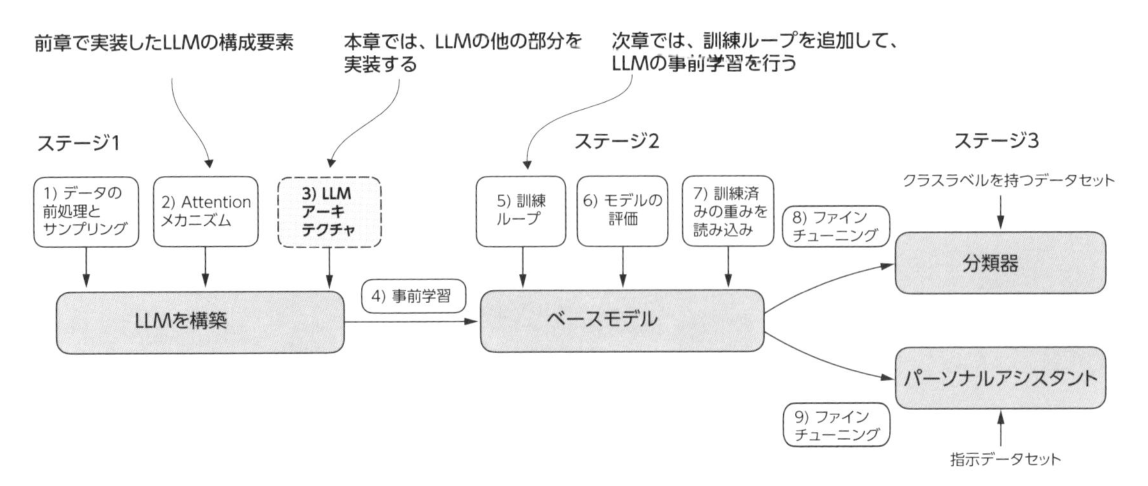

図4-1:LLMをコーディングするための3つのステージ。本章では、ステージ1のステップ3であるLLMアーキテクチャの実装に焦点を合わせる

4.1 LLMアーキテクチャのコーディング

GPT(Generative Pretrained Transformer)をはじめとするLLMは、新しいテキストを1語(1トークン)ずつ生成することを目的として設計された、大規模なディープニューラルネットワークです。とはいえ、その大きさにもかかわらず、このモデルアーキテクチャは思ったほど複雑ではありません。図4-2は、GPT型のLLMの概要図であり、濃い網掛けになっている部分はメインの構成要素です。

入力のトークン化、埋め込み、Masked Multi-head Attentionモジュールなど、LLMアーキテクチャのいくつかの側面についてはすでに説明したとおりです。ここでは、`Transformer`ブロックを含め、GPTモデルの中核的な構造を実装します。次章では、人間のようなテキストを生成するために、このモデルを訓練します。

これまでは、説明を単純に保つために小さな埋め込み次元を使い、そのようにして概念と例が1ページにうまく収まるようにしていました。ここからは、小さなGPT-2モデルと同じ大きさにスケールアップします。具体的には、Radfordらの論文『Language Models Are Unsupervised Multitask Learners』[1]で説明されている1億2,400万パラメータの最も小さいバージョンと同じ大きさにします。なお、原論文では1億1,700万パラメータとなっていますが、これは後に修正されています。6章では、事前学習済みの重みをこの実装に読み込み、3億4,500万、7億6,200万、15億4,200万パラメータのより大規模なGPT-2モデルに適応させます。

ディープラーニングやGPT型のLLMでは、「パラメータ」はモデルの訓練可能な重みを指します。これらの重みは基本的にモデルの内部変数であり、特定の損失関数を最小化するために訓練プロセスで調整され、最適化されます。この最適化により、モデルが訓練データから学習することが可能になります。

[1] https://cdn.openai.com/better-language-models/language_models_are_unsupervised_multitask_learners.pdf

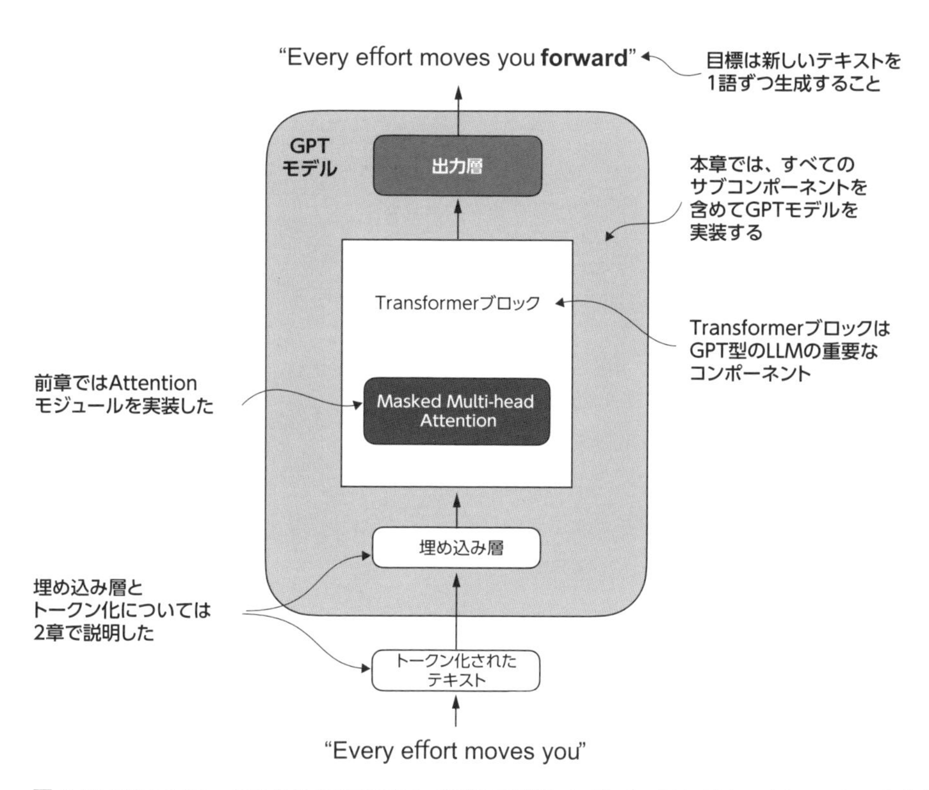

図 4-2：GPT モデル。埋め込み層に加えて、前章で実装した Masked Multi-head Attention を含んだ 1 つ以上の Transformer ブロックで構成されている

たとえば、2,048 × 2,048 次元の重み行列（テンソル）で表されるニューラルネットワーク層では、この行列の各要素はパラメータです。2,048 個の行と 2,048 個の列があるため、この層のパラメータの総数は 2,048 × 2,048 = 4,194,304 個です。

GPT-2 vs. GPT-3

本章の内容が GPT-2 に焦点を合わせているのは、OpenAI が事前学習済みのモデルの重みを公開しており、6 章でそれらの重みを私たちの実装に読み込む予定だからです。GPT-3 は、モデルアーキテクチャに関しては基本的に同じですが、パラメータの数が GPT-2 の 15 億個から 1,750 億個にスケールアップされていて、より多くのデータで訓練されているという違いがあります。本書の執筆時点では、GPT-3 の重みは公開されていません。また、GPT-2 は 1 台のラップトップコンピュータで実行できますが、GPT-3 は訓練と推論に GPU クラスタを必要とするため、LLM の実装方法を学ぶなら GPT-2 のほうが適しています。Lambda Labs によれば、GPT-3 を NVIDIA V100 データセンター GPU 1 基で訓練するのに 355 年もかかります。コンシューマ向け RTX 8000 GPU では、665 年越しの作業になります。

https://lambdalabs.com/blog/demystifying-gpt-3

この小さなGTP-2モデルの設定を次のように指定します。この後のコードサンプルでは、この設定を使います。

```
GPT_CONFIG_124M = {
    "vocab_size": 50257,     # 語彙のサイズ
    "context_length": 1024,  # コンテキストの長さ
    "emb_dim": 768,          # 埋め込み次元
    "n_heads": 12,           # Attentionヘッドの数
    "n_layers": 12,          # 層の数
    "drop_rate": 0.1,        # ドロップアウト率
    "qkv_bias": False        # クエリ、キー、値の計算にバイアスを使うかどうか
}
```

GPT_CONFIG_124Mディクショナリ（辞書）では、コードが長くならないように簡潔でわかりやすい変数名を使っています。

- vocab_sizeは、BPEトークナイザ（2章）が使う50,257語の語彙を表す。
- context_lengthは、位置埋め込み（2章）を通じてモデルが扱うことができる入力トークンの最大数を表す。
- emb_dimは、埋め込みサイズを表す（各トークンを768次元のベクトルに変換する）。
- n_headsは、Multi-head Attentionメカニズム（3章）のAttentionヘッドの数を表す。
- n_layersは、モデルのTransformerブロック（4.5節）の数を指定する。
- drop_rateは、過剰適合を防ぐためのドロップアウトメカニズムの強度を指定する（3章）。0.1は隠れ層ユニットの10%がランダムにドロップアウトされることを意味する。
- qkv_biasは、Multi-head Attentionでクエリ、キー、値の計算に使うLinear層にバイアスベクトルを追加するかどうかを決定する。最初は、現代のLLMの標準に従ってバイアスベクトルを無効にするが、この点については、6章で事前学習済みのGPT-2の重みをOpenAIから読み込むときに再び検討する。

この設定を使って、図4-3に示すGPTプレースホルダアーキテクチャ（DummyGPTModel）を実装します。このプレースホルダアーキテクチャにより、すべてがどのように組み合わされるのか、GPTモデルアーキテクチャを完成させるために他にどのようなコンポーネントをコーディングする必要があるのかを全体的に把握できます。

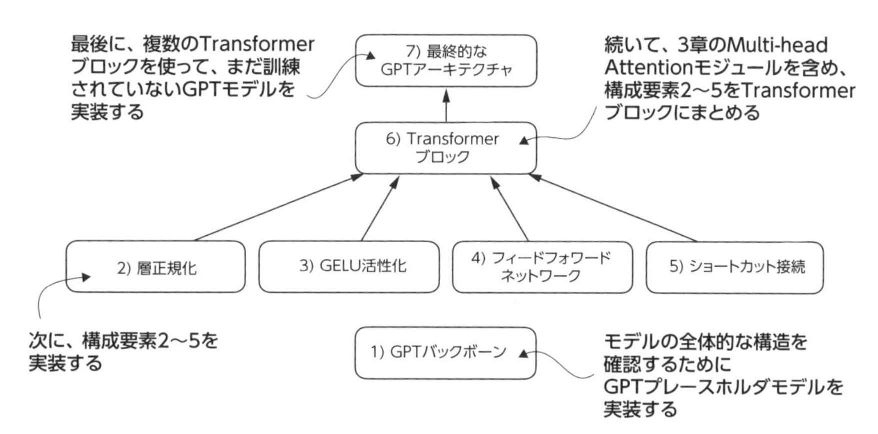

図 4-3：GPT アーキテクチャを実装するための 7 つのステップ。基本的な構成要素を実装する前に、GPT バークボーン（プレースホルダアーキテクチャ）を作成する。最後に、基本的な構成要素を Transformer ブロックにまとめて、最終的な GPT アーキテクチャを完成させる

図 4-3 の番号付きのボックスは、最終的な GPT アーキテクチャを実装するために必要な個々の概念に取り組む順番を示しています。ここでは、ステップ 1 の GPT バックボーンから始めます。このプレースホルダアーキテクチャを `DummyGPTModel` と呼ぶことにします（リスト 4-1）。

リスト 4-1：GPT プレースホルダモデルアーキテクチャ

```
import torch
import torch.nn as nn

class DummyGPTModel(nn.Module):

    def __init__(self, cfg):
        super().__init__()
        self.tok_emb = nn.Embedding(cfg["vocab_size"], cfg["emb_dim"])
        self.pos_emb = nn.Embedding(cfg["context_length"], cfg["emb_dim"])
        self.drop_emb = nn.Dropout(cfg["drop_rate"])

        self.trf_blocks = nn.Sequential(
            *[DummyTransformerBlock(cfg) for _ in range(cfg["n_layers"])]
        )

        self.final_norm = DummyLayerNorm(cfg["emb_dim"])
        self.out_head = nn.Linear(
            cfg["emb_dim"], cfg["vocab_size"], bias=False
        )

    def forward(self, in_idx):
        batch_size, seq_len = in_idx.shape
        tok_embeds = self.tok_emb(in_idx)
        pos_embeds = self.pos_emb(
            torch.arange(seq_len, device=in_idx.device)
        )
        x = tok_embeds + pos_embeds
        x = self.drop_emb(x)
```

TransformerBlockにはプレースホルダを使う

LayerNormにもプレースホルダを使う

```
        x = self.trf_blocks(x)
        x = self.final_norm(x)
        logits = self.out_head(x)
        return logits

class DummyTransformerBlock(nn.Module):   ◀── 後ほど本物のTransformerBlockに置き換える単純なプレースホルダクラス

    def __init__(self, cfg):
        super().__init__()

    def forward(self, x):   ◀── このブロックでは何もせず、入力を返すだけ
        return x

class DummyLayerNorm(nn.Module):   ◀── 後ほど本物のLayerNormに置き換える単純なプレースホルダクラス

    def __init__(self, normalized_shape, eps=1e-5):   ◀── これらのパラメータはLayerNormのインターフェイスを模倣したもの
        super().__init__()

    def forward(self, x):
        return x
```

リスト4-1の`DummyGPTModel`クラスは、PyTorchのニューラルネットワークモジュール`torch.nn.Module`を使って、GPT型のモデルの簡易バージョンを定義しています。`DummyGPTModel`クラスのモデルアーキテクチャは、トークン埋め込みと位置埋め込み、ドロップアウト、一連のTransformerブロック（`DummyTransformerBlock`）、最後に適用される層正規化（`DummyLayerNorm`）、線形出力層（`out_head`）で構成されています。GPTモデルの設定は、たとえば先ほど作成した`GPT_CONFIG_124M`のような、Pythonディクショナリで渡されます。

`forward()`メソッドは、このモデルでのデータの流れ（フォワードパス）を表しています。このメソッドは、入力インデックスに対応するトークン埋め込みと位置埋め込みを計算し、ドロップアウトを適用し、Transformerブロックでデータを処理し、正規化を適用し、最後に線形出力層でロジットを生成します。

リスト4-1のコードはすでに機能する状態です。ただし、今回はプレースホルダ（`DummyTransformerBlock`、`DummyLayerNorm`）を使っている点に注意してください。後ほど、Transformerブロックと層正規化を実装して、これらのプレースホルダを置き換えます。

次に、入力データを準備し、新しいGPTモデルを初期化して、その使い方を見てみましょう。図4-4に示すように、2章で実装したトークナイザをベースとして、GPTモデルの入力から出力までのデータの流れを俯瞰的に捉えてみましょう。

これらのステップを実装するために、2章のtiktokenトークナイザを使って、GPTモデル用の2つのテキスト入力からなるバッチをトークン化します。

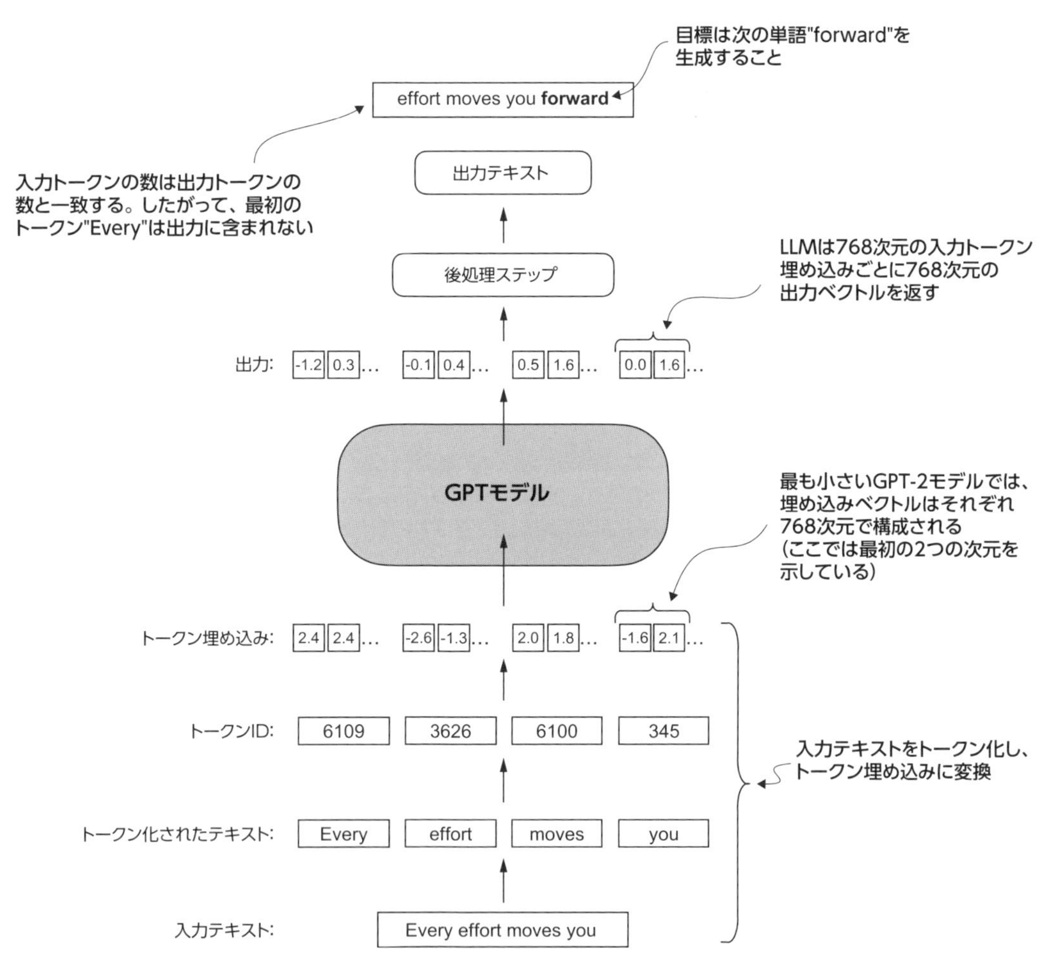

図 4-4:入力データがトークン化され、埋め込みに変換され、GPT モデルに渡される仕組みを示す概要図。DummyGPTClass クラスのコードでは、トークン埋め込みが GPT モデルの内部で処理されることに注意。LLM では、入力トークンの埋め込み次元は一般に出力の埋め込み次元と一致している。この場合、出力される埋め込みベクトルはコンテキストベクトルを表す（3 章を参照）

```
import tiktoken

tokenizer = tiktoken.get_encoding("gpt2")
batch = []
txt1 = "Every effort moves you"
txt2 = "Every day holds a"

batch.append(torch.tensor(tokenizer.encode(txt1)))
batch.append(torch.tensor(tokenizer.encode(txt2)))
batch = torch.stack(batch, dim=0)
print(batch)
```

2つのテキストのトークンIDは次のとおりです。

```
tensor([[6109, 3626, 6100,  345],   ← 1行目は1つ目のテキストに対応しており、
        [6109, 1110, 6622,  257]])     2行目は2つ目のテキストに対応している
```

次に、1億2,400万パラメータの`DummyGPTModel`インスタンスを生成して初期化し、トークン化したバッチ`batch`を入力として渡します。

```
torch.manual_seed(123)
model = DummyGPTModel(GPT_CONFIG_124M)
logits = model(batch)
print("Output shape:", logits.shape)
print(logits)
```

モデルの出力は次のとおりです。モデルの出力を一般にロジットと呼びます[2]。

```
Output shape: torch.Size([2, 4, 50257])
tensor([[[-1.2034,  0.3201, -0.7130,  ..., -1.5548, -0.2390, -0.4667],
         [-0.1192,  0.4539, -0.4432,  ...,  0.2392,  1.3469,  1.2430],
         [ 0.5307,  1.6720, -0.4695,  ...,  1.1966,  0.0111,  0.5835],
         [ 0.0139,  1.6755, -0.3388,  ...,  1.1586, -0.0435, -1.0400]],

        [[-1.0908,  0.1798, -0.9484,  ..., -1.6047,  0.2439, -0.4530],
         [-0.7860,  0.5581, -0.0610,  ...,  0.4835, -0.0077,  1.6621],
         [ 0.3567,  1.2698, -0.6398,  ..., -0.0162, -0.1296,  0.3717],
         [-0.2407, -0.7349, -0.5102,  ...,  2.0057, -0.3694,  0.1814]]],
       grad_fn=<UnsafeViewBackward0>)
```

出力テンソルは、2つのテキストサンプルに対応する2つの行で構成されています。テキストサンプルはそれぞれ4つのトークンで構成されています。トークンはそれぞれ、トークナイザの語彙のサイズと一致する50,257次元のベクトルです。

この埋め込みが50,257次元なのは、これらの次元がそれぞれ語彙の一意なトークンを指しているためです。後処理コードを実装するときに、この50,257次元のベクトルをトークンIDに変換して、単語にデコードできるようにします。

GPTアーキテクチャとその入力と出力の全貌を把握したところで、個々のプレースホルダをコーディングして置き換えることにします。まず、リスト4-1の`DummyLayerNorm`クラスを置き換える本物の層正規化クラスから見ていきましょう。

[2] [訳注] WindowsまたはLinuxでは、本章のコードの出力が異なることがある。
https://github.com/rasbt/LLMs-from-scratch/blob/main/ch04/01_main-chapter-code/ch04.ipynb

4.2 層正規化を使って活性化を正規化する

多くの層からなるディープニューラルネットワークの訓練は、勾配消失や勾配爆発などの問題のせいで、場合によっては難題です。こうした問題によって学習のダイナミクスが不安定になり、ニューラルネットワークが重みを効果的に調整するのが難しくなります。つまり、訓練プロセスが損失関数を最小化するパラメータ（重み）を見つけ出すのに苦労することになります。言い換えれば、ニューラルネットワークがデータに内在する基本的なパターンを学習することが難しくなり、その結果、正確な予測や意思決定を行うことができなくなります。

> **NOTE**　ニューラルネットワークの訓練や勾配の概念を学ぶのが初めての場合は、付録 A の A.4 節に簡単な説明があります。ただし、本章の内容を読み進めるにあたり、勾配を数学的に理解している必要はありません。

では、ニューラルネットワークの学習の安定性と効率性を向上させるために、**層正規化**（layer normalization）を実装してみましょう。層正規化の主な考え方は、ニューラルネットワーク層の出力（活性化）を平均 0、分散 1（単位分散）になるように調整するというものです。この調整により、効果的な重みへの収束が早まり、訓練の一貫性と信頼性が確保されます。GPT-2 や現代の Transformer アーキテクチャでは、層正規化は Multi-head Attention モジュールの前または後に適用するのが一般的であり、また `DummyLayerNorm` プレースホルダのコードで示したように、最後の出力層の前に適用します。層正規化の仕組みを可視化すると、図 4-5 のようになります。

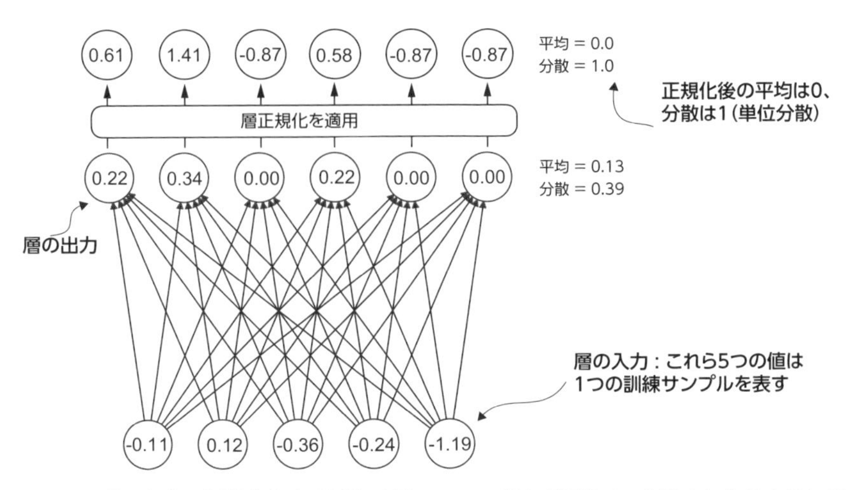

図 4-5：層正規化。活性化とも呼ばれる層の 6 つの出力が平均 0、分散 1 になるように正規化される

図 4-5 の例を再現するコードは次のようになります。このコードは、入力が 5 つ、出力が 6 つのニューラルネットワーク層を実装し、2 つの入力サンプルに適用します。

```
torch.manual_seed(123)
batch_example = torch.randn(2, 5)    ← それぞれ5つの次元（特徴量）を持つ2つの訓練サンプルを作成
layer = nn.Sequential(nn.Linear(5, 6), nn.ReLU())
out = layer(batch_example)
print(out)
```

このコードを実行すると、次のテンソルが出力されます。1行目は1つ目の入力に対する層の出力を表しており、2行目は2つ目の入力に対する層の出力を表しています。

```
tensor([[0.2260, 0.3470, 0.0000, 0.2216, 0.0000, 0.0000],
        [0.2133, 0.2394, 0.0000, 0.5198, 0.3297, 0.0000]],
       grad_fn=<ReluBackward0>)
```

ここで実装したニューラルネットワーク層は、`Linear`層とそれに続く線形活性化関数`ReLU()`で構成されています。**ReLU**（Rectified Linear Unit）は、ニューラルネットワークの標準的な活性化関数であり、単に負の入力を0にして、層の出力が正の値だけになるようにします。層の出力に負の値が含まれていないのはそのためです。後ほど、別のもっと洗練された活性化関数をGPTモデルで使います。

これらの出力に層正規化を適用する前に、平均と分散を調べてみましょう。

```
mean = out.mean(dim=-1, keepdim=True)
var = out.var(dim=-1, keepdim=True)
print("Mean:\n", mean)
print("Variance:\n", var)
```

出力は次のとおりです。

```
Mean:
 tensor([[0.1324],
        [0.2170]], grad_fn=<MeanBackward1>)
Variance:
 tensor([[0.0231],
        [0.0398]], grad_fn=<VarBackward0>)
```

`mean`テンソルの1行目は1つ目の入力行の平均値を含んでおり、2行目は2つ目の入力行の平均値を含んでいます。

平均や分散のような計算で`keepdim=True`を使うと、`dim`で指定された次元に沿ってテンソルを縮小したとしても、出力テンソルの次元数は入力テンソルと同じままになります。たとえば、`keepdim=True`を指定しない場合、返される`mean`テンソルは、2 × 1次元の行列`[[0.1324], [0.2170]]`ではなく、2次元のベクトル`[0.1324, 0.2170]`になります。

`dim`パラメータは、テンソルで統計量（この場合は平均や分散）を計算するときの次元を指定します。図4-6に示すように、（行列のような）2次元のテンソルの場合、平均や分散の計算に`dim=-1`を使うことは、`dim=1`を使うことと同じです。これは`-1`がテンソルの最後の次元を指していて、2次元テンソルの列に相当するためです。本章では後ほど、`[batch_size, num_` `tokens, embedding_size]` という形状の 3 次元テンソルを生成する層正規化を GPT モデルに追加しますが、その場合も、最後の次元に沿った正規化に `dim=-1` を使うことができるため、`dim=1` を `dim=2` に変更する必要はありません。

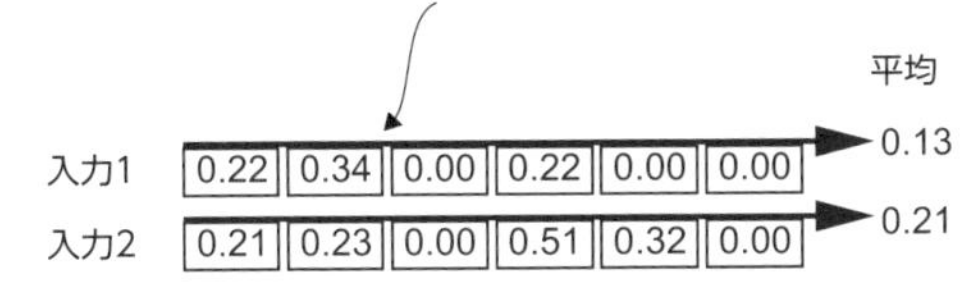

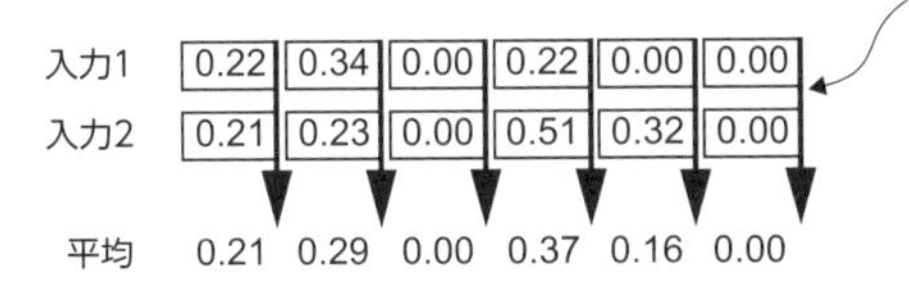

図 4-6：テンソルの平均を計算するときの dim パラメータの説明図。たとえば、形状が [rows, columns] の 2 次元テンソル（行列）がある場合、dim=0 を指定すると、演算が行に沿って（縦に）実行され、結果として各列のデータを集約した出力が得られる。dim=1 または dim=-1 を指定すると、演算が列に沿って（横に）実行され、結果として行のデータを集約した出力が得られる

次に、先ほど取得した層の出力に層正規化を適用してみましょう。この正規化では、出力から平均を引き、分散の平方根（標準偏差）で割ります。これを標準化と呼びます。

```
out_norm = (out - mean) / torch.sqrt(var)
print("Normalized layer outputs:\n", out_norm)

mean = out_norm.mean(dim=-1, keepdim=True)
var = out_norm.var(dim=-1, keepdim=True)
print("Mean:\n", mean)
print("Variance:\n", var)
```

次の結果に示されているように、正規化された出力には負の値も含まれており、平均が 0、分散が 1 になっています。

```
Normalized layer outputs:
 tensor([[ 0.6159,  1.4126, -0.8719,  0.5872, -0.8719, -0.8719],
        [-0.0189,  0.1121, -1.0876,  1.5173,  0.5647, -1.0876]],
       grad_fn=<DivBackward0>)
Mean:
 tensor([[-5.9605e-08],
        [ 1.9868e-08]], grad_fn=<MeanBackward1>)
Variance:
 tensor([[1.0000],
        [1.0000]], grad_fn=<VarBackward0>)
```

なお、出力テンソルの値 –5.9605e-08 は、-5.9605 × 10^{-8} の科学表記であり、10進数では –0.000000059605 です。これは0に非常に近い値ですが、コンピュータが数値を表現する精度は有限であり、そのために蓄積される可能性がある小さな数値誤差のせいで、正確には0ではありません。

読みやすさを向上させたい場合は、`sci_mode=False` を指定すると、テンソルの値を出力するときに科学表記をオフにできます。

```
torch.set_printoptions(sci_mode=False)
print("Mean:\n", mean)
print("Variance:\n", var)
```

出力は次のようになります。

```
Mean:
 tensor([[    -0.0000],
        [     0.0000]], grad_fn=<MeanBackward1>)
Variance:
 tensor([[1.0000],
        [1.0000]], grad_fn=<VarBackward0>)
```

ここまでは、層正規化の実装と適用をステップごとに実行してきました。このプロセスをPyTorchのモジュールにカプセル化して、あとでGPTモデルで利用できるようにしておきましょう（リスト4-2）。

リスト4-2：層正規化クラス

```
class LayerNorm(nn.Module):
    def __init__(self, emb_dim):
        super().__init__()
        self.eps = 1e-5
        self.scale = nn.Parameter(torch.ones(emb_dim))
        self.shift = nn.Parameter(torch.zeros(emb_dim))

    def forward(self, x):
        mean = x.mean(dim=-1, keepdim=True)
        var = x.var(dim=-1, keepdim=True, unbiased=False)
        norm_x = (x - mean) / torch.sqrt(var + self.eps)
        return self.scale * norm_x + self.shift
```

この層正規化の実装は、入力テンソル x の最後の次元である埋め込み次元（`emb_dim`）に適用されます。変数 `eps` は、正規化時にゼロ除算を防ぐために分散に加算される小さな定数（X）です。`scale` 変数と `shift` 変数は、（入力と同じ次元の）2つの訓練可能なパラメータであり、訓練時のモデルの性能を向上させるためにLLMによって自動的に調整されます。これにより、処理しているデータに最適なスケーリングとシフトをモデルが学習できるようになります。

有偏分散

先の分散の計算方法では、`unbiased=False` を設定することで、実装依存の詳細を利用しています。これが何を意味するかというと、分散の計算において入力の数 n で除算を行うことになります。ベッセル補正では、標本分散推定でのバイアスを調整するために分母に n ではなく $n-1$ を使うのが一般的ですが、このアプローチでは、この補正を適用しません。この決定により、いわゆる有偏な分散推定を行うことになります。LLM では、埋め込み次元 n が非常に大きいため、n と $n-1$ の差は実質的に無視できます。このアプローチを選択したのは、GPT-2 モデルの正規化層との互換性を維持するためです。また、オリジナルの GPT-2 モデルの実装に使われた TensorFlow のデフォルトの振る舞いを反映しているから、という理由もあります。ここで同じような設定にしておくと、6 章で読み込む予定の事前学習済みの重みとの互換性を確保できます。

では、`LayerNorm` モジュールを実際にバッチ入力に適用してみましょう。

```
ln = LayerNorm(emb_dim=5)
out_ln = ln(batch_example)
mean = out_ln.mean(dim=-1, keepdim=True)
var = out_ln.var(dim=-1, unbiased=False, keepdim=True)
print("Mean:\n", mean)
print("Variance:\n", var)
```

次の結果から、層正規化コードが期待どおりに動作し、2 つの入力のそれぞれの値を平均 0、分散 1 になるように正規化することがわかります。

```
Mean:
 tensor([[    -0.0000],
        [      0.0000]], grad_fn=<MeanBackward1>)
Variance:
 tensor([[1.0000],
        [1.0000]], grad_fn=<VarBackward0>)
```

ここまでは、図 4-7 に示すように、GPT アーキテクチャを実装するために必要な構成要素のうち 2 つを取り上げました。次節では、GELU 活性化関数を取り上げます。GELU は、ここで使った従来の ReLU 関数の代わりに LLM で使われる活性化関数の 1 つです。

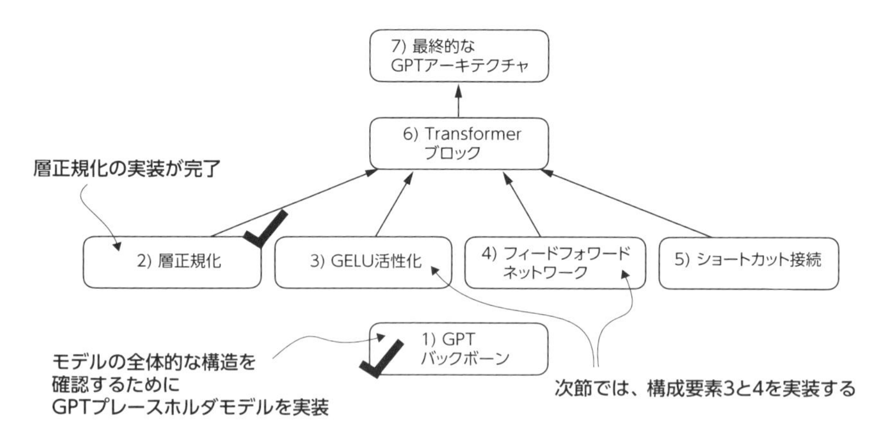

図 4-7：GPT アーキテクチャの構築に必要な構成要素。この時点で、GPT バークボーンと層正規化の実装が完了している。次節では、GELU 活性化とフィードフォワードネットワークに焦点を合わせる

層正規化とバッチ正規化

ニューラルネットワークでおなじみの正規化手法であるバッチ正規化をよく知っている読者は、なぜ層正規化と比較するのだろうと思っているかもしれません。バッチ正規化はバッチ次元に沿って正規化を行いますが、層正規化は特徴量の次元に沿って正規化を行います。LLM には膨大な計算リソースが必要になることが多く、利用可能なハードウェアや具体的なユースケースによって訓練や推定時のバッチサイズが決まることがあります。層正規化はバッチサイズとは無関係に各入力を正規化するため、そうしたシナリオで柔軟性と安定性が向上します。このため、分散訓練を行う場合や、リソースに制約がある環境でモデルをデプロイする場合に、特に効果が期待できます。

4.3 GELU 活性化を使ってフィードフォワードネットワークを実装する

次は、LLM において Transformer ブロックの一部として使われる小さなニューラルネットワークサブモジュールを実装します。まず、このニューラルネットワークサブモジュールで重要な役割を果たす **GELU** 活性化関数を実装します。

NOTE PyTorch でのニューラルネットワークの実装については、付録 A の A.5 節に追加の説明があります。

ReLU 活性化関数については、そのシンプルさや、さまざまなニューラルネットワークアーキテクチャでの有効性から、ディープラーニングで一般的に使われてきたという経緯があります。一方で、LLM では、従来の ReLU の他にもいくつかの活性化関数が採用されています。**GELU**（Gaussian Error Linear Unit）と **SwiGLU**（Swish-Gated Linear Unit）は、その代表的な例です。

GELU と SwiGLU は、より複雑で滑らかな活性化関数であり、それぞれガウス線形ユニットとシグモイドゲート線形ユニットを組み込んでいます。これらの活性化関数は、より単純な ReLU とは異なり、ディープラーニングモデルの性能を向上させます。

GELU 活性化関数は、いくつかの方法で実装できます。厳密には、$\mathrm{GELU}(x) = x \cdot \Phi(x)$ と定義されており、ここで $\Phi(x)$ は標準ガウス分布の累積分布関数を表します。ただし、実際には、より計算量の少ない近似を実装するのが一般的です。オリジナルの GPT-2 モデルも、この近似を使って訓練されています。この近似は曲線適合によって発見されたものです。

$$\mathrm{GELU}(x) \approx 0.5 \cdot x \cdot \left(1 + \tanh\left[\sqrt{\frac{2}{\pi}} \cdot \left(x + 0.44715 \cdot x^3\right)\right]\right)$$

コードでは、この関数を PyTorch のモジュールとして実装できます（リスト 4-3）。

リスト 4.3：GELU 活性化関数の実装

```
class GELU(nn.Module):
    def __init__(self):
        super().__init__()

    def forward(self, x):
        return 0.5 * x * (1 + torch.tanh(
            torch.sqrt(torch.tensor(2.0 / torch.pi)) *
            (x + 0.044715 * torch.pow(x, 3))
        ))
```

次に、この GELU 関数がどのようなもので、ReLU 関数と比較してどうなのかを理解するために、これらの関数を並べてプロットしてみましょう。

```
import matplotlib.pyplot as plt

gelu, relu = GELU(), nn.ReLU()

x = torch.linspace(-3, 3, 100)  ◀── -3～3の範囲でデータ点を100個生成
y_gelu, y_relu = gelu(x), relu(x)
plt.figure(figsize=(8, 3))
for i, (y, label) in enumerate(zip([y_gelu, y_relu], ["GELU", "ReLU"]), 1):
    plt.subplot(1, 2, i)
    plt.plot(x, y)
    plt.title(f"{label} activation function")
    plt.xlabel("x")
    plt.ylabel(f"{label}(x)")
    plt.grid(True)

plt.tight_layout()
plt.show()
```

図4-8のプロットを見てわかるように、ReLU（右図）は区分線形関数であり、入力が正であればそのまま出力し、そうでなければゼロを出力します。GELU（左図）はReLUを近似する滑らかな非線形関数ですが、ほぼすべての負の値で（$x = -0.75$付近を除いて）勾配がゼロではありません。

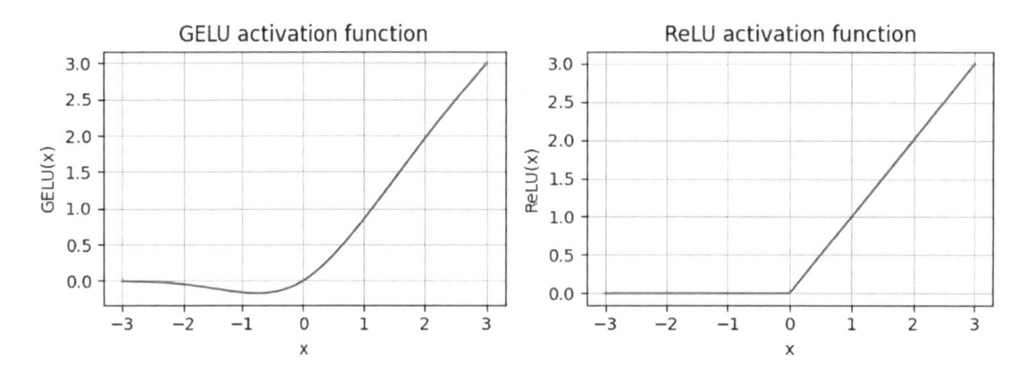

図4-8：matplotlibを使ったGELUとReLUのプロット出力。x軸は関数の入力、y軸は関数の出力を表している

GELUは滑らかであるため、モデルパラメータの微調整が可能であり、訓練時の最適化がよりスムーズに進む可能性があります。対照的に、ReLUはゼロで鋭く切り替わるため（図4-8の右図）、最適化が難しくなることがあります。非常に深いネットワークやより複雑なアーキテクチャを持つネットワークでは、特にそうなりがちです。さらに、負の入力に対してゼロを出力するReLUとは異なり、GELUでは、負の値に対して非ゼロの小さな出力が許容されます。この特性は、訓練プロセスで負の入力を受け取るニューロンが、正の入力ほどではないものの、依然として学習プロセスに貢献できることを意味します。

次に、GELU関数を使って、小さなニューラルネットワークモジュール`FeedForward`を実装してみましょう（リスト4-4）。後ほど、LLMのTransformerブロックで、このモジュールを使います。

リスト4-4：フィードフォワードニューラルネットワークモジュール

```
class FeedForward(nn.Module):
    def __init__(self, cfg):
        super().__init__()
        self.layers = nn.Sequential(
            nn.Linear(cfg["emb_dim"], 4 * cfg["emb_dim"]),
            GELU(),
            nn.Linear(4 * cfg["emb_dim"], cfg["emb_dim"]),
        )

    def forward(self, x):
        return self.layers(x)
```

FeedForwardモジュールは、2つのLinear層とGELU活性化関数からなる小さなニューラルネットワークです。1億2,400万パラメータのGPTモデルでは、GPT_CONFIG_124Mディクショナリ（GPT_CONFIG_124M["emb_dim"] = 768）に基づいて、各トークンが768次元の埋め込みベクトルとして表現された入力バッチが渡されます。図4-9は、この小さなフィードフォワードニューラルネットワークに入力を渡すと、その内部で埋め込みサイズがどのように操作されるのかを示しています。

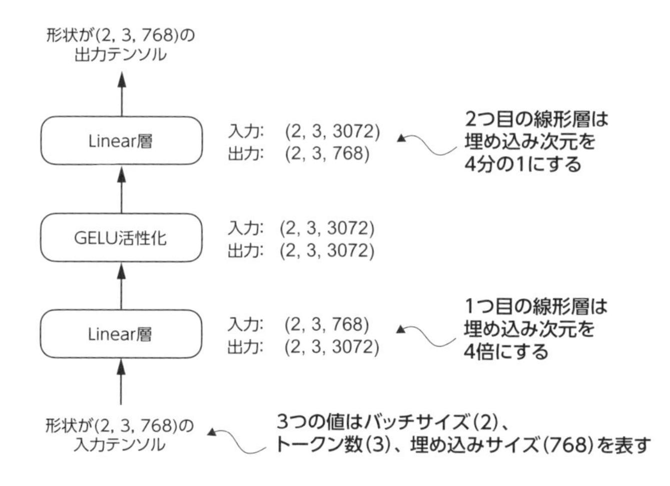

図4-9：フィードフォワードニューラルネットワークの層間の接続。このニューラルネットワークは可変のバッチサイズとトークン数に適応できる。ただし、各トークンの埋め込みサイズは重みを初期化するときに決定され、固定となる

図4-9の例に従って、トークンの埋め込みサイズが768の新しいFeedForwardインスタンスを生成して初期化し、それぞれ2つのサンプルと3つのトークンをからなるバッチ入力を与えてみましょう。

```
ffn = FeedForward(GPT_CONFIG_124M)

x = torch.rand(2, 3, 768)  ← バッチ次元2のサンプル入力を作成
out = ffn(x)
print(out.shape)
```

出力テンソルの形状が入力テンソルと同じであることがわかります。

```
torch.Size([2, 3, 768])
```

FeedForwardモジュールは、データから学習して汎化するモデルの能力を向上させる上で重要な役割を果たします。このモジュールの入力と出力の次元は同じですが、図4-10に示すように、内部では1つ目の線形層を通じて埋め込み次元が高次元空間に拡張されます。この拡張に続いて、GELU活性化関数によって非線形変換が適用され、2つ目の線形層で元の次元に縮小されます。このような設計にすると、より表現力のある空間の探索が可能になります。

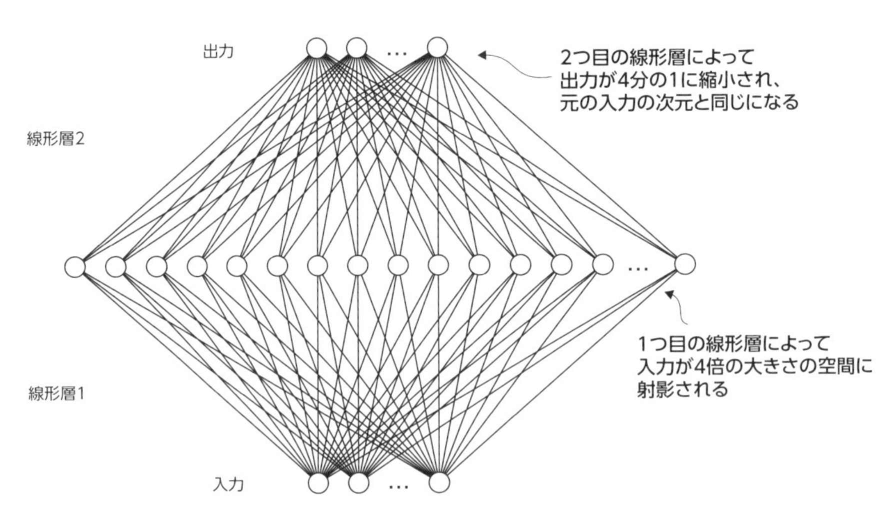

図 4-10: フィードフォワードニューラルネットワークでの層の出力の拡大と縮小。1つ目の層で入力が768から4倍の3,072に拡大され、2つ目の層で3,072から元の768に縮小される

さらに、入力と出力の次元が均一であるため、アーキテクチャも単純になります。後ほど実際に見ていくように、複数の層を積み重ねることが可能になり、層の間で次元を調整する必要がないため、モデルのスケーラビリティが向上します。

図4-11に示すように、LLMのほとんどの構成要素の実装がこれで完了しました。次節では、ニューラルネットワークの異なる層の間に挿入されるショートカット接続という概念を取り上げます。ショートカット接続は、ディープニューラルネットワークアーキテクチャの訓練性能を向上させる上で重要な概念です。

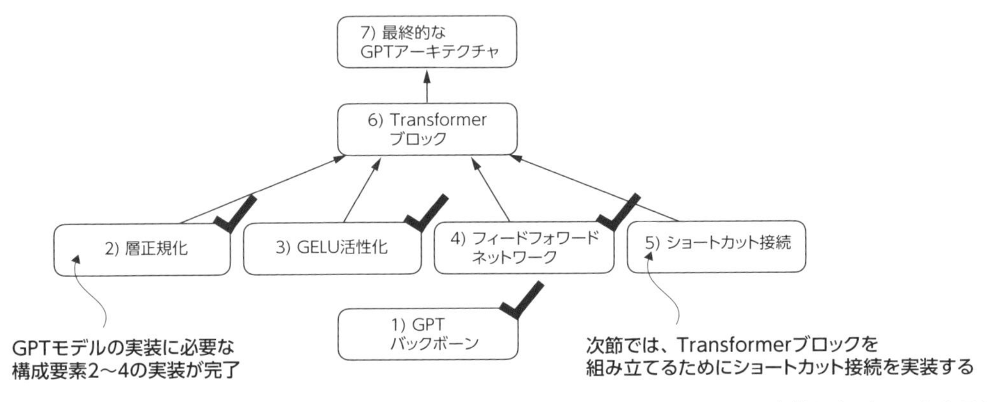

図 4-11: GPTアーキテクチャの構築に必要な構成要素。チェックマークはすでに実装したブロックを示している

4.4 ショートカット接続を追加する

では、**ショートカット接続**（shortcut connection）の概念について説明しましょう。ショートカット接続は、スキップ接続や残差接続とも呼ばれる概念で、もともとはコンピュータビジョンのディープネットワーク（特に残差ネットワーク）で勾配消失問題を軽減するために考案されました。勾配は、訓練中に重みを更新するための指標のようなものです。勾配消失問題は、勾配がネットワークの後ろの層に伝播する過程で徐々に小さくなり、入力に近い最初のほうにある層をうまく訓練できなくなるという問題です。

図4-12は、ショートカット接続が代替パスをどのように作り出すのかを示しています。

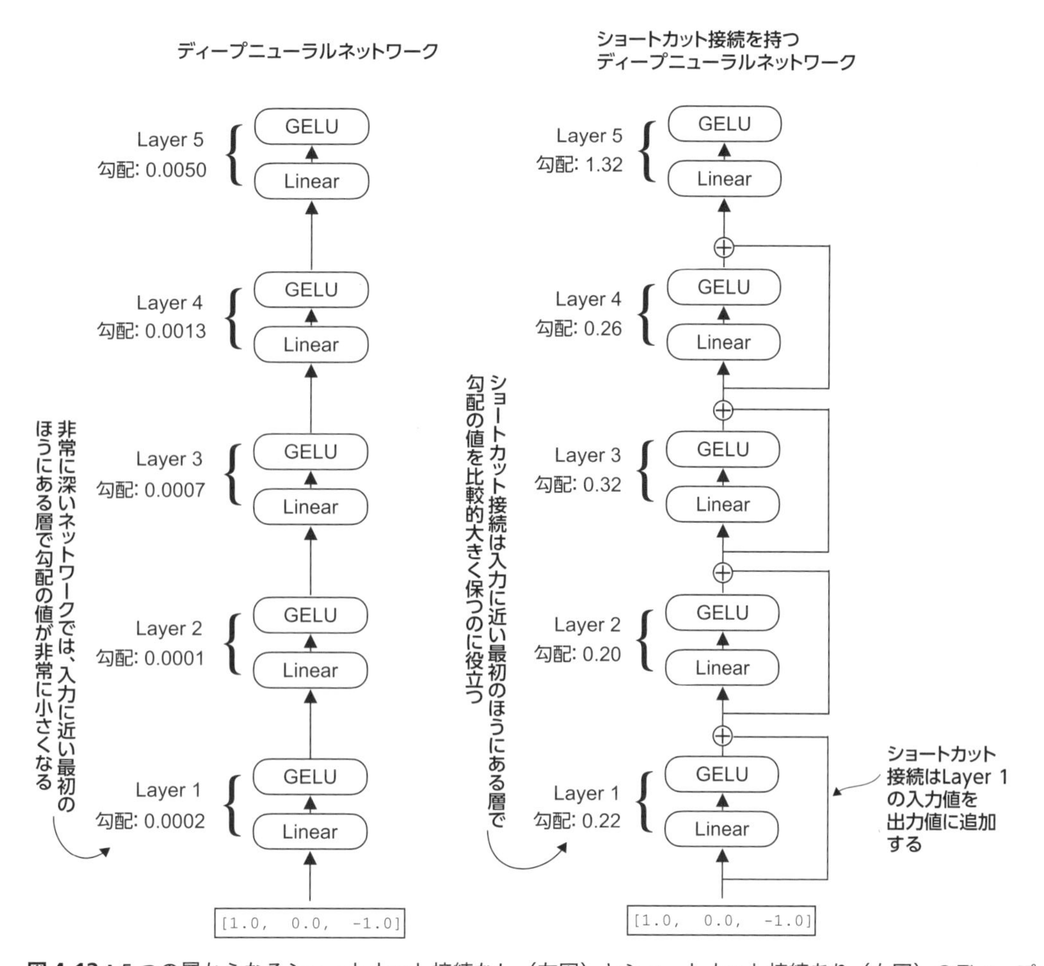

図4-12：5つの層からなるショートカット接続なし（左図）とショートカット接続あり（右図）のディープニューラルネットワークの比較。ショートカット接続は層の入力をその出力に追加することで、特定の層を迂回する代替パスを作り出す。勾配はリスト4-5で計算する各層の平均絶対勾配を表している

ショートカット接続は、1つ以上の層をスキップし、ある層の出力を後の層の出力に追加することで、勾配がネットワークを流れるためのより短いパスを作り出します。このため、こうした接続はスキップ接続とも呼ばれます。ショートカット接続は、訓練時のバックワードパスで勾配の流れを維持する上で重要な役割を果たします。

リスト4-5では、`forward()`メソッドにショートカット接続を追加する方法を確認するために、図4-12のニューラルネットワークを実装します。

リスト4-5：ショートカット接続を追加したニューラルネットワーク

```
class ExampleDeepNeuralNetwork(nn.Module):
    def __init__(self, layer_sizes, use_shortcut):
        super().__init__()
        self.use_shortcut = use_shortcut

        self.layers = nn.ModuleList([          ← 5つの層を実装
            nn.Sequential(nn.Linear(layer_sizes[0], layer_sizes[1]), GELU()),
            nn.Sequential(nn.Linear(layer_sizes[1], layer_sizes[2]), GELU()),
            nn.Sequential(nn.Linear(layer_sizes[2], layer_sizes[3]), GELU()),
            nn.Sequential(nn.Linear(layer_sizes[3], layer_sizes[4]), GELU()),
            nn.Sequential(nn.Linear(layer_sizes[4], layer_sizes[5]), GELU())
        ])

    def forward(self, x):
        for layer in self.layers:
            layer_output = layer(x)          ← 現在の層の出力を計算
            if self.use_shortcut and x.shape == layer_output.shape:   ← ショートカットを適用できるかどうかをチェック
                x = x + layer_output
            else:
                x = layer_output
        return x
```

リスト4-5のコードは、5つの層からなるディープニューラルネットワークを実装しており、層はそれぞれ`Linear`層とGELU活性化関数で構成されています。フォワードパスでは、それらの層を順番に処理し、入力を渡してその層の出力を計算し、`self.use_shortcut`属性が`True`に設定されている場合は、必要に応じてショートカット接続を追加します。

このコードを使って、ショートカット接続なしのニューラルネットワークを初期化してみましょう。各層は3つの入力値を持つサンプルを受け入れ、3つの出力値を返すように初期化されます。最後の層は、出力値を1つだけ返します。

```
layer_sizes = [3, 3, 3, 3, 3, 1]
sample_input = torch.tensor([[1., 0., -1.]])

torch.manual_seed(123)          ← 再現性を確保するために重みの初期値に対して乱数シードを設定
model_without_shortcut = ExampleDeepNeuralNetwork(
    layer_sizes, use_shortcut=False
)
```

次に、モデルのバックワードパスで勾配を計算するための関数を実装します。

```
def print_gradients(model, x):
    output = model(x) ◀──────── フォワードパス
    target = torch.tensor([[0.]])

    loss = nn.MSELoss()                  outputとtargetがどれくらい近い
    loss = loss(output, target) ◀────── かに基づいて損失関数を計算

    loss.backward() ◀────── 勾配を計算するバックワードパス

    for name, param in model.named_parameters():
        if 'weight' in name:
            print(f"{name} has gradient mean of "
                  f"{param.grad.abs().mean().item()}")
```


このコードは、モデルの出力とユーザーが指定した目的値（ここでは単純に値0）がどれくらい近いかを計算する損失関数を指定します。続いて、`loss.backward()`を呼び出すことで、モデルの各層の損失関数の勾配を計算します。`model.named_parameters()`を使うと、重みパラメータを繰り返し処理できます。たとえば、ある層に3 × 3の重みパラメータ行列があるとしましょう。その場合、この層は3 × 3の勾配値を持つことになります。この3 × 3の勾配値の平均絶対勾配を計算して出力することで、各層の勾配を1つの数値で表現し、層ごとの勾配を簡単に比較できるようにします。

要するに、`backward()`メソッドは、モデルの訓練時に必要な損失関数の勾配を自動的に計算できるPyTorchの便利なメソッドです。勾配を計算するための数学的な実装を自分で行う必要がないため、ディープニューラルネットワークでの作業がはるかに容易になります。

> **NOTE**　勾配の概念やニューラルネットワークの訓練がよくわからない場合は、付録AのA.4節とA.7節が参考になるでしょう。

では、ショートカット接続を使わないモデルに`print_gradients()`関数を適用してみましょう。

```
print_gradients(model_without_shortcut, sample_input)
```

出力は次のようになります。

```
layers.0.0.weight has gradient mean of 0.00020173587836325169
layers.1.0.weight has gradient mean of 0.0001201116101583466
layers.2.0.weight has gradient mean of 0.0007152041653171182
layers.3.0.weight has gradient mean of 0.001398873864673078
layers.4.0.weight has gradient mean of 0.005049646366387606
```

`print_gradients()`関数の出力は、最後の層（`layers.4`）から最初の層（`layers.0`）に進

むに従って勾配が小さくなっていくことを示しています。この現象を**勾配消失問題**（vanishing gradient problem）と呼びます。

今度は、ショートカット接続を使うモデルをインスタンス化して比較してみましょう。

```
torch.manual_seed(123)
model_with_shortcut = ExampleDeepNeuralNetwork(
    layer_sizes, use_shortcut=True
)
print_gradients(model_with_shortcut, sample_input)
```

出力は次のようになります。

```
layers.0.0.weight has gradient mean of 0.22169792652130127
layers.1.0.weight has gradient mean of 0.20694105327129364
layers.2.0.weight has gradient mean of 0.32896995544433594
layers.3.0.weight has gradient mean of 0.2665732502937317
layers.4.0.weight has gradient mean of 1.3258541822433472
```

最後の層（`layers.4`）の勾配が他の層よりも大きい点は同じですが、最初の層（`layers.0`）に進む過程で勾配の値が安定し、消失するほど小さな値に縮小しなくなったことがわかります。

まとめると、ディープニューラルネットワークにおいて勾配消失問題がもたらす制約を克服する上で、ショートカット接続は重要です。ショートカット接続は、LLMなどの非常に大規模なモデルの中核的な構成要素です。次章では、このGPTモデルを訓練しますが、ショートカット接続によって層から層への勾配の流れが一貫したものになるため、訓練をより効果的に進めるのに役立つでしょう。

次節では、ここまで取り上げてきたすべての概念（層正規化、GELU活性化、フィードフォワードモジュール、ショートカット接続）をTransformerブロックで結合します。Transformerブロックは GPTアーキテクチャを実装するために必要な最後の構成要素です。

4.5 Transformerブロックで Attention層と線形層を接続する

では、**Transformerブロック**の実装に取りかかりましょう。Transformerブロックは、GPTアーキテクチャや他のLLMアーキテクチャの基本的な構成要素であり、Multi-head Attention、層正規化、ドロップアウト、フィードフォワード層、GELU活性化など、ここまで取り上げてきた概念を結合します。1億2,400万パラメータのGPT-2アーキテクチャでは、このブロックが12回繰り返されます。後ほど、このTransformerブロックをGPTアーキテクチャの残りの部分に接続します。

図4-13は、Masked Multi-head Attentionモジュール（3章）や`FeedForward`モジュール（4.3節）など、いくつかのコンポーネントを組み合わせたTransformerブロックを示しています。Transformerブロックが入力シーケンスを処理する際、シーケンス内の各要素（たとえば、単語やサブワードトークン）は固定サイズのベクトルで表されます（この場合は768次元）。Multi-head

Attention やフィードフォワード層を含んでいる Transformer ブロックでは、各演算はこれらのベクトルを変換するときにその次元を維持するように設計されています。

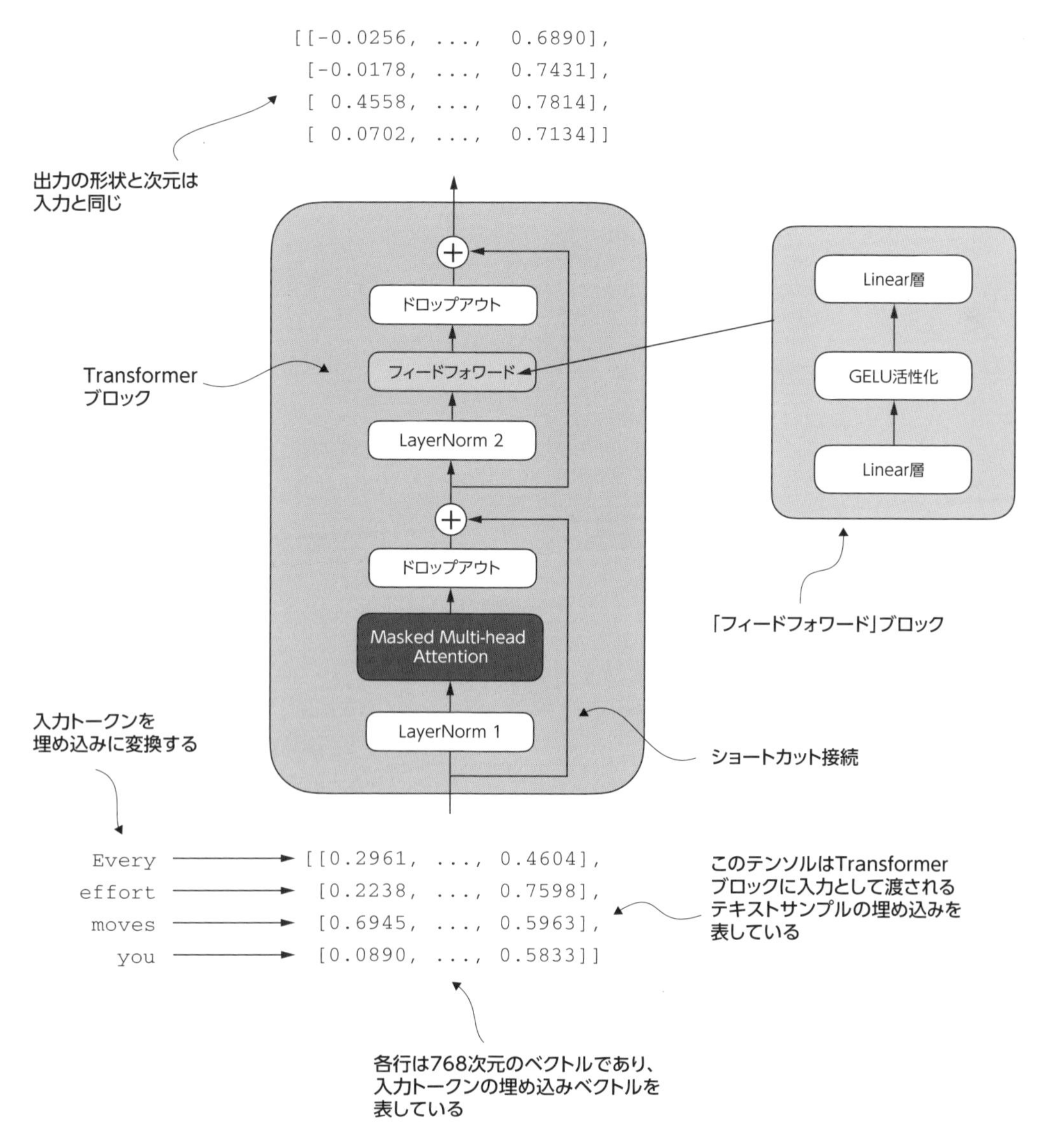

図 4-13： Transformer ブロック。入力トークンは 768 次元の埋め込みベクトルに変換されており、各行は 1 つのトークンのベクトル表現に対応している。Transformer ブロックの出力は入力と同じ次元のベクトルであり、LLM の後続の層に渡すことができる

Multi-head Attention ブロックでは、Self-Attention メカニズムが入力シーケンスの要素間の関係を識別し、分析します。対照的に、フィードフォワードネットワークでは、それぞれの位置でデータが個別に変更されます。この組み合わせにより、入力の微妙な違いを理解して処理できるよ

うになるだけではなく、複雑なデータパターンを処理するモデルの全体的な能力が強化されます。
　これで、Transformerブロックをコーディングする準備ができました（リスト4-6）。

リスト4-6：GPTアーキテクチャのTransformerブロックコンポーネント

```
from previous_chapters import MultiHeadAttention

class TransformerBlock(nn.Module):
    def __init__(self, cfg):
        super().__init__()
        self.att = MultiHeadAttention(
            d_in=cfg["emb_dim"],
            d_out=cfg["emb_dim"],
            context_length=cfg["context_length"],
            num_heads=cfg["n_heads"],
            dropout=cfg["drop_rate"],
            qkv_bias=cfg["qkv_bias"]
        )
        self.ff = FeedForward(cfg)
        self.norm1 = LayerNorm(cfg["emb_dim"])
        self.norm2 = LayerNorm(cfg["emb_dim"])
        self.drop_shortcut = nn.Dropout(cfg["drop_rate"])

    def forward(self, x):

        shortcut = x   ← Attentionブロックのショートカット接続
        x = self.norm1(x)
        x = self.att(x)
        x = self.drop_shortcut(x)
        x = x + shortcut   ← 元の入力を追加

        shortcut = x   ← フィードフォワードブロックのショートカット接続
        x = self.norm2(x)
        x = self.ff(x)
        x = self.drop_shortcut(x)
        x = x + shortcut   ← 元の入力を追加
        return x
```

　リスト4-6のコードは、`TransformerBlock`クラスをPyTorchで定義したものであり、Multi-head Attentionメカニズム（`MultiHeadAttention`）とフィードフォワードネットワーク（`FeedForward`）を含んでいます。どちらのコンポーネントも、たとえば`GPT_CONFIG_124M`など、指定されたディクショナリ（`cfg`）に基づいて設定されます。
　層正規化（LayerNorm）は、これら2つのコンポーネントの前に適用されます（**Pre-LayerNorm**）。ドロップアウトは、モデルを正則化して過剰適合を防ぐために、これらのコンポーネントの後に適用されます。オリジナルのTransformerモデルのような古いアーキテクチャでは、層正規化はSelf-Attentionとフィードフォワードネットワークの後に適用されます（**Post-LayerNorm**）。Post-LayerNormはしばしば学習のダイナミクスに悪影響をおよぼします。

このクラスはフォワードパスも実装しており、各コンポーネントの後に、ブロックの入力をその出力に追加するショートカット接続があります。前節で説明したように、この重要な機能は、訓練中の勾配の流れを安定させ、ディープモデルの学習能力を向上させます。

以前に定義した GPT_CONFIG_124M ディクショナリを使って、Transformer ブロックをインスタンス化し、サンプルデータを与えてみましょう。

```
torch.manual_seed(123)
x = torch.rand(2, 4, 768)
block = TransformerBlock(GPT_CONFIG_124M)
output = block(x)

print("Input shape:", x.shape)
print("Output shape:", output.shape)
```

形状が[batch_size, num_tokens, emb_dim]のサンプル入力を作成

出力は次のとおりです。

```
Input shape: torch.Size([2, 4, 768])
Output shape: torch.Size([2, 4, 768])
```

Transformer ブロックの出力を見ると、入力の次元が維持されていることがわかります。つまり、Transformer アーキテクチャはネットワーク全体を通じてデータシーケンスの形状を変えることなくデータを処理するということです。

Transformer アーキテクチャ全体での形状の維持は、付随的なものではなく、このアーキテクチャの重要な設計要素です。この設計により、Transformer ブロックを幅広い Sequence-to-Sequence タスクにうまく適用できます —— 出力ベクトルはそれぞれ入力ベクトルに直接対応し、1 対 1 の関係が維持されます。ただし、出力は入力シーケンス全体の情報をカプセル化したコンテキストベクトルです（3 章を参照）。つまり、シーケンスの物理的な大きさ（長さと特徴量のサイズ）は Transformer ブロックを通過しても変化しませんが、各出力ベクトルの内容は入力シーケンス全体のコンテキスト情報を統合するようにエンコードし直されます。

Transformer ブロックの実装が完了したところで、GPT アーキテクチャを実装するために必要な構成要素がすべて揃いました。図 4-14 に示すように、Transformer ブロックは、層正規化、フィードフォワードネットワーク、GELU 活性化、ショートカット接続の組み合わせです。後ほど見ていくように、この Transformer ブロックが GPT アーキテクチャのメインコンポーネントを構成することになります。

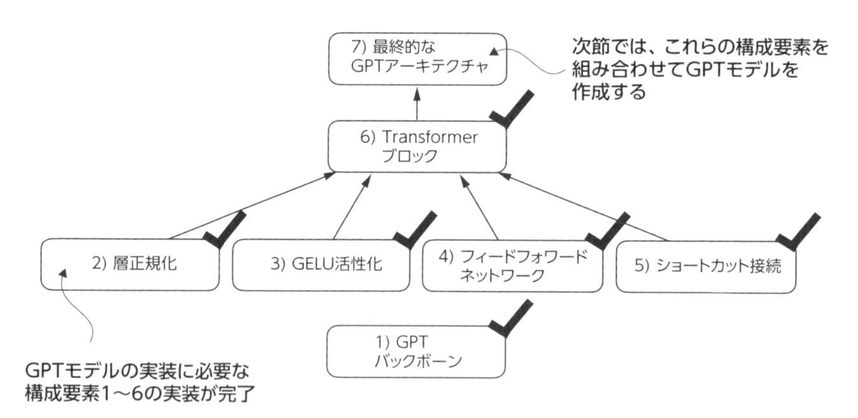

図4-14：GPTアーキテクチャの構築に必要な構成要素。チェックマークはすでに実装したブロックを示している

4.6 GPTモデルを実装する

本章の内容は、`DummyGPTModel`というGPTアーキテクチャの概要から始まりました。この`DummyGPTModel`の実装では、GPTモデルの入力と出力を確認しましたが、その構成要素は`DummyTransformerBlock`と`DummyLayerNorm`をプレースホルダとして使うブラックボックスのままでした。

ここでは、プレースホルダである`DummyTransformerBlock`と`DummyLayerNorm`を、以前に実装した本物の`TransformerBlock`クラスと`LayerNorm`クラスに置き換え、1億2,400万パラメータのオリジナルのGPT-2モデルと同じサイズの、完全に動作するモデルを組み立てます。5章では、GPT-2モデルの事前学習を行い、6章では、事前学習した重みをOpenAIから読み込みます。

GPT-2モデルをコードで組み立てる前に、全体的な構造を見ておきましょう（図4-15）。この構造には、ここまで取り上げてきた概念がすべて含まれています。GPTモデルアーキテクチャ全体で、Transformerブロックが何回も繰り返されることがわかります。1億2,400万パラメータのGPTモデルの場合は、`GPT_CONFIG_124M`ディクショナリの`n_layers`パラメータで指定されているように、12回繰り返されます。最も大きい15億4,200万パラメータのGPTモデルでは、48回繰り返されます。

最後のTransformerブロックからの出力は、線形出力層に到達する前に、最後の層正規化ステップを通過します。この層は、シーケンスの次に来るトークンを予測するために、Transformerブロックの出力を高次元空間（この場合は、モデルの語彙のサイズに相当する50,257次元）に写像します。

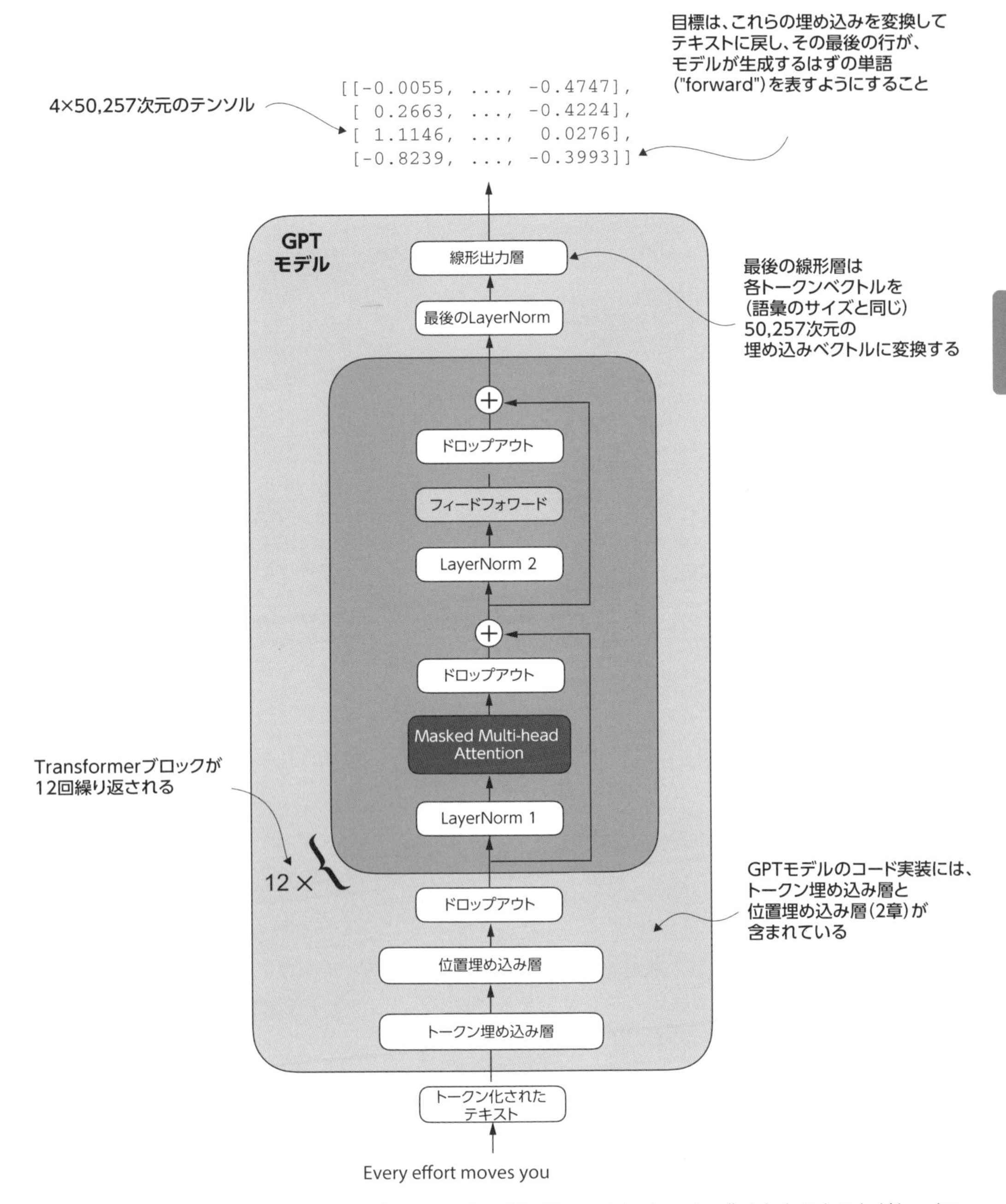

図4-15:GPT モデルのアーキテクチャの概要図。下から順に見ていくと、トークン化されたテキストがトークン埋め込みに変換され、続いて位置埋め込みで補強される。この情報の組み合わせが、中央の一連の Transformer ブロックを通過するテンソルを形成する。Transformer ブロックはそれぞれドロップアウトと層正規化が含まれた Multi-head Attention とフィードフォワードニューラルネットワークで構成され、相互に積み重なった状態で 12 回繰り返される

では、図4-15のアーキテクチャを実装してみましょう（リスト4-7）。

リスト4-7：モデルアーキテクチャの実装

```
class GPTModel(nn.Module):
    def __init__(self, cfg):
        super().__init__()
        self.tok_emb = nn.Embedding(cfg["vocab_size"], cfg["emb_dim"])
        self.pos_emb = nn.Embedding(cfg["context_length"], cfg["emb_dim"])
        self.drop_emb = nn.Dropout(cfg["drop_rate"])

        self.trf_blocks = nn.Sequential(
            *[TransformerBlock(cfg) for _ in range(cfg["n_layers"])]
        )

        self.final_norm = LayerNorm(cfg["emb_dim"])
        self.out_head = nn.Linear(
            cfg["emb_dim"], cfg["vocab_size"], bias=False
        )

    def forward(self, in_idx):
        batch_size, seq_len = in_idx.shape
        tok_embeds = self.tok_emb(in_idx)

        pos_embeds = self.pos_emb(
            torch.arange(seq_len, device=in_idx.device)
        )
        x = tok_embeds + pos_embeds
        x = self.drop_emb(x)
        x = self.trf_blocks(x)
        x = self.final_norm(x)
        logits = self.out_head(x)
        return logits
```

デバイス設定：入力データがCPUとGPUのどちらにあるかに応じて、モデルをどちらかのデバイスで訓練できる

`TransformerBlock`クラスのおかげで、`GPTModel`クラスは比較的小さくコンパクトです。

この`GPTModel`クラスの`__init__()`コンストラクタメソッドは、Pythonディクショナリ`cfg`で渡された設定に基づいて、トークン埋め込み層と位置埋め込み層を初期化します。これらの埋め込み層は、入力トークンインデックスを密ベクトルに変換し、位置情報を追加する役割を果たします（2章を参照）。

次に、`__init__()`メソッドは、`cfg`の`n_layers`に等しい数の`TransformerBlock`モジュールが連続的に積み重ねられたスタックを作成します。これらのTransformerブロックに続いて`LayerNorm`層が適用され、学習プロセスを安定させるためにTransformerブロックの出力を標準化します。最後に、バイアスのない線形出力ヘッドを定義し、Transformerブロックの出力をトークナイザの語彙空間に射影することで、語彙内のトークンごとにロジットを生成します。

`forward()`メソッドは、入力トークンインデックスのバッチを受け取り、それらの埋め込みを計算し、位置埋め込みを適用し、Transformerブロックを通過させ、最終的な出力を正規化し、ロジットを計算します。これらのロジットは、次に来るトークンの正規化されていない確率を表

します。次節では、これらのロジットをトークンとテキスト出力に変換します。

では、cfg パラメータに引数として渡した GPT_CONFIG_124M ディクショナリを使って、1 億 2,400 万パラメータの GPT モデルを初期化し、4.1 節で作成したバッチテキスト入力を与えてみましょう。

```
torch.manual_seed(123)
model = GPTModel(GPT_CONFIG_124M)

out = model(batch)
print("Input batch:\n", batch)
print("\nOutput shape:", out.shape)
print(out)
```


このコードは、入力バッチの内容に続いて出力テンソルを出力します。

```
Input batch:
 tensor([[6109, 3626, 6100,  345],   ← テキスト1のトークンID
        [6109, 1110, 6622,  257]])   ← テキスト2のトークンID

Output shape: torch.Size([2, 4, 50257])
tensor([[[ 0.3613,  0.4222, -0.0711, ...,  0.3483,  0.4661, -0.2838],
         [-0.1792, -0.5660, -0.9485, ...,  0.0477,  0.5181, -0.3168],
         [ 0.7120,  0.0332,  0.1085, ...,  0.1018, -0.4327, -0.2553],
         [-1.0076,  0.3418, -0.1190, ...,  0.7195,  0.4023,  0.0532]],

        [[-0.2564,  0.0900,  0.0335, ...,  0.2659,  0.4454, -0.6806],
         [ 0.1230,  0.3653, -0.2074, ...,  0.7705,  0.2710,  0.2246],
         [ 1.0558,  1.0318, -0.2800, ...,  0.6936,  0.3205, -0.3178],
         [-0.1565,  0.3926,  0.3288, ...,  1.2630, -0.1858,  0.0388]]],
       grad_fn=<UnsafeViewBackward0>)
```

出力テンソルの形状が [2, 4, 50257] であることがわかります。というのも、それぞれ 4 つのトークンを持つ 2 つの入力テキストを渡したからです。最後の次元である 50,257 は、トークナイザの語彙のサイズに対応しています。次節では、50,257 次元の出力ベクトルをトークンに戻す方法を確認します。

モデルの出力をテキストに変換する関数のコーディングに進む前に、モデルアーキテクチャ自体にもう少し時間を割いて、そのサイズを分析してみましょう。モデルのパラメータテンソルのパラメータの総数は、numel() メソッド（"number of elements" の略）を使って取得できます。

```
total_params = sum(p.numel() for p in model.parameters())
print(f"Total number of parameters: {total_params:,}")
```

結果は次のとおりです。

```
Total number of parameters: 163,009,536
```

鋭い読者は、ここで矛盾に気付いたかもしれません。1億2,400万パラメータのGPTモデルを初期化するという話だったのに、なぜ実際のパラメータの数が1億6,300万なのでしょうか。

その理由は、オリジナルのGPTアーキテクチャで使われていた**重み共有**（weight tying）という概念にあります。つまり、オリジナルのGPT-2アーキテクチャは、トークン埋め込み層の重みを出力層で再利用しているのです。この点をよく理解するために、`GPTModel`モデル（`model`）で初期化したトークン埋め込み層と線形出力層の形状を調べてみましょう。

```
print("Token embedding layer shape:", model.tok_emb.weight.shape)
print("Output layer shape:", model.out_head.weight.shape)
```

このコードの出力から、これらの層の重みテンソルがどちらも同じ形状をしていることがわかります。

```
Token embedding layer shape: torch.Size([50257, 768])
Output layer shape: torch.Size([50257, 768])
```

トークナイザの語彙は50,257行もあるため、トークン埋め込み層と線形出力層は非常に大きくなります。GPT-2モデル全体のパラメータ数から線形出力層のパラメータ数を差し引いて、重み共有を考慮した場合のパラメータ数を求めてみましょう。

```
total_params_gpt2 = (
    total_params - sum(p.numel()
    for p in model.out_head.parameters())
)
print(
    f"Number of trainable parameters "
    f"considering weight tying: {total_params_gpt2:,}"
)
```

出力は次のとおりです。

```
Number of trainable parameters considering weight tying: 124,412,160
```

モデルのパラメータ数は約1億2,400万個であり、オリジナルのGPT-2モデルのサイズと一致することがわかります。

重み共有は、モデルの全体的なメモリフットプリントと計算量を減らします。ただし、筆者の経験では、トークン埋め込み層と出力層を別々に使うほうが、モデルの訓練と性能がよくなります。このため、`GPTModel`実装では別々の層を使っています。現代のLLMにも同じことが当てはまります。ただし、重み共有の概念については、6章で事前学習済みの重みをOpenAIから読み込むときに再検討し、実際に実装する予定です。

練習問題 4-1：フィードフォワードモジュールと Attention モジュールのパラメータ数
フィードフォワードモジュールに含まれているパラメータの数と、Multi-head Attention モジュールに含まれているパラメータの数を計算し、比較してください。

最後に、GPTModel オブジェクトに含まれている 1 億 6,300 万個のパラメータに必要なメモリを計算してみましょう。

```
total_size_bytes = total_params * 4        # 合計サイズをバイト数で計算（パラメータ1つあたり4バイトのfloat32と仮定）
total_size_mb = total_size_bytes / (1024 * 1024)   # メガバイトに変換
print(f"Total size of the model: {total_size_mb:.2f} MB")
```

結果は次のとおりです。

```
Total size of the model: 621.83 MB
```

結論として、各パラメータが 4 バイトの 32 ビット浮動小数点数であると仮定した上で、GPTModel オブジェクトに含まれている 1 億 6,300 万個のパラメータに必要なメモリを計算すると、モデルの合計サイズは 621.83MB となります。比較的小さな LLM であっても、かなり大きなストレージキャパシティが必要であることがわかります。

GPTModel アーキテクチャを実装し、[batch_size, num_tokens, vocab_size] という形状の数値テンソルを出力することを確認したところで、これらの出力テンソルをテキストに変換するコードを書いてみましょう。

練習問題 4-2：より大規模な GPT モデルを初期化する
ここで初期化した 1 億 2,400 万パラメータの GPT モデルは、「GPT-2 small」として知られています。GPTModel クラスを使って、設定ファイルを更新する以外はコードを修正することなく、次の GPT モデルを実装してください。

- GPT-2 medium（1,024 次元の埋め込み、24 個の Transformer ブロック、16 ヘッドの Multi-head Attention）
- GPT-2 large（1,280 次元の埋め込み、36 個の Transformer ブロック、20 ヘッドの Multi-head Attention）
- GPT-2 XL（1,600 次元の埋め込み、48 個の Transformer ブロック、25 ヘッドの Multi-head Attention）

ボーナス問題として、各 GPT モデルのパラメータの総数を計算してください。

4
章

4.7 テキストを生成する

今度は、GPTモデルのテンソル出力を変換してテキストに戻すコードを実装します。作業を始める前に、LLMのような生成モデルがテキストを1語（1トークン）ずつ生成する仕組みを簡単に復習しておきましょう。

図4-16は、`"Hello, I am"`のような入力コンテキストが与えられたときにGPTモデルがテキストを生成する様子をステップごとに示しています。イテレーションのたびに、生成されたトークンが入力コンテキストに追加され、モデルがコンテキスト対応の筋のとおったテキストを生成できるようになります。6回目のイテレーションで、モデルは`"Hello, I am a model ready to help."`という完全な文章を生成しています。現在の`GPTModel`モデルの実装は、`[batch_size, num_token, vocab_size]`という形状のテンソルを出力することがわかっています。そこで質問です——GPTモデルは、これらの出力テンソルをどのようにして最終的な生成テキストに変化させるのでしょうか。

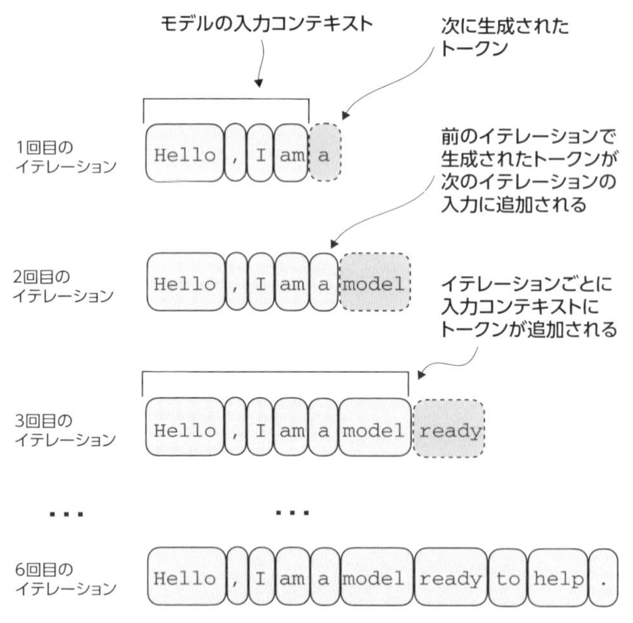

図4-16：LLMがテキストを1トークンずつ生成する過程。入力コンテキスト"Hello, I am"を出発点として、イテレーションのたびにモデルが後続のトークンを予測し、次のイテレーションの予測のためにそのトークンを入力コンテキストに追加する。1回目のイテレーションでは"a"、2回目のイテレーションでは"model"、3回目のイテレーションでは"ready"が追加され、文章が徐々に組み立てられていく

GPTモデルが出力テンソルを最終的な生成テキストに変化させるプロセスは、図4-17に示すように、いくつかのステップに分かれています。これらのステップには、出力テンソルのデコーディング、確率分布に基づくトークンの選択、トークンからヒューマンリーダブルなテキストへの変換が含まれています。

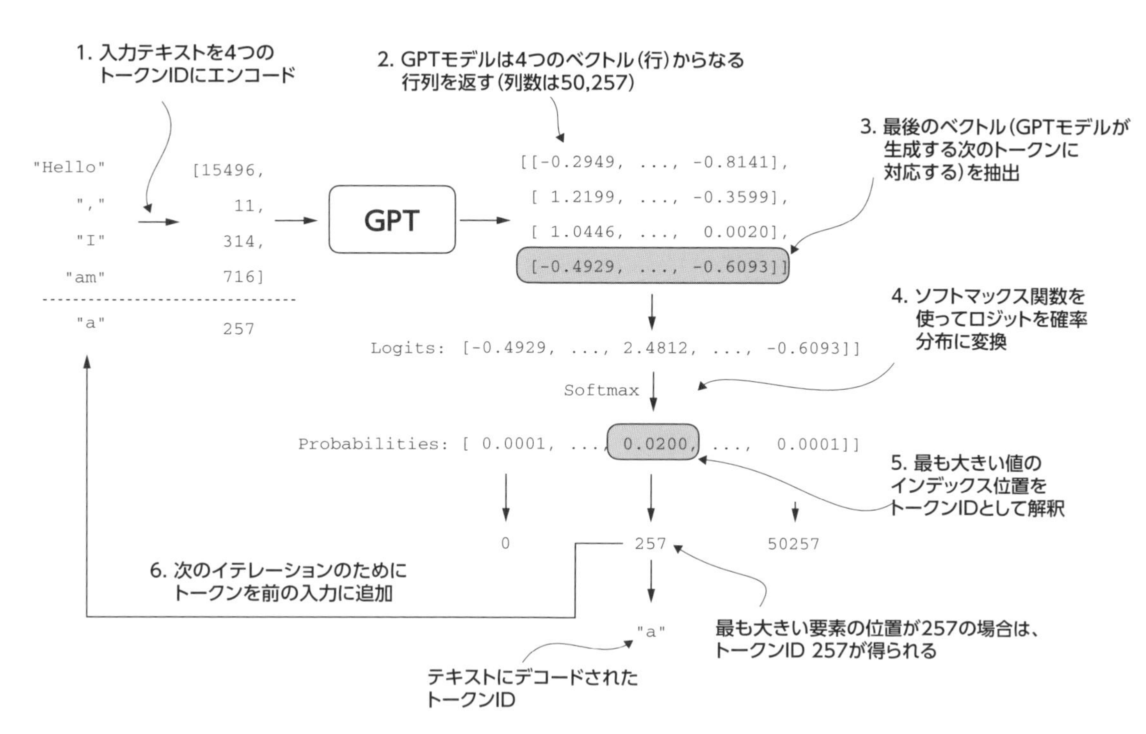

図 4-17：GPT モデルにおけるテキスト生成の仕組みを示すトークン生成プロセスの 1 回のイテレーション。このプロセスは入力テキストをトークン ID にエンコードし、GPT モデルに入力として与えることから始まる。続いて、モデルの出力がテキストに変換され、元の入力テキストに追加される

図 4-17 に示した次のトークンを生成するプロセスは、GPT モデルが入力シーケンスに基づいて次のトークンを生成する 1 つのステップを表しています。GPT モデルはステップごとに、次のトークン候補を表すベクトルが含まれた行列を出力します。次のトークンに対応するベクトルが抽出され、ソフトマックス関数によって確率分布に変換されます。結果の確率分布が含まれたベクトルにおいて最も大きい値のインデックスが特定され、トークン ID として解釈されます。このトークン ID がデコードされてテキストに戻され、シーケンスの次のトークンとなります。最後に、このトークンが前の入力に追加され、次のイテレーションのための新しい入力シーケンスが形成されます。この段階的なプロセスにより、GPT モデルは最初の入力コンテキストに基づいてテキストを逐次的に生成しながら、筋のとおった文章を組み立てることができます。

実際には、図 4-16 に示したように、ユーザーが指定したトークン数に達するまで、このプロセスが何回も繰り返されます。コードでは、このトークン生成プロセスをリスト 4-8 のように実装できます。

リスト4-8：テキストを生成するGPTモデルの関数

```
def generate_text_simple(model, idx,
                         max_new_tokens, context_size):
    for _ in range(max_new_tokens):
        idx_cond = idx[:, -context_size:]
        with torch.no_grad():
            logits = model(idx_cond)

        logits = logits[:, -1, :]

        probas = torch.softmax(logits, dim=-1)

        idx_next = torch.argmax(probas, dim=-1, keepdim=True)

        idx = torch.cat((idx, idx_next), dim=1)

    return idx
```

idxは現在のコンテキストに対応するインデックスの(batch, n_tokens)配列
サポートされているコンテキストサイズを超える場合は現在のコンテキストを切り詰める。たとえば、LLMがトークンを5つだけサポートしていて、コンテキストのサイズが10の場合は、最後の5つのトークンだけがコンテキストとして使われる
最後のタイムステップにのみ着目し、(batch, n_token, vocab_size)が(batch, vocab_size)になるようにする
probasの形状は(batch, vocab_size)
idx_nextの形状は(batch, 1)
サンプリングしたインデックスを実行中のシーケンスに追加。idxの形状は(batch, n_tokens+1)になる

リスト4-8のコードは、言語モデルの生成ループのシンプルなPyTorch実装を示しています。このコードは、指定された数の新しいトークンを生成し、モデルの最大コンテキストサイズに合わせて現在のコンテキストを切り詰め、トークンの確率分布を予測し、最も確率が高いトークンを次のトークンとして選択するというプロセスを繰り返します。

`generate_text_simple()`関数の実装では、`softmax()`（ソフトマックス）関数を使ってロジットを確率分布に変換し、`argmax()`関数を使って最も大きい値の位置を特定しています。ソフトマックス関数は、入力を出力に変換するときに入力の順序を維持するため、その意味では単調関数であると言えます。このため実際には、ソフトマックス関数は冗長です。なぜなら、ソフトマックス関数の出力テンソルで最も高いスコアがある位置は、ロジットテンソルでも同じだからです。言い換えると、`argmax()`関数をロジットテンソルに直接適用しても、同じ結果が得られます。ここでは、ロジットが確率に変換されるプロセス全体を実際に確認しながら、モデルが次に来る可能性が最も高いトークンを生成する方法について理解を深めるために、変換のコードを見てもらうことにしました。この方法は**貪欲なデコーディング**（greedy decoding）と呼ばれます。

次章でGPTモデルを訓練するコードを実装するときには、ソフトマックス関数の出力を調整する追加のサンプリングテクニックを使って、モデルが次に来る可能性が最も高いトークンを選ぶとは限らないようにします。このようにすると、生成されるテキストにばらつきや創造性が生まれます。

図4-18は、`generate_text_simple()`関数を使ってトークンIDを1つずつ生成し、コンテキストに追加するプロセスを示しています。イテレーションごとにトークンIDを生成するプロセ

スは、図 4-17 で示したとおりです。トークン ID は反復的に生成されます。たとえば、イテレーション 1 では、モデルが "Hello, I am" に対応するトークンを入力として受け取り、次に来るトークン（ID 257 の "a"）を予測し、イテレーション 2 の入力に追加します。モデルが "Hello, I am a model ready to help." という完全な文章を生成するまで、このプロセスが 6 回繰り返されます。

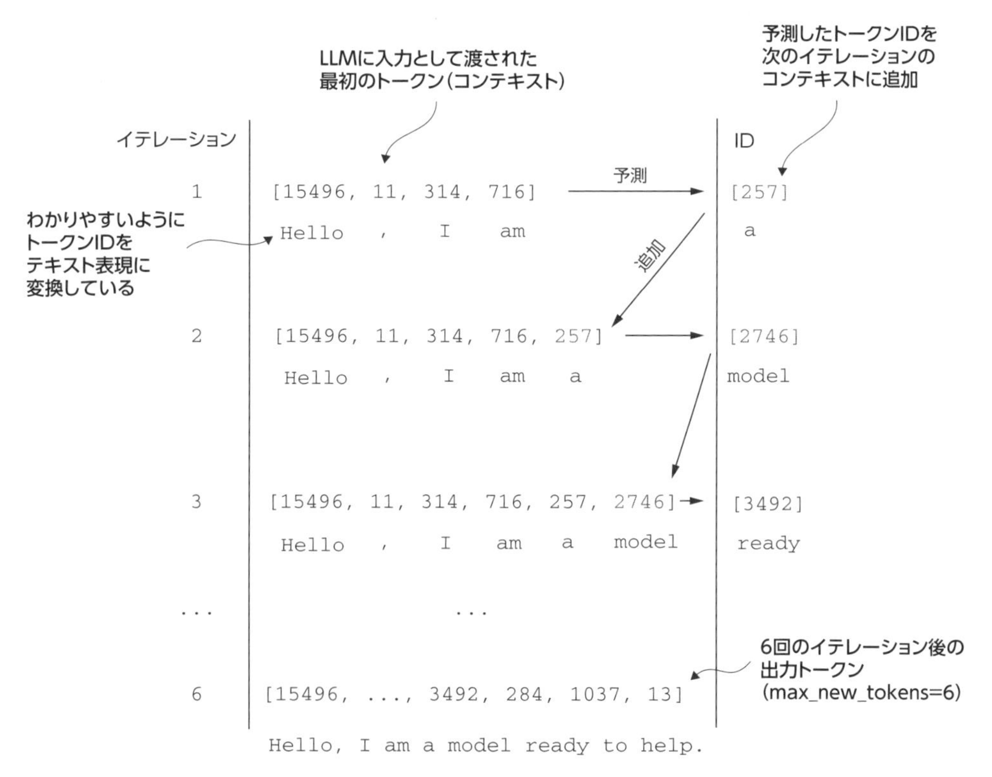

図 4-18：トークン予測サイクルの 6 回のイテレーション。このサイクルでは、モデルが最初のトークン ID シーケンスを入力として受け取り、次に来るトークンを予測し、次のイテレーションの入力シーケンスに予測したトークンを追加する。なお、ここでは理解を深めるためにトークン ID を対応するテキストに翻訳している

では、モデルの入力として "Hello, I am" コンテキストを使って、generate_text_simple() 関数を試してみましょう。まず、入力コンテキストをトークン ID にエンコードします。

```
start_context = "Hello, I am"
encoded = tokenizer.encode(start_context)
print("encoded:", encoded)
encoded_tensor = torch.tensor(encoded).unsqueeze(0)  ← バッチ次元を追加
print("encoded_tensor.shape:", encoded_tensor.shape)
```

エンコードされた ID は次のようになります。

```
encoded: [15496, 11, 314, 716]
encoded_tensor.shape: torch.Size([1, 4])
```

次に、モデルで `eval()` を呼び出して評価モードに切り替えます。このようにすると、訓練時にのみ使われるドロップアウトのようなランダムなコンポーネントが無効になります。`generate_text_simple()` 関数では、エンコードした入力テンソルを使います。

```
model.eval()  ← モデルを訓練していないため、ドロップアウトを無効にする

out = generate_text_simple(
    model=model,
    idx=encoded_tensor,
    max_new_tokens=6,
    context_size=GPT_CONFIG_124M["context_length"]
)
print("Output:", out)
print("Output length:", len(out[0]))
```

結果として次のような出力トークンIDが生成されます。

```
Output: tensor([[15496,    11,   314,   716, 27018, 24086, 47843, 30961,
 42348, 7267]])
Output length: 10
```

これらのトークンIDは、トークナイザの `decode()` メソッドを使ってテキストに戻すことができます。

```
decoded_text = tokenizer.decode(out.squeeze(0).tolist())
print(decoded_text)
```

テキスト形式のモデルの出力は次のようになります。

```
Hello, I am Featureiman Byeswickattribute argue
```

モデルが生成したのはでたらめな文章で、どう見ても `"Hello, I am a model ready to help."` のような筋のとおったテキストではありません。何が起きたのでしょうか。モデルが筋のとおったテキストを生成できないのは、まだ訓練されていないためです。今のところは、GPTアーキテクチャを実装し、GPTモデルのインスタンスを生成してランダムな重みで初期化しただけです。モデルの訓練はそれ自体が大きなトピックなので、次章で取り組むことにします。

練習問題 4-3：別のドロップアウトパラメータを使う
本章の冒頭では、`GPTModel` アーキテクチャ全体のさまざまな場所のドロップアウト率を設定するために、`GPT_CONFIG_124M` ディクショナリでグローバルなドロップアウト率（`drop_rate`）を定義しました。このコードを書き換えて、モデルアーキテクチャ全体のさまざまなドロップアウト層のドロップアウト率を個別に指定してください。ヒント：ドロップアウト層を使っているのは、埋め込み層、ショートカット接続、Multi-head Attention モジュールの 3 か所です。

4.8 本章のまとめ

- 層正規化は、各層の出力の平均と分散を一貫したものにすることで、学習を安定させる。
- ショートカット接続とは、ある層の出力をそれよりも深いところにある（後の）層に直接渡すことで、1 つ以上の層をスキップする接続のことであり、LLM のようなディープニューラルネットワークを訓練するときの勾配消失問題を軽減するのに役立つ。
- Transformer ブロックは GPT モデルの中核的な構造要素であり、Masked Multi-head Attention モジュールに、GELU 活性化関数を用いる全結合フィードフォワードネットワークを組み合わせたものである。
- GPT モデルは、数百万から数十億のパラメータを持つ Transformer ブロックを何回も繰り返す LLM である。
- GPT モデルのサイズは、1 億 2,400 万パラメータから 3 億 4,500 万、7 億 6,200 万、15 億 4,200 万パラメータまでさまざまであり、同じ Python クラス **`GPTModel`** を使って実装できる。
- GPT 型の LLM のテキスト生成能力は、入力コンテキストに基づいてトークンを 1 つずつ順番に予測することで、出力テンソルをヒューマンリーダブルなテキストにデコードするというものである。
- 訓練していない GPT モデルはでたらめなテキストを生成する。このことは、筋のとおったテキストを生成する上でモデルの訓練が重要であることを浮き彫りにしている。

5
ラベルなしデータでの事前学習

本章の内容

- LLM が訓練中に生成したテキストの品質を評価するために、訓練データセットと検証データセットでの損失（誤差）を計算する
- 訓練関数を実装し、LLM の事前学習を行う
- LLM を引き続き訓練するために重みを保存し、LLM に読み込む
- OpenAI から事前学習済みの重みを読み込む

ここまでは、データサンプリングと Attention メカニズムを実装し、LLM アーキテクチャをコーディングしました。次はいよいよ、訓練関数を実装し、LLM の事前学習を行います。LLM が生成したテキストの品質を評価することは、訓練中に LLM を最適化するための要件です。そこで、生成されたテキストの品質を評価する基本的なモデル評価テクニックを学ぶことから始めます。さらに、事前学習した重みを LLM に読み込み、LLM をファインチューニングするための出発点を確保する方法についても説明します。本書の全体的な計画のうち、本章で説明する部分は図 5-1 のようになります。

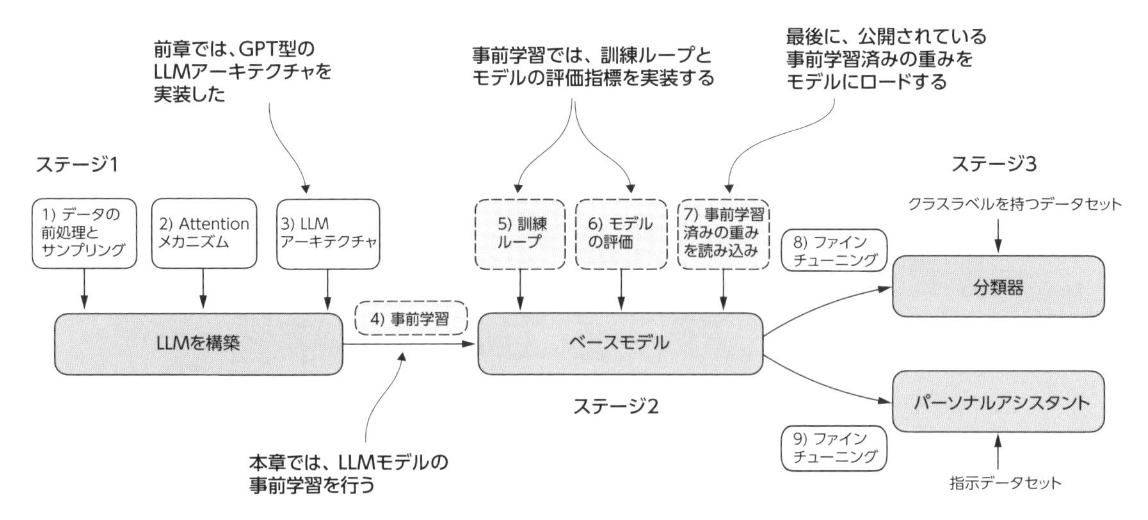

図 5-1： LLM をコーディングするための 3 つのステージ。本章では、ステージ 2 のステップ 4 である LLM の事前学習に焦点を合わせ、訓練コードの実装（ステップ 5)、性能の評価（ステップ 6)、モデルの重みの保存と読み込み（ステップ 7）を行う

> **重みパラメータ**
>
> LLM や他のディープラーニングモデルで言うところの**重み**（weight）とは、学習プロセスで調整する訓練可能なパラメータのことです。これらの重みは、**重みパラメータ**、または単に**パラメータ**とも呼ばれます。PyTorch のようなフレームワークでは、これらの重みは線形層に格納されます。本書では、3 章の Multi-head Attention モジュールの実装と 4 章の `GPTModel` の実装でこれらの重みを使いました。層の初期化（`new_layer = torch.nn.Linear(...)`）を行った後は、`weight` 属性を使って層の重みにアクセスできます（`new_layer.weight`）。さらに便利なことに、PyTorch では重みやバイアスといったモデルの訓練可能なすべてのパラメータに `model.parameters()` メソッドを使って直接アクセスできます。後ほど、モデルの訓練を実装するときに、このメソッドを使います。

5.1 生成テキストモデルを評価する

4 章で説明したテキスト生成を簡単に復習した後、テキストを生成するための LLM をセットアップし、生成されたテキストの品質を評価する基本的な方法について説明します。続いて、訓練と検証の損失を計算します。本章では 7 つのステップを取り上げますが、図 5-2 は最初の 3 つのステップを濃い網掛けのボックスで示しています。

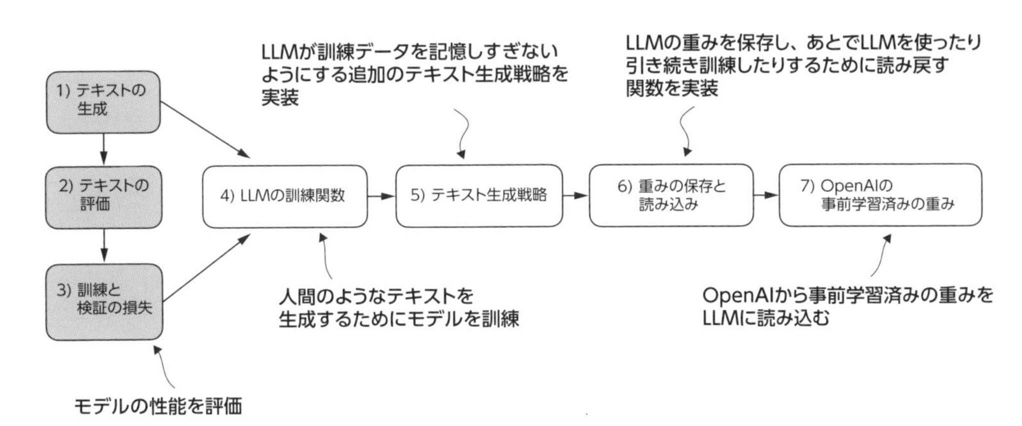

図 5-2：本章で取り上げるトピックの概要。ステップ 1 でテキスト生成を復習した後、基本的なモデル評価テクニック（ステップ 2）と、訓練と検証の損失（ステップ 3）の説明に進む

5.1.1　GPT を使ってテキストを生成する

LLM をセットアップして、4 章で実装したテキスト生成プロセスを簡単に振り返ってみましょう。まず、GPTModel クラスと GPT_CONFIG_124M ディクショナリ（4 章を参照）を使って、後ほど評価と訓練を行う GPT モデルを初期化します。

```
import torch
from previous_chapters import GPTModel

GPT_CONFIG_124M = {
    "vocab_size": 50257,
    "context_length": 256,    # コンテキストの長さを1,024トークンから256トークンに短縮
    "emb_dim": 768,
    "n_heads": 12,
    "n_layers": 12,
    "drop_rate": 0.1,         # ドロップアウトを0にすることは可能であり、よく行われる
    "qkv_bias": False
}

torch.manual_seed(123)
model = GPTModel(GPT_CONFIG_124M)
model.eval()
```

前章の GPT_CONFIG_124M ディクショナリと比較すると、唯一の調整点は、コンテキストの長さ（context_length）を 256 トークンに減らしたことです。このように変更すると、モデルの訓練に必要な計算量が少なくなり、標準的なラップトップコンピュータで訓練を行うことが可能になります。

1 億 2,400 万パラメータの GPT-2 モデルは、もともとは最大 1,024 トークンを扱えるように設定されていました。訓練プロセスに取り組んだ後は、コンテキストの長さが 1,024 トークンに設定されたモデルを使うために、コンテキストの長さの設定を更新して事前学習済みの重みを読み込みます。

GPTModel インスタンスと前章の generate_text_simple() 関数に加えて、2 つの便利な関数 text_to_token_ids() と token_ids_to_text() を導入します。これらの関数により、本章全体で利用するテキスト表現とトークン表現間の変換が容易になります。

図 5-3 は、GPT モデルを使った 3 ステップのテキスト生成プロセスを示しています。ステップ 1 では、トークナイザを使って入力テキストを一連のトークン ID にエンコードします（2 章を参照）。ステップ 2 では、モデルがそれらのトークン ID を受け取り、対応するロジットを生成します。ロジットは語彙の各トークンの確率分布を表すベクトルです（4 章を参照）。ステップ 3 では、これらのロジットをトークン ID に変換した後、トークナイザを使ってヒューマンリーダブルなテキストにデコードします。テキスト入力からテキスト出力までのサイクルはこれで完了です。

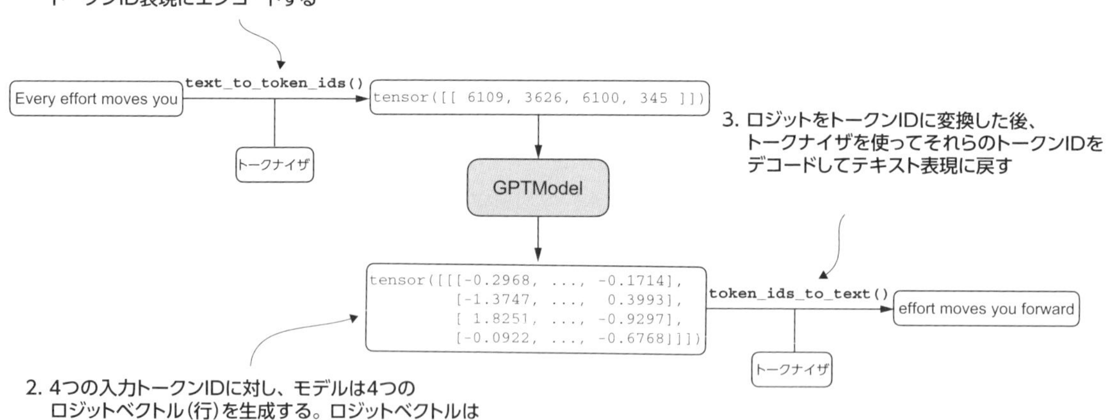

図 5-3：テキストの生成では、テキストをトークン ID にエンコードし、それらのトークン ID を LLM が処理してロジットを出力する。ロジットは続いてトークン ID に変換され、テキスト表現にデコードされる

テキスト生成プロセスは、リスト 5-1 のように実装できます。

リスト 5-1：テキストをトークン ID に変換するユーティリティ関数

```
import tiktoken
from previous_chapters import generate_text_simple

def text_to_token_ids(text, tokenizer):
    encoded = tokenizer.encode(text, allowed_special={'<|endoftext|>'})
    encoded_tensor = torch.tensor(encoded).unsqueeze(0)
    return encoded_tensor

def token_ids_to_text(token_ids, tokenizer):
    flat = token_ids.squeeze(0)
    return tokenizer.decode(flat.tolist())

start_context = "Every effort moves you"
tokenizer = tiktoken.get_encoding("gpt2")
```

unsqueeze(0)はバッチ次元を追加する

バッチ次元を削除

```
token_ids = generate_text_simple(
    model=model,
    idx=text_to_token_ids(start_context, tokenizer),
    max_new_tokens=10,
    context_size=GPT_CONFIG_124M["context_length"]
)
print("Output text:\n", token_ids_to_text(token_ids, tokenizer))
```

このコードを実行すると、モデルが次のようなテキストを生成します。

```
Output text:
 Every effort moves you rentingetic wasn? refres RexMeCHicular stren
```


このモデルはまだ訓練されていないため、筋のとおったテキストを生成していないことは見るからに明らかです。何がテキストを「筋のとおった（高品質な）」ものにするのかを定義するには、生成されたコンテンツを数値的に評価する方法を実装しなければなりません。このアプローチにより、訓練プロセス全体でモデルの性能を監視し、向上させることが可能になります。

次に、生成された出力の**損失指標**（loss metric）を計算します。損失指標は訓練の進捗と成功の目安になります。この後の章では、LLM のファインチューニングを行うときに、モデルの品質を評価する方法をさらに検討します。

5.1.2　テキスト生成の損失を計算する

次に、**テキスト生成の損失**を計算することで、訓練中に生成されたテキストの品質を数値的に評価する方法を調べてみましょう。これらの概念を明確で応用可能なものにするために、実践的な例を使って段階的に説明します。まず、データがどのように読み込まれ、テキストがどのように生成されるのかを、`generate_text_simple()` 関数を使って簡単に復習しておきましょう。

次ページの図 5-4 は、入力として渡されたテキストから LLM が生成したテキストまでの全体的な流れを 5 ステップの手続きとして表現したものです。このテキスト生成プロセスは、`generate_text_simple()` 関数が内部で何をしているのかを示しています。本節では後ほど生成されたテキストの品質を数値化する損失を計算しますが、その前に同じ初期ステップを実行する必要があります。

図 5-4 では、すべてを 1 ページに収めるために、7 つのトークンからなる小さな語彙を使った場合のテキスト生成プロセスを示しています。しかし、本書の `GPTModel` は、もっと大きな 50,257 個の単語からなる語彙を使います。したがって、以下のコードサンプルでは、トークン ID の範囲は 0〜6 ではなく 0〜50,256 になります。

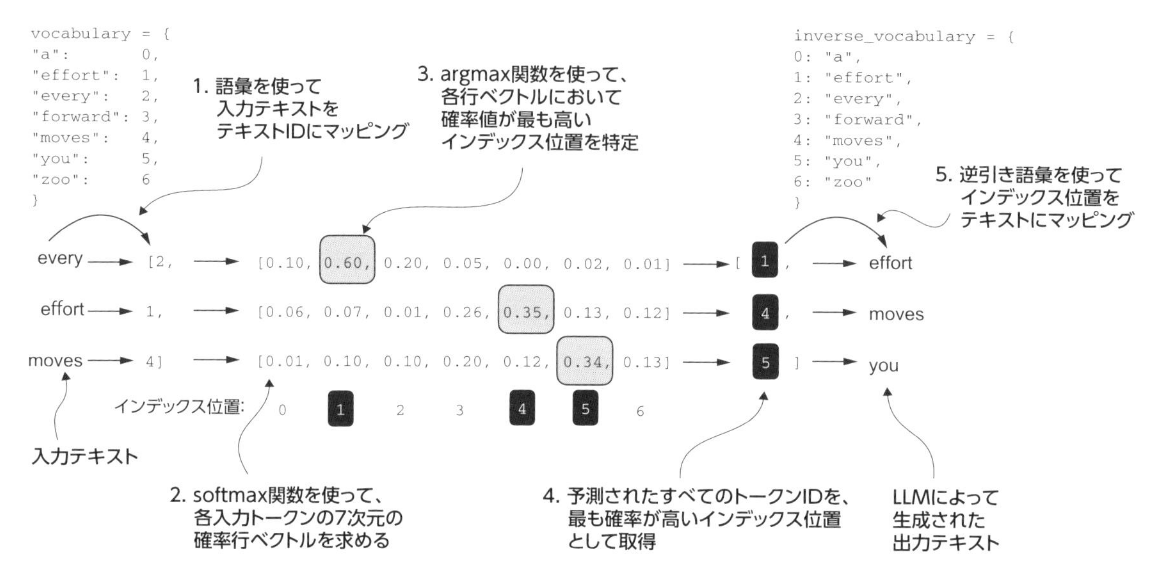

図 5-4：左側にある 3 つの入力トークンごとに、語彙の各トークンに対応する確率スコアが含まれたベクトルを計算する。各ベクトルにおいて最も高い確率スコアのインデックス位置が、次に来る可能性が最も高いトークン ID を表す。最も確率スコアが高いこれらのトークン ID が選択され、テキストにマッピングされる。このテキストがモデルによって生成されたテキストを表す

また、説明を単純に保つために、図 5-4 ではテキストサンプルを 1 つだけ示しています（`"every effort moves"`）。この図の各ステップを実装する以下のコードサンプルでは、GPT モデルで 2 つの入力サンプル（`"every effort moves"`、`"I really like"`）を使います。

この 2 つの入力サンプルについて考えてみましょう。これらのサンプルはすでにトークン ID にマッピングされています（図 5-4 のステップ 1）。

```
inputs = torch.tensor([[16833, 3626, 6100],   # ["every effort moves",
                       [40,    1107, 588]])   #  "I really like"]
```

これらの入力に対応する `targets` には、モデルに生成させたいトークン ID が含まれています。

```
targets = torch.tensor([[3626, 6100, 345  ],  # [" effort moves you",
                        [1107, 588, 11311]])  #  " really like chocolate"]
```

2 章でデータローダーを実装したときに説明したように、`targets` は `inputs` を右に 1 つシフトさせたものです。このシフト戦略は、シーケンスの次のトークンを予測することをモデルに学習させる上で非常に重要です。

では、（それぞれ 3 つのトークンで構成された）2 つの入力サンプルをモデルに与えて、それらの入力に対応するロジットベクトルを計算してみましょう。続いて、`softmax()` 関数を使って、これらのロジットを確率スコア（`probas`）に変換します（図 5-4 のステップ 2）。

```
with torch.no_grad():  ← まだ訓練していないため、勾配の追跡を無効にする
    logits = model(inputs)

probas = torch.softmax(logits, dim=-1)  ← 語彙の各トークンの確率
print(probas.shape)
```

確率スコアテンソル（probas）のテンソル次元は次のようになります。

```
torch.Size([2, 3, 50257])
```

1つ目の数字2は、入力の2つのサンプル（行）に対応しており、バッチサイズとも呼ばれます。2つ目の数字3は、各入力（行）のトークン数です。最後の数字は埋め込み次元であり、語彙のサイズによって決定されます。generate_text_simple()関数は、softmax()関数によるロジットから確率への変換に続いて、結果として得られた確率スコアを変換してテキストに戻します（図5-4のステップ3〜5）。

確率スコアにargmax()関数を適用して対応するトークンIDを取得すれば、ステップ3〜4は完了です。

```
token_ids = torch.argmax(probas, dim=-1, keepdim=True)
print("Token IDs:\n", token_ids)
```

それぞれ3つのトークンからなる2つの入力バッチがある場合、確率スコアにargmax()関数を適用すると（図5-4のステップ3）、それぞれ3つの予測値（トークンID）からなる2つの出力が得られます。

```
Token IDs:
 tensor([[[16657],  ← 1つ目のバッチ
          [  339],
          [42826]],

         [[49906],  ← 2つ目のバッチ
          [29669],
          [41751]]])
```

最後に、トークンIDをテキストに戻します（図5-4のステップ5）。

```
print(f"Targets batch 1: {token_ids_to_text(targets[0], tokenizer)}")
print(f"Outputs batch 1:"
      f" {token_ids_to_text(token_ids[0].flatten(), tokenizer)}")
```

これらの出力トークンをデコードすると、これらのトークンが、モデルに生成させたいターゲットトークンとは大きく異なっていることがわかります。

5章

```
Targets batch 1:  effort moves you
Outputs batch 1:  Armed heNetflix
```

このモデルがターゲットテキストとは異なるランダムなテキストを生成するのは、まだ訓練されていないためです。今度は、モデルが生成したテキストの品質を、損失を使って数値的に評価してみましょう（図5-5）。損失は、生成されたテキストの品質を評価するのに役立つだけではなく、訓練関数を実装するための構成要素でもあります。ここでは、生成されたテキストを改善するために、モデルの重みを更新するための訓練関数を実装します。

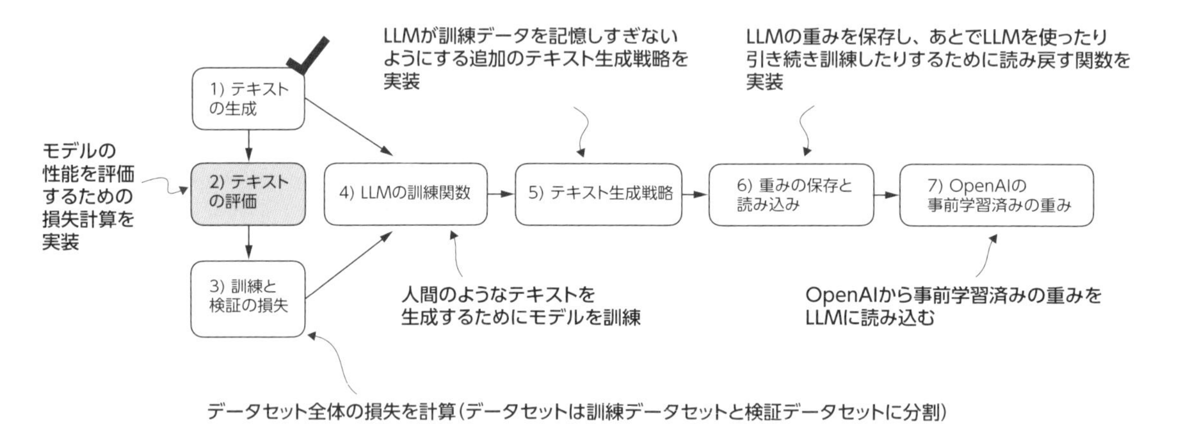

図 5-5：本章で取り上げるトピックの概要。ステップ1が完了したので、ステップ2のテキスト評価関数を実装する準備ができた

図5-5に示したように、ここで実装するテキスト評価プロセスの一部は、生成されたトークンが正しい予測値（ターゲットテキスト）から「どれくらいかけ離れているか」を計測します。後ほど実装する訓練関数は、この情報をもとに、ターゲットテキストにもっと似ている（理想的には一致する）テキストを生成するためにモデルの重みを調整します。

モデルを訓練する目的は、正しいターゲットトークンIDに対応しているインデックス位置のソフトマックス確率を引き上げることにあります（図5-6）。このソフトマックス確率は、次に実装する評価指標でも使われます。この評価指標は、モデルが生成した出力を数値的に評価するための基準となります。正しいインデックス位置の確率が高ければ高いほど、モデルの性能がよいことを意味します。

図5-6では、すべてを1ページに収めるために、7つのトークンからなる小さな語彙を使った場合のソフトマックス確率を示している点に注意してください。つまり、最初のランダムな確率は1/7（約0.14）付近の値になるはずです。ただし、本書のGPT-2モデルで使っている語彙には50,257個のトークンがあるため、最初の確率のほとんどは0.00002（1/50,257）付近の値になるでしょう。

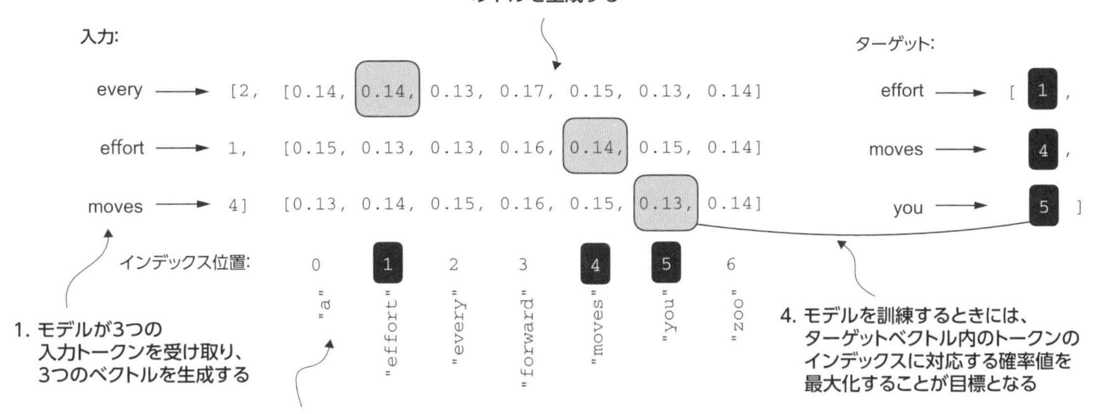

図 5-6：訓練を行う前のモデルは、次に来るトークンの確率を表すベクトルをランダムに生成する。モデルを訓練するときには、ターゲットトークン ID（網掛け）に対応する確率値を最大化することが目標となる

2 つの入力テキストのそれぞれについて、ターゲットトークンに対応するソフトマックス確率スコアを出力できます。そのためのコードは次のようになります。

```
text_idx = 0
target_probas_1 = probas[text_idx, [0, 1, 2], targets[text_idx]]
print("Text 1:", target_probas_1)

text_idx = 1
target_probas_2 = probas[text_idx, [0, 1, 2], targets[text_idx]]
print("Text 2:", target_probas_2)
```

各バッチの 3 つのターゲットトークン ID の確率は次のとおりです。

```
Text 1: tensor([7.4541e-05, 3.1061e-05, 1.1563e-05])
Text 2: tensor([1.0337e-05, 5.6776e-05, 4.7559e-06])
```

LLM の訓練の目標は、正しいトークンが生成される確率を最大化することです。このため、他のトークンと比較して、そのトークンの確率が高くなるようにする必要があります。そのようにして、LLM が次に生成するトークンが、一貫して、ターゲットトークン（基本的には、文中で次に来るべき単語）になるようにするのです。

誤差逆伝播法

ターゲットトークンに対応するソフトマックス確率を最大化するにはどうすればよいでしょうか。全体像としては、生成したいトークンIDに対してモデルがより大きい値を出力するようにモデルの重みを更新します。重みの更新は、**誤差逆伝播法**（backpropagation）というプロセスで実行されます。誤差逆伝播法は、ディープニューラルネットワークを訓練するための標準的な手法であり、バックプロパゲーションとも呼ばれます（誤差逆伝播法とモデルの訓練の詳細については、付録AのA.3〜A.7節を参照してください）。

誤差逆伝播法では、損失関数が必要です。損失関数は、モデルの予測出力（この場合は、ターゲットトークンIDに対応する確率）と実際の望ましい出力の差を計算します。そのようにして、損失関数はモデルの予測値が目的値からどれくらい離れているのかを計測します。

次に、2つの入力サンプルバッチに対する確率スコア`target_probas_1`と、`target_probas_2`の損失を計算します。この計算は6つのメインステップで実行されます（図5-7）。ステップ1〜3は、`target_probas_1`と`target_probas_2`を求めるためにすでに実行済みなので、ステップ4に進んで確率スコアに**対数**を適用します。

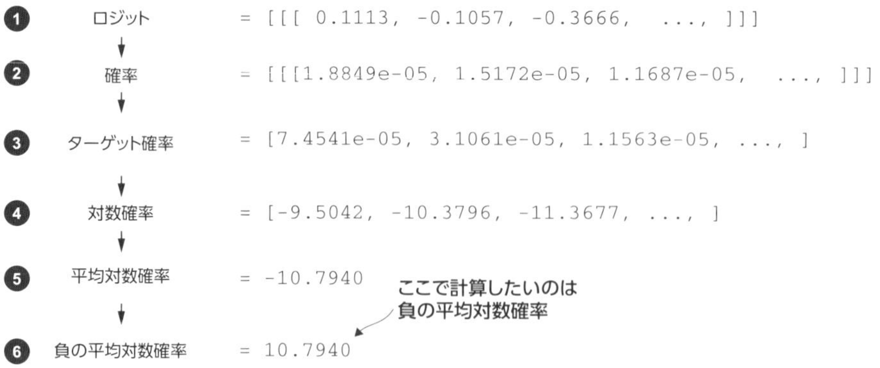

```
❶ ロジット            = [[[ 0.1113, -0.1057, -0.3666,  ..., ]]]
❷ 確率                = [[[1.8849e-05, 1.5172e-05, 1.1687e-05,  ..., ]]]
❸ ターゲット確率      = [7.4541e-05, 3.1061e-05, 1.1563e-05, ..., ]
❹ 対数確率            = [-9.5042, -10.3796, -11.3677, ..., ]
❺ 平均対数確率        = -10.7940
❻ 負の平均対数確率    = 10.7940
```

ここで計算したいのは負の平均対数確率

図5-7：損失を計算する6つのステップ。ステップ1〜3はすでに完了しており、ターゲットテンソルに対応するトークン確率が計算されている。ステップ4〜6の対数変換と平均化に基づいて、これらの確率を変換する

```
log_probas = torch.log(torch.cat((target_probas_1, target_probas_2)))
print(log_probas)
```

結果として次の値が得られます。

```
tensor([ -9.5042, -10.3796, -11.3677, -11.4798,  -9.7764, -12.2561])
```

数学的な最適化という点では、確率スコアを直接使うよりも、その対数を使うほうが扱いやすくなります。このトピックは本書の適用範囲外ですが、詳細なレクチャーは付録 B に記載しています。

次に、これらの対数確率の平均を求めて、1 つのスコアにまとめます（図 5-7 のステップ 5）。

```
avg_log_probas = torch.mean(log_probas)
print(avg_log_probas)
```

平均対数確率スコアは次のようになります。

```
tensor(-10.7940)
```

訓練プロセスの一部としてモデルの重みを更新しながら、この平均対数確率をできるだけ 0 に近づけることが目標となります。ただし、ディープラーニングでは、平均対数確率を直接 0 に近づけるのではなく、負の平均対数確率を 0 に近づけるのが一般的です。負の平均対数確率とは、単に平均対数確率に -1 を掛けた値のことです（図 5-7 のステップ 6）。

```
neg_avg_log_probas = avg_log_probas * -1
print(neg_avg_log_probas)
```

出力は `tensor(10.7940)` になります。ディープラーニングでは、この負の値 -10.7940 を 10.7940 にすることを、**交差エントロピー誤差**（cross entropy loss）と呼びます。ここで役立つのが PyTorch です。PyTorch には `cross_entropy()` 関数がすでに組み込まれており、図 5-7 の 6 つのステップをすべて自動的に処理してくれます。

交差エントロピー誤差

交差エントロピー誤差は、基本的には、2 つの確率分布の差を定量的に計測する指標であり、機械学習やディープラーニングでよく使われています。一般に、この 2 つの確率分布は、データセット内のトークンといったラベルの真（正解値）の分布と、LLM によって生成されるトークン確率といったモデルの予測値の分布です。

機械学習 —— 特に PyTorch のようなフレームワークでは、`cross_entropy()` は離散値の結果に対して交差エントロピー誤差を計算する関数です。交差エントロピー誤差は、モデルが生成したトークン確率に基づく、ターゲットトークンの負の平均対数確率とほぼ同じものです。「交差エントロピー」と「負の平均対数確率」という用語は関連が深く、実務ではよく同じ意味で使われます。

`cross_entropy()` 関数を適用する前に、ここでロジットテンソルとターゲットテンソルの形状を簡単に確認しておきましょう。

```
print("Logits shape:", logits.shape)
print("Targets shape:", targets.shape)
```

ロジットとターゲットテンソルの形状は次のとおりです。

```
Logits shape: torch.Size([2, 3, 50257])
Targets shape: torch.Size([2, 3])
```

`logits`テンソルが3次元（バッチサイズ、トークン数、語彙のサイズ）であるのに対し、`targets`テンソルが2次元（バッチサイズ、トークン数）であることがわかります。

PyTorchの`cross_entropy()`損失関数を使うには、これらのテンソルをバッチ次元で結合することでフラット化しておく必要があります。

```
logits_flat = logits.flatten(0, 1)
targets_flat = targets.flatten()
print("Flattened logits:", logits_flat.shape)
print("Flattened targets:", targets_flat.shape)
```

`logits`テンソルは2次元、`targets`テンソルは1次元になります。

```
Flattened logits: torch.Size([6, 50257])
Flattened targets: torch.Size([6])
```

`targets`テンソルがLLMに生成させたいトークンIDを表すことと、`logits`テンソルが確率スコアを得るために`softmax()`関数を適用する前のスケールされていないモデルの出力値であることを思い出してください。

ここまでは、`softmax()`関数を適用し、ターゲットIDに対応する確率スコアを選択し、負の平均対数確率を計算しました。PyTorchの`cross_entropy()`関数は、これらのステップをすべて自動的に処理してくれます。

```
loss = torch.nn.functional.cross_entropy(logits_flat, targets_flat)
print(loss)
```

結果として得られた損失（誤差）は、図5-7の各ステップを手動で実行したときに得られたものと同じです。

```
tensor(10.7940)
```

パープレキシティ

パープレキシティ（perplexity）は、言語モデリングのようなタスクでモデルの性能を評価する際、交差エントロピー誤差と並んでよく使われる指標です。この指標は、シーケンスの次に来るトークンを予測するモデルの不確かさを、より解釈しやすい方法で理解するための手段となります。

パープレキシティは、モデルが予測した確率分布が、データセット内の単語の実際の分布とどの程度一致するのかを計測します。損失（誤差）と同様に、パープレキシティが低いほど、モデルの予測が実際の分布に近いことを意味します。

パープレキシティは、`perplexity = torch.exp(loss)` として計算できます。先ほど計算した `loss` に適用すると、`tensor(48725.8203)` が返されます。

パープレキシティがしばしば損失値よりも解釈しやすいと見なされるのは、各ステップでモデルが不確かとなる実質的な語彙のサイズを示すからです。この例で言うと、「語彙に含まれている 48,725 個のトークンのうち、次に来るトークンとしてどれを生成すべきかについてモデルは確信を持てない」と解釈できます。

5章

本項では、2 つの小さなテキスト入力について損失を計算しました。次項では、損失の計算を訓練データセットと検証データセットに適用します。

5.1.3　訓練データセットと検証データセットで損失を計算する

まず、LLM の訓練に使う訓練データセットと検証データセットを準備しなければなりません。次に、モデルの訓練プロセスにおいて重要な要素である、訓練データセットと検証データセットの交差エントロピーを計算します（図 5-8）。

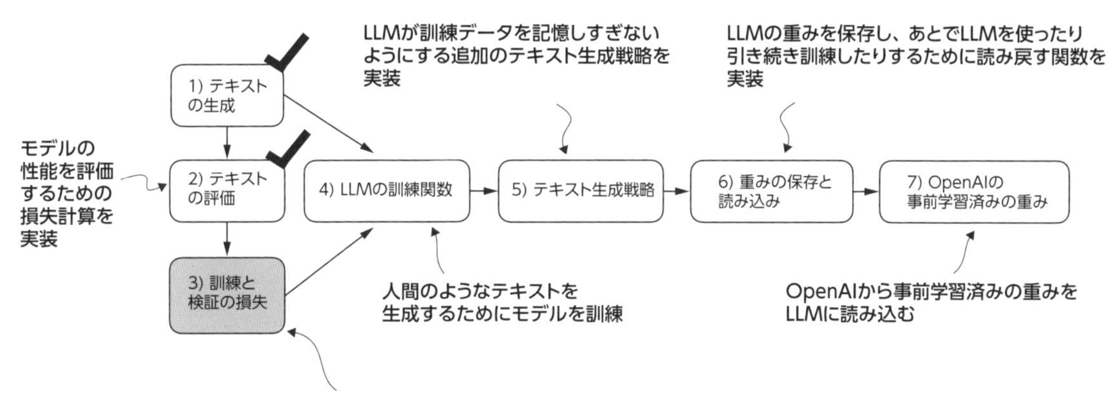

図 5-8：交差エントロピー誤差の計算を含むステップ 1 と 2 が完了したので、次はモデルの訓練に使うテキストデータセット全体にこの計算を適用する

訓練データセットと検証データセットでの損失を計算するために、今回は非常に小さなデータセットとして、2章ですでに扱ったEdith Whartonの短編小説『The Verdict』を使うことにします。パブリックドメインからテキストを選択すれば、使用許諾に関連する懸念を払拭できます。それに加えて、こうした小さなデータセットを使うと、ハイエンドのGPUがなくても、標準的なラップトップコンピュータでコードサンプルをほんの数分で実行できるので、教育上の利点もあります。

NOTE Project Gutenbergには、パブリックドメインの書籍が6万冊以上あります。興味がある場合は、本書の補足コードを使ってそれらの書籍からなる大規模なデータセットを準備し、LLMの訓練に使うこともできます。詳細については、付録Dを参照してください。

LLMの事前学習にかかるコスト

本書のプロジェクトの規模がどれくらいかを把握するために、Llama 2モデルの訓練について考えてみましょう。Llama 2は、一般に公開されていて、比較的広く使われているLLMであり、パラメータの数は70億です。このモデルで2兆個のトークンを処理するのに、高価なA100 GPUで184,320 GPU時間もかかりました。本書の執筆時点では、AWSでA100 GPUを8基搭載したクラウドサーバーを使った場合、1時間あたり約30ドルかかります。ざっと見積もって、こうしたLLMの訓練にかかる総コストは約690,000ドル（184,320時間 / 8 × 30）に上ります。

『The Verdict』を読み込むコードは次のようになります。

```
file_path = "the-verdict.txt"
with open(file_path, "r", encoding="utf-8") as file:
    text_data = file.read()
```

データセットを読み込んだ後は、データセット内の文字数とトークン数をチェックできます。

```
total_characters = len(text_data)
total_tokens = len(tokenizer.encode(text_data))
print("Characters:", total_characters)
print("Tokens:", total_tokens)
```

出力は次のとおりです。

```
Characters: 20479
Tokens: 5145
```

トークンの数はたった5,145個であり、LLMを訓練するにはテキストが小さすぎるように思えるかもしれません。しかし、先に述べたように、ここでの目的はLLMの訓練を理解することであり、この規模ならコードを数週間ではなく数分で実行できます。それに、後ほど OpenAI から事前学習済みの重みを `GPTModel` のコードに読み込む予定になっています。

次に、データセットを訓練データセットと検証データセットに分割し、2 章のデータローダーを使って LLM を訓練するためのバッチを準備します。図 5-9 はこのプロセスを示していますが、スペースに限りがあるため、`max_length=6` を使っています。ただし、実際のデータローダーでは、LLM がサポートしているコンテキストの長さ（256 トークン）と同じ値を `max_length` に設定します。そうすると、LLM が訓練中にもっと長いテキストを見るようになります。

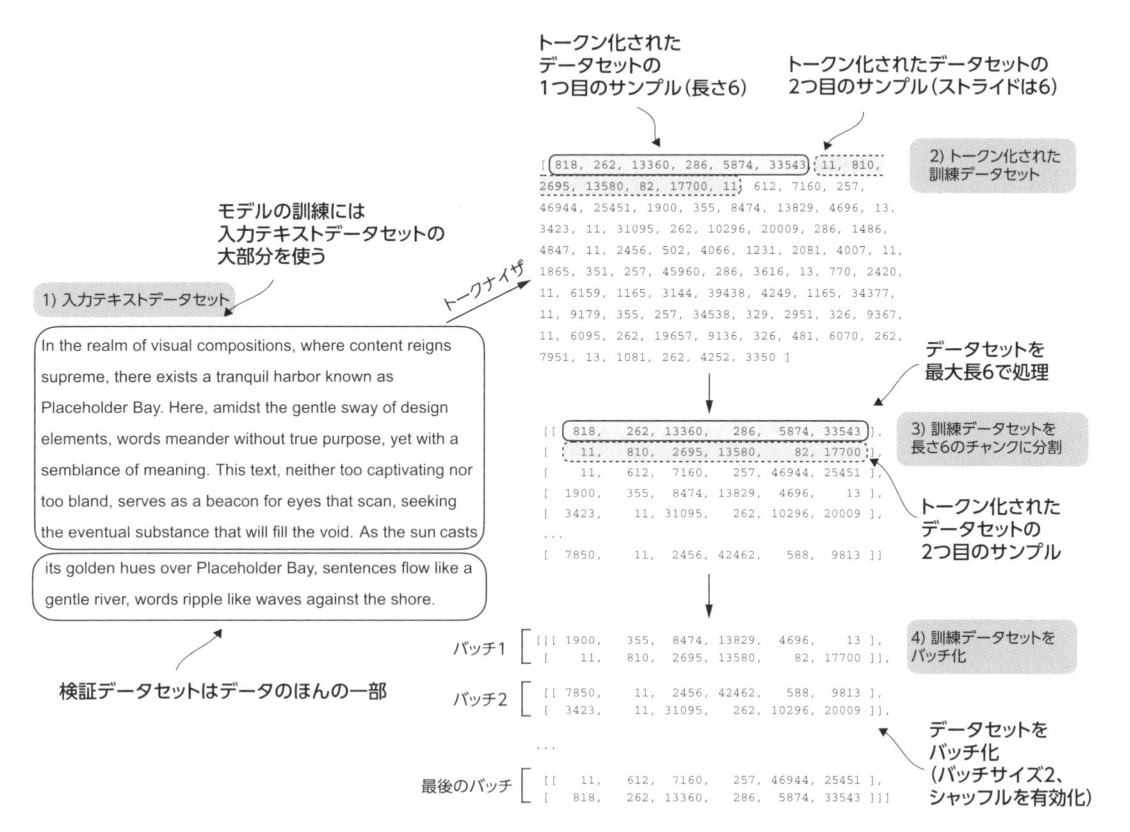

図 5-9：データローダーの準備では、入力テキストを訓練データセットと検証データセットに分割する。続いて、テキストをトークン化し（ここでは単純に、訓練データセット部分だけを示している）、トークン化されたテキストをユーザーが指定した長さ（6）のチャンクに分割する。最後に、行をシャッフルし、チャンク化されたテキストをバッチにまとめ（バッチサイズ 2）、モデルの訓練に利用できるようにする

> **NOTE**　ここでは単純さと効率を考慮して、同じようなサイズのチャンクに分割された訓練データでモデルを訓練しています。ただし実際には、LLM を可変長の入力で訓練するのも効果的です。そのようにすると、LLM を使うときに、さまざまな種類の入力に LLM をうまく汎化させるのに役立ちます。

データのシャッフルと読み込みを実装するために、まず train_ratio を定義し、データの90% を訓練に使い、残りの 10% を訓練中のモデルの評価に使います。

```
train_ratio = 0.90
split_idx = int(train_ratio * len(text_data))
train_data = text_data[:split_idx]
val_data = text_data[split_idx:]
```

2 章の create_dataloader_v1() 関数のコードを再利用して、訓練データセット（train_data）と検証データセット（val_data）のデータローダーを作成します。

```
from pervious_chapters import create_dataloader_v1

torch.manual_seed(123)

train_loader = create_dataloader_v1(
    train_data,
    batch_size=2,
    max_length=GPT_CONFIG_124M["context_length"],
    stride=GPT_CONFIG_124M["context_length"],
    drop_last=True,
    shuffle=True,
    num_workers=0
)

val_loader = create_dataloader_v1(
    val_data,
    batch_size=2,
    max_length=GPT_CONFIG_124M["context_length"],
    stride=GPT_CONFIG_124M["context_length"],
    drop_last=False,
    shuffle=False,
    num_workers=0
)
```

今回は非常に小さなデータセットを使っているため、計算量を減らすために比較的小さなバッチサイズを使いました。実際には、LLM を 1,024 以上のバッチサイズで訓練することも珍しくありません。

必要であれば、データローダーが正しく作成されたことを確認するために、データローダーを繰り返し実行してみることもできます。

```
print("Train loader:")
for x, y in train_loader:
    print(x.shape, y.shape)

print("\nValidation loader:")
for x, y in val_loader:
    print(x.shape, y.shape)
```

次のような出力が表示されるはずです。

```
Train loader:
torch.Size([2, 256]) torch.Size([2, 256])
torch.Size([2, 256]) torch.Size([2, 256])
torch.Size([2, 256]) torch.Size([2, 256])
torch.Size([2, 256]) torch.Size([2, 256])
torch.Size([2, 256]) torch.Size([2, 256])
torch.Size([2, 256]) torch.Size([2, 256])
torch.Size([2, 256]) torch.Size([2, 256])
torch.Size([2, 256]) torch.Size([2, 256])
torch.Size([2, 256]) torch.Size([2, 256])

Validation loader:
torch.Size([2, 256]) torch.Size([2, 256])
```

この出力から、訓練データセットには、それぞれ256トークンの2つの入力サンプルが含まれた9つのバッチがあることがわかります。検証データセットにはデータの10%しか割り当てていないため、2つの入力サンプルが含まれたバッチが1つあるだけです。2章で説明したように、目的変数（y）は入力変数（x）の位置を1つずらしたものなので、予想どおり、入力データとターゲットデータの形状は同じです（バッチサイズ×バッチ1つあたりのトークン数）。

次に、`train_loader`と`val_loader`から返されたバッチについて交差エントロピー誤差を計算するユーティリティ関数を実装します。

```
def calc_loss_batch(input_batch, target_batch, model, device):
    input_batch = input_batch.to(device)
    target_batch = target_batch.to(device)
    logits = model(input_batch)
    loss = torch.nn.functional.cross_entropy(
        logits.flatten(0, 1), target_batch.flatten()
    )
    return loss
```

deviceを指定すると、データをモデルと同じデバイス（GPU）に転送できる（`input_batch = input_batch.to(device)`の行への注記）

1つのバッチの損失を計算するユーティリティ関数`calc_loss_batch()`を使って、リスト5-2の`calc_loss_loader()`関数を実装できます。この関数は、指定されたデータローダーによってサンプリングされたすべてのバッチに対する損失を計算します。

リスト5-2：訓練と検証の損失を計算する関数

```
def calc_loss_loader(data_loader, model, device, num_batches=None):
    total_loss = 0.
    if len(data_loader) == 0:
        return float("nan")
    elif num_batches is None:
        num_batches = len(data_loader)
    else:
        num_batches = min(num_batches, len(data_loader))
    for i, (input_batch, target_batch) in enumerate(data_loader):
```

num_batchesが指定されていない場合は、すべてのバッチを反復処理（`num_batches = len(data_loader)`の行への注記）

num_batchesがデータローダーのバッチ数を超えている場合は、データローダーのバッチ数と一致するように調整（`num_batches = min(num_batches, len(data_loader))`の行への注記）

```
        if i < num_batches:
            loss = calc_loss_batch(
                input_batch, target_batch, model, device
            )
            total_loss += loss.item()   ◀── 各バッチの損失を合計
        else:
            break
    return total_loss / num_batches   ◀── 全バッチの損失の平均を計算
```

デフォルトでは、`calc_loss_loader()` は指定されたデータローダーから返されるすべてのバッチを繰り返し処理しながら、`total_loss` 変数で損失を塁算し、バッチの総数に対する損失の平均を求めます。なお、モデルの訓練時の評価を高速化したい場合は、`num_batches` を使ってバッチ数を小さくすることもできます。

では、この `calc_loss_loader()` を訓練データセットと検証データセットのデータローダーに適用してみましょう。

```
device = torch.device("cuda" if torch.cuda.is_available() else "cpu")

model.to(device)  ◀── マシンにCUDA対応のGPUが搭載されている場合、LLMは訓練をGPU上で行う

with torch.no_grad():  ◀── まだ訓練していないため、効率化のために勾配の追跡を無効にする
    train_loss = calc_loss_loader(train_loader, model, device)  ◀─┐
    val_loss = calc_loss_loader(val_loader, model, device)          │
                                                                    │
print("Training loss:", train_loss)     "device"設定により、データがLLMモデルと同じ
print("Validation loss:", val_loss)     デバイスにロードされることが担保される
```

次の損失値が出力されます。

```
Training loss: 10.98758347829183
Validation loss: 10.98110580444336
```

損失値が比較的大きいのは、モデルがまだ訓練されていないためです。たとえば、訓練データセットと検証データセットに現れる次のトークンを生成するようにモデルを訓練した場合、損失値は0に近づきます。

この損失値が小さくなるほど、LLMのテキスト生成能力は向上します。生成されたテキストの品質を計測する手段ができたところで、LLMの訓練に進むことにします（図5-10）。

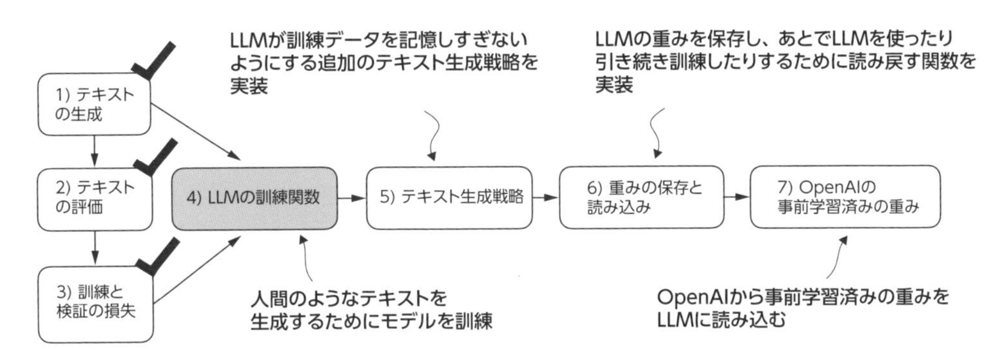

図 5-10：テキスト生成プロセス（ステップ 1）を再確認し、基本的なモデル評価テクニックを実装し（ステップ 2）、訓練データセットと検証データセットの損失値を計算した（ステップ 3）。次節では、訓練関数を定義し、LLM の事前学習を行う（ステップ 4）

次節では、LLM の事前学習に焦点を合わせます。モデルを訓練した後、追加のテキスト生成戦略を実装し、事前学習済みのモデルの重みを保存し、モデルに読み戻します。

5.2 LLM を訓練する

次はいよいよ、LLM（`GPTModel`）を訓練するためのコードの実装に取りかかります。今回は、コードを簡潔で読みやすいものに保つために、単純明快な訓練ループに焦点を合わせます。

> **NOTE**　より高度なテクニックに興味がある場合は、**学習率ウォームアップ**、**コサイン減衰**、**勾配クリッピング**などのテクニックを付録 D で学ぶことができます。

次ページの図 5-11 のフローチャートは、LLM の訓練に使われる PyTorch ベースの一般的なニューラルネットワーク訓練ワークフローを示しています。このフローチャートは、各エポックでの反復処理を皮切りに、バッチの処理、勾配のリセット、損失と新しい勾配の計算、重みの更新から、損失の出力やテキストサンプルの生成といった監視ステップまでの、8 つのステップをまとめたものです。

> **NOTE**　PyTorch でのディープニューラルネットワークの訓練がほぼ初めてで、よくわからないステップがある場合は、ぜひ付録 A の A.5 ～ A.8 節を読んでください。

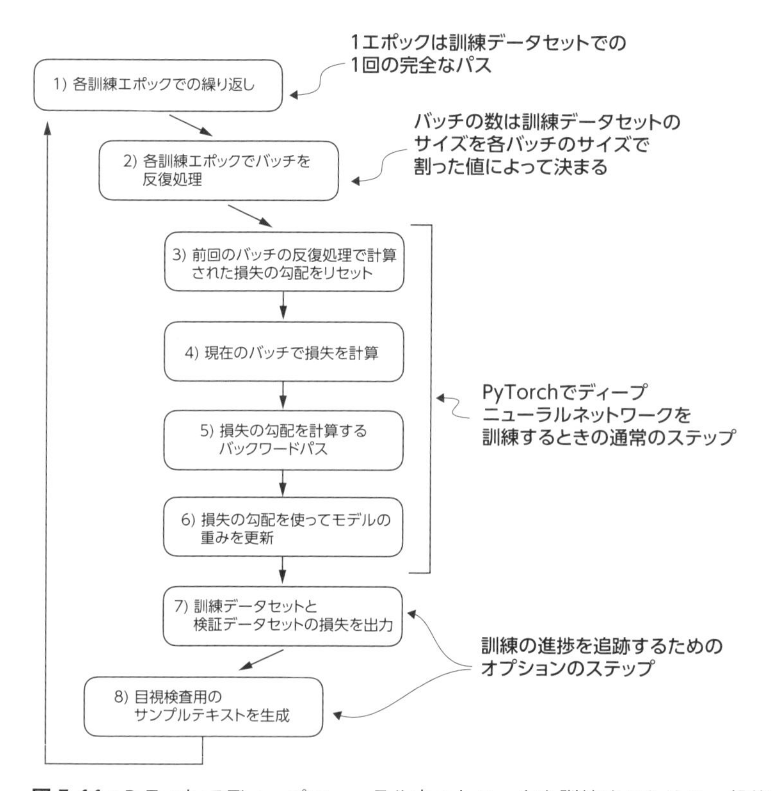

図 5-11：PyTorch でディープニューラルネットワークを訓練するための一般的な訓練ループはいくつものステップで構成され、数エポックにわたって訓練データセットのバッチを反復処理する。各訓練ループでは、損失の勾配を決定するために訓練データセットの各バッチの損失を計算する。この損失の勾配を使って、訓練データセットの損失が最小になるようにモデルの重みを更新する

図 5-11 の訓練のフローは、リスト 5-3 の `train_model_simple()` 関数を使って実装できます。

リスト 5-3：LLM の事前学習を行うためのメイン関数

```
def train_model_simple(model, train_loader, val_loader, optimizer, device,
                       num_epochs, eval_freq, eval_iter, start_context,
                       tokenizer):
    train_losses, val_losses, track_tokens_seen = [], [], []   ← 損失と既視のトークンを追跡するためにリストを初期化
    tokens_seen, global_step = 0, -1

    for epoch in range(num_epochs):   ← メインの訓練ループを開始
        model.train()

        for input_batch, target_batch in train_loader:
            optimizer.zero_grad()   ← 前回のバッチの反復処理で計算された損失の勾配をリセット
            loss = calc_loss_batch(input_batch, target_batch, model, device)
            loss.backward()   ← 損失の勾配を計算
            optimizer.step()   ← 損失の勾配を使ってモデルの重みを更新
            tokens_seen += input_batch.numel()
```

```
            global_step += 1

            if global_step % eval_freq == 0:  ◀──── オプションの評価ステップ
                train_loss, val_loss = evaluate_model(
                    model, train_loader, val_loader, device, eval_iter
                )
                train_losses.append(train_loss)
                val_losses.append(val_loss)
                track_tokens_seen.append(tokens_seen)
                print(f"Ep {epoch+1} (Step {global_step:06d}): "
                      f"Train loss {train_loss:.3f}, "
                      f"Val loss {val_loss:.3f}")

        generate_and_print_sample(  ◀──── 各エポックの後に
            model, tokenizer, device, start_context   サンプルテキストを出力
        )
    return train_losses, val_losses, track_tokens_seen
```


リスト5-3の`train_model_simple()`関数では、まだ定義していない`evaluate_model()`と`generate_and_print_sample()`の2つの関数を使っている点に注意してください。

`evaluate_model()`関数は、図5-11のステップ7に相当します。この関数は、モデルを更新するたびに訓練データセットと検証データセットでの損失を出力することで、訓練によってモデルが改善されたかどうかを評価できるようにします。もう少し具体的に言うと、モデルを評価モードに切り替えて勾配の追跡とドロップアウトを無効にした上で、訓練データセットと検証データセットでの損失を計算します。

```
def evaluate_model(model, train_loader, val_loader, device, eval_iter):
    model.eval()  ◀──── 安定した再現性のある結果を得るために、評価中はドロップアウトを無効にする
    with torch.no_grad():  ◀──── 計算量を減らすために、評価には必要のない勾配の追跡を無効にする
        train_loss = calc_loss_loader(
            train_loader, model, device, num_batches=eval_iter
            )
        val_loss = calc_loss_loader(
            val_loader, model, device, num_batches=eval_iter
        )

    model.train()
    return train_loss, val_loss
```

`evaluate_model()`関数と同様に、`generate_and_print_sample()`関数は、訓練中にモデルが改善されたかどうかを追跡するための便利な関数です。具体的には、この関数は入力として受け取った開始コンテキスト（`start_context`）をトークンIDに変換し、テキストサンプルを生成するためにLLMに渡します。テキストサンプルの生成には、前節と同じ`generate_text_simple()`を使います。

```
def generate_and_print_sample(model, tokenizer, device, start_context):
    model.eval()
    context_size = model.pos_emb.weight.shape[0]
    encoded = text_to_token_ids(start_context, tokenizer).to(device)
    with torch.no_grad():
        token_ids = generate_text_simple(
            model=model, idx=encoded, max_new_tokens=50,
            context_size=context_size
        )

    decoded_text = token_ids_to_text(token_ids, tokenizer)
    print(decoded_text.replace("\n", " "))  ← コンパクトな出力フォーマット
    model.train()
```

evaluate_model() 関数がモデルの訓練中の進捗を表す数値を出力するのに対し、この generate_and_print_sample() 関数は、訓練中のモデルの性能を判断するために、モデルが生成した具体的なテキストサンプルを出力します。

AdamW

ディープニューラルネットワークの訓練には、**Adam**（Adaptive moment estimation）オプティマイザがよく使われます。しかし、この訓練ループでは、**AdamW** オプティマイザを使うことにしました。AdamW は Adam の改良版であり、大きな重みにペナルティを課すことでモデルの複雑さを最小限に抑え、過剰適合を防ぐことを目的として、重み減衰の処理方法が改善されています。この調整によってより効果的な正則化が可能となり、モデルの汎化性能が向上することから、AdamW は LLM の訓練に非常によく使われています。

AdamW オプティマイザと先ほど定義した train_model_simple() 関数を使って、GPTModel インスタンスを 10 エポックにわたって訓練してみましょう。

```
torch.manual_seed(123)

model = GPTModel(GPT_CONFIG_124M)
model.to(device)
optimizer = torch.optim.AdamW(
    model.parameters(),  ← parametersメソッドはモデルの訓練可能な重みパラメータをすべて返す
    lr=0.0004, weight_decay=0.1
)

num_epochs = 10
train_losses, val_losses, tokens_seen = train_model_simple(
    model, train_loader, val_loader, optimizer, device,
    num_epochs=num_epochs, eval_freq=5, eval_iter=5,
    start_context="Every effort moves you", tokenizer=tokenizer
)
```

train_model_simple() 関数を実行すると、訓練プロセスが開始されます。MacBook Air または同等のラップトップでは、訓練が完了するのに 5 分ほどかかります。実行中に出力されるメッ

セージは次のとおりです。

```
Ep 1 (Step 000000): Train loss 9.781, Val loss 9.933
Ep 1 (Step 000005): Train loss 8.111, Val loss 8.339
Every effort moves you,,,,,,,,,,,,.
Ep 2 (Step 000010): Train loss 6.661, Val loss 7.048
Ep 2 (Step 000015): Train loss 5.961, Val loss 6.616
Every effort moves you, and, and, and, and, and, and, and, and, and, and,
and, and, and, and, and, and, and, and, and, and, and, and,, and, and,
......  ←――― スペースを節約するため、途中の結果を省略
Ep 9 (Step 000080): Train loss 0.541, Val loss 6.393
Every effort moves you?" "Yes--quite insensible to the irony. She wanted
him vindicated--and by me!" He laughed again, and threw back the
window-curtains, I had the donkey. "There were days when I
Ep 10 (Step 000085): Train loss 0.391, Val loss 6.452
Every effort moves you know," was one of the axioms he laid down across the
Sevres and silver of an exquisitely appointed luncheon-table, when, on a
later day, I had again run over from Monte Carlo; and Mrs. Gis
```

訓練データセットの損失は劇的に改善されており、最初の9.781から最後は0.391に収束しています。モデルの言語能力も大きく向上しています。最初は、開始コンテキストにコンマを追加するか、(`"Every effort moves you,,,,,,,,,,,,"`)、andという単語を繰り返すだけだったのが、訓練が終わる頃には、文法的に正しいテキストを生成できるようになっています。

訓練データセットの損失と同様に、検証データセットの損失も9.933という大きな値から始まり、訓練が進むに従って小さくなっています。ただし、訓練データセットの損失ほど小さくなることはなく、エポック10の後も6.452のままです。

検証データセットの損失について詳しく見ていく前に、訓練データセットと検証データセットの損失を並べて表示する簡単なプロットを作成してみましょう。

```python
import matplotlib.pyplot as plt
from matplotlib.ticker import MaxNLocator

def plot_losses(epochs_seen, tokens_seen, train_losses, val_losses):
    fig, ax1 = plt.subplots(figsize=(5, 3))
    ax1.plot(epochs_seen, train_losses, label="Training loss")
    ax1.plot(
        epochs_seen, val_losses, linestyle="-.", label="Validation loss"
    )
    ax1.set_xlabel("Epochs")
    ax1.set_ylabel("Loss")
    ax1.legend(loc="upper right")
    ax1.xaxis.set_major_locator(MaxNLocator(integer=True))

    ax2 = ax1.twiny()  ← 同じy軸を共有する2つ目のx軸を作成
    ax2.plot(tokens_seen, train_losses, alpha=0)  ← 目盛を揃えるための不可視のプロット
    ax2.set_xlabel("Tokens seen")
    fig.tight_layout()
    plt.show()
```

```
epochs_tensor = torch.linspace(0, num_epochs, len(train_losses))
plot_losses(epochs_tensor, tokens_seen, train_losses, val_losses)
```

図 5-12 は、結果として得られた訓練データセットと検証データセットの損失プロットを示しています。エポック 1 では、訓練データセットと検証データセットの両方で損失が改善（減少）しています。しかし、エポック 2 以降では、損失が枝分かれしています。この分岐と、検証データセットの損失が訓練データセットの損失よりもかなり大きいことは、モデルが訓練データに過剰適合している兆候です。生成されたテキストを調べてみると、モデルが訓練データの文章（たとえば、『The Verdict』テキストファイルの `"quite insensible to the irony"` など）をそのまま記憶していることがわかります。

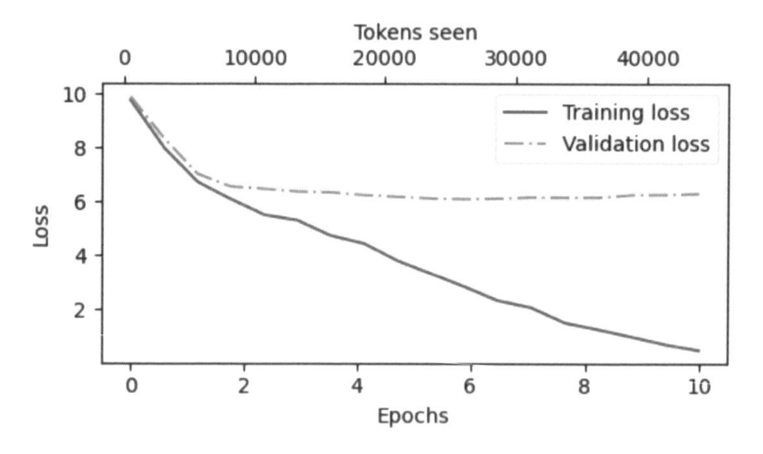

図 5-12：訓練を開始した時点では、訓練データセットと検証データセットの損失はどちらも急激に減少している。これはモデルが学習している兆候である。しかし、訓練データセットの損失がエポック 2 以降も減少し続けているのに対し、検証データセットの損失は停滞している。これは、モデルは依然として学習しているが、エポック 2 以降は過剰適合しているという兆候である

モデルが訓練データを記憶しているのは予想されていたことです。なぜなら、非常に小さな訓練データセットを使って、モデルを数エポックにわたって訓練しているからです。通常は、もっと大きなデータセットで、1 エポックだけ訓練するのが一般的です。

> **NOTE** 5.1.3 項でも述べたように、Project Gutenberg には、パブリックドメインの書籍が 6 万冊以上あります。興味がある場合は、過剰適合が発生しない大規模なデータセットを使ってモデルを訓練できます。詳細については、付録 D を参照してください。

図 5-13 に示すように、これで本章の 7 つのステップのうち 4 つが完了しました。次節では、訓練データの記憶を減らして、LLM が生成するテキストの独創性を高めるためのテキスト生成戦略を取り上げます。5.5 節では、重みの保存と読み込みと、OpenAI の事前学習済みの GPT モデルの重みの読み込みについて説明します。

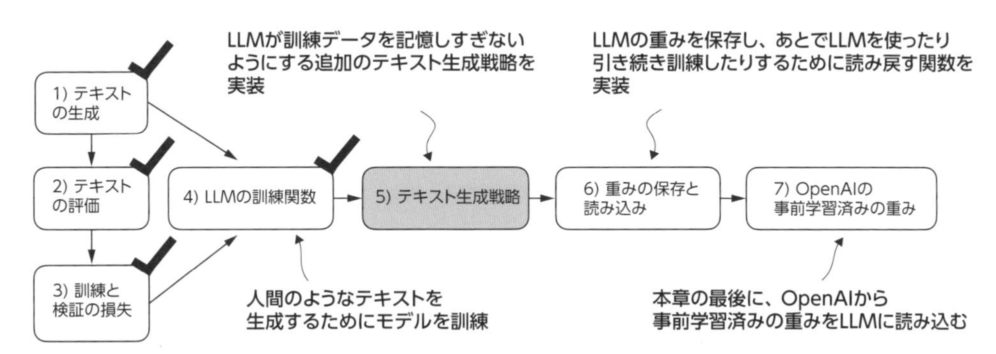

図 5-13：訓練関数を実装した後、モデルは一貫性のあるテキストを生成できるようになったが、訓練データセットの文章をそのまま記憶してしまうことが多い。次節では、より多様な出力テキストを生成するための戦略について説明する

5.3 ランダム性をコントロールするデコーディング戦略

ここでは、より独創的なテキストを生成するためのテキスト生成戦略に取り組みます。こうした戦略は「デコーディング戦略」とも呼ばれます。まず、前節の `generate_and_print_sample()` 関数内で使った `generate_text_simple()` 関数を簡単に再確認します。次に、この関数を改良するためのテクニックとして、**温度スケーリング**と **top-k サンプリング**の 2 つを取り上げます。

比較的小さなモデルでの推論には GPU は必要ないため、モデルを GPU から CPU に戻すことから始めます。また、訓練の後はモデルを評価モードに切り替えて、ドロップアウトなどのランダムな要素をオフにします。

```
model.to("cpu")
model.eval()
```

次に、`GPTModel` インスタンス（`model`）を `generate_text_simple()` 関数に渡します。この関数は LLM を使ってトークンを 1 つずつ生成します。

```
tokenizer = tiktoken.get_encoding("gpt2")
token_ids = generate_text_simple(
    model=model,
    idx=text_to_token_ids("Every effort moves you", tokenizer),
    max_new_tokens=25,
    context_size=GPT_CONFIG_124M["context_length"]
)
print("Output text:\n", token_ids_to_text(token_ids, tokenizer))
```

次のようなテキストが生成されます。

```
Output text:
 Every effort moves you know," was one of the axioms he laid down across the
Sevres and silver of an exquisitely appointed lun
```

先に述べたように、各生成ステップでは、語彙内のすべてのトークンのうち確率スコアが最も大きいものが選択され、トークンとして生成されます。つまり、同じ開始コンテキスト（"Every effort moves you"）で generate_text_simple() 関数を複数回実行したとしても、LLM は常に同じ出力を生成します。

5.3.1 温度スケーリング

では、**温度スケーリング**（temperature scaling）から見ていきましょう。温度スケーリングは、次のトークンを生成するタスクに確率的な選択プロセスを追加するテクニックです。これまでは、generate_text_simple() 関数内で torch.argmax() を使って、常に確率が最も高いトークンを次に来るトークンとして選択していました。このような戦略を**貪欲なデコーディング**（greedy decoding）と呼びます。より多様なテキストを生成するために、torch.argmax() を確率分布（この場合は、トークン生成ステップごとに語彙の各エントリに対して LLM が生成する確率スコア）からサンプリングする関数に置き換えます。

具体的な例を使って確率的サンプリングを理解するために、非常に小さな語彙を使って、次に来るトークンを生成するプロセスを簡単に説明しておきます。

```
vocab = {
    "closer": 0,
    "every": 1,
    "effort": 2,
    "forward": 3,
    "inches": 4,
    "moves": 5,
    "pizza": 6,
    "toward": 7,
    "you": 8,
}

inverse_vocab = {v: k for k, v in vocab.items()}
```

次に、LLM に "every effort moves you" という開始コンテキストが与えられ、次に来るトークンを生成するためのロジットが次のように生成されたとします。

```
next_token_logits = torch.tensor(
    [4.51, 0.89, -1.90, 6.75, 1.63, -1.62, -1.89, 6.28, 1.79]
)
```

前章で説明したように、generate_text_simple() 関数の内部では、torch.softmax() 関数を使ってロジットを確率に変換し、torch.argmax() 関数を使って次に来るトークンに対応するトークン ID を取得しています。このトークン ID は逆引き語彙を使ってテキストに戻すことができます。

```
probas = torch.softmax(next_token_logits, dim=0)
next_token_id = torch.argmax(probas).item()
print(inverse_vocab[next_token_id])
```

ロジットのうち最も大きい値と、それに対応するソフトマックス確率スコアは 4 番目の位置（Python のインデックスは 0 始まりなので、インデックス位置 3）にあるため、生成された単語は `"forward"` です。

確率的サンプリングを実装するために、`torch.argmax()` 関数を PyTorch の `torch.multinomial()` 関数に置き換えてみましょう。

```
torch.manual_seed(123)
next_token_id = torch.multinomial(probas, num_samples=1).item()
print(inverse_vocab[next_token_id])
```


出力は以前と同じ `"forward"` です[1]。何が起きたのでしょうか。`torch.multinomial()` 関数は、次に来るトークンをその確率スコアに比例する形でサンプリングします。つまり、`"forward"` は依然として最も可能性の高いトークンであり、`torch.multinomial()` によってほとんどの場合に選択されます（ただし、確率的サンプリングなので、毎回選択されるわけではありません）。このことを具体的に示すために、このサンプリングを 100 回繰り返す関数を実装してみましょう。

```
def print_sampled_tokens(probas):
    torch.manual_seed(123)
    sample = [torch.multinomial(probas, num_samples=1).item()
              for i in range(1_000)]
    sampled_ids = torch.bincount(torch.tensor(sample))
    for i, freq in enumerate(sampled_ids):
        print(f"{freq} x {inverse_vocab[i]}")

print_sampled_tokens(probas)
```

サンプリング出力は次のようになります。

```
73 x closer
0 x every
0 x effort
582 x forward
2 x inches
0 x moves
0 x pizza
343 x toward
```

[1] ［訳注］確かに毎回選ばれるわけではないようで、検証では `"toward` が出力された。

"forward" はほとんどの場合に（1,000 回中 582 回）サンプリングされますが、"closer"、"inches"、"toward" といった他のトークンもサンプリングされることがあります。つまり、generate_and_print_sample 関数内の argmax() を multinomial() に置き換えると、LLM が "every effort moves you forward" ではなく "every effort moves you toward"、"every effort moves you inches"、"every effort moves you closer" のようなテキストを生成するようになります。

温度スケーリングという概念を導入すると、確率分布と選択プロセスをさらにコントロールできます。温度スケーリングは、0 よりも大きい数でロジットを割ることに対するもったいぶった言い方です。

```
def softmax_with_temperature(logits, temperature):
    scaled_logits = logits / temperature
    return torch.softmax(scaled_logits, dim=0)
```

温度が 1 よりも高い場合、トークンの確率分布はより均一な分布になり、1 よりも低い場合は、より確信的な（より鋭く、尖った）分布になります。このことを具体的に示すために、元の確率と、異なる温度設定でスケーリングした確率を並べてプロットしてみましょう。

```
temperatures = [1, 0.1, 5]  ◀── 元の確信度、低い確信度、高い確信度
scaled_probas = [softmax_with_temperature(next_token_logits, T)
                 for T in temperatures]

x = torch.arange(len(vocab))
bar_width = 0.15

fig, ax = plt.subplots(figsize=(5, 3))
for i, T in enumerate(temperatures):
    rects = ax.bar(x + i * bar_width, scaled_probas[i],
                   bar_width, label=f'Temperature = {T}')

ax.set_ylabel('Probability')
ax.set_xticks(x)
ax.set_xticklabels(vocab.keys(), rotation=90)
ax.legend()
plt.tight_layout()
plt.show()
```

結果は図 5-14 のようになります。

温度が 1 の場合は、ロジットを softmax() 関数に渡して確率スコアを計算する前に、ロジットを 1 で割ります。つまり、温度を 1 に設定することは、温度スケーリングを使わないことと同じです。この場合は、PyTorch の multinomial() 関数により、トークンが元のソフトマックス確率スコアと同じ確率で選択されます。たとえば図 5-14 に示したように、温度設定が 1 の場合は、"forward" に対応するトークンが約 60% の確率で選択されます。

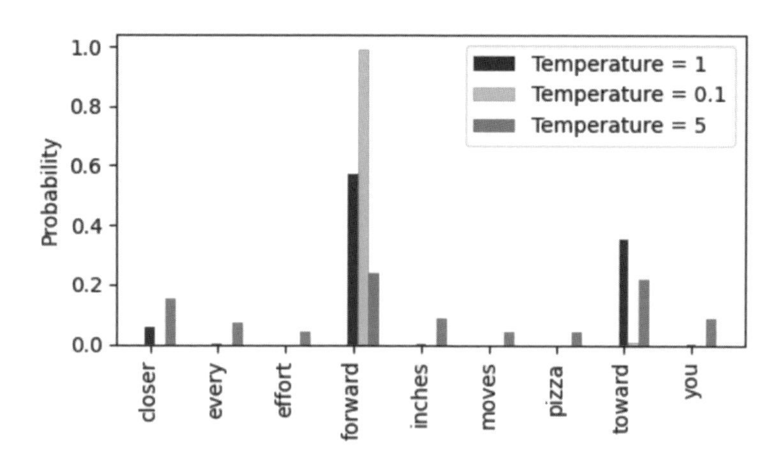

図 5-14： 温度を 1 にすると、語彙の各トークンのスケールされていない確率スコアがプロットされる。温度を 0.1 に下げると、尖った分布になり、最も可能性が高いトークン（この場合は "forward"）の確率スコアがさらに高くなる。温度を 5 まで上げると、分布はより均一になる

また、図 5-14 に示したように、0.1 のような非常に低い温度に設定すると、より尖った分布になります。`multinomial()` 関数の振る舞いが `argmax()` 関数に近いものになり、最も可能性の高いトークン（`"forward"`）がほぼ 100% の確率で選択されるようになります。温度が 5 の場合は、より均一な分布になり、他のトークンが選択される確率が高まります。温度設定を高くすれば、生成されるテキストの多様性を高めることができますが、意味不明なテキストが生成されるケースも増えることになります。たとえば、温度設定が 5 の場合は、`"every effort moves you pizza"` といった意味不明なテキストが 4% の確率で生成されます。

練習問題 5-1

`print_sampled_tokens()` 関数を使って、図 5-14 に示した温度でスケールされたソフトマックス確率のサンプリング頻度を出力してください。それぞれのケースで、`"pizza"` という単語はどれくらいの頻度でサンプリングされるでしょうか。この単語がサンプリングされる頻度を決定する、より高速かつ正確な方法を何か思い付けるでしょうか。

5.3.2 top-k サンプリング

前項では、出力の多様性を高めるために、確率的サンプリングアプローチに温度スケーリングを組み合わせました。温度設定が高いほど次のトークンの確率分布が一様になり、最も確率が高いトークンをモデルが繰り返し選択する可能性が低くなるため、より多様な出力が得られることがわかりました。この手法により、テキスト生成プロセスにおいて、可能性は低いものの、より興味深く創造的なパスの探索が可能になります。この手法の欠点は、`"every effort moves you pizza"` のような、文法的に正しくない、または完全に意味不明な出力につながる場合があることです。

top-k サンプリング（top-k sampling）を確率的サンプリングや温度スケーリングと組み合わせると、テキスト生成の結果を改善することができます。top-k サンプリングでは、選択の対象となるトークンを最も可能性が高い上位 *k* 個のトークンに限定できます。それ以外のトークンについては、それらの確率スコアをマスクすることで選択プロセスから除外できます（図 5-15）。

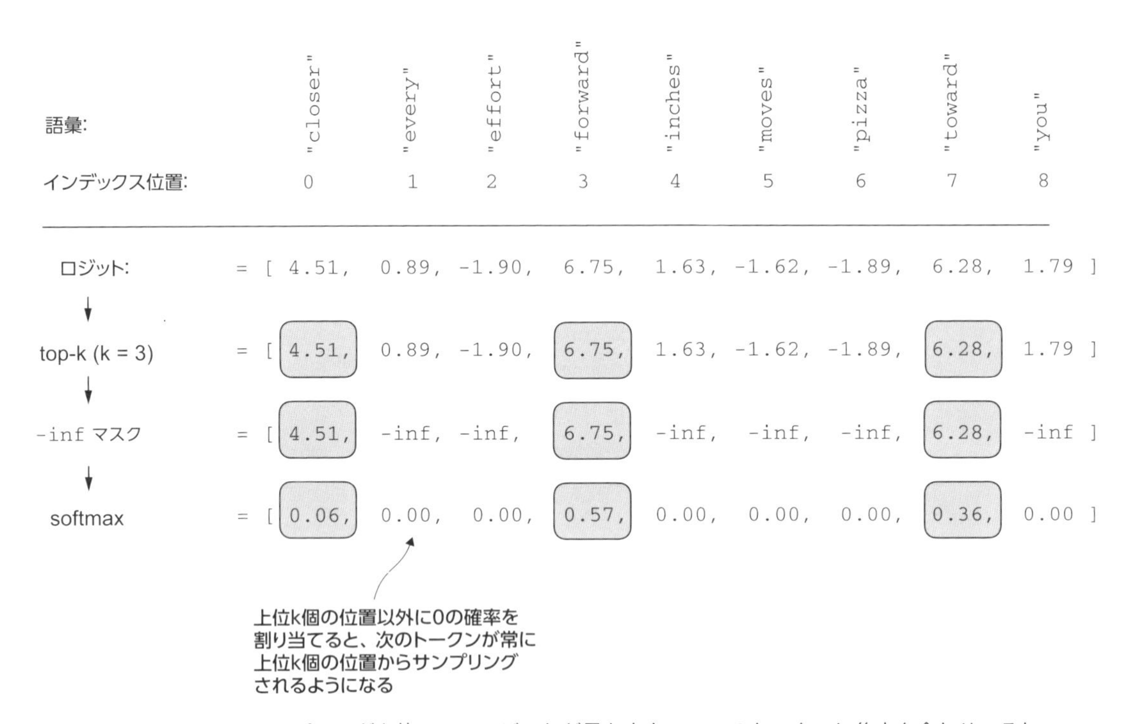

図 5-15：k = 3 の top-k サンプリングを使って、ロジットが最も大きい 3 つのトークンに焦点を合わせ、それ以外のトークンをすべて負の無限大（-inf）でマスクした後、softmax 関数を適用する。その結果、上位 3 つのトークン以外は確率に 0 が割り当てられた確率分布が得られる（なお、この図の数値は散らかって見えるのを防ぐために小数点以下 2 桁で切り捨てられている。[softmax] 行の値の合計は、本来は 1.0 になるはずだ）

top-k サンプリングでは、選択の対象ではないロジットを負の無限大（`-inf`）に置き換えます。これにより、ソフトマックス確率を計算するときに、上位 *k* 個のトークンの確率スコアが合計で 1 になり、それ以外のトークンの確率スコアは 0 になります（注意深い読者は、このマスクトリックから 3.5.1 項で実装した Causal Attention モジュールを連想したかもしれません）。

コードでは、図 5-15 の top-k サンプリングの手順を次のように実装できます。まず、ロジットが最も大きいトークンを選択します。

```
top_k = 3
top_logits, top_pos = torch.topk(next_token_logits, top_k)
print("Top logits:", top_logits)
print("Top positions:", top_pos)
```

上位 3 つのトークンのロジットとトークン ID を降順に並べると、次のようになります。

```
Top logits: tensor([6.7500, 6.2800, 4.5100])
Top positions: tensor([3, 7, 0])
```

続いて、PyTorch の `torch.where()` 関数を使って、ロジットの大きさが上位 3 つに含まれないトークンのロジットを負の無限大（`-inf`）に設定します。

```
new_logits = torch.where(
    condition=next_token_logits < top_logits[-1],   ← 上位3つのロジットよりも小さいロジットを特定
    input=torch.tensor(float('-inf')),   ← それらのロジットに-infを設定
    other=next_token_logits   ← それ以外のトークンのロジットはそのままにする
)
print(new_logits)
```

結果として、この 9 トークンの語彙では、次に選択されるトークンのロジットは以下のようになります。

```
tensor([4.5100,   -inf,   -inf, 6.7500,   -inf,   -inf,   -inf, 6.2800,
    -inf])
```

最後に、`softmax()` 関数を適用して、これらのロジットを次に来るトークンの確率に変換してみましょう。

```
topk_probas = torch.softmax(new_logits, dim=0)
print(topk_probas)
```

この top-3 サンプリングの結果として、0 ではない 3 つの確率スコアが得られます。

```
tensor([0.0615, 0.0000, 0.0000, 0.5775, 0.0000, 0.0000, 0.0000, 0.3610,
 0.0000])
```

これで、確率的サンプリングのための温度スケーリングと `multinomial()` 関数を使って、この 3 つの 0 ではない確率スコアの中から次に来るトークンを選択できるようになりました。次項では、この操作を行うためにテキスト生成関数を書き換えます。

5.3.3 テキスト生成関数を修正する

では、温度スケーリングと top-k サンプリングを組み合わせて、LLM によるテキストの生成に使った `generate_text_simple()` 関数を書き換えて、`generate()` という新しい関数を作成してみましょう（リスト 5-4）。

リスト 5-4：多様性を高める新しいテキスト生成関数

```
def generate(model, idx, max_new_tokens, context_size, temperature=0.0,
             top_k=None, eos_id=None):
    for _ in range(max_new_tokens):          # forループは以前と同じで、ロジットを取得し、最後の時間ステップにのみ注目する
        idx_cond = idx[:, -context_size:]
        with torch.no_grad():
            logits = model(idx_cond)
        logits = logits[:, -1, :]

        if top_k is not None:                # top_kサンプリングでロジットをフィルタリング
            top_logits, _ = torch.topk(logits, top_k)
            min_val = top_logits[:, -1]
            logits = torch.where(
                logits < min_val,
                torch.tensor(float('-inf')).to(logits.device),
                logits
            )

        if temperature > 0.0:                # 温度スケーリングを適用
            logits = logits / temperature
            probs = torch.softmax(logits, dim=-1)
            idx_next = torch.multinomial(probs, num_samples=1)
        else:                                # 温度スケーリングが無効の場合は、以前と同様に貪欲なデコーディングを実行
            idx_next = torch.argmax(logits, dim=-1, keepdim=True)

        if idx_next == eos_id:               # シーケンス終了トークンが検出された場合は、生成を早期終了
            break

        idx = torch.cat((idx, idx_next), dim=1)

    return idx
```

では、この新しい generate() 関数を実際に使ってみましょう。

```
torch.manual_seed(123)

token_ids = generate(
    model=model,
    idx=text_to_token_ids("Every effort moves you", tokenizer),
    max_new_tokens=15,
    context_size=GPT_CONFIG_124M["context_length"],
    top_k=25,
    temperature=1.4
)
print("Output text:\n", token_ids_to_text(token_ids, tokenizer))
```

次のようなテキストが生成されます。

```
Output text:
 Every effort moves you stand to work on surprise, a one of us had gone with
 random-
```

生成されたテキストが、5.3 節で `generate_text_simple()` 関数を使って生成したテキスト（`"Every effort moves you know," was one of the axioms he laid...`）とは大きく異なっていることがわかります。そのときのテキストは訓練データセットの文章を暗記したかのようでした。

練習問題 5-2

温度設定や top-k 設定をいろいろ試してみてください。それらの結果を見て、低い温度設定や top-k 設定が望ましいアプリケーションや、高い温度設定や top-k 設定が適しているアプリケーションを何か思い付けるでしょうか（OpenAI から事前学習済みの重みを読み込んだ後、この練習問題をもう一度解いてみてください）。

練習問題 5-3

`generate()` 関数の振る舞いを決定論的なものにする設定の組み合わせにはどのようなものがあるでしょうか。つまり、ランダムサンプリングを無効にし、`generate_text_simple()` 関数と同じように、常に同じ出力が生成されるようにするにはどうすればよいでしょうか。

5
章

5.4 PyTorch でのモデルの重みの保存と読み込み

ここまでは、訓練の進捗を数値的に評価し、LLM の事前学習を一から行う方法について説明してきました。LLM とデータセットはどちらも比較的小さなものでしたが、LLM の事前学習は計算量が膨大で、コストがかかることがわかりました。したがって、LLM を保存できるようにすることは重要です。そうすれば、新しいセッションで LLM を使いたくなるたびに再訓練を行わずに済むようになります。

そこで、事前学習済みのモデルを保存し、読み戻す方法について見ていきましょう（図 5-16）。次節では、OpenAI のより高性能な事前学習済みの GPT モデルを `GPTModel` インスタンスに読み込みます。

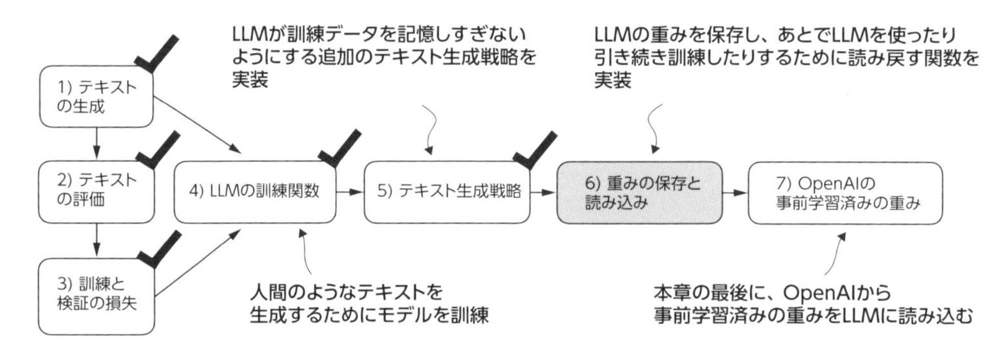

図 5-16：訓練と検査が済んだモデルを保存しておくと、あとからモデルを使ったり、引き続き訓練したりするのに役立つことが多い（ステップ 6）

ありがたいことに、PyTorch モデルの保存は比較的簡単です。推奨される方法は、`torch.save()` 関数を使って、モデルの `state_dict` を保存することです。`state_dict` は、各層をそのパラメータにマッピングするディクショナリです。

```
torch.save(model.state_dict(), "model.pth")
```

`"model.pth"` は、`state_dict` を保存するファイルの名前です。`.pth` は PyTorch ファイルの慣例的な拡張子ですが、厳密には、どのような拡張子を使ってもかまいません。

`state_dict` を使ってモデルの重みを保存した後は、それらの重みを `GPTModel` インスタンスに読み込むことができます。

```
model = GPTModel(GPT_CONFIG_124M)
model.load_state_dict(torch.load("model.pth", map_location=device))
model.eval()
```

前章で説明したように、訓練中に層のニューロンをランダムに「ドロップアウト」すると、モデルが訓練データに過剰適合するのを防ぐのに役立ちます。しかし、推論を行うときは、ネットワークが学習したせっかくの情報を 1 つも取りこぼしたくありません。`model.eval()` を使うと、推論のためにモデルが評価モードに切り替わり、モデルのドロップアウト層が無効になります。たとえば、本章で定義した `train_model_simple()` 関数を使ってモデルの事前学習を引き続き行う予定がある場合は、オプティマイザの状態も保存しておくことをお勧めします。

AdamW のような適応型オプティマイザは、各モデルの重みに追加のパラメータを格納します。AdamW は過去のデータをもとに各モデルパラメータの学習率を動的に調整します。このようにしないと、オプティマイザがリセットされ、モデルの学習が最適ではなくなったり、場合によってはうまく収束しなくなったりして、一貫性のあるテキストを生成する能力が損なわれてしまうからです。`torch.save()` を使うと、モデルとオプティマイザの両方の `state_dict` を保存できます。

```
torch.save({
    "model_state_dict": model.state_dict(),
    "optimizer_state_dict": optimizer.state_dict(),
    },
    "model_and_optimizer.pth"
)
```

続いて、モデルとオプティマイザの状態を復元してみましょう。`torch.load()`で保存したデータを読み込んだ後、`model.load_state_dict()`で状態を復元します。

```
checkpoint = torch.load("model_and_optimizer.pth", map_location=device)
model = GPTModel(GPT_CONFIG_124M)
model.load_state_dict(checkpoint["model_state_dict"])
optimizer = torch.optim.AdamW(model.parameters(), lr=5e-4, weight_decay=0.1)
optimizer.load_state_dict(checkpoint["optimizer_state_dict"])
model.train();
```


練習問題 5-4
重みを保存した後、新しいPythonセッションまたはJupyter Notebookファイルでモデルとオプティマイザを読み込み、`train_model_simple()`関数を使ってさらに1エポックの事前学習を行ってください。

5.5 OpenAIから事前学習済みの重みを読み込む

ここまでは、短編小説の内容で構成された限定的なデータセットを使って、小さなGPT-2モデルを訓練してきました。このアプローチにより、時間や計算リソースをそれほどかけずに、基礎に集中することができました。

ありがたいことに、OpenAIはGPT-2モデルの重みを一般に公開しているため、大規模なコーパスでモデルを再訓練するために数万〜数十万ドルを投資する必要はなくなっています。そこで、これらの重みを`GPTModel`クラスに読み込み、テキストの生成に使ってみましょう。ここで言う**重み**は、たとえばPyTorchの`Linear`層や`Embedding`層の`weight`属性に格納される重みパラメータのことです。本章では、モデルを訓練したときに、`model.parameters()`を使ってそれらの重みにアクセスしました。6章ではテキスト分類のためのファインチューニングを行い、7章ではChatGPTのように指示に従って応答を生成するためのファインチューニングを行いますが、その際にはこれらの事前学習済みの重みを再利用します。

なお、OpenAIはTensorFlowを使ってGPT-2の重みを保存しており、Pythonで重みを読み込むにはTensorFlowのインストールが必要です。次のコードは、`tqdm`というプログレスバーを使ってダウンロードプロセスを追跡します（`tqdm`のインストールも必要です）。

ターミナルで次のコマンドを実行すると、これらのライブラリをインストールできます[2]。

---

[2] ［訳注］検証では、TensorFlow 2.17.1、tqdm 4.66.6を使用した。

```
pip install tensorflow>=2.15.0 tqdm>=4.66
```

ダウンロードコードは比較的長く、ほとんどが定型文であり、特に興味深いコードではありません。そこで、インターネットからファイルをダウンロードするための Python コードの説明に貴重なスペースを割くのはやめ、本書の GitHub リポジトリから直接 `gpt_download.py` という Pytthon モジュールをダウンロードすることにします。

```
import urllib.request

url = ("https://raw.githubusercontent.com/rasbt/LLMs-from-scratch/main/ch05/"
       "01_main-chapter-code/gpt_download.py")
filename = url.split('/')[-1]
urllib.request.urlretrieve(url, filename)
```

このファイルを Python セッションのローカルディレクトリにダウンロードした後、ファイルの内容を簡単にチェックして、正しく保存されていることと、有効な Python コードが含まれていることを確認してください。

`gpt_download.py` モジュールから `download_and_load_gpt2()` 関数をインポートします。この関数を使って、GPT-2 アーキテクチャの設定（`settings`）と重みパラメータ（`params`）を Python セッションにロードします。

```
from gpt_download import download_and_load_gpt2

settings, params = download_and_load_gpt2(
    model_size="124M", models_dir="gpt2"
)
```

このコードを実行すると、1 億 2,400 万パラメータの GPT-2 モデルに関連する 7 つのファイルがダウンロードされます。

```
checkpoint: 100%|██████████| 77.0/77.0 [00:00<00:00, 103kiB/s]
encoder.json: 100%|██████████| 1.04M/1.04M [00:01<00:00, 628kiB/s]
hparams.json: 100%|██████████| 90.0/90.0 [00:00<00:00, 70.7kiB/s]
model.ckpt.data-00000-of-00001: 100%|██████████| 498M/498M [00:58<00:00, 8.47MiB/s]
model.ckpt.index: 100%|██████████| 5.21k/5.21k [00:00<00:00, 4.18MiB/s]
model.ckpt.meta: 100%|██████████| 471k/471k [00:01<00:00, 406kiB/s]
vocab.bpe: 100%|██████████| 456k/456k [00:01<00:00, 450kiB/s]
```

ダウンロードが完了したという前提で、`settings` と `params` の内容を調べてみましょう。

```
print("Settings:", settings)
print("Parameter dictionary keys:", params.keys())
```

`settings` と `params` の内容は次のとおりです。

```
Settings: {'n_vocab': 50257, 'n_ctx': 1024, 'n_embd': 768, 'n_head': 12,
 'n_layer': 12}
Parameter dictionary keys: dict_keys(['blocks', 'b', 'g', 'wpe', 'wte'])
```

NOTE ダウンロードコードがうまく動作しない場合は、インターネット接続やサーバーの問題か、オープンソースGPT-2モデルの重みの共有方法をOpenAIが変更したことが原因かもしれません。その場合は、本書のGitHubリポジトリにアクセスして、手順が更新されていないかチェックしてください。さらに質問がある場合は、Manning Forumに質問を投稿してください（原著側のサイトのため英語で投稿する必要があります）。

https://github.com/rasbt/LLMs-from-scratch
https://livebook.manning.com/forum?product=raschka

5
章

`settings`と`params`はどちらもPythonディクショナリです。`settings`には、手動で定義した`GPT_CONFIG_124M`の設定と同じような、LLMアーキテクチャの設定が格納されています。`params`には、実際の重みテンソルが格納されています。なお、重みの内容を表示するとスペースをかなり消費してしまうため、今回はキーだけを出力しています。ただし、`print(params)`を使ってディクショナリ全体を表示するか、キーを使って個々のテンソルを選択すれば、これらの重みテンソルを調べることができます。例として、トークン埋め込み層の重みを出力してみましょう。

```
print(params["wte"])
print("Token embedding weight tensor dimensions:", params["wte"].shape)
```

トークン埋め込み層の重みは次のとおりです。

```
[[-0.11010301 ... -0.1363697   0.01506208  0.04531523]
 [ 0.04034033 ...  0.08605453  0.00253983  0.04318958]
 [-0.12746179 ...  0.08991534 -0.12972379 -0.08785918]
...
 [-0.04453601 ...  0.10435229  0.09783269 -0.06952604]
 [ 0.1860082  ... -0.09625227  0.07847701 -0.02245961]
 [ 0.05135201 ...  0.00704835  0.15519823  0.12067825]]
Token embedding weight tensor dimensions: (50257, 768)
```

今回は、`download_and_load_gpt2(model_size="124M", ...)`を使って、最も小さいGPT-2モデルの重みをダウンロードし、モデルに読み込みました。OpenAIはもっと大きなモデルの重み（`"355M"`、`"774M"`、`"1558M"`）も共有しています。これら4種類のGPTモデルは、全体的なアーキテクチャは同じですが（図5-17）、さまざまなアーキテクチャ要素が異なる回数にわたって繰り返され、埋め込みのサイズが異なるという違いがあります。本章の残りのコードは、これらのモデルでも有効です。

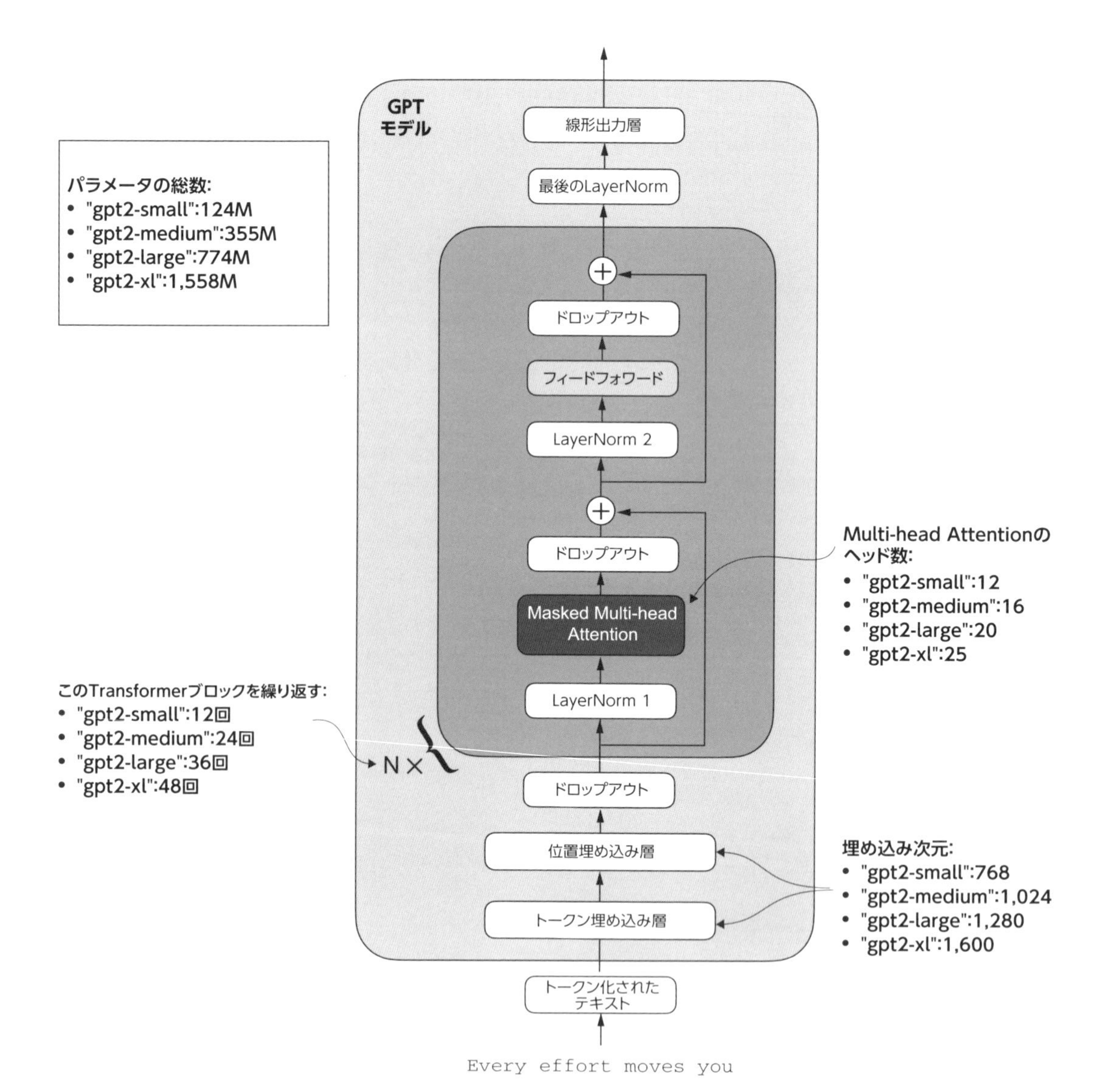

図 5-17：GPT-2 モデルアーキテクチャには、1 億 2,400 万パラメータから 15 億 5,800 万パラメータまで、サイズの異なる何種類かのモデルがある。基本的なアーキテクチャは同じであり、個々のコンポーネント（Attention ヘッド、Transformer ブロックなど）の繰り返しの回数と埋め込みサイズだけが異なっている

GPT-2 モデルの重みを Python セッションにロードした後は、`settings` と `params` の 2 つのディクショナリから `GPTModel` インスタンスに転送する必要があります。まず、図 5-17 に示したように、さまざまなサイズの GPT-2 モデルの違いが列挙されたディクショナリを作成します。

```
model_configs = {
    "gpt2-small (124M)": {"emb_dim": 768, "n_layers": 12, "n_heads": 12},
    "gpt2-medium (355M)": {"emb_dim": 1024, "n_layers": 24, "n_heads": 16},
    "gpt2-large (774M)": {"emb_dim": 1280, "n_layers": 36, "n_heads": 20},
    "gpt2-xl (1558M)": {"emb_dim": 1600, "n_layers": 48, "n_heads": 25},
}
```

最も小さいモデルである`"gpt2-small (124M)"`を読み込みたいとしましょう。この場合は、`model_configs`ディクショナリの対応する設定をもとに、以前に定義した`GPT_CONFIG_124M`の内容を更新できます。

```
model_name = "gpt2-small (124M)"
NEW_CONFIG = GPT_CONFIG_124M.copy()
NEW_CONFIG.update(model_configs[model_name])
```

注意深い読者は、本章ではトークンの長さ（コンテキスト長）として256を使ってきたことを覚えているかもしれません。しかし、OpenAIのオリジナルのGPT-2モデルは1,024のコンテキスト長で訓練されているため、`NEW_CONFIG`をそのように更新しなければなりません。

```
NEW_CONFIG.update({"context_length": 1024})
```

また、OpenAIは、クエリ、キー、値の行列計算を実装するために、Multi-head Attentionモジュールの線形層でバイアスベクトルを使っています。バイアスベクトルはモデルの性能の向上に寄与せず、無駄であるため、LLMではあまり使われなくなっています。しかし、ここでは事前学習済みの重みを使っているため、一貫性を保つためにこれらのバイアスベクトルを有効にして、設定を一致させる必要があります。

```
NEW_CONFIG.update({"qkv_bias": True})
```

では、更新された`NEW_CONFIG`ディクショナリを使って、新しい`GPTModel`インスタンスを初期化してみましょう。

```
gpt = GPTModel(NEW_CONFIG)
gpt.eval()
```

デフォルトでは、`GPTModel`インスタンスは事前学習のためにランダムな重みで初期化されます。OpenAIのモデルの重みを使うための最後のステップは、このランダムな重みを`params`ディクショナリに読み込んだ重みで上書きすることです。そこで、まず`assign()`という小さなユーティリティ関数を定義します。この関数は、2つのテンソル（配列`left`と`right`）の形状が同じかどうかをチェックし、同じである場合は、訓練可能なPyTorchパラメータとして`right`テンソルを返します。

```
def assign(left, right):
    if left.shape != right.shape:
        raise ValueError(f"Shape mismatch. Left: {left.shape}, "
                         f"Right: {right.shape}"
        )
    return torch.nn.Parameter(torch.tensor(right))
```

次に、load_weights_into_gpt()という関数を定義します（リスト5-5）。この関数は、paramsディクショナリの重みをGPTModelインスタンスgptに読み込みます。

リスト5-5：GPTモデルのコードにOpenAIの重みを読み込む

```
import numpy as np

def load_weights_into_gpt(gpt, params):
    gpt.pos_emb.weight = assign(gpt.pos_emb.weight, params['wpe'])
    gpt.tok_emb.weight = assign(gpt.tok_emb.weight, params['wte'])

    for b in range(len(params["blocks"])):
        q_w, k_w, v_w = np.split(
            (params["blocks"][b]["attn"]["c_attn"])["w"], 3, axis=-1)
        gpt.trf_blocks[b].att.W_query.weight = assign(
            gpt.trf_blocks[b].att.W_query.weight, q_w.T)
        gpt.trf_blocks[b].att.W_key.weight = assign(
            gpt.trf_blocks[b].att.W_key.weight, k_w.T)
        gpt.trf_blocks[b].att.W_value.weight = assign(
            gpt.trf_blocks[b].att.W_value.weight, v_w.T)

        q_b, k_b, v_b = np.split(
            (params["blocks"][b]["attn"]["c_attn"])["b"], 3, axis=-1)
        gpt.trf_blocks[b].att.W_query.bias = assign(
            gpt.trf_blocks[b].att.W_query.bias, q_b)
        gpt.trf_blocks[b].att.W_key.bias = assign(
            gpt.trf_blocks[b].att.W_key.bias, k_b)
        gpt.trf_blocks[b].att.W_value.bias = assign(
            gpt.trf_blocks[b].att.W_value.bias, v_b)

        gpt.trf_blocks[b].att.out_proj.weight = assign(
            gpt.trf_blocks[b].att.out_proj.weight,
            params["blocks"][b]["attn"]["c_proj"]["w"].T)

        gpt.trf_blocks[b].att.out_proj.bias = assign(
            gpt.trf_blocks[b].att.out_proj.bias,
            params["blocks"][b]["attn"]["c_proj"]["b"])

        gpt.trf_blocks[b].ff.layers[0].weight = assign(
            gpt.trf_blocks[b].ff.layers[0].weight,
            params["blocks"][b]["mlp"]["c_fc"]["w"].T)
        gpt.trf_blocks[b].ff.layers[0].bias = assign(
            gpt.trf_blocks[b].ff.layers[0].bias,
            params["blocks"][b]["mlp"]["c_fc"]["b"])
        gpt.trf_blocks[b].ff.layers[2].weight = assign(
            gpt.trf_blocks[b].ff.layers[2].weight,
            params["blocks"][b]["mlp"]["c_proj"]["w"].T)
```

モデルの位置埋め込みとトークン埋め込みの重みをparamsで指定されたものに変更

モデル内の各Transformerブロックを反復処理

np.split関数は、Attentionとバイアスの重みをクエリー、キー、値に対応するように3等分するために使われる

```
        gpt.trf_blocks[b].ff.layers[2].bias = assign(
            gpt.trf_blocks[b].ff.layers[2].bias,
            params["blocks"][b]["mlp"]["c_proj"]["b"])

        gpt.trf_blocks[b].norm1.scale = assign(
            gpt.trf_blocks[b].norm1.scale,
            params["blocks"][b]["ln_1"]["g"])
        gpt.trf_blocks[b].norm1.shift = assign(
            gpt.trf_blocks[b].norm1.shift,
            params["blocks"][b]["ln_1"]["b"])
        gpt.trf_blocks[b].norm2.scale = assign(
            gpt.trf_blocks[b].norm2.scale,
            params["blocks"][b]["ln_2"]["g"])
        gpt.trf_blocks[b].norm2.shift = assign(
            gpt.trf_blocks[b].norm2.shift,
            params["blocks"][b]["ln_2"]["b"])

    gpt.final_norm.scale = assign(gpt.final_norm.scale, params["g"])
    gpt.final_norm.shift = assign(gpt.final_norm.shift, params["b"])
    gpt.out_head.weight = assign(gpt.out_head.weight, params["wte"])
```

OpenAIのオリジナルのGPT-2モデルは、トークン埋め込み層のパラメータを出力層で再利用することでパラメータの総数を減らしている（重み共有）

5章

`load_weights_into_gpt()` 関数では、OpenAI の実装と `GPTModel` の実装の重みを慎重にマッチさせています。具体的な例を挙げると、OpenAI の実装では、1 つ目の Transformer ブロックの出力射影層の重みテンソルが `params["blocks"][0]["attn"]["c_proj"]["w"]` として格納されています。`GPTModel` の実装では、この重みテンソルは `gpt.trf_blocks[0].att.out_proj.weight` に対応しています。`gpt` は `GPTModel` のインスタンスです。

`load_weights_into_gpt()` 関数の開発では、OpenAI の命名規則が本書の命名規則と少し異なっていたために、当て推量で作業を進める必要がありました。ただし、`assign()` 関数は、次元の異なる 2 つのテンソルをマッチさせようとすると例外を生成するようになっています。また、この関数でミスをした場合は、結果の GPT モデルが一貫性のあるテキストを生成できなくなるため、ミスをしたことに気付くはずです。

では、`load_weights_into_gpt()` を実際に試して、OpenAI モデルの重みを `GPTModel` のインスタンス `gpt` に読み込んでみましょう。

```
load_weights_into_gpt(gpt, params)
gpt.to(device)
```

OpenAI モデルの重みが正しく読み込まれていれば、先の `generate()` 関数を使って新しいテキストを生成できるはずです。

```
torch.manual_seed(123)

token_ids = generate(
    model=gpt,
    idx=text_to_token_ids("Every effort moves you", tokenizer).to(device),
    max_new_tokens=25,
    context_size=NEW_CONFIG["context_length"],
```

```
    top_k=50,
    temperature=1.5
)
print("Output text:\n", token_ids_to_text(token_ids, tokenizer))
```

生成されたテキストは次のとおりです。

```
Output text:
 Every effort moves you toward finding an ideal new way to practice something!

What makes us want to be on top of that?
```

このモデルは一貫性のあるテキストを生成できるため、モデルの重みは正しく読み込まれたと考えてよいでしょう。ほんの小さなミスでも、モデルはテキストの生成に失敗するはずです。次章では、この事前学習したモデルにテキストを分類させたり、指示に従って応答を生成させたりするために、さらにファインチューニングを行います。

練習問題 5-5

OpenAIの事前学習済みの重みと『The Verdict』ベースのデータセットを使って、`GPTModel`インスタンスの訓練データセットと検証データセットでの損失を計算してください。

練習問題 5-6

異なるサイズのGPT-2モデル（たとえば、最も大きな15億5,800万パラメータのモデル）を使って生成したテキストを、1億2,400万パラメータのモデルが生成したテキストと比較してください。

5.6 本章のまとめ

- LLMがテキストを生成するときには、トークンを一度に1つずつ出力する。
- デフォルトでは、次に来るトークンは、モデルの出力を確率スコアに変換し、最も高い確率スコアに対応するトークンを語彙から選択するという方法で生成される。これを「貪欲なデコーディング」と呼ぶ。
- 確率的サンプリングと温度スケーリングを使って、生成されるテキストの多様性や一貫性をコントロールできる。
- 訓練データセットと検証データセットでの損失は、LLMが訓練中に生成したテキストの品質を計測するために利用できる。
- LLMの事前学習では、LLMの重みを変更することで訓練時の損失を最小化する。

- LLM 自体の訓練ループはディープラーニングの標準的な手続きであり、従来の交差エントロピー誤差と AdamW オプティマイザを使う。
- 大規模なテキストコーパスでの LLM の事前学習には時間がかかり、計算リソースが大量に消費される。そこで、大規模なデータセットでモデルの事前学習を行う代わりに、公開されている重みを読み込むことができる。

6
分類のためのファインチューニング

本章の内容

- LLM のさまざまなファインチューニングアプローチ
- テキスト分類用のデータセットを準備する
- 事前学習済みの LLM をファインチューニング用に変更する
- スパムメッセージを識別するために LLM をファインチューニングする
- ファインチューニングされた LLM 分類器の正解率を評価する
- ファインチューニングされた LLM を使って新しいデータを分類する

ここまでは、LLM アーキテクチャを実装し、LLM を事前学習し、OpenAI のような外部ソースから事前学習済みの重みを LLM に読み込む方法を学びました。本章では、テキスト分類などの具体的なターゲットタスクに基づいて LLM をファインチューニングすることで、この努力の成果を味わうことにします。具体的な例として、ここではテキストメッセージを `"spam"` または `"not spam"` に分類します。図 6-1 は、LLM をファインチューニングする 2 つの主な方法として、分類のためのファインチューニング（ステップ 8）と、指示に従うためのファインチューニング（ステップ 9）を示しています。

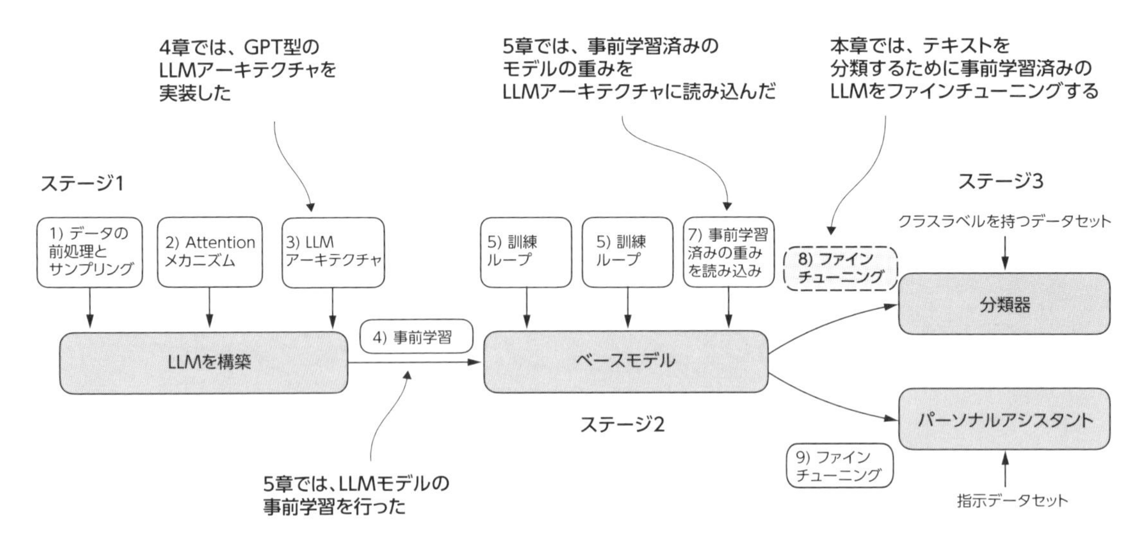

図 6-1：LLM をコーディングするための 3 つのステージ。本章では、ステージ 3 のステップ 8（事前学習済みの LLM を分類器としてファインチューニングする）に焦点を合わせる

6.1 ファインチューニングのさまざまなカテゴリ

言語モデルをファインチューニングするための最も一般的な方法は、**インストラクションチューニング**（instruction fine-tuning）と**分類チューニング**（classification fine-tuning）の 2 つです。インストラクションチューニングでは、特定の指示を使った一連のタスクで言語モデルを訓練することで、自然言語のプロンプトで表されたタスクを理解して実行する能力を向上させます（図 6-2）。

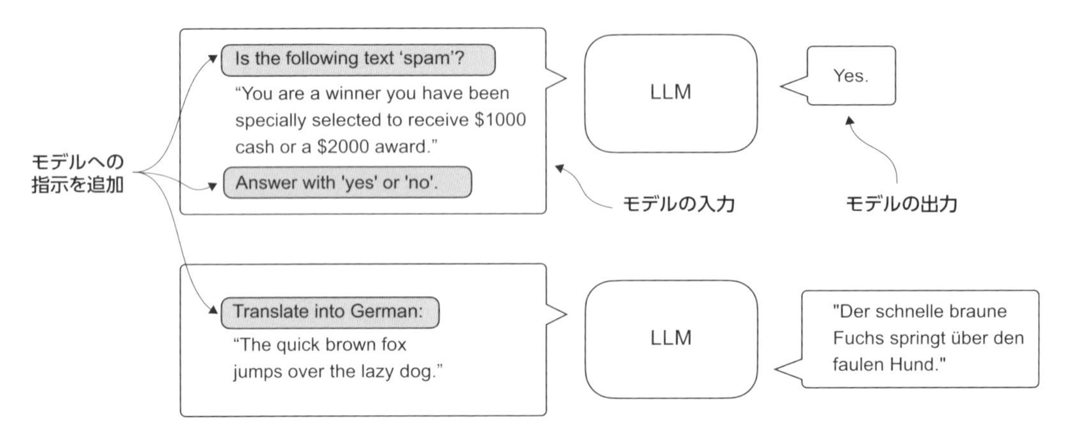

図 6-2：インストラクションチューニングの 2 つのシナリオ。上図では、与えられたテキストがスパムかどうかをモデルが判断している。下図では、英文をドイツ語に翻訳するというタスクがモデルに与えられている

機械学習をかじったことがあれば、分類チューニングはもうおなじみの概念かもしれません。分類チューニングでは、モデルは `"spam"` や `"not spam"` といった特定のクラスラベルを認識

するように訓練されます。分類タスクの例は、LLMや電子メールフィルタリングにとどまりません。画像から異なる種類の植物を識別したり、ニュース記事をスポーツ、政治、テクノロジーといったトピックに分類したり、医療画像診断で良性腫瘍と悪性腫瘍を区別したりすることも分類タスクに含まれます。

ここで鍵となるのは、「分類チューニングを行ったモデルは、訓練中に遭遇したクラスの予測に限定される」ことです。たとえば、図6-3に示すように、入力テキストが `"spam"` か `"not spam"` かを判断することはできますが、それ以外の情報を提供することはできません。

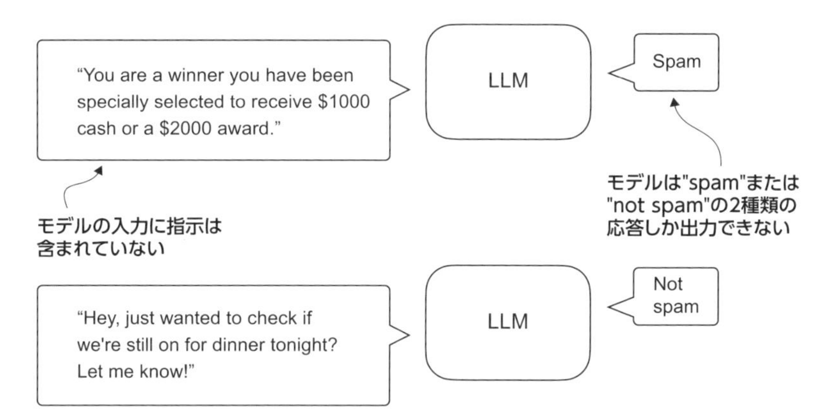

図6-3：LLMを使ったテキスト分類シナリオ。スパム分類のためにファインチューニングされたモデルの場合、入力と一緒にさらに指示を与える必要はない。インストラクションチューニングされたモデルとは対照的に、このモデルは"spam"または"not spam"でしか応答できない

図6-3に示した分類チューニングを行ったモデルとは対照的に、インストラクションチューニングを行ったモデルは、通常はもっと幅広いタスクに対応できます。分類チューニングを行ったモデルは専門性が高いと見なされます。一般的には、さまざまなタスクにうまく対応する汎用的なモデルよりも、専門的なモデルのほうが開発しやすいと言えます。

正しいアプローチの選択

インストラクションチューニングは、ユーザーからの具体的な指示を理解して応答を生成するモデルの能力を向上させます。このアプローチは、ユーザーからの複雑な指示に基づいてさまざまなタスクに対処する必要があるモデルに最適であり、モデルの柔軟性や対話の品質を向上させます。一方、分類チューニングは、感情分析やスパム検出など、データを事前に定義されたクラスに正確に分類しなければならないプロジェクトに最適です。

インストラクションチューニングのほうが汎用性は高いものの、さまざまなタスクに対応できるモデルを開発するには、大規模なデータセットや大量の計算リソースが必要です。対照的に、分類チューニングは、必要なデータの量や計算リソースは少ないものの、その用途はモデルが訓練された具体的なクラスの分類に限定されます。

6.2 データセットを準備する

本書でここまで実装および事前学習してきたGPTモデルを書き換え、分類チューニングを行います。まず、データセットをダウンロードして準備します（図6-4）。分類チューニングの直観的で有用な例を提供するために、ここではスパムメッセージとそうではないメッセージで構成されたデータセットを使うことにします。

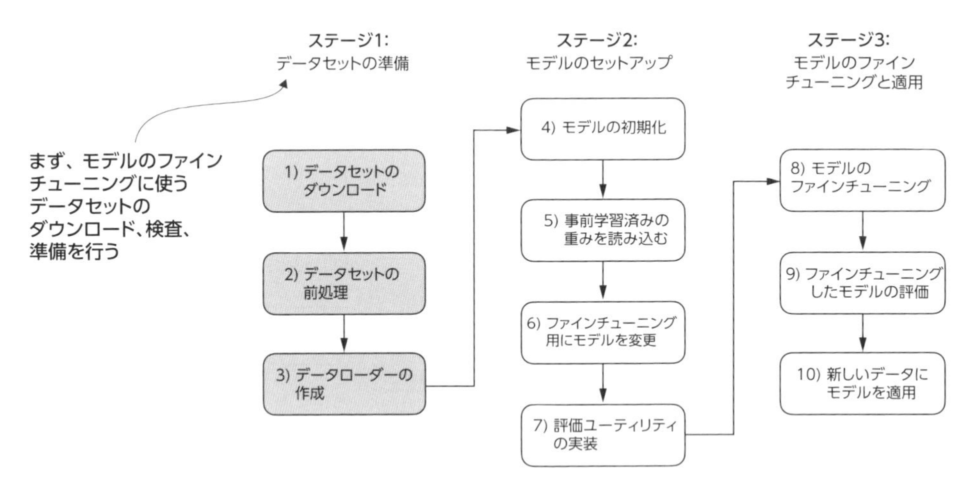

図6-4：LLMの分類チューニングの3段階のプロセス。ステージ1ではデータセットの準備、ステージ2ではモデルのセットアップ、ステージ3ではモデルのファインチューニングと評価を行う

> **NOTE**　テキストメッセージは電子メールではなくスマートフォンで送信されるのが一般的です。ただし、ここで説明する手順は電子メールの分類にも当てはまります。興味がある場合は、付録Bに電子メールスパム分類データセットを記載しています。

最初のステップは、データセットをダウンロードすることです（リスト6-1）。

リスト6-1：データセットのダウンロードと解凍

```
import urllib.request
import zipfile
import os
from pathlib import Path

url = "https://archive.ics.uci.edu/static/public/228/sms+spam+collection.zip"
zip_path = "sms_spam_collection.zip"
extracted_path = "sms_spam_collection"
data_file_path = Path(extracted_path) / "SMSSpamCollection.tsv"

def download_and_unzip_spam_data(url, zip_path, extracted_path,
                                 data_file_path):
```

```
    if data_file_path.exists():
        print(f"{data_file_path} already exists. Skipping download "
              f"and extraction.")
        return

    with urllib.request.urlopen(url) as response:  ◀── ファイルをダウンロード
        with open(zip_path, "wb") as out_file:
            out_file.write(response.read())

    with zipfile.ZipFile(zip_path, "r") as zip_ref:  ◀── ファイルを解凍
        zip_ref.extractall(extracted_path)

    original_file_path = Path(extracted_path) / "SMSSpamCollection"
    os.rename(original_file_path, data_file_path)  ◀── ファイル拡張子.tsvを追加
    print(f"File downloaded and saved as {data_file_path}")

download_and_unzip_spam_data(url, zip_path, extracted_path, data_file_path)
```


リスト 6-1 のコードを実行すると、データセットがタブ区切りのテキストファイル `SMSSpamCollection.tsv` として `sms_spam_collection` フォルダに保存されます。このファイルを pandas の `DataFrame` に読み込むと、次のようになります。

```
import pandas as pd

df = pd.read_csv(
    data_file_path, sep="\t", header=None, names=["Label", "Text"]
)
df  ◀── Jupyter NotebookでDataFrameをレンダリング（またはprint(df)を使う）
```

`DataFrame` に読み込まれた spam データセットの内容は図 6-5 のようになります。

	Label	Text
0	ham	Go until jurong point, crazy.. Available only ...
1	ham	Ok lar... Joking wif u oni...
2	spam	Free entry in 2 a wkly comp to win FA Cup fina...
3	ham	U dun say so early hor... U c already then say...
4	ham	Nah I don't think he goes to usf, he lives aro...
...	...	...
5571	ham	Rofl. Its true to its name

5572 rows × 2 columns

図 6-5：SMSSpamCollection データセットの DataFrame でのプレビュー。クラスラベル（"ham" または "spam"）と対応するテキストメッセージが示されている。データセットは 5,572 行（テキストメッセージとラベル）

クラスラベルの分布を調べてみましょう。

```
print(df["Label"].value_counts())
```

このコードを実行すると、"spam"(スパム)よりも "ham"(スパムではない)のほうがはるかに多いことがわかります。

```
Label
ham     4825
spam     747
Name: count, dtype: int64
```

説明を単純に保つために、また小さなデータセットのほうが(LLMのファインチューニングがより高速になるため)有利なので、それぞれのクラスのインスタンスが747個ずつ含まれるようにデータセットをアンダーサンプリングします。

> **NOTE** クラスの不均衡に対処する方法は他にもいくつかありますが、本書では扱いません。不均衡なデータの扱い方に興味がある場合は、付録Bを見てください。

データセットをアンダーサンプリングして均衡なデータセットを作成するコードは、リスト6-2のようになります。

リスト6-2:均衡なデータセットを作成する

```
def create_balanced_dataset(df):
    num_spam = df[df["Label"] == "spam"].shape[0]     ← "spam"インスタンスをカウント
    ham_subset = df[df["Label"] == "ham"].sample(
        num_spam, random_state=123     ← "spam"インスタンスと同じ数になるように"ham"インスタンスをランダムにサンプリング
    )
    balanced_df = pd.concat([
        ham_subset, df[df["Label"] == "spam"]     ← "ham"サブセットを"spam"と結合
    ])
    return balanced_df


balanced_df = create_balanced_dataset(df)
print(balanced_df["Label"].value_counts())
```

リスト6-2のコードを実行してデータセットを均衡化すると、"spam"メッセージと"ham"メッセージが747個ずつになります。

```
Label
ham     747
spam    747
Name: count, dtype: int64
```

次に、「文字列」のクラスラベルである"ham"と"spam"をそれぞれ整数のクラスラベル0と1に変換します。

```
balanced_df["Label"] = balanced_df["Label"].map({"ham": 0, "spam": 1})
```

このプロセスは、テキストをトークンIDに変換することに似ています。ただし、50,000個以上の単語からなる語彙を使うのではなく、0と1の2つのトークンIDだけを扱います。

次に、このデータセットを3つに分割する`random_split()`関数を作成します（リスト6-3）。今回は、訓練に70%、検証に10%、テストに20%のデータを使います（これはモデルの訓練、調整、評価を行う機械学習の一般的な比率です）。

リスト6-3：データセットを分割する

```
def random_split(df, train_frac, validation_frac):

    df = df.sample(
        frac=1, random_state=123
    ).reset_index(drop=True)
    train_end = int(len(df) * train_frac)
    validation_end = train_end + int(len(df) * validation_frac)

    train_df = df[:train_end]
    validation_df = df[train_end:validation_end]
    test_df = df[validation_end:]

    return train_df, validation_df, test_df

train_df, validation_df, test_df = random_split(balanced_df, 0.7, 0.1)
```

DataFrame全体をシャッフル
分割インデックスを計算
DataFrameを分割
テストデータセットのサイズは残りの0.2

各データセットをCSV（Comma-Separated Value）ファイルとして保存し、あとから再利用できるようにしておきます。

```
train_df.to_csv("train.csv", index=None)
validation_df.to_csv("validation.csv", index=None)
test_df.to_csv("test.csv", index=None)
```

ここまでは、データセットをダウンロードし、データを均衡化し、訓練データセット、検証データセット、テストデータセットに分割しました。次節では、モデルの訓練に使うPyTorchデータローダーをセットアップします。

6.3 データローダーを作成する

ここで開発するPyTorchデータローダーは、概念的には、テキストデータを扱ったときに実装したものと同じです。そのときは、スライディングウィンドウを利用して均一な大きさのテキストチャンクを生成し、モデルの訓練を効率化するためにそれらのチャンクをバッチにまとめました。チャンクはそれぞれ1つの訓練インスタンスとして機能しました。しかし、ここで扱っているのは、長さがまちまちのテキストメッセージが含まれたスパムデータセットです。これらのメッセージをテキストチャンクのときと同じようにバッチにまとめる方法として、次の 2 つの選択肢があります。

- すべてのメッセージをデータセットまたはバッチ内で最も短いメッセージと同じ長さに切り揃える。
- すべてのメッセージをデータセットまたはバッチ内で最も長いメッセージと同じ長さにパディングする。

計算量が少ないのは 1 つ目の選択肢のほうですが、短いメッセージが平均的な長さのメッセージや最も長いメッセージよりもずっと短い場合は大量の情報が失われる可能性があり、結果としてモデルの性能が低下するかもしれません。そこで、すべてのメッセージの内容が完全に維持される 2 つ目の選択肢を使うことにします。

このバッチ処理（すべてのメッセージをデータセット内の最も長いメッセージと同じ長さにパディングする）を実装するために、すべての短いメッセージにパディングトークンを追加します。今回は、パディングトークンとして `"<|endoftext|>"` を使います。

ただし、文字列 `"<|endoftext|>"` を各メッセージに直接付け足すのではなく、メッセージをそれぞれトークン ID のシーケンスにエンコードした後、`"<|endoftext|>"` に対応するトークン ID をこのエンコードされたメッセージに追加します（図 6-6）。パディングトークン `"<|endoftext|>"` のトークン ID は `50256` です。前回使った `tiktoken` パッケージの GPT-2 トークナイザを使って `"<|endoftext|>"` をエンコードすると、このトークン ID が正しいかどうかをダブルチェックできます。

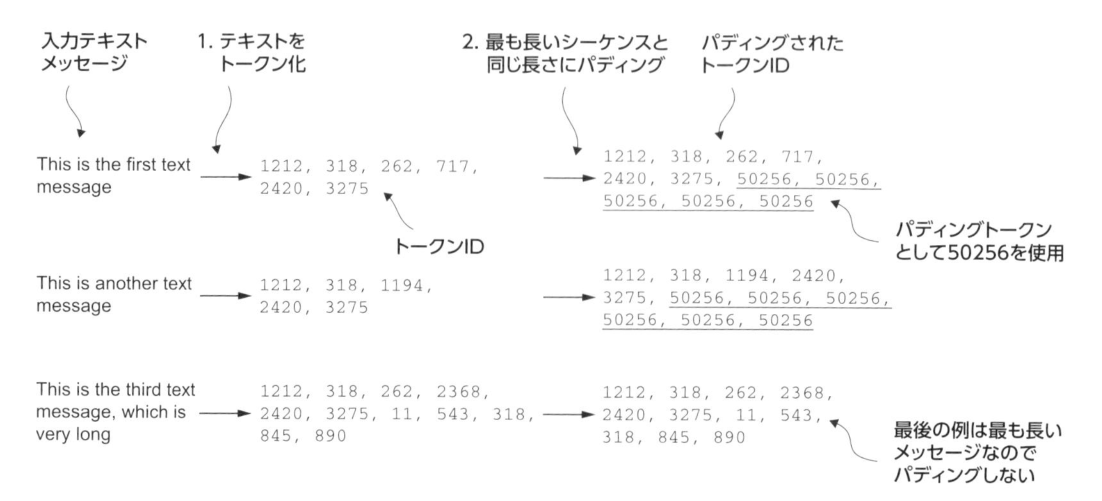

図 6-6：入力テキストの前処理プロセス。入力テキストメッセージはそれぞれトークン ID のシーケンスに変換される。続いて、シーケンスの長さを均一にするために、短いシーケンスが最も長いシーケンスと同じ長さになるようにパディングトークン（トークン ID 50256）でパディングされる

```
import tiktoken

tokenizer = tiktoken.get_encoding("gpt2")
print(tokenizer.encode("<|endoftext|>", allowed_special={"<|endoftext|>"}))
```

このコードを実行すると、実際に `[50256]` が返されます。

データローダーをインスタンス化する前に、データが読み込まれて処理される方法を指定する PyTorch の `Dataset` を実装する必要があります。そこで、図 6-6 の概念を実装する `SpamDataset` クラスを定義します（リスト 6-4）。このクラスは重要なタスクをいくつか実行します。具体的には、訓練データセット内で最も長いシーケンスを特定し、テキストメッセージをエンコードし、**パディングトークン**を使ってすべてのシーケンスを最も長いシーケンスと同じ長さにパディングします。

リスト 6-4：Pytorch Dataset クラスをセットアップする

```
import torch
from torch.utils.data import Dataset

class SpamDataset(Dataset):
    def __init__(self, csv_file, tokenizer, max_length=None,
                 pad_token_id=50256):
        self.data = pd.read_csv(csv_file)

        self.encoded_texts = [    ◀── テキストを事前にトークン化
            tokenizer.encode(text) for text in self.data["Text"]
        ]

        if max_length is None:
            self.max_length = self._longest_encoded_length()
        else:
            self.max_length = max_length

            self.encoded_texts = [    ◀── シーケンスがmax_lengthよりも
                                          長い場合は切り詰める
                encoded_text[:self.max_length]
                for encoded_text in self.encoded_texts
            ]

        self.encoded_texts = [    ◀── シーケンスを最も長いシーケンスと
                                      同じ長さにパディング
            encoded_text + [pad_token_id] *
            (self.max_length - len(encoded_text))
            for encoded_text in self.encoded_texts
        ]

    def __getitem__(self, index):
        encoded = self.encoded_texts[index]
        label = self.data.iloc[index]["Label"]
        return (
            torch.tensor(encoded, dtype=torch.long),
            torch.tensor(label, dtype=torch.long)
        )

    def __len__(self):
```

```
        return len(self.data)

    def _longest_encoded_length(self):
        max_length = 0
        for encoded_text in self.encoded_texts:
            encoded_length = len(encoded_text)
            if encoded_length > max_length:
                max_length = encoded_length
        return max_length
```

SpamDatasetクラスは、先ほど作成したCSVファイルからデータを読み込み、tiktokenのGPT-2トークナイザを使ってテキストをトークン化し、シーケンスを均一な長さ（最も長いシーケンスと同じか、事前に定義されたサイズ）にパディングするか、切り詰めます。これにより、入力テンソルはそれぞれ同じサイズになります。この後に実装する訓練データローダーでバッチを作成するには、入力テンソルの長さが揃っている必要があります。

```
train_dataset = SpamDataset(
    csv_file="train.csv",
    max_length=None,
    tokenizer=tokenizer
)
```

最も長いシーケンスのサイズは、データセットのmax_length属性に格納されます。最も長いシーケンスのトークン数を知りたい場合は、次のコードで確認できます。

```
print(train_dataset.max_length)
```

このコードの出力は120であり、最も長いシーケンスの長さが、テキストメッセージの一般的な長さである120トークンを超えないことを示しています。このモデルは最大で1,024トークン（コンテキストの長さの上限）のシーケンスに対処できます。これよりも長いテキストがデータセットに含まれている場合は、train_datasetを作成するときにmax_length=1024を渡すと、モデルがサポートしているコンテキスト（入力）の長さをデータが超えないように担保できます。

次に、最も長い訓練シーケンスの長さと一致するように検証データセットとテストデータセットをパディングします。ここで重要なのは、検証データセットとテストデータセットのサンプルのうち最も長い訓練サンプルの長さを超えるものが、先に定義したSpamDatasetクラスのencoded_text[:self.max_length]に基づいて切り詰められることです。ただし、検証データセットとテストデータセットに1,024トークンを超えるシーケンスが存在しないことがわかっている場合は、両方のデータセットでmax_length=Noneを設定できます。

```
val_dataset = SpamDataset(
    csv_file="validation.csv",
    max_length=train_dataset.max_length,
    tokenizer=tokenizer
)
```

```
test_dataset = SpamDataset(
    csv_file="test.csv",
    max_length=train_dataset.max_length,
    tokenizer=tokenizer
)
```

練習問題 6-1：コンテキストの長さの上限を引き上げる

このモデルがサポートしている最大トークン数と同じ長さまで入力をパディングし、予測性能にどのように影響するか確認してください。

これらのデータセットを入力として使うことで、テキストデータを扱ったときと同じようにデータローダーをインスタンス化できます。ただし、この場合のターゲットは次に来るトークンではなく、クラスラベルです。たとえば、バッチサイズを 8 にした場合、各バッチは長さ 120 の 8 つの訓練サンプルと各サンプルに対応するクラスラベルで構成されます（図 6-7）。

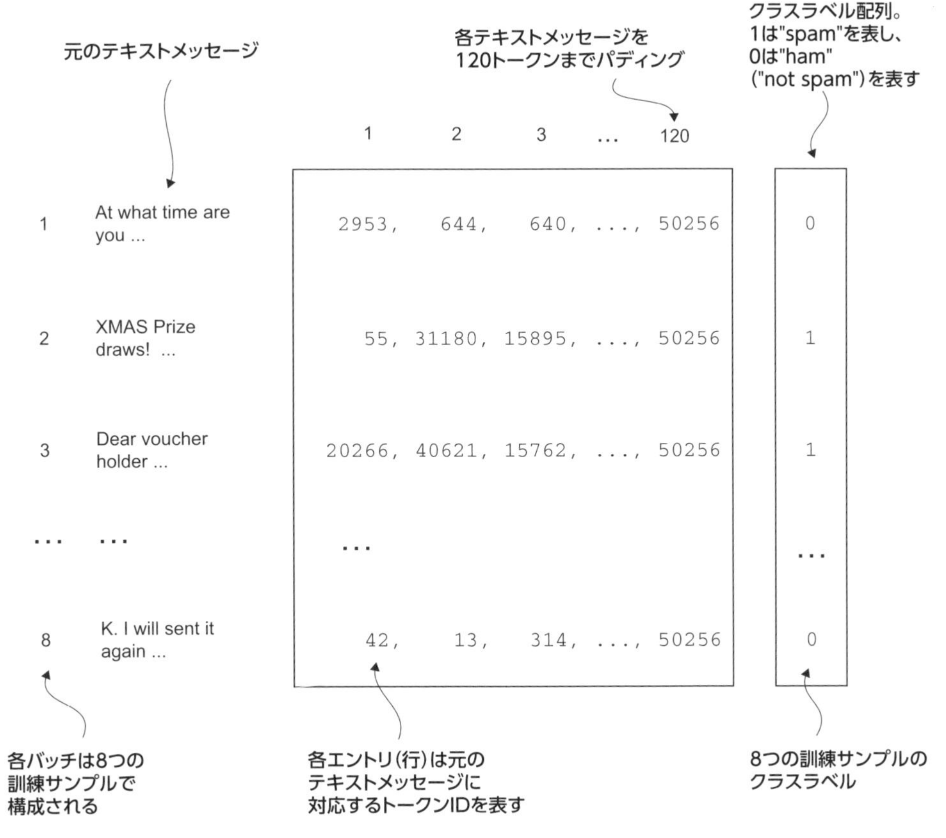

図 6-7: トークン ID として表された 8 つのテキストメッセージからなる 1 つの訓練バッチ。テキストメッセージはそれぞれ 120 個のトークン ID で構成される。クラスラベル配列には、テキストメッセージに対応する 8 つのクラスラベル（"not spam" を表す 0 か、"spam" を表す 1）が格納される

訓練データセット、検証データセット、テストデータセットのデータローダーを作成するコードはリスト 6-5 のようになります。これらのデータローダーはサイズ 8 のバッチにテキストメッセージとラベルを読み込みます。

リスト 6-5：PyTorch データローダーを作成する

```
from torch.utils.data import DataLoader

num_workers = 0    ← ほとんどのコンピュータとの互換性を確保する設定
batch_size = 8
torch.manual_seed(123)

train_loader = DataLoader(
    dataset=train_dataset,
    batch_size=batch_size,
    shuffle=True,
    num_workers=num_workers,
    drop_last=True,
)
val_loader = DataLoader(
    dataset=val_dataset,
    batch_size=batch_size,
    num_workers=num_workers,
    drop_last=False,
)
test_loader = DataLoader(
    dataset=test_dataset,
    batch_size=batch_size,
    num_workers=num_workers,
    drop_last=False,
)
```

これらのデータローダーが機能し、期待されるサイズのバッチを実際に返すことを確認するために、訓練ローダーを繰り返し実行して、最後のバッチのテンソル次元を出力します。

```
for input_batch, target_batch in train_loader:
    pass

print("Input batch dimensions:", input_batch.shape)
print("Label batch dimensions", target_batch.shape)
```

出力は次のとおりです。

```
Input batch dimensions: torch.Size([8, 120])
Label batch dimensions torch.Size([8])
```

入力バッチが 8 つの訓練サンプルで構成されていて、訓練サンプルがそれぞれ 120 個のトークンで構成されていることがわかります。ラベルテンソルには、8 つの訓練サンプルに対応するクラスラベルが格納されています。

最後に、各データセットのサイズを確認するために、各データセットのバッチの総数を出力してみましょう。

```
print(f"{len(train_loader)} training batches")
print(f"{len(val_loader)} validation batches")
print(f"{len(test_loader)} test batches")
```

各データセットのバッチ数は次のとおりです。

```
130 training batches
19 validation batches
38 test batches
```

データの準備ができたところで、ファインチューニングのためにモデルを準備する必要があります。

6.4 事前学習済みの重みでモデルを初期化する

スパムメッセージを識別するには、モデルを分類チューニング用に準備しなければなりません。まず、事前学習したモデルを初期化します（図 6-8）。

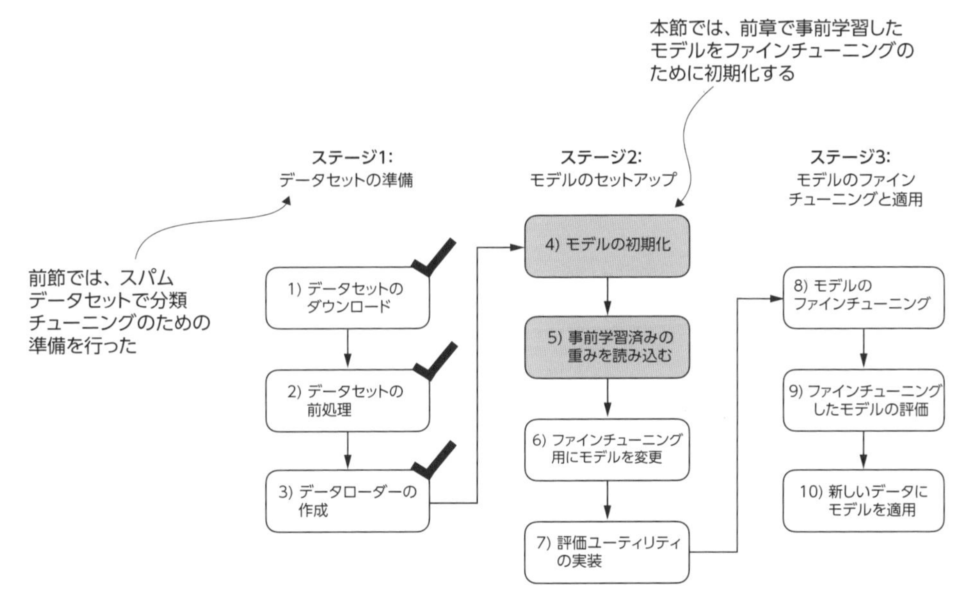

図 6-8：LLM の分類チューニングの 3 段階のプロセス。ステージ 1 のデータセットの準備が完了したので、次は LLM を初期化しなければならない。続いて、スパムメッセージを分類するためのファインチューニングに進む

モデルの準備プロセスを開始するために、ラベルなしデータでの事前学習に使ったのと同じ設定を定義します。

```
CHOOSE_MODEL = "gpt2-small (124M)"
INPUT_PROMPT = "Every effort moves"

BASE_CONFIG = {
    "vocab_size": 50257,          ← 語彙のサイズ
    "context_length": 1024,       ← コンテキストの長さ
    "drop_rate": 0.0,             ← ドロップアウト率
    "qkv_bias": True              ← クエリ、キー、値の計算にバイアスを使うかどうか
}

model_configs = {
    "gpt2-small (124M)": {"emb_dim": 768, "n_layers": 12, "n_heads": 12},
    "gpt2-medium (355M)": {"emb_dim": 1024, "n_layers": 24, "n_heads": 16},
    "gpt2-large (774M)": {"emb_dim": 1280, "n_layers": 36, "n_heads": 20},
    "gpt2-xl (1558M)": {"emb_dim": 1600, "n_layers": 48, "n_heads": 25},
}

BASE_CONFIG.update(model_configs[CHOOSE_MODEL])
```

次に、`gpt_download.py` モジュールから `download_and_load_gpt2()` 関数をインポートし、前章の `GPTModel` クラスと `load_weights_into_gpt()` 関数を再利用して、ダウンロードした事前学習済みの重みを GPT モデルに読み込みます（リスト 6-6）。

リスト 6-6：事前学習した GPT モデルを読み込む

```
from gpt_download import download_and_load_gpt2
from previous_chapters import GPTModel, load_weights_into_gpt

model_size = CHOOSE_MODEL.split(" ")[-1].lstrip("(").rstrip(")")
settings, params = download_and_load_gpt2(
    model_size=model_size, models_dir="gpt2"
)

model = GPTModel(BASE_CONFIG)
load_weights_into_gpt(model, params)
model.eval()
```

モデルの重みを `GPTModel` に読み込んだ後、4 章と 5 章のテキスト生成ユーティリティを再利用して、モデルが一貫性のあるテキストを生成することを確認します。

```
from previous chapters import (
    generate_text_simple,
    text_to_token_ids,
    token_ids_to_text
)

text_1 = "Every effort moves you"
```

```
token_ids = generate_text_simple(
    model=model,
    idx=text_to_token_ids(text_1, tokenizer),
    max_new_tokens=15,
    context_size=BASE_CONFIG["context_length"]
)
print(token_ids_to_text(token_ids, tokenizer))
```

このコードの出力は、このモデルが一貫性のあるテキストを生成することを示しており、モデルの重みが正しく読み込まれていることがわかります。

```
Every effort moves you forward.

The first step is to understand the importance of your work
```

スパム分類器としてのファインチューニングを開始する前に、試しにモデルに指示を与えて、すでにスパムメッセージを分類できるかどうか確認してみましょう。


```
text_2 = (
    "Is the following text 'spam'? Answer with 'yes' or 'no':"
    " 'You are a winner you have been specially"
    " selected to receive $1000 cash or a $2000 award.'"
)

token_ids = generate_text_simple(
    model=model,
    idx=text_to_token_ids(text_2, tokenizer),
    max_new_tokens=23,
    context_size=BASE_CONFIG["context_length"]
)
print(token_ids_to_text(token_ids, tokenizer))
```

モデルの出力は次のとおりです。

```
Is the following text 'spam'? Answer with 'yes' or 'no': 'You are a winner
you have been specially selected to receive $1000 cash or a $2000 award.'

The following text 'spam'? Answer with 'yes' or 'no': 'You are a winner
```

この出力から、モデルが指示に従うのに苦労していることがわかります。この結果は予想どおりです —— モデルは事前学習を受けているだけで、インストラクションチューニングは受けていないからです。では、分類チューニング用にモデルを準備することにしましょう。

6.5 分類ヘッドを追加する

分類チューニングの準備として、事前学習済みの LLM を書き換えなければなりません。図 6-9 に示すように、隠れ層の表現を 50,257 語の語彙にマッピングする元の出力層を、2 つのクラス（`"not spam"` を表す 0 と `"spam"` を表す 1）にマッピングする小さな出力層に置き換えます。ここで使うモデルは、出力層を置き換えること以外は以前と同じです。

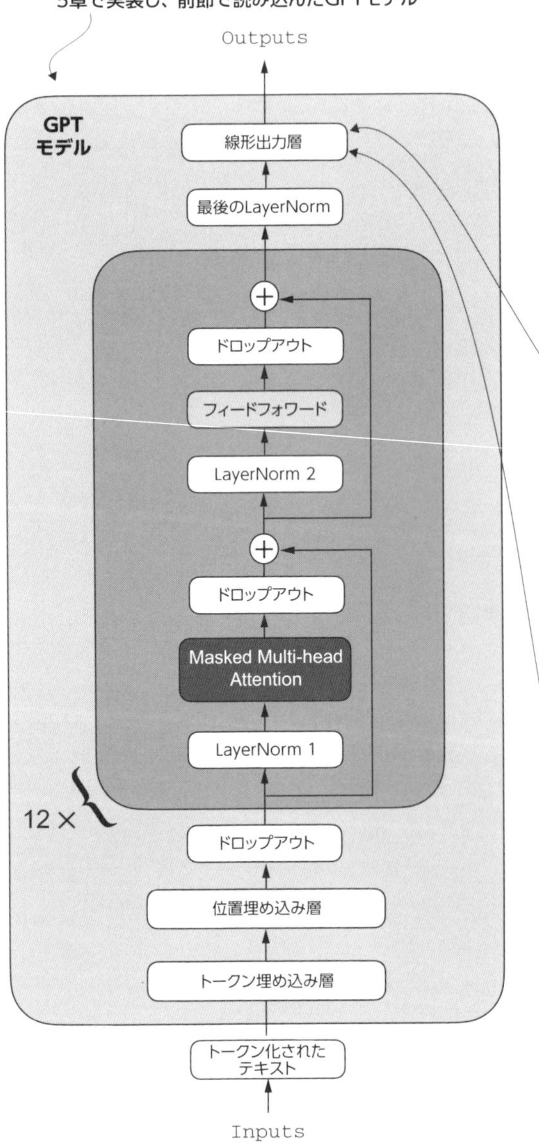

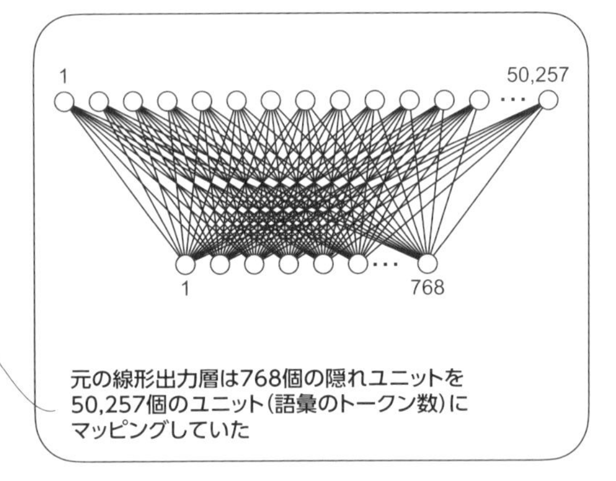

1
50,257
1
768
元の線形出力層は768個の隠れユニットを
50,257個のユニット（語彙のトークン数）に
マッピングしていた

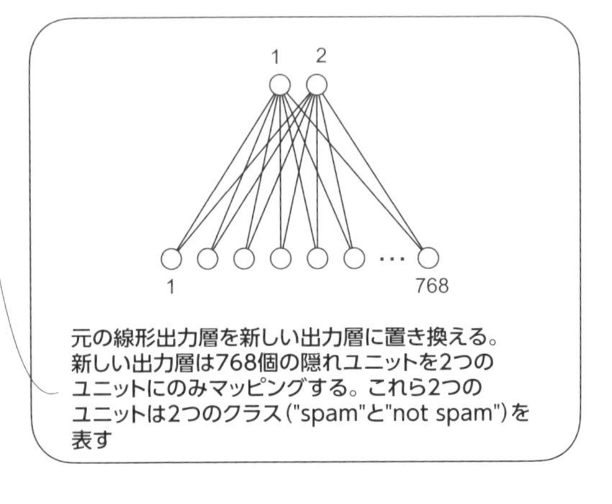

1 2
1
768
元の線形出力層を新しい出力層に置き換える。
新しい出力層は768個の隠れユニットを2つの
ユニットにのみマッピングする。これら2つの
ユニットは2つのクラス（"spam"と"not spam"）を
表す

図 6-9：GPT モデルのアーキテクチャを変更することにより、GPT モデルをスパム分類に適応させる。モデルの線形出力層は、もともとは 768 個の隠れユニットを 50,257 語の語彙にマッピングしていた。スパムを検出するために、この出力層を新しい出力層に置き換える。新しい出力層は同じ 768 の隠れユニットを "spam" と "not spam" の 2 つのクラスにマッピングする

出力層のノード

ここでは二値分類を扱っているため、技術的には、出力ノードはたった1つでもよいはずです。しかし、筆者が「Losses Learned-Optimizing Negative Log-Likelihood and Cross-Entropy in PyTorch」で解説しているように、その場合は損失関数の変更が必要になります。そこで、出力ノードの数がクラスの数と一致する、より一般的なアプローチを選択することにしました。たとえば、ニュース記事を `"Technology"`、`"Sports"`、`"Politics"` に分類するような3クラス問題では、3つの出力ノードを使うことになります。

https://sebastianraschka.com/blog/2022/losses-learned-part1.html

図6-9に示した修正に取りかかる前に、`print(model)` を使ってモデルアーキテクチャを出力してみましょう。

```
GPTModel(
  (tok_emb): Embedding(50257, 768)
  (pos_emb): Embedding(1024, 768)
  (drop_emb): Dropout(p=0.0, inplace=False)
  (trf_blocks): Sequential(
    ......
    (11): TransformerBlock(
      (att): MultiHeadAttention(
        (W_query): Linear(in_features=768, out_features=768, bias=True)
        (W_key): Linear(in_features=768, out_features=768, bias=True)
        (W_value): Linear(in_features=768, out_features=768, bias=True)
        (out_proj): Linear(in_features=768, out_features=768, bias=True)
        (dropout): Dropout(p=0.0, inplace=False)
      )
      (ff): FeedForward(
        (layers): Sequential(
          (0): Linear(in_features=768, out_features=3072, bias=True)
          (1): GELU()
          (2): Linear(in_features=3072, out_features=768, bias=True)
        )
      )
      (norm1): LayerNorm()
      (norm2): LayerNorm()
      (drop_resid): Dropout(p=0.0, inplace=False)
    )
  )
  (final_norm): LayerNorm()
  (out_head): Linear(in_features=768, out_features=50257, bias=False)
)
```

この出力は、4章で説明したアーキテクチャを端的に表しています。そこで説明したように、`GPTModel` は、埋め込み層、それに続く12個の同一のTransformerブロック（ここでは最後のブロックだけを示しています）、そして最後の `LayerNorm` と出力層 `out_head` で構成されています。

次は、out_head を図 6-9 の新しい出力層に置き換え、ファインチューニングを行います。

選択した層のファインチューニング vs. すべての層のファインチューニング

今回は事前学習済みのモデルで作業を開始するため、モデルのすべての層をファインチューニングする必要はありません。ニューラルネットワークベースの言語モデルでは、低いほうの（入力に近い）層は一般に幅広いタスクやデータセットに適用できる基本的な言語構造やセマンティクスを捉えます。したがって、多くの場合は、言語上の微妙なパターンやタスク固有の特徴量に特化した最後の（出力に近い）層だけをファインチューニングすれば、モデルを新しいタスクに適応させるのに十分です。また、少数の層だけをファインチューニングするほうが計算効率がよいという、うれしい副作用もあります。興味がある場合は、ファインチューニングする層に関する実験を含め、より詳しい情報を付録 B に記載しています。

モデルを分類チューニング対応にするために、まずモデルを**凍結**（freeze）します。モデルを凍結すると、すべての層が訓練不可能になります。

```
for param in model.parameters():
    param.requires_grad = False
```

続いて、出力層（model.out_head）を置き換えます。元の出力層は、層の入力を語彙のサイズである 50,257 次元にマッピングします（図 6-9 を参照）。

リスト 6-7：分類層を追加する

```
torch.manual_seed(123)

num_classes = 2
model.out_head = torch.nn.Linear(
    in_features=BASE_CONFIG["emb_dim"],
    out_features=num_classes
)
```

コードをより一般的なものにするために、BASE_CONFIG["emb_dim"] を使っています。この設定は、"gpt2-small (124M)" モデルでは 768 です。このようにしておくと、同じコードを使ってより大きな GPT-2 モデルもファインチューニングできます。

この新しい出力層 model.out_head の requires_grad 属性は、デフォルトでは True に設定されています。つまり、この層はモデルにおいて訓練中に更新される唯一の層です。技術的には、ここで追加したばかりの出力層を訓練すれば十分です。しかし、追加の層もファインチューニングすると、モデルの予測性能が著しく向上することが実験でわかっています（詳細については、付録 B を参照）。そこで、図 6-10 に示すように、最後の Transformer ブロックと、（このブロックを出力層に接続する）最後の LayerNorm モジュールも訓練可能にします。

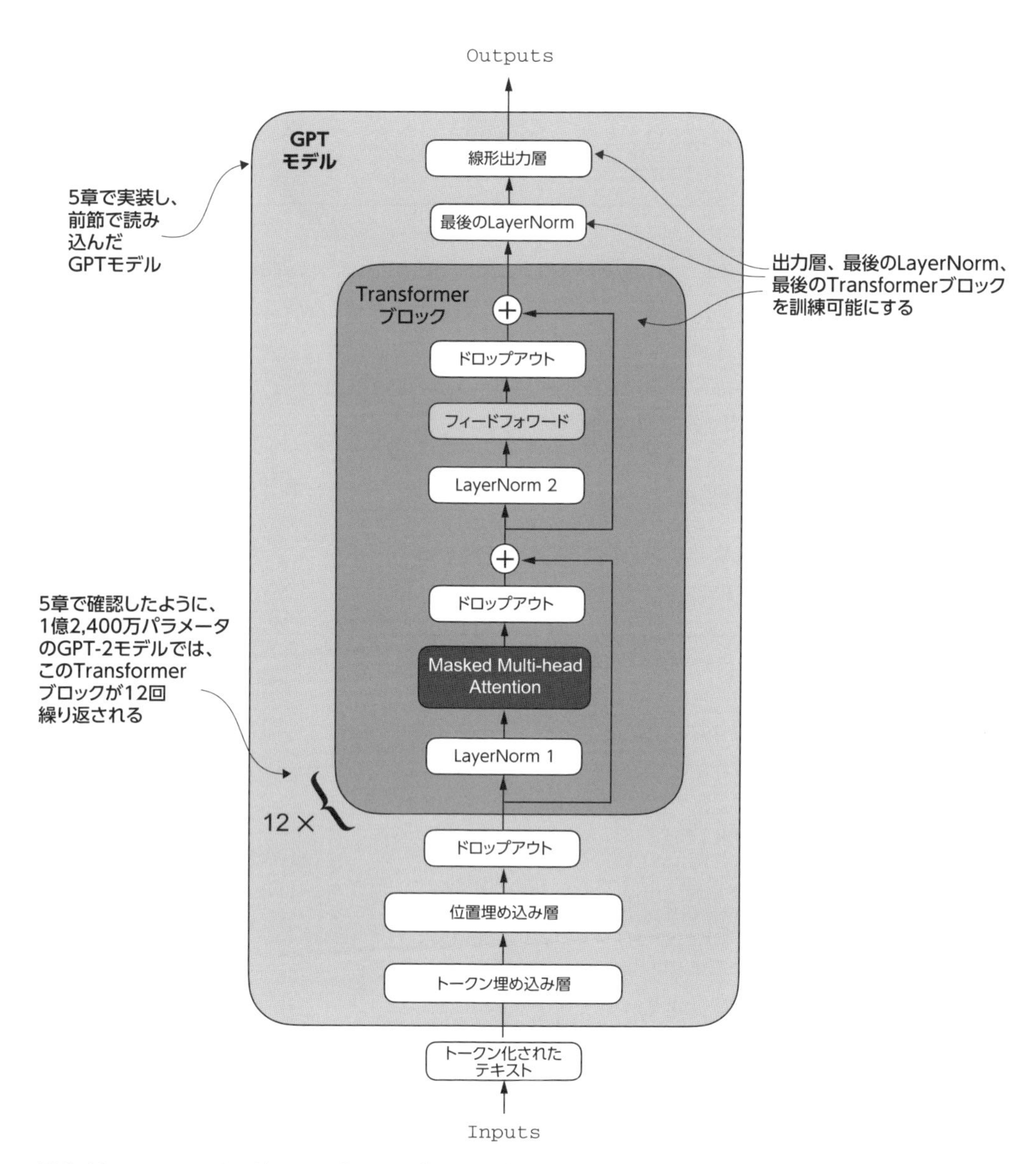

図 6-10： GPT モデルでは、Transformer ブロックが 12 回繰り返される。出力層に加えて、最後の LayerNorm と最後の Transformer ブロックを訓練可能に設定する。残りの 11 個の Transformer ブロックと埋め込み層は訓練不可能なままにする

最後の `LayerNorm` と最後の Transformer ブロックを訓練可能にするために、それぞれの `requires_grad` を `True` に設定します。

```
for param in model.trf_blocks[-1].parameters():
    param.requires_grad = True

for param in model.final_norm.parameters():
    param.requires_grad = True
```

> **練習問題 6-2：モデル全体のファインチューニング**
> 最後の Transformer ブロックだけではなく、モデル全体をファインチューニングして、予測性能への影響を評価してください。

出力層を新しいものに置き換え、特定の層を訓練可能または訓練不可能にした後も、このモデルをこれまでと同じように使うことができます。たとえば、以前に使ったものと同じサンプルテキストを入力として渡すことができます。

```
inputs = tokenizer.encode("Do you have time")
inputs = torch.tensor(inputs).unsqueeze(0)
print("Inputs:", inputs)
print("Inputs dimensions:", inputs.shape)   ◀── 形状は(batch_size, num_tokens)
```

このコードの出力は、このコードが入力を 4 つの入力トークンからなるテンソルにエンコードすることを示しています。

```
Inputs: tensor([[5211,  345,  423,  640]])
Inputs dimensions: torch.Size([1, 4])
```

このエンコードされたトークン ID を以前と同じようにモデルに渡すことができます。

```
with torch.no_grad():
    outputs = model(inputs)

print("Outputs:\n", outputs)
print("Outputs dimensions:", outputs.shape)
```

出力は次のようになります。

```
Outputs:
 tensor([[[-1.5854, 0.9904],
         [-3.7235, 7.4548],
         [-2.2661, 6.6049],
         [-3.5983, 3.9902]]])
Outputs dimensions: torch.Size([1, 4, 2])
```

以前は、同じ入力を渡すと形状が `[1, 4, 50257]` の出力テンソルが生成されていました（`50257` は語彙のサイズを表しています）。出力の行数は入力トークンの数（この場合は 4）に対応しています。ただし、モデルの出力層を置き換えたので、各出力の埋め込み次元（列の数）は 50,257 ではなく 2 になっています。

このモデルをファインチューニングする目的を思い出してください。このモデルをファインチューニングするのは、モデルの入力が `"spam"` と `"not spam"` のどちらであるかを示すクラスラベルを返せるようにするためです。4 つの出力行をすべてファインチューニングする必要はなく、たった 1 つの出力トークンに焦点を合わせることができます。具体的には、図 6-11 に示すように、最後の出力トークンに対応する最後の行に着目します。

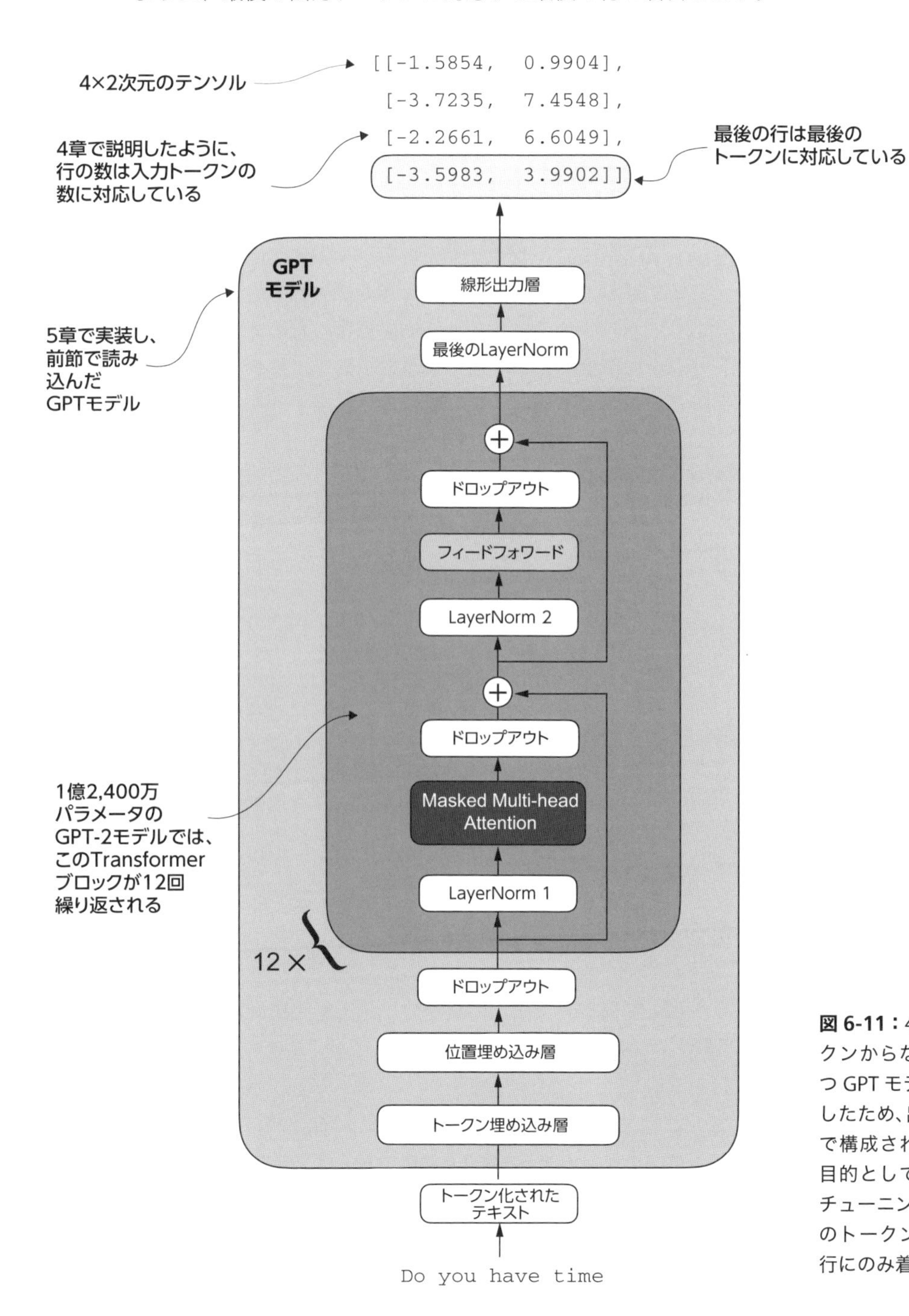

図 6-11：4 つのサンプルトークンからなる入力と出力を持つ GPT モデル。出力層を変更したため、出力テンソルは 2 列で構成される。スパム分類を目的としてモデルをファインチューニングする際には、最後のトークンに対応する最後の行にのみ着目する

出力テンソルから最後の出力トークンを抽出するコードは次のようになります。

```
print("Last output token:", outputs[:, -1, :])
```

このコードの出力は次のとおりです。

```
Last output token: tensor([[-3.5983,  3.9902]])
```

これらの値をさらに予測値（クラスラベル）に変換する必要がありますが、その前に、なぜ最後の出力トークンにのみ着目するのか理解しておきましょう。

Attention メカニズムと **Causal Attention マスク**の概念については、3 章ですでに説明したとおりです。Attention メカニズムは、各入力トークンと他のすべての入力トークンの間の関係を確立します。Causal Attention マスクは GPT 型のモデルでよく使われるもので、トークンの注意を現在の位置とその前にあるトークンに限定します。このようにすると、各トークンに影響を与えるトークンがそのトークン自身とその前にあるトークンだけになります（図 6-12）。

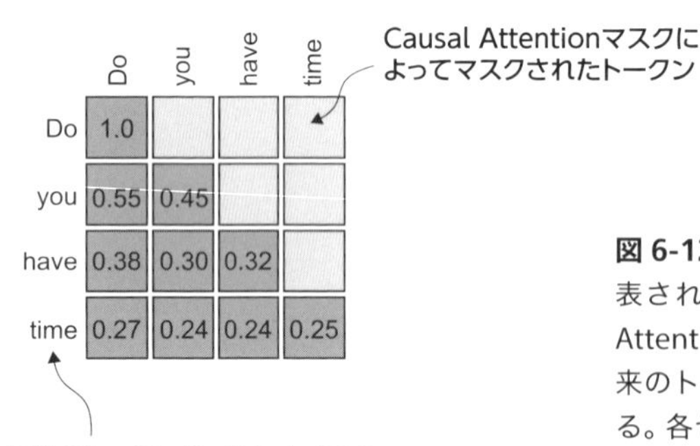

図 6-12： 入力トークン間の Attention スコアが行列形式で表された Causal Attention メカニズム。空のセルは Causal Attention によってマスクされたセルであり、トークンが未来のトークンに注意を向けることができない位置を表している。各セルの値は Attention スコアを表している。最後のトークンである time は、先行するすべてのトークンの Attention スコアを計算する唯一のトークンである

図 6-12 の Causal Attention マスクの設定によれば、シーケンス内の最後のトークンは、シーケンス内のすべてのデータにアクセスできる唯一のトークンであり、最も多くの情報を蓄積します。このスパム分類タスクのファインチューニングプロセスで、この最後のトークンに焦点を合わせるのはそのためです。

最後のトークンをクラスラベルに変換し、モデルの最初の予測正解率を計算する準備はこれで完了です。次節では、この計算を行います。6.7 節では、スパム分類タスクのためにモデルをファインチューニングします。

練習問題 6-3：最初のトークンのファインチューニングと最後のトークンのファインチューニング
最初の出力トークンをファインチューニングしてみてください。最後の出力トークンをファインチューニングする場合と比べて、予測性能はどう変化するでしょうか。

6.6 分類の損失と正解率を計算する

モデルをファインチューニングする前に、小さなタスクがもう 1 つだけ残っています。図 6-13 に示すように、ファインチューニングプロセスで使うモデル評価関数を実装しなければなりません。

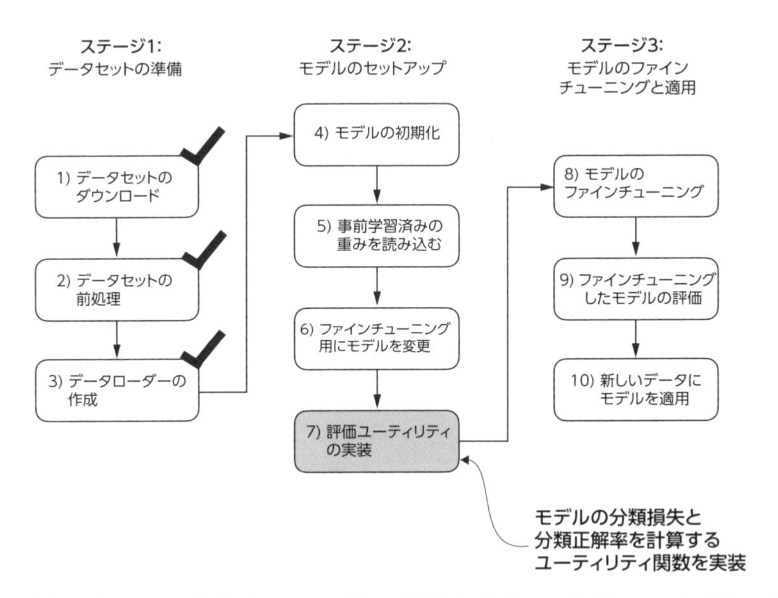

図 6-13：LLM の分類チューニングの 3 段階のプロセス。最初の 6 つのステップが完了し、ステージ 2 の最後のステップに取りかかる準備ができた。つまり、ファインチューニングの前、途中、後にスパム分類モデルの性能を評価するための関数を実装する

評価ユーティリティを実装する前に、モデルの出力を予測値（クラスラベル）に変換する方法について簡単に説明しておきます。前回は、`softmax()` 関数を使って 50,257 個の出力を確率スコアに変換し、`argmax()` 関数を使って最も高い確率スコアの位置を返すことで、LLM が生成する次のトークンのトークン ID を計算しました。図 6-14 に示すように、モデルが入力に対する予測として `"spam"` を出力するのか、`"not spam"` を出力するのかを計算するために、ここでも同じアプローチをとることにします。唯一の違いは、50,257 次元ではなく 2 次元の出力を扱うことです。

6章

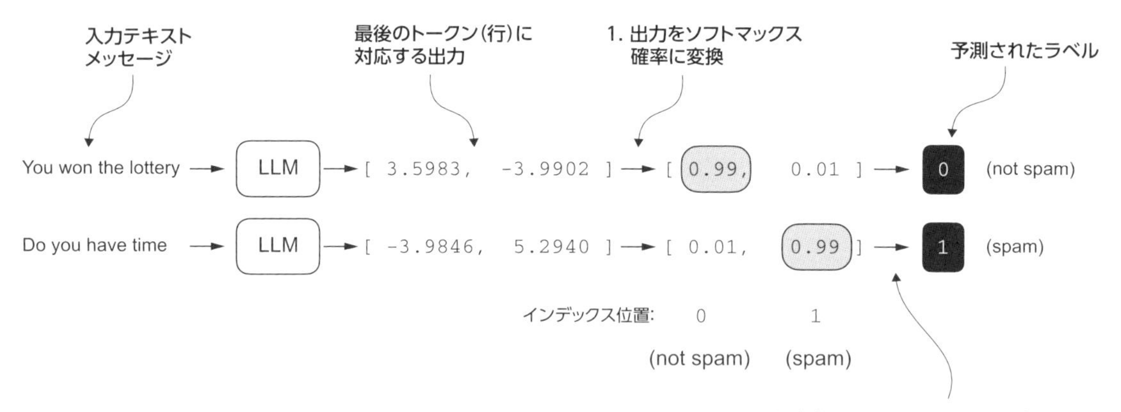

図 6-14：入力テキストごとに最後のトークンに対応するモデルの出力が確率スコアに変換される。クラスラベルは最も高い確率スコアのインデックス位置を調べることによって得られる。このモデルはまだ訓練されていないため、スパムラベルを正しく予測できない

具体的な例を見ながら最後の出力トークンについて考えてみましょう。

```
print("Last output token:", outputs[:, -1, :])
```

最後のトークンに対応するテンソルの値は次のとおりです。

```
Last output token: tensor([[-3.5983,  3.9902]])
```

クラスラベルを取得してみましょう。

```
probas = torch.softmax(outputs[:, -1, :], dim=-1)
label = torch.argmax(probas)
print("Class label:", label.item())
```

このコードは 1 を返します。つまり、このモデルは入力テキストが `"spam"` であると予測します。この場合は、最も大きい出力が最も高い確率スコアに直接対応しているため、必ずしも `softmax()` 関数を使う必要はありません。`softmax()` 関数を使わずにコードを次のように単純化できます。

```
logits = outputs[:, -1, :]
label = torch.argmax(logits)
print("Class label:", label.item())
```

分類正解率も同じ要領で計算できます。分類正解率は　データセット全体での正しい予測の割合を計測する指標です。

分類正解率を特定するために、`argmax()` ベースの予測コードをデータセット内のすべてのサ

ンプルに適用し、リスト 6-8 の `calc_accuracy_loader()` 関数を使って正しい予測値の割合を計算します。

リスト 6-8：分類正解率を計算する

```
def calc_accuracy_loader(data_loader, model, device, num_batches=None):
    model.eval()
    correct_predictions, num_examples = 0, 0

    if num_batches is None:
        num_batches = len(data_loader)
    else:
        num_batches = min(num_batches, len(data_loader))
    for i, (input_batch, target_batch) in enumerate(data_loader):
        if i < num_batches:
            input_batch = input_batch.to(device)
            target_batch = target_batch.to(device)

            with torch.no_grad():
                logits = model(input_batch)[:, -1, :]   # 最後の出力トークンのロジット

            predicted_labels = torch.argmax(logits, dim=-1)

            num_examples += predicted_labels.shape[0]
            correct_predictions += (
                (predicted_labels == target_batch).sum().item()
            )
        else:
            break
    return correct_predictions / num_examples
```

この関数を使って、訓練データセット、検証データセット、テストデータセットの分類正解率を計算してみましょう。効率を考慮して、バッチ数 10 で推定します。

```
device = torch.device("cuda" if torch.cuda.is_available() else "cpu")
model.to(device)

torch.manual_seed(123)
train_accuracy = calc_accuracy_loader(
    train_loader, model, device, num_batches=10
)
val_accuracy = calc_accuracy_loader(
    val_loader, model, device, num_batches=10
)
test_accuracy = calc_accuracy_loader(
    test_loader, model, device, num_batches=10
)

print(f"Training accuracy: {train_accuracy*100:.2f}%")
print(f"Validation accuracy: {val_accuracy*100:.2f}%")
print(f"Test accuracy: {test_accuracy*100:.2f}%")
```

device 設定を使うと、NVIDIA CUDA をサポートしている GPU が利用できる場合はモデルが自動的に GPU で実行され、それ以外の場合は CPU で実行されるようになります。出力は次のとおりです。

```
Training accuracy: 46.25%
Validation accuracy: 45.00%
Test accuracy: 48.75%
```

予測正解率がランダムな予測（この場合は 50%）に近いことがわかります。予測正解率を向上させるには、モデルのファインチューニングが必要です。

ただし、モデルのファインチューニングに取りかかる前に、訓練中に最適化する損失関数を定義しなければなりません。今回の目的は、モデルのスパム分類の正解率をできるだけ引き上げることです。つまり、先のコードに正しいクラスラベル（"not spam" の場合は 0、"spam" の場合は 1）を出力させなければなりません。

分類正解率は微分可能な関数ではないため、正解率を最大化するための代理関数として交差エントロピー誤差を使います。そこで、calc_loss_batch() 関数を 1 か所だけ調整します。つまり、すべてのトークン（model(input_batch)）ではなく、最後のトークン（model(input_batch)[:, -1, :]）だけを最適化します。

```
def calc_loss_batch(input_batch, target_batch, model, device):
    input_batch = input_batch.to(device)
    target_batch = target_batch.to(device)
    logits = model(input_batch)[:, -1, :]   ← 最後の出力トークンのロジット
    loss = torch.nn.functional.cross_entropy(logits, target_batch)
    return loss
```

calc_loss_batch() 関数は、先に定義したデータローダーから得られるバッチの 1 つに対して損失を計算します。データローダーから得られるバッチのすべてについて損失を計算するために、calc_loss_loader() 関数を定義します（リスト 6-9）。

リスト 6-9：分類損失を計算する

```
def calc_loss_loader(data_loader, model, device, num_batches=None):
    total_loss = 0.
    if len(data_loader) == 0:
        return float("nan")
    elif num_batches is None:
        num_batches = len(data_loader)
    else:
        num_batches = min(num_batches, len(data_loader))   ← バッチ数がデータローダーのバッチ数を超えないように調整
    for i, (input_batch, target_batch) in enumerate(data_loader):
        if i < num_batches:
            loss = calc_loss_batch(
                input_batch, target_batch, model, device
            )
            total_loss += loss.item()
```

```
        else:
            break
    return total_loss / num_batches
```

正解率と同じ要領で、訓練データセット、検証データセット、テストデータセットの最初の損失を計算します。

```
with torch.no_grad():  ◀── まだモデルを訓練していないため、効率を考慮して勾配の追跡を無効にする
    train_loss = calc_loss_loader(
        train_loader, model, device, num_batches=5
    )
    val_loss = calc_loss_loader(val_loader, model, device, num_batches=5)
    test_loss = calc_loss_loader(test_loader, model, device, num_batches=5)

print(f"Training loss: {train_loss:.3f}")
print(f"Validation loss: {val_loss:.3f}")
print(f"Test loss: {test_loss:.3f}")
```

最初の損失値は次のようになります。

```
Training loss: 2.453
Validation loss: 2.583
Test loss: 2.322
```

次節では、モデルをファインチューニングする —— つまり、訓練データセットでの損失値が最小になるようにモデルを調整するための訓練関数を実装します。訓練データセットの損失値の最小化は、全体目標である分類正解率の向上に役立ちます。

6.7 教師ありデータでのモデルのファインチューニング

事前学習済みの LLM をファインチューニングし、スパム分類の正解率を向上させるには、訓練関数を定義して適用する必要があります。図 6-15 に示す訓練ループは、事前学習で使ったのと同じ全体的な訓練ループです。唯一の違いは、モデルを評価するためにサンプルテキストを生成するのではなく、分類正解率を計算することです。

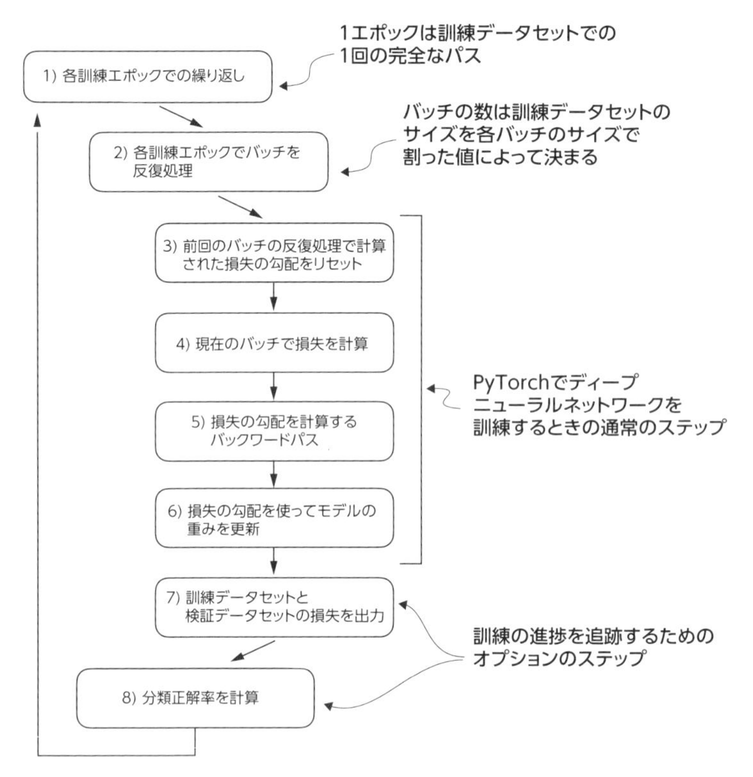

図 6-15：PyTorch でディープニューラルネットワークを訓練するための一般的な訓練ループはいくつものステップで構成され、数エポックにわたって訓練データセットのバッチを反復処理する。各訓練ループでは、損失の勾配を決定するために訓練データセットの各バッチの損失を計算する。この損失の勾配を使って、訓練データセットの損失が最小になるようにモデルの重みを更新する

図 6-15 に示した概念を実装する訓練関数も、モデルの事前学習に使った `train_model_simple()` 関数とほぼ同じですが、違いが 2 つあります。1 つは、トークンの数ではなく、モデルが見た訓練サンプルの数（`examples_seen`）を追跡するようになったことです。もう 1 つは、各エポックの最後にサンプルテキストを出力するのではなく、正解率を計算することです。

リスト 6-10：スパムを分類するためのモデルのファインチューニング

```
def train_classifier_simple(model, train_loader, val_loader, optimizer,
                            device, num_epochs, eval_freq, eval_iter):
    train_losses, val_losses, train_accs, val_accs = [], [], [], []  ◀── 損失と既視のサンプルを追跡するためにリストを初期化
    examples_seen, global_step = 0, -1

    for epoch in range(num_epochs):  ◀── メインの訓練ループを開始
        model.train()  ◀── モデルを訓練モードに設定

        for input_batch, target_batch in train_loader:
            optimizer.zero_grad()  ◀── 前回のバッチの反復処理で計算された損失の勾配をリセット
            loss = calc_loss_batch(
                input_batch, target_batch, model, device
```

```
            )
            loss.backward()    ← 損失の勾配を計算
            optimizer.step()    ← 損失の勾配を使ってモデルの重みを更新
            examples_seen += input_batch.shape[0]    ← 新たな変更：トークンではなくサンプルを追跡
            global_step += 1

            if global_step % eval_freq == 0:    ← オプションの評価ステップ
                train_loss, val_loss = evaluate_model(
                    model, train_loader, val_loader, device, eval_iter
                )
                train_losses.append(train_loss)
                val_losses.append(val_loss)
                print(f"Ep {epoch+1} (Step {global_step:06d}): "
                      f"Train loss {train_loss:.3f}, "
                      f"Val loss {val_loss:.3f}")

        train_accuracy = calc_accuracy_loader(    ← 各エポックの後に正解率を計算
            train_loader, model, device, num_batches=eval_iter
        )
        val_accuracy = calc_accuracy_loader(
            val_loader, model, device, num_batches=eval_iter
        )
        print(f"Training accuracy: {train_accuracy*100:.2f}% | ", end="")
        print(f"Validation accuracy: {val_accuracy*100:.2f}%")
        train_accs.append(train_accuracy)
        val_accs.append(val_accuracy)

    return train_losses, val_losses, train_accs, val_accs, examples_seen
```

evaluate_model() 関数は、事前学習で使ったものと同じです。

```
def evaluate_model(model, train_loader, val_loader, device, eval_iter):
    model.eval()
    with torch.no_grad():
        train_loss = calc_loss_loader(
            train_loader, model, device, num_batches=eval_iter
        )
        val_loss = calc_loss_loader(
            val_loader, model, device, num_batches=eval_iter
        )

    model.train()
    return train_loss, val_loss
```

次に、オプティマイザを初期化し、訓練のエポック数を設定し、train_classifier_simple() 関数を使って訓練を開始します。訓練は、M3 MacBook Air ラップトップコンピュータでは 6 分ほどかかりますが、V100 または A100 GPU では半分以下の時間で完了します。

```
import time

start_time = time.time()
torch.manual_seed(123)
optimizer = torch.optim.AdamW(model.parameters(), lr=5e-5, weight_decay=0.1)
num_epochs = 5

train_losses, val_losses, train_accs, val_accs, examples_seen = \
    train_classifier_simple(
        model, train_loader, val_loader, optimizer, device,
        num_epochs=num_epochs, eval_freq=50, eval_iter=5
    )

end_time = time.time()
execution_time_minutes = (end_time - start_time) / 60
print(f"Training completed in {execution_time_minutes:.2f} minutes.")
```

訓練中の出力は次のようになります。

```
Ep 1 (Step 000000): Train loss 2.153, Val loss 2.392
Ep 1 (Step 000050): Train loss 0.617, Val loss 0.637
Ep 1 (Step 000100): Train loss 0.523, Val loss 0.557
Training accuracy: 70.00% | Validation accuracy: 72.50%
Ep 2 (Step 000150): Train loss 0.561, Val loss 0.489
Ep 2 (Step 000200): Train loss 0.419, Val loss 0.397
Ep 2 (Step 000250): Train loss 0.409, Val loss 0.353
Training accuracy: 82.50% | Validation accuracy: 85.00%
Ep 3 (Step 000300): Train loss 0.333, Val loss 0.320
Ep 3 (Step 000350): Train loss 0.340, Val loss 0.306
Training accuracy: 90.00% | Validation accuracy: 90.00%
Ep 4 (Step 000400): Train loss 0.136, Val loss 0.200
Ep 4 (Step 000450): Train loss 0.153, Val loss 0.132
Ep 4 (Step 000500): Train loss 0.222, Val loss 0.137
Training accuracy: 100.00% | Validation accuracy: 97.50%
Ep 5 (Step 000550): Train loss 0.207, Val loss 0.143
Ep 5 (Step 000600): Train loss 0.083, Val loss 0.074
Training accuracy: 100.00% | Validation accuracy: 97.50%
Training completed in 5.65 minutes.
```

続いて、matplotlib を使って訓練データセットと検証データセットの損失関数をプロットします（リスト 6-11）。

リスト 6-11：分類損失をプロットする

```
import matplotlib.pyplot as plt

def plot_values(epochs_seen, examples_seen, train_values, val_values,
                label="loss"):
    fig, ax1 = plt.subplots(figsize=(5, 3))

    ax1.plot(epochs_seen, train_values, label=f"Training {label}")  ← エポックに対して訓練と検証の損失をプロット
    ax1.plot(
```

```
        epochs_seen, val_values, linestyle="-.",
        label=f"Validation {label}"
    )
    ax1.set_xlabel("Epochs")
    ax1.set_ylabel(label.capitalize())
    ax1.legend()

    ax2 = ax1.twiny()
    ax2.plot(examples_seen, train_values, alpha=0)
    ax2.set_xlabel("Examples seen")

    fig.tight_layout()
    plt.savefig(f"{label}-plot.pdf")
    plt.show()

epochs_tensor = torch.linspace(0, num_epochs, len(train_losses))
examples_seen_tensor = torch.linspace(0, examples_seen, len(train_losses))

plot_values(epochs_tensor, examples_seen_tensor, train_losses, val_losses)
```

既視のサンプル用の2つ目のx軸を作成（ax2 = ax1.twiny()）

目盛を揃えるための不可視のプロット（ax2.plot(...)）

レイアウトを調整してスペースを確保（fig.tight_layout()）

6章

結果を表す損失曲線のプロットは図6-16のようになります。

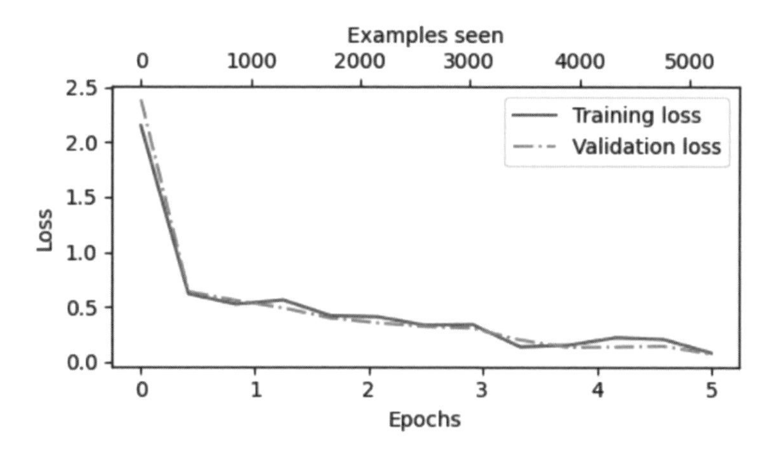

図 6-16：5エポックの訓練におけるモデルの訓練損失と検証損失。実線で表された訓練損失と破線で表された検証損失はどちらもエポック1で急激に減少し、エポック5に向かって徐々に安定している。このパターンは訓練が順調に進んでいることを示しており、このモデルが訓練データから学習する一方、未知の検証データにもうまく汎化することを示唆している

図6-16に示されている急勾配（急激な損失の低下）から、モデルが訓練データからうまく学習していることと、過剰適合の兆候がほとんど、またはまったくないことがわかります。つまり、訓練データセットと検証データセットの損失には、顕著なずれはありません。

エポック数の選択

訓練を開始したときには、エポック数を5に設定しました。エポック数はデータセットとタスクの難易度によって決まります。普遍的な正解や推奨される数はありませんが、通常は5エポックから始めるとよいでしょう。最初の数エポックでモデルが過剰適合に陥っていることを損失プロット（図6-16を参照）が示唆している場合は、エポック数を減らす必要があるかもしれません。逆に、さらに訓練すると検証データセットの損失が改善する可能性があることが傾向曲線に示されている場合は、エポック数を増やすべきです。この具体的なケースでは、早い段階での過剰適合の兆候がなく、検証データセットでの損失が0に近いため、5エポックは妥当な選択です。

今度は、同じ`plot_values()`関数を使って分類正解率をプロットしてみましょう。

```
epochs_tensor = torch.linspace(0, num_epochs, len(train_accs))
examples_seen_tensor = torch.linspace(0, examples_seen, len(train_accs))

plot_values(
    epochs_tensor, examples_seen_tensor, train_accs, val_accs,
    label="accuracy"
)
```

分類正解率をプロットすると、図6-17のようになります。このモデルは、エポック4とエポック5で比較的高い訓練正解率と検証正解率を達成しています。重要なのは、`train_classifier_simple()`関数を使ったときに`eval_iter=5`を設定したことです。つまり、訓練データセットと検証データセットの性能の推定値は、訓練時の効率を考慮して、5バッチのデータに基づいています。

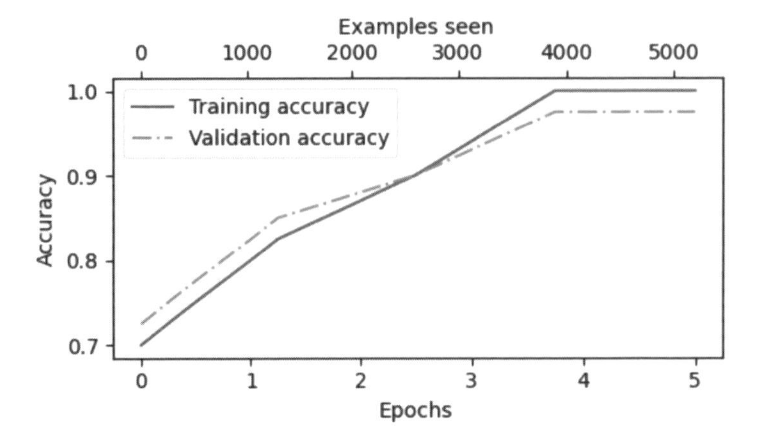

図6-17：訓練正解率（実線）と検証正解率（破線）はどちらも最初の数エポックで急激に上昇し、その後は落ち着いてほぼ1.0に近い完璧な正解率を達成している。エポックを通じて実線と破線が近接していることは、このモデルが訓練データにそれほど過剰適合していないことを示唆している

今度は、eval_iterを設定せずに、データセット全体の訓練データセット、検証データセット、テストデータセットで性能指標を計算しなければなりません。コードは次のようになります。

```
train_accuracy = calc_accuracy_loader(train_loader, model, device)
val_accuracy = calc_accuracy_loader(val_loader, model, device)
test_accuracy = calc_accuracy_loader(test_loader, model, device)

print(f"Training accuracy: {train_accuracy*100:.2f}%")
print(f"Validation accuracy: {val_accuracy*100:.2f}%")
print(f"Test accuracy: {test_accuracy*100:.2f}%")
```

正解率は次のとおりです。

```
Training accuracy: 97.21%
Validation accuracy: 97.32%
Test accuracy: 95.67%
```

訓練データセットとテストデータセットの性能はほぼ同じです。それぞれの正解率のわずかな差は、訓練データセットがほんの少しだけ過剰適合していることを示唆します。検証データセットの正解率はテストデータセットの正解率よりも少し高くなるのが一般的です。というのも、モデルの開発では、検証データセットでの汎化がテストデータセットほどうまくいかないことがあり、検証データセットでの性能を向上させるためにハイパーパラメータを調整することが多いからです。こうした状況はよくあることですが、ドロップアウト率（drop_rate）を高くしたり、オプティマイザのweight_decayパラメータの値を大きくしたりするなど、モデルの設定を調整すれば、このギャップを最小化できる可能性があります。

6.8 LLMをスパム分類器として使う

モデルのファインチューニングと評価が完了したところで、スパムメッセージを分類する準備ができました（図6-18）。ファインチューニングしたGPTベースのスパム分類モデルをさっそく試してみましょう。リスト6-12のclassify_review()関数は、6.3節で実装したSpamDatasetクラスで使ったものと同様のデータ前処理ステップを実行します。そして、テキストをトークンIDに変換した後、6.6節の実装と同じように、モデルを使って整数のクラスラベルを予測し、対応するクラス名を返します。

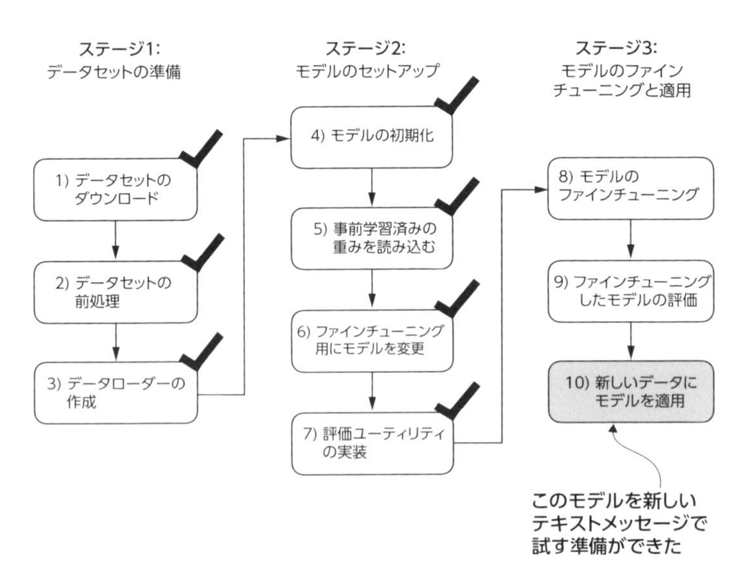

図 6-18：LLM の分類チューニングの 3 段階のプロセス。ステップ 10 はステージ 3 の最終ステップであり、ファインチューニング済みのモデルを使ってスパムメッセージを分類する

リスト 6-12：モデルを使って新しいテキストを分類する

```
def classify_review(text, model, tokenizer, device, max_length=None,
                    pad_token_id=50256):
    model.eval()

    input_ids = tokenizer.encode(text)   ←モデルへの入力を準備
    supported_context_length = model.pos_emb.weight.shape[1]

    input_ids = input_ids[:min(   ←シーケンスが長すぎる場合は切り詰める
        max_length, supported_context_length
    )]
                                        最も長いシーケンスと同じ長さにパディング
    input_ids += [pad_token_id] * (max_length - len(input_ids))

    input_tensor = torch.tensor(
        input_ids, device=device
    ).unsqueeze(0)   ←バッチ次元を追加

    with torch.no_grad():   ←モデルを評価モードにして勾配の追跡を無効にする
        logits = model(input_tensor)[:, -1, :]   ←最後の出力トークンのロジット

    predicted_label = torch.argmax(logits, dim=-1).item()

    return "spam" if predicted_label == 1 else "not spam"   ←分類の結果を返す
```

この classify_review() 関数をサンプルテキストで試してみましょう。

```
text_1 = (
    "You are a winner you have been specially"
    " selected to receive $1000 cash or a $2000 award."
)

print(classify_review(
    text_1, model, tokenizer, device, max_length=train_dataset.max_length
))
```

その結果、モデルは "spam" を正しく予測します。別のサンプルテキストでも試してみましょう。

```
text_2 = (
    "Hey, just wanted to check if we're still on"
    " for dinner tonight? Let me know!"
)

print(classify_review(
    text_2, model, tokenizer, device, max_length=train_dataset.max_length
))
```

モデルは再び予測を正しく行い、ラベルとして "not spam" を返します。

最後に、このモデルを保存して、再び訓練せずに再利用できるようにしておきましょう。これには、torch.save() 関数を使います。

```
torch.save(model.state_dict(), "review_classifier.pth")
```

一度保存したモデルは読み戻すことができます。

```
model_state_dict = torch.load(
    "review_classifier.pth", map_location=device, weights_only=True
)
model.load_state_dict(model_state_dict)
```


6.9 本章のまとめ

- LLM のファインチューニングには、分類チューニングやインストラクションチューニングなど、さまざまな戦略がある。
- 分類チューニングでは、LLM の出力層を小さな分類層に置き換える。
- テキストメッセージを "spam" または "not spam" に分類する場合、新しい分類層の出力ノードは 2 つだけである。以前の出力層では、語彙内の一意なトークンの数（50,256）に等しい数の出力ノードを使っていた。
- 分類チューニングでは、事前学習のようにテキストの次に来るトークンを予測するのではなく、正しいクラス（たとえば、"spam" または "not spam"）を出力するようにモデルを訓練する。

- ファインチューニングに使うモデルの入力は、事前学習のときと同様に、トークン ID に変換されたテキストである。
- LLM のファインチューニングを行う前に、事前学習済みのモデルをベースモデルとして読み込む。
- 分類モデルの評価では、分類正解率（正しい予測の割合）を計算する。
- 分類モデルのファインチューニングでは、LLM を事前学習したときと同じ交差エントロピー誤差関数を使う。

7 指示に従うためのファインチューニング

本章の内容

- LLM のインストラクションチューニングプロセス
- 教師ありインストラクションチューニング用にデータセットを準備する
- 指示データを訓練バッチにまとめる
- 事前学習済みの LLM を読み込み、人間の指示に従うようにファインチューニングする
- LLM に指示を与えて応答を生成させ、応答を評価するために抽出する
- インストラクションチューニングされた LLM を評価する

ここまでは、LLM アーキテクチャを実装し、事前学習を実行し、外部ソースから事前学習済みの重みをモデルに読み込みました。続いて、テキストメッセージがスパムかどうかを区別するという具体的な分類タスクのために、LLM のファインチューニングに取り組みました。本章では、人間の指示に従うように LLM をファインチューニングするプロセスを実装します（図 7-1）。インストラクションチューニングは、チャットボットアプリケーションやパーソナルアシスタントなど、会話的なタスクのための LLM を開発する主なテクニックの 1 つです。

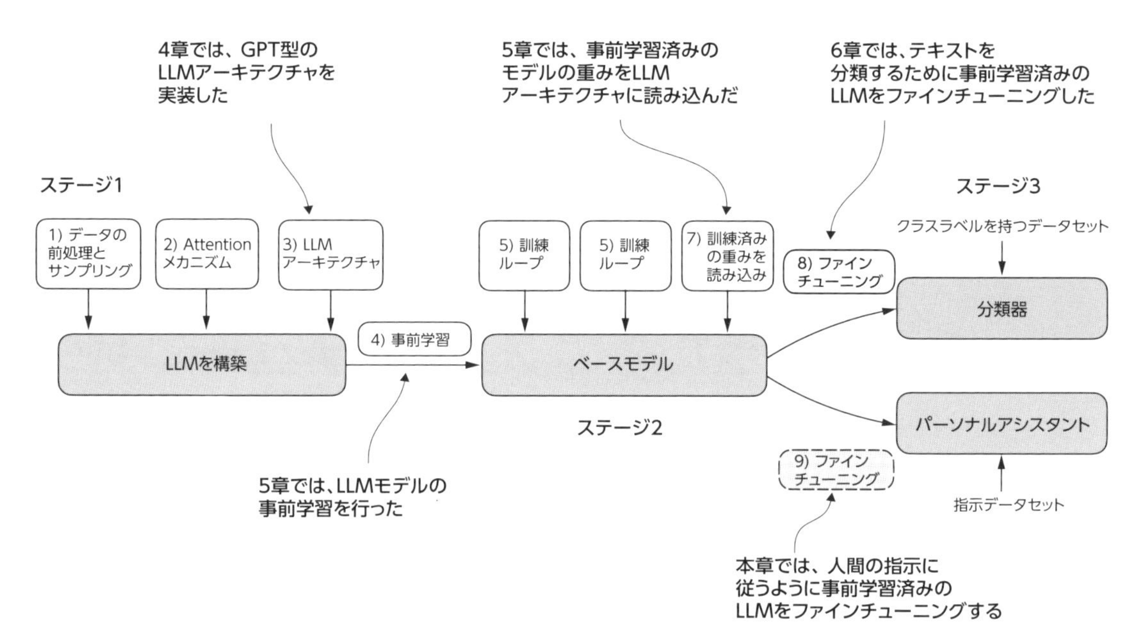

図 7-1：LLM をコーディングするための 3 つのステージ。本章では、ステージ 3 のステップ 9（人間の指示に従うように事前学習済みの LLM をファインチューニングする）に焦点を合わせる

図 7-1 は、LLM をファインチューニングする 2 つの主な方法として、分類のためのファインチューニング（ステップ 8）と、指示に従うためのファインチューニング（ステップ 9）を示しています。前章では、ステップ 8 を実装しました。本章では、**指示データセット**を使って LLM をファインチューニングします。

7.1 インストラクションチューニング

LLM の事前学習には、単語を一度に 1 つずつ生成することを学習する訓練手続きが含まれていることがわかりました。その結果、事前学習された LLM はテキストを補完する能力を持つようになります。つまり、そうした LLM は、文章を完成させたり、入力として渡されたテキストから段落を書き起こしたりできます。一方で、事前学習された LLM は、「このテキストの文法を修正せよ」とか、「このテキストを受動態に変換せよ」といった具体的な指示にうまく対応できないことがあります。後ほど、事前学習済みの LLM を**インストラクションチューニング**のベースモデルとして読み込む具体的な例を見ていきます。インストラクションチューニングは**教師ありインストラクションチューニング**（supervised instruction fine-tuning）とも呼ばれます。

ここでは、図 7-2 に示すように、LLM がそうした指示に従って望ましい応答を生成する能力を向上させることに焦点を合わせます。データセットの準備は、インストラクションチューニングの重要な要素です。その後は、図 7-3 に示すように、データセットの準備を皮切りに、インストラクションチューニングプロセスの 3 つのステージのステップを 1 つずつ完了していきます。

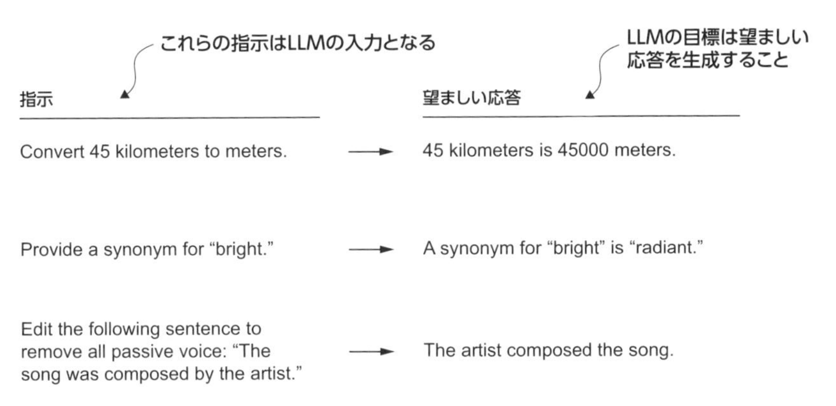

図 7-2：望ましい応答を生成するために LLM が処理する指示の例

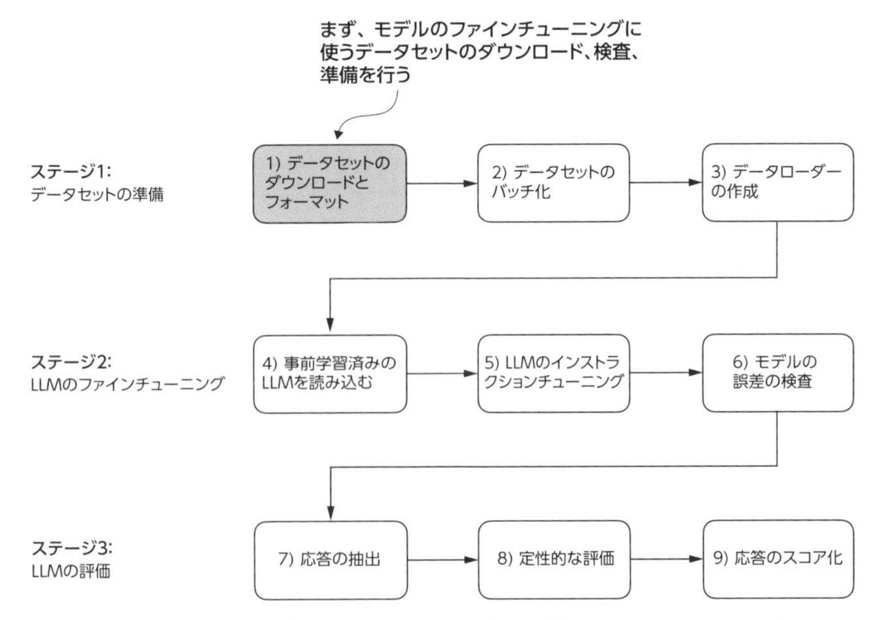

図 7-3：LLM のインストラクションチューニングの 3 段階のプロセス。ステージ 1 ではデータセットの準備、ステージ 2 ではモデルのセットアップとファインチューニング、ステージ 3 ではモデルの評価を行う。ステージ 1 のステップ 1（データセットのダウンロードとフォーマット）から始める

7.2 教師ありインストラクションチューニングのためのデータセットの準備

まず、事前学習済みの LLM のインストラクションチューニングに使う指示データセットをダウンロードし、フォーマットします。このデータセットには、図 7-2 に示したような**指示と応答のペア**が 1,100 個含まれています。このデータセットは本書のために特別に作成したものですが、興味がある場合は、一般公開されている別の指示データセットを付録 B に記載しています。

このデータセットをダウンロードしてデータを読み込む関数はリスト 7-1 のようになります。このデータセットは、JSON フォーマットの比較的な小さなファイルです（204KB しかありません）。JSON（JavaScript Object Notation）は Python のディクショナリ（辞書）の構造を反映しており、ヒューマンリーダブルかつマシンフレンドリーな、データ交換のためのシンプルな構造を提供します。

リスト 7-1：データセットをダウンロードする

```
import json
import os
import urllib

def download_and_load_file(file_path, url):
    if not os.path.exists(file_path):
        with urllib.request.urlopen(url) as response:
            text_data = response.read().decode("utf-8")
        with open(file_path, "w", encoding="utf-8") as file:
            file.write(text_data)
    else:    # ファイルがすでにダウンロードされている場合は、ダウンロードをスキップ
        with open(file_path, "r", encoding="utf-8") as file:
            text_data = file.read()

    with open(file_path, "r") as file:
        data = json.load(file)

    return data


file_path = "instruction-data.json"
url = (
    "https://raw.githubusercontent.com/rasbt/LLMs-from-scratch"
    "/main/ch07/01_main-chapter-code/instruction-data.json"
)

data = download_and_load_file(file_path, url)
print("Number of entries:", len(data))
```

リスト 7-1 のコードを実行したときの出力は次のとおりです。

```
Number of entries: 1100
```

JSON ファイルから読み込んだデータ（data リスト）には、指示データセットの 1,100 個のエントリが含まれています。エントリを 1 つ出力して、各エントリがどのような構造になっているか確認してみましょう。

```
print("Example entry:\n", data[50])
```

サンプルエントリの内容は次のとおりです。

```
Example entry:
 {'instruction': 'Identify the correct spelling of the following word.',
 'input': 'Ocassion', 'output': "The correct spelling is 'Occasion.'"}
```

このサンプルエントリは Python のディクショナリオブジェクトであり、`'instruction'`、`'input'`、`'output'` を含んでいることがわかります。別のサンプルも調べてみましょう。

```
print("Another example entry:\n", data[999])
```

このエントリの内容からすると、`'input'` フィールドは空の場合があるようです。

```
Another example entry:
 {'instruction': "What is an antonym of 'complicated'?", 'input': '',
 'output': "An antonym of 'complicated' is 'simple'."}
```

インストラクションチューニングでは、この JSON ファイルから抽出したような入力と出力のペアが明示的に指定されたデータセットを使って、モデルを訓練します。これらのエントリを LLM 用にフォーマットする方法はさまざまです。図 7-4 は、そのうちの 2 種類のフォーマットを示しています。これらのフォーマットは Alpaca や Phi-3 といったよく知られている LLM の訓練に使われているもので、よく**プロンプトスタイル**（prompt style）と呼ばれます。

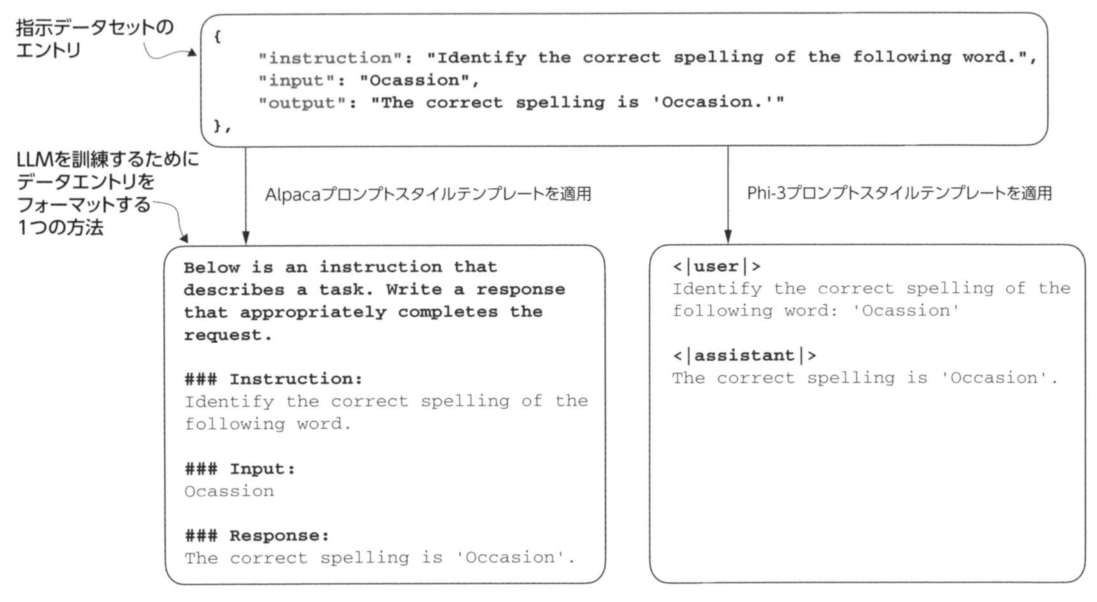

図 7-4：LLM のインストラクションチューニング用のプロンプトスタイルの比較。Alpaca スタイル（左）は指示、入力、応答のセクションが定義された構造化フォーマットを使っており、Phi-3 スタイル（右）は <|user|> トークンと <|assistant|> トークンに基づくよりシンプルなフォーマットを使っている

Alpaca は、インストラクションチューニングプロセスの詳細を一般に公開した初期の LLM の 1 つでした。Phi-3 は、Microsoft によって開発されたプロンプトスタイルです。Phi-3 を取り上げたのは、プロンプトスタイルの多様性を示すためです。本章では、最もよく知られているプロンプトスタイルの 1 つである Alpaca プロンプトスタイルを使います。Alpaca がファインチューニングに対する独自のアプローチを定義するのに役立つことも大きな決め手の 1 つでした。

練習問題 7-1：プロンプトスタイルを変更する
Alpaca プロンプトスタイルを使ってモデルをファインチューニングした後、図 7-4 に示した Phi-3 プロンプトスタイルを試して、モデルの応答の品質に影響があったかどうか確認してください。

`data` リストのエントリを Alpaca スタイルの入力フォーマットに変換します。そのための関数はリスト 7-2 のようになります。

リスト 7-2：プロンプトフォーマット関数を実装する

```
def format_input(entry):
    instruction_text = (
        f"Below is an instruction that describes a task. "
        f"Write a response that appropriately completes the request."
        f"\n\n### Instruction:\n{entry['instruction']}"
    )

    input_text = (
        f"\n\n### Input:\n{entry['input']}" if entry["input"] else ""
    )
    return instruction_text + input_text
```

この `format_input()` 関数は、入力としてディクショナリのエントリ（`entry`）を受け取り、フォーマット済みの文字列を組み立てます。先ほど調べたエントリ `data[50]` でテストしてみましょう。

```
model_input = format_input(data[50])
desired_response = f"\n\n### Response:\n{data[50]['output']}"
print(model_input + desired_response)
```

フォーマットされた入力は次のようになります。

```
Below is an instruction that describes a task. Write a response that
 appropriately completes the request.

### Instruction:
Identify the correct spelling of the following word.

### Input:
```

```
Ocassion

### Response:
The correct spelling is 'Occasion.'
```

format_input() 関数は、'input' フィールドが空の場合は ## Input: セクションを出力しないことに注意してください。この点については、この関数を先ほど調べたエントリ data[999] に適用することでテストできます。

```
model_input = format_input(data[999])
desired_response = f"\n\n### Response:\n{data[999]['output']}"
print(model_input + desired_response)
```

このコードの出力は、エントリの 'input' フィールドが空の場合、フォーマット済みの入力に ### Input: セクションが含まれないことを示しています。

```
Below is an instruction that describes a task. Write a response that
 appropriately completes the request.

### Instruction:
What is an antonym of 'complicated'?

### Response:
An antonym of 'complicated' is 'simple'.
```

次節では PyTorch データローダーのセットアップを行いますが、その前に、前章のスパム分類データセットと同じように、このデータセットを訓練データセット、検証データセット、テストデータセットに分割しておきましょう。リスト 7-3 は、これらの分割をどのように計算するのかを示しています。

リスト 7-3：データセットを分割する

```
train_portion = int(len(data) * 0.85)  ← 85%のデータを訓練に使用
test_portion = int(len(data) * 0.1)  ← 10%のデータをテストに使用
val_portion = len(data) - train_portion - test_portion  ← 残りの5%のデータを検証に使用

train_data = data[:train_portion]
test_data = data[train_portion:train_portion + test_portion]
val_data = data[train_portion + test_portion:]

print("Training set length:", len(train_data))
print("Validation set length:", len(val_data))
print("Test set length:", len(test_data))
```

この分割の結果、各データセットのサイズは次のようになります。

```
Training set length: 935
Validation set length: 55
Test set length: 110
```

データセットのダウンロードと分割が完了し、データセットのプロンプトフォーマットも明確に理解したところで、インストラクションチューニングの基本的な実装に進む準備ができました。次節では、ファインチューニング用の訓練バッチの構築に取り組みます。

7.3 データを訓練バッチにまとめる

ここからは、インストラクションチューニングプロセスの実装ステージに進みます。図7-5に示すように、次のステップでは、訓練バッチを効果的に構築する方法に焦点を合わせ、ファインチューニングの際にフォーマット済みの訓練データがモデルに確実に渡されるようにします。

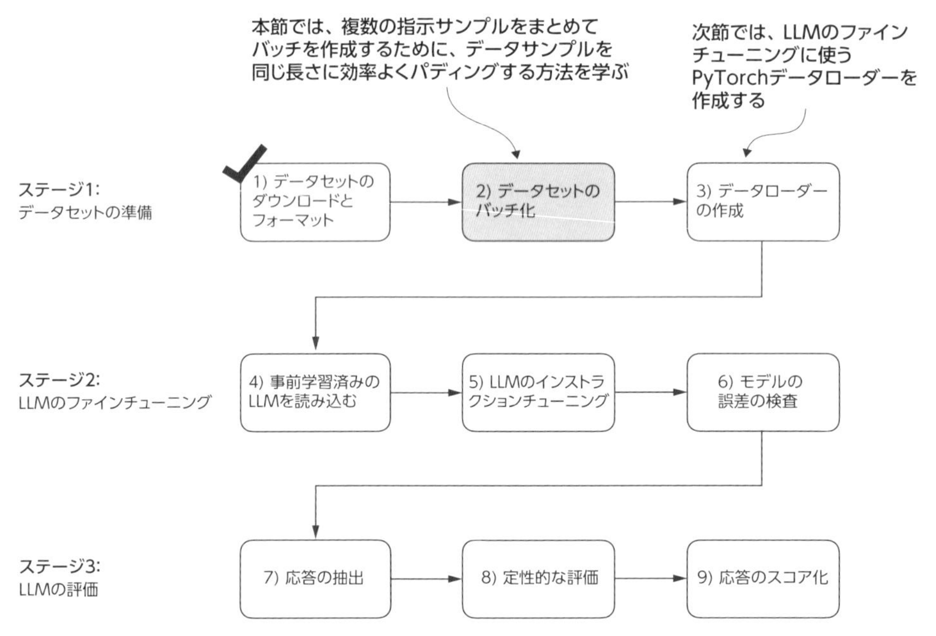

図7-5：LLMのインストラクションチューニングの3段階のプロセス。次は、ステージ1のステップ2（訓練バッチの構築）に取り組む

前章では、訓練バッチはPyTorchの`DataLoader`クラスによって自動的に作成されましたが、このクラスはサンプルのリストをバッチにまとめるためにデフォルトの**collate**関数を使います。collate関数は、個々のデータサンプルのリストを1つのバッチにまとめて、訓練中にモデルが効率よく処理できるようにするという役割を果たします。

しかし、インストラクションチューニングでのバッチの構築はもう少し複雑で、カスタム collate 関数を作成して `DataLoader` に統合する必要があります。カスタム collate 関数を実装するのは、インストラクションチューニング用のデータセットに固有の要件とフォーマットに対処するためです。

図 7-6 に示すように、カスタム collate 関数の実装を含め、いくつかのステップに分けて**バッチ構築プロセス**に取り組むことにします。まず、ステップ 2.1 とステップ 2.2 を実装するために、`InstructionDataset` クラスを実装します（リスト 7-4）。前章の `SpamDataset` クラスと同様に、このクラスは `format_input()` と**事前トークン化**をデータセットのすべての入力に適用します。この 2 ステップのプロセス（図 7-7）は、`InstructionDataset` クラスの `__init__()` コンストラクタメソッドで実装されます。

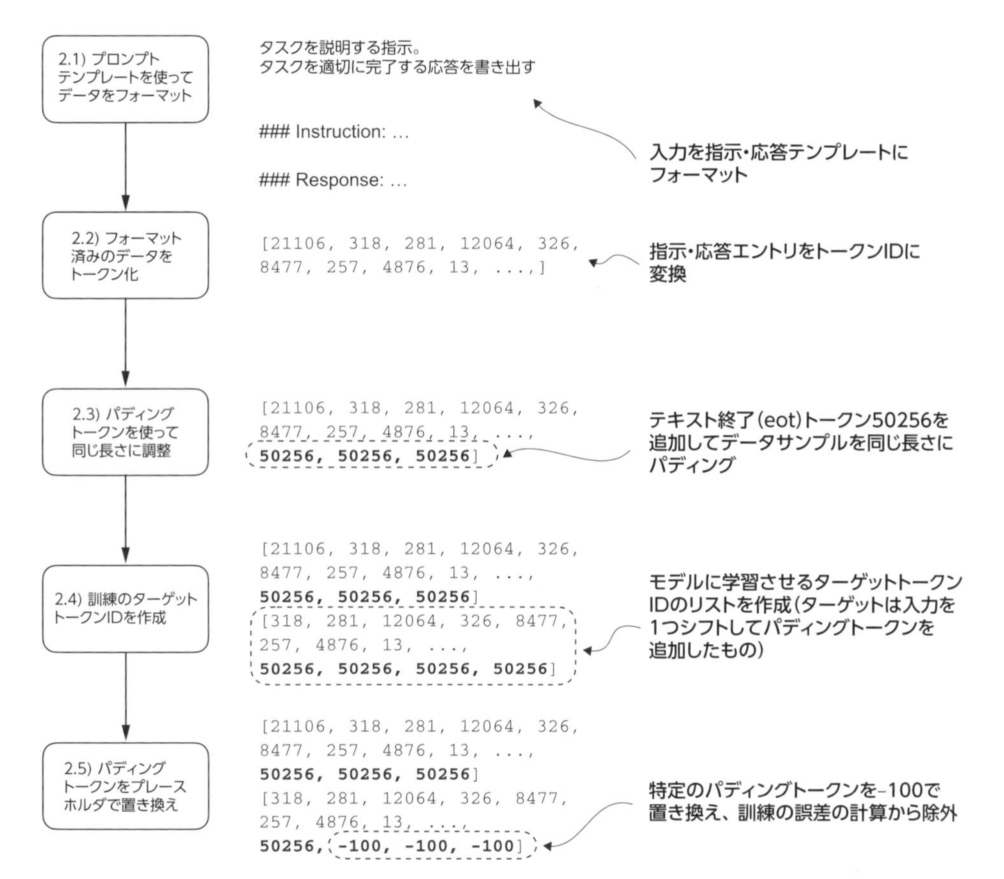

図 7-6：バッチ構築プロセスを実装するための 5 つのサブステップ。(2.1) プロンプトテンプレートの適用、(2.2) 本書で実装してきたトークン化の適用、(2.3) パディングトークンの追加、(2.4) ターゲットトークン ID の作成、(2.5) 誤差関数でパディングトークンをマスクするためのプレースホルダトークン -100 による置き換え

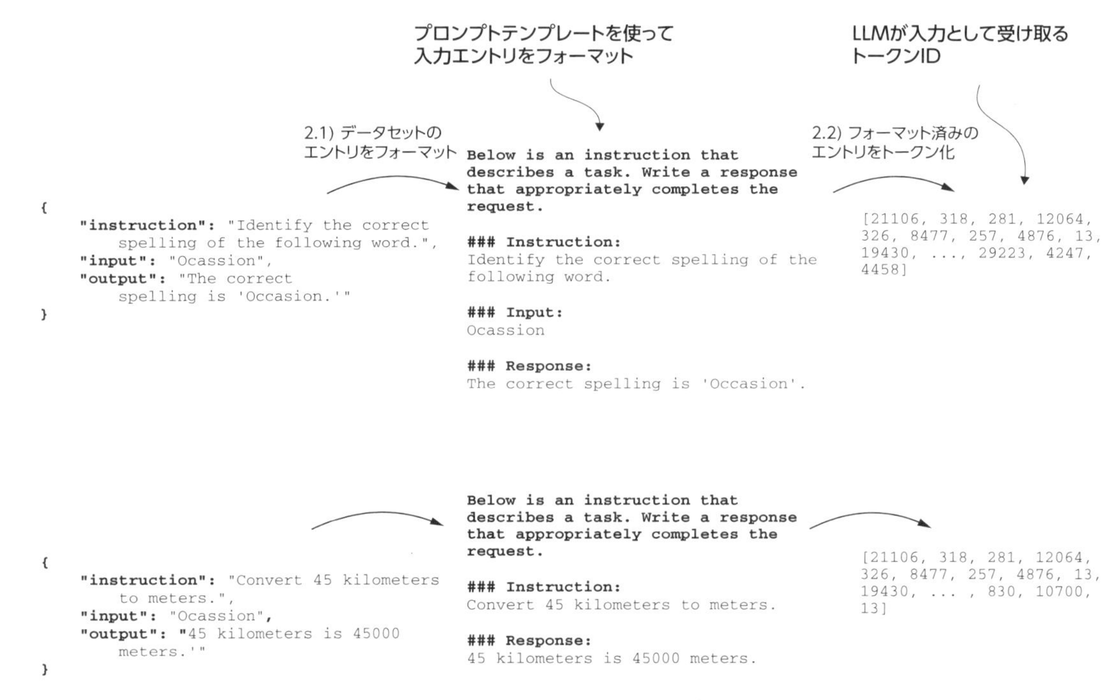

図 7-7：バッチ構築プロセスを実装するための最初の 2 つのサブステップ。(2.1) プロンプトテンプレートを使ってエントリをフォーマットし、(2.2) 続いてトークン化する。結果として、モデルが処理できるトークン ID のシーケンスが得られる

リスト 7-4：指示データセットクラスを実装する

```
import torch
from torch.utils.data import Dataset

class InstructionDataset(Dataset):
    def __init__(self, data, tokenizer):
        self.data = data
        self.encoded_texts = []
        for entry in data:   ← テキストを事前トークン化
            instruction_plus_input = format_input(entry)
            response_text = f"\n\n### Response:\n{entry['output']}"
            full_text = instruction_plus_input + response_text
            self.encoded_texts.append(
                tokenizer.encode(full_text)
            )

    def __getitem__(self, index):
        return self.encoded_texts[index]

    def __len__(self):
        return len(self.data)
```

今回は、分類チューニングで使ったアプローチと同様に、複数の訓練サンプルをバッチにまとめて訓練を高速化したいと考えています。訓練サンプルをバッチにまとめるには、すべての入力を同じ長さにパディングしなければなりません。分類チューニングのときと同様に、パディングトークンとして `<|endoftext|>` を使います。

`<|endoftext|>` トークンをテキスト入力に追加する代わりに、`<|endoftext|>` に対応するトークン ID を、事前トークン化された入力に直接付け足すことができます。このトークン ID が何だったか思い出すために、トークナイザの `encode()` メソッドに `<|endoftext|>` を渡してみましょう。

```
import tiktoken

tokenizer = tiktoken.get_encoding("gpt2")
print(tokenizer.encode("<|endoftext|>", allowed_special={"<|endoftext|>"}))
```

トークン ID は `50256` です。

バッチ構築プロセス（図 7-6）のステップ 2.3 では、データローダーに渡せるカスタム collate 関数を開発するという、より洗練されたアプローチをとります。このカスタム collate 関数は、各バッチ内の訓練サンプルを同じ長さにパディングする一方、図 7-8 に示すように、バッチごとに長さが違っていてもよいようにします。このようにすると、データセット全体ではなく、各バッチ内で最も長い訓練サンプルと同じ長さになるようにシーケンスを拡張するだけでよいため、無駄なパディングを最小限に抑えることができます。

7章

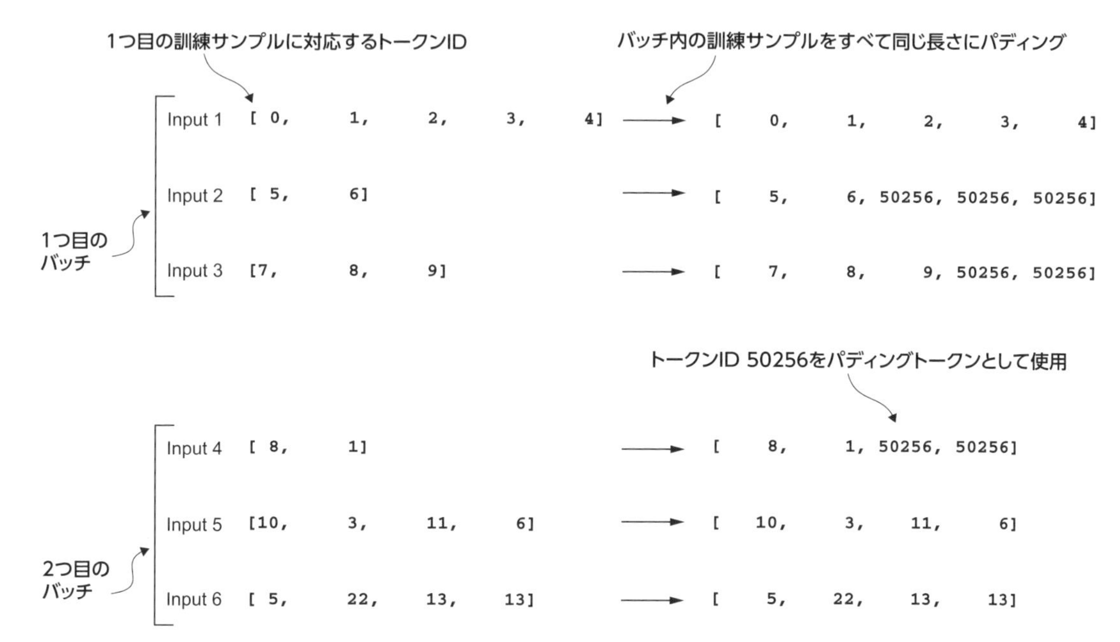

図 7-8：トークン ID 50256 を使ってバッチ内の訓練サンプルをパディングし、各バッチ内の長さを均一にする。1 つ目と 2 つ目のバッチが示しているように、バッチの長さはそれぞれ違っていてもよい

このパディングプロセスはカスタムcollate関数で実装できます。

```
def custom_collate_draft_1(batch, pad_token_id=50256, device="cpu"):
    batch_max_length = max(len(item)+1 for item in batch)   ← バッチ内で最も長いシーケンスを特定
    inputs_lst = []

    for item in batch:   ← 入力のパディングと準備
        new_item = item.copy()
        new_item += [pad_token_id]

        padded = (
            new_item + [pad_token_id] *
            (batch_max_length - len(new_item))
        )
        inputs = torch.tensor(padded[:-1])   ← paddedに追加した余分なパディングトークンを削除
        inputs_lst.append(inputs)

    inputs_tensor = torch.stack(inputs_lst).to(device)   ← 入力のリストをテンソルに変換し、ターゲットデバイスに転送
```

`custom_collate_draft_1()`はPyTorchの`DataLoader`に統合することを目的として設計されていますが、スタンドアロンツールとしても実行できます。次に、この関数が意図したとおりに動作することをテストするために、単体で実行します。1つのバッチにまとめたい3つの入力で試してみましょう。サンプルはそれぞれ同じ長さにパディングされます。

```
inputs_1 = [0, 1, 2, 3, 4]
inputs_2 = [5, 6]
inputs_3 = [7, 8, 9]

batch = (
    inputs_1,
    inputs_2,
    inputs_3
)
print(custom_collate_draft_1(batch))
```

完成したバッチは次のようになります。

```
tensor([[    0,     1,     2,     3,     4],
        [    5,     6, 50256, 50256, 50256],
        [    7,     8,     9, 50256, 50256]])
```

この出力は、すべての入力が最も長い入力リスト`inputs_1`と同じ長さにパディングされることと、5つのトークンIDを含んでいることを示しています。

入力のリストからバッチを作成する最初のカスタムcollate関数の実装はこれで完成です。しかし、すでに学んだように、入力トークンIDのバッチに対応するターゲットトークンIDのバッチも作成する必要があります。図7-9に示すように、これらのターゲットトークンIDは非常に重要です。なぜなら、それらのトークンIDはモデルに生成させたいトークンを表しており、訓練中に

重みを更新するための誤差（損失）を計算するのに必要だからです。そこで、入力トークン ID に加えてターゲットトークン ID も返すようにカスタム collate 関数を修正します。

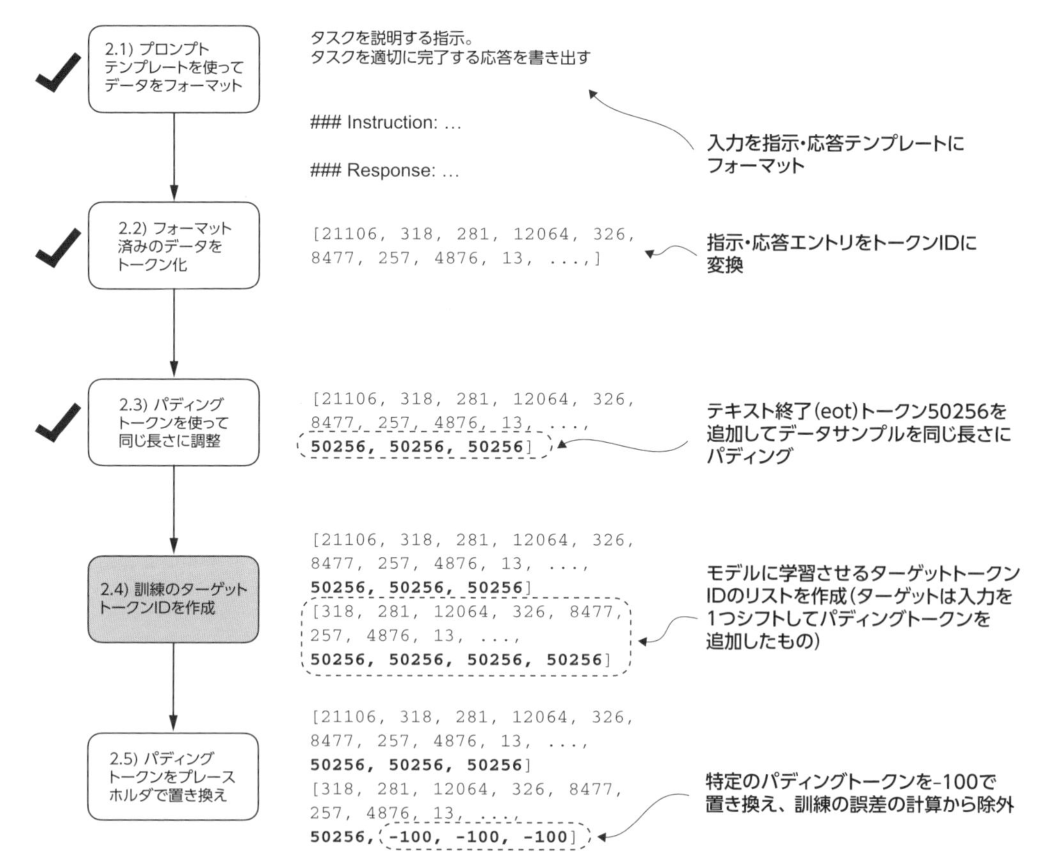

図 7-9： バッチ構築プロセスを実装するための 5 つのサブステップ。次は、ステップ 2.4（ターゲットトークン ID の作成）に進む。このステップは、モデルがトークンを予測することを学習し、実際にトークンを生成する上で非常に重要である

LLM の事前学習で使ったプロセスと同様に、ターゲットトークン ID は入力トークン ID を右に 1 つずらしたものです。図 7-10 に示すように、このようにすると、シーケンス内の次のトークンを予測する方法を LLM が学習できるようになります。

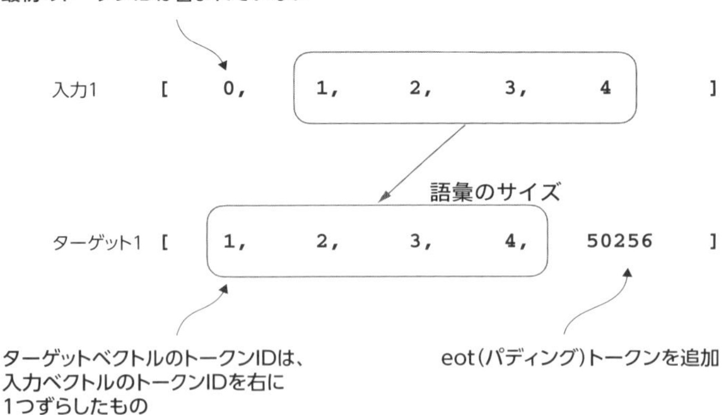

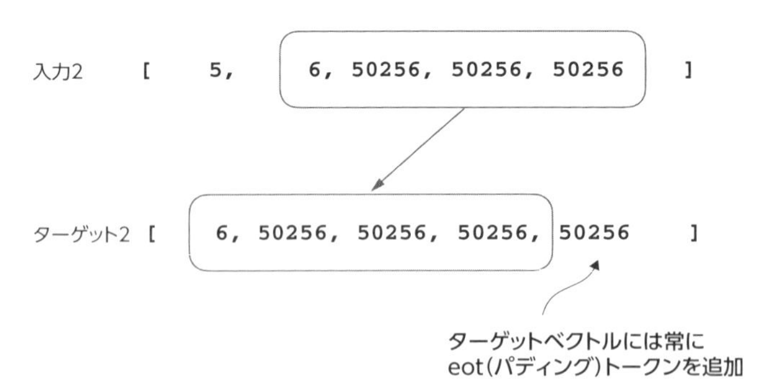

図 7-10：LLM のインストラクションチューニングプロセスで使う入力トークンとターゲットトークンの配置。各入力シーケンスに対応するターゲットシーケンスは、入力シーケンスのトークン ID を右に 1 つずらし、最初のトークンを省いて、最後に eot トークンを追加したもの

次に示す更新された collate 関数は、入力トークン ID からターゲットトークン ID を生成します。

```
def custom_collate_draft_2(batch, pad_token_id=50256, device="cpu"):
    batch_max_length = max(len(item)+1 for item in batch)
    inputs_lst, targets_lst = [], []

    for item in batch:
        new_item = item.copy()
        new_item += [pad_token_id]
        padded = (
            new_item + [pad_token_id] *
            (batch_max_length - len(new_item))
        )
        inputs = torch.tensor(padded[:-1])   ◀── 入力の最後のトークンを切り捨て
        targets = torch.tensor(padded[1:])   ◀── ターゲットのために右に1つシフト
        inputs_lst.append(inputs)
```

```
        targets_lst.append(targets)

    inputs_tensor = torch.stack(inputs_lst).to(device)
    targets_tensor = torch.stack(targets_lst).to(device)
    return inputs_tensor, targets_tensor


inputs, targets = custom_collate_draft_2(batch)
print(inputs)
print(targets)
```

この新しい`custom_collate_draft_2()`関数を、先に定義した3つの入力リストからなるサンプルバッチ（`batch`）に適用すると、入力バッチとターゲットバッチを返すようになったことがわかります。

```
tensor([[    0,     1,     2,     3,     4],   ← 1つ目のテンソルは入力を表す
        [    5,     6, 50256, 50256, 50256],
        [    7,     8,     9, 50256, 50256]])
tensor([[    1,     2,     3,     4, 50256],   ← 2つ目のテンソルはターゲットを表す
        [    6, 50256, 50256, 50256, 50256],
        [    8,     9, 50256, 50256, 50256]])
```

次のステップでは、すべてのパディングトークンにプレースホルダ`-100`を割り当てます（次ページの図7-11）。この特別な値を使って、これらのパディングトークンを訓練誤差の計算から除外すると、意味のあるデータだけがモデルの学習に影響を与えるようになります。このプロセスについては、このステップを実装した後に詳しく見ていきます（分類チューニングでは、最後の出力トークンに基づいてモデルを訓練するだけだったので、この点に配慮する必要はありませんでした）。

ただし、次ページの図7-12に示すように、ターゲットシーケンスにeotトークンID（`50256`）を1つ残しておくことに注意してください。このトークンを残しておくと、指示に対する応答でeotトークンを生成するタイミングをLLMが学習できるようになり、生成された応答が完全であるという目印としてeotトークンが使われるようになります。

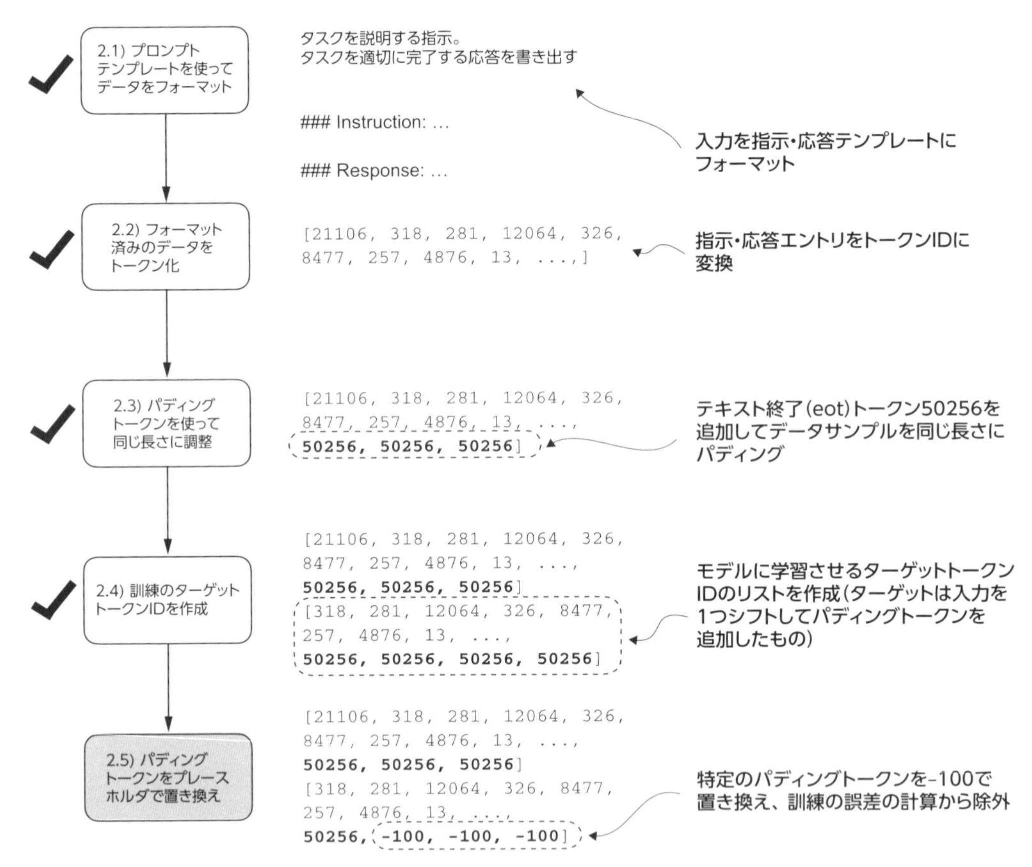

図 7-11:バッチ構築プロセスを実装するための 5 つのサブステップ。トークン ID を右に 1 つずらし、eot トークンを追加してターゲットシーケンスを作成した後、ステップ 2.5 で eot パディングトークンをプレースホルダ値（-100）に置き換える

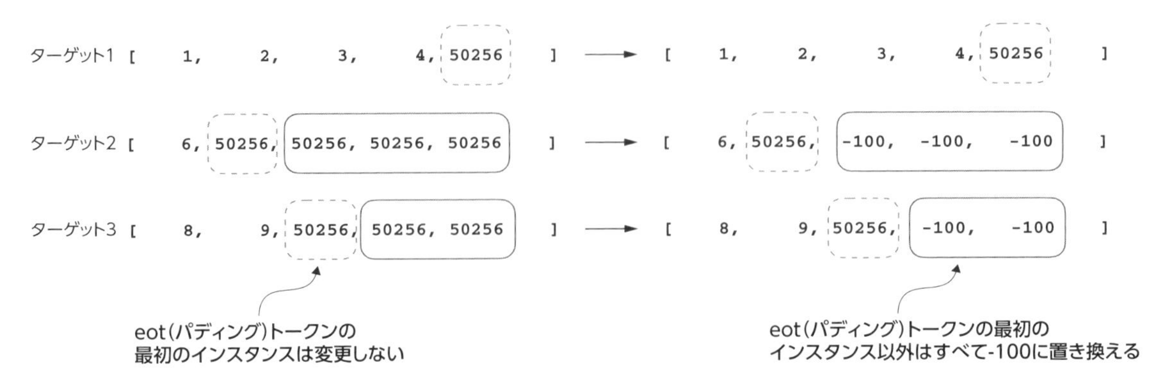

図 7-12：訓練データを準備するためのターゲットバッチでのトークンの置き換え（ステップ 2.4）。パディングとして使う eot トークンの最初のインスタンス以外はすべてプレースホルダ -100 に置き換え、ターゲットシーケンスの最初の eot トークンはそのままにする

リスト 7-5 では、カスタム collate 関数を修正し、ターゲットリストの ID `50256` のトークンを `-100` に置き換えます。さらに、`allowed_max_length` パラメータを導入し、必要に応じてサンプルの長さを制限します。独自のデータセットを使う予定があり、そのコンテキストサイズが GPT-2 モデルでサポートされているサイズ（1,024 トークン）を超える場合は、このパラメータが役立つでしょう。

リスト 7-5：カスタム collate 関数を実装する

```
def custom_collate_fn(batch, pad_token_id=50256, ignore_index=-100,
                      allowed_max_length=None, device="cpu"):
    batch_max_length = max(len(item)+1 for item in batch)
    inputs_lst, targets_lst = [], []

    for item in batch:
        new_item = item.copy()
        new_item += [pad_token_id]

        padded = (    ←―― シーケンスをmax_lengthまでパディング
            new_item + [pad_token_id] *
            (batch_max_length - len(new_item))
        )
        inputs = torch.tensor(padded[:-1])    ←―― inputsでは最後のトークンを切り捨て
        targets = torch.tensor(padded[1:])    ←―― targetsでは右に1つシフト

        mask = targets == pad_token_id    ←―― targetsの最初のパディングトークン以外は
        indices = torch.nonzero(mask).squeeze()    すべてignore_indexで置き換え
        if indices.numel() > 1:
            targets[indices[1:]] = ignore_index

        if allowed_max_length is not None:    ←―― 必要に応じてシーケンスの
            inputs = inputs[:allowed_max_length]    最大の長さで切り捨て
            targets = targets[:allowed_max_length]

        inputs_lst.append(inputs)
        targets_lst.append(targets)

    inputs_tensor = torch.stack(inputs_lst).to(device)
    targets_tensor = torch.stack(targets_lst).to(device)
    return inputs_tensor, targets_tensor
```

`custom_collate_fn()` 関数についても、先ほど作成したサンプルバッチで試して、意図したとおりに動作することをチェックしてみましょう。

```
inputs, targets = custom_collate_fn(batch)
print(inputs)
print(targets)
```

結果は次のとおりです。1 つ目のテンソルは入力を表しており、2 つ目のテンソルはターゲットを表しています。

7章

```
tensor([[    0,     1,     2,     3,     4],
        [    5,     6, 50256, 50256, 50256],
        [    7,     8,     9, 50256, 50256]])
tensor([[    1,     2,     3,     4, 50256],
        [    6, 50256,  -100,  -100,  -100],
        [    8,     9, 50256,  -100,  -100]])
```

修正したcollate関数は期待どおりに機能しており、トークンID `-100`を挿入してターゲットリストを書き換えています。この調整の背後にはどのようなロジックがあるのでしょうか。この修正の根本的な目的を探ってみましょう。

自己完結型のシンプルな例を見ながら考えてみましょう。この例では、出力ロジットはそれぞれモデルの語彙に含まれている潜在的なトークンに対応しています。次のコードは、分類のための事前学習とファインチューニングを行ったときと同じように、モデルが訓練中にトークンシーケンスを予測する際、交差エントロピー誤差（5章）をどのように計算できるかを示しています。

```
logits_1 = torch.tensor(
    [[-1.0, 1.0],     ← 1つ目のトークンに対する予測
     [-0.5, 1.5]]     ← 2つ目のトークンに対する予測
)
targets_1 = torch.tensor([0, 1])  # 生成するトークンインデックスを修正
loss_1 = torch.nn.functional.cross_entropy(logits_1, targets_1)
print(loss_1)
```

このコードによって計算された誤差は`1.1269`です。

```
tensor(1.1269)
```

予想していたように、トークンIDを追加すると誤差の計算に影響がおよびます。

```
logits_2 = torch.tensor(
    [[-1.0, 1.0],
     [-0.5, 1.5],
     [-0.5, 1.5]]     ← 新しい3つ目のトークンIDに対する予測
)
targets_2 = torch.tensor([0, 1, 1])
loss_2 = torch.nn.functional.cross_entropy(logits_2, targets_2)
print(loss_2)
```

3つ目のトークンを追加した後の誤差は`0.7936`です。

ここまでは、PyTorchの交差エントロピー誤差関数を使って、ある意味わかりきった例で計算を行ってきました。この関数は、分類のための事前学習とファインチューニングの訓練関数で使ったものと同じです。今度は、興味深い例として、3つ目のターゲットトークンIDを`-100`に置き換えたらどうなるか見てみましょう。

```
targets_3 = torch.tensor([0, 1, -100])
loss_3 = torch.nn.functional.cross_entropy(logits_2, targets_3)
print(loss_3)
print("loss_1 == loss_3:", loss_1 == loss_3)
```

このコードの出力は次のとおりです。

```
tensor(1.1269)
loss_1 == loss_3: tensor(True)
```

この 3 つの訓練サンプルでの誤差は、先ほど 2 つの訓練サンプルで計算した誤差と同じです。つまり、交差エントロピー誤差関数は、`targets_3` ベクトルの 3 つ目のエントリ（`-100` に対応するトークン ID）を無視したのです（興味がある場合は、`-100` の値を `0` または `1` ではない別のトークン ID に置き換えてみてください。エラーになるはずです）。

では、`-100` の何が交差エントロピー誤差関数によって無視されるほど特別なのでしょうか。PyTorch の交差エントロピー誤差関数のデフォルト設定は `cross_entropy(..., ignore_index=-100)` です。つまり、ターゲットが `-100` でラベル付けされている場合、それらは無視されます。そこで、各バッチの訓練サンプルを同じ長さに揃えるために追加した eot（パディング）トークンを無視するために、この `ignore_index` を利用したのです。一方で、ターゲットに eot トークン ID（`50256`）を 1 つ残しておくのは、eot トークンの生成を LLM が学習するのに役立つからです。これにより、応答が完了したことを示す目印として eot トークンを利用できるようになります。

パディングトークンをマスクすることに加えて、指示に対応するターゲットトークン ID をマスクするのも一般的です（次ページの図 7-13）。LLM の指示に対応するターゲットトークン ID をマスクすると、生成された応答のターゲット ID でのみ交差エントロピー誤差が計算されるようになります。それにより、LLM が（指示を記憶するのではなく）正確な応答を生成することに重点を置いて訓練されるようになるため、過剰適合を抑制するのに役立ちます。

本書の執筆時点では、インストラクションチューニングの過程で指示をマスクすることが普遍的に有利であるかどうかについて研究者の意見は分かれています。たとえば、Shi らによる 2024 年の論文『Instruction Tuning With Loss Over Instructions』[1] では、指示をマスクしないほうが LLM の性能にとって有利であることが具体的に示されています（詳細については、付録 B を参照）。今回は、マスクを適用せず、興味がある読者のために課題として残しておきます。

練習問題 7-2：指示と入力のマスク

本章を最後まで読み、`InstructionDataset` を使ってモデルをファインチューニングした後、図 7-13 に示した指示をマスクする方法を使って、指示と入力のトークンを `-100` で置き換えてください。そして、このマスクがモデルの性能によい影響を与えたかどうか評価してください。

[1] https://arxiv.org/abs/2405.14394

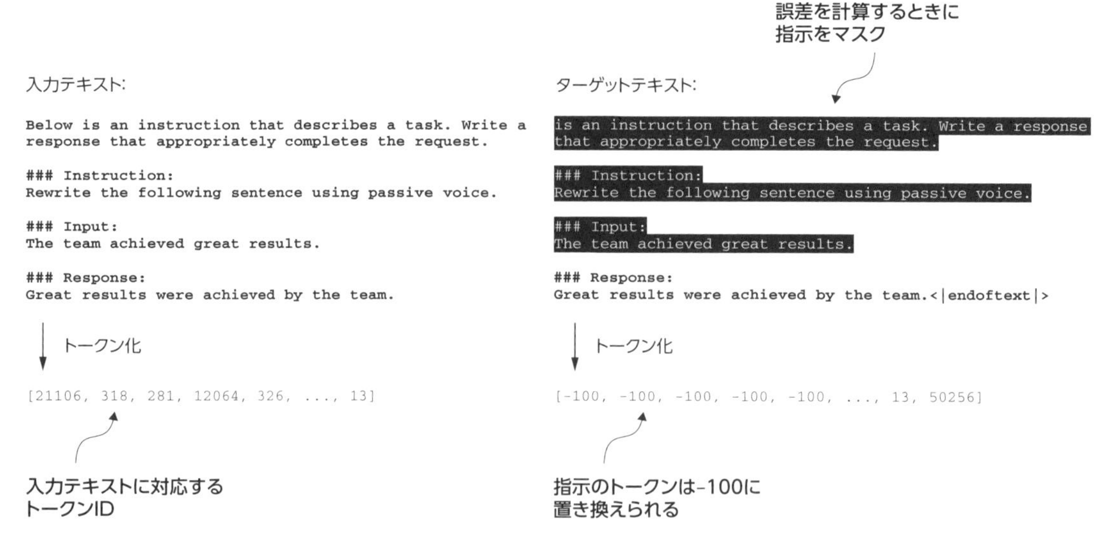

図 7-13：フォーマット済みの入力テキストをトークン化し、訓練時に LLM に与える（左図）。LLM のために準備したターゲットテキスト（右図）。### Instruction セクションは必要に応じてマスクできる。つまり、対応するトークン ID を ignore_index の値である -100 に置き換えている

7.4 指示データセット用のデータローダーを作成する

指示データセット用の `InstructionDataset` クラスと `custom_collate_fn()` 関数を実装する 2 つのステップがこれで完了しました。図 7-14 に示すように、`InstructionDataset` と `custom_collate_fn()` の両方を PyTorch のデータローダーに統合するだけで、作業の成果を味わうことができます。これらのデータローダーは、LLM のインストラクションチューニングプロセス用のデータを自動的にシャッフルし、バッチにまとめてくれます。

データローダー作成ステップに進む前に、`custom_collate_fn()` の `device` 設定について簡単に説明しておきます。`custom_collate_fn()` には、入力テンソルとターゲットテンソルを指定されたデバイスに移動するコード（`torch.stack(inputs_lst).to(device)` など）が含まれています。`device` は `"cpu"` か `"cuda"`（NVIDIA GPU の場合）のどちらかになります。なお、Apple Silicon チップを搭載した Mac では、`"mps"` になります。

NOTE PyTorch の Apple Silicon サポートはまだ実験的なものであるため、`"mps"` デバイスを使うと、本章の内容と数値が異なる場合があります。

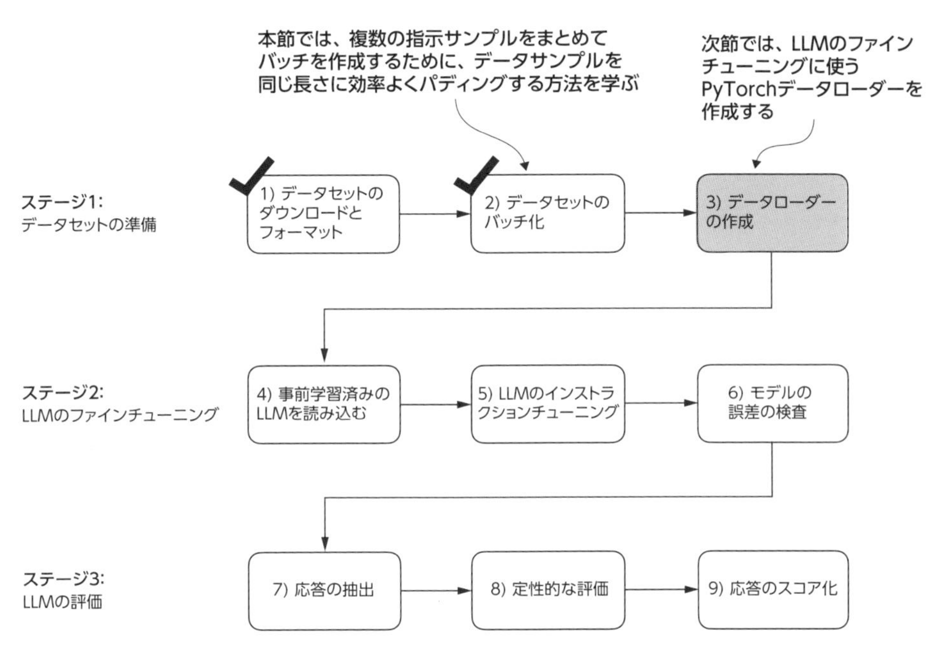

図 7-14：LLM のインストラクションチューニングの 3 段階のプロセス。現時点で、指示データセットの準備と、データセットをバッチ化するカスタム collate 関数の実装が完了している。次は、LLM のインストラクションチューニングと評価に必要な訓練データセット、検証データセット、テストデータセットを作成し、データローダーを適用する

これまでは、ターゲットデバイス（`device="cuda"` の場合は GPU メモリ）へのデータ転送をメインの訓練ループで行ってきました。このデバイス転送プロセスを collate 関数の一部にすると、このプロセスが訓練ループの外でバックグラウンドプロセスとして実行されるようになるため、モデルの訓練中に GPU がブロックされるのを阻止できるという利点があります。

`device` 変数を初期化するコードは次のようになります。

```
device = torch.device("cuda" if torch.cuda.is_available() else "cpu")
# if torch.backends.mps.is_available():
#     device = torch.device("mps")"
print("Device:", device)
```

Apple Siliconチップの GPUを使う場合は、この2行のコメントを外す

このコードを実行すると、使っているマシンに応じて、`"Device: cpu"` または `"Device: cuda"` が出力されます。

次に、`custom_collate_fn()` で選択したデバイス設定は、この関数を PyTorch の `DataLoader` クラスに統合するときに再利用します。そこで、Python の標準ライブラリ `functools` の `partial()` 関数を使って、`device` 引数が事前設定された新しいバージョンの関数を作成します。さらに、`allowed_max_length` を `1024` に設定して、GPT-2 モデルがサポートしているコンテキストの最大の長さでデータを切り詰めます。

```
from functools import partial

customized_collate_fn = partial(
    custom_collate_fn,
    device=device,
    allowed_max_length=1024
)
```

次に、以前と同じようにデータローダーをセットアップしますが、今回はバッチ構築プロセスにカスタムcollate関数を使います（リスト7-6）。

リスト7-6：データローダーを初期化する

```
from torch.utils.data import DataLoader

num_workers = 0      ← Pythonの並列プロセスをサポートするOSを
                       使っている場合は、この数字を大きくしてみよう
batch_size = 8
torch.manual_seed(123)

train_dataset = InstructionDataset(train_data, tokenizer)
train_loader = DataLoader(
    train_dataset,
    batch_size=batch_size,
    collate_fn=customized_collate_fn,
    shuffle=True,
    drop_last=True,
    num_workers=num_workers
)

val_dataset = InstructionDataset(val_data, tokenizer)
val_loader = DataLoader(
    val_dataset,
    batch_size=batch_size,
    collate_fn=customized_collate_fn,
    shuffle=False,
    drop_last=False,
    num_workers=num_workers
)

test_dataset = InstructionDataset(test_data, tokenizer)
test_loader = DataLoader(
    test_dataset,
    batch_size=batch_size,
    collate_fn=customized_collate_fn,
    shuffle=False,
    drop_last=False,
    num_workers=num_workers
)
```

`train_loader`が生成する入力バッチとターゲットバッチのサイズを調べてみましょう。

```
print("Train loader:")
for inputs, targets in train_loader:
    print(inputs.shape, targets.shape)
```

出力は次のようになります（スペースを節約するために途中の出力を省略しています）。

```
Train loader:
torch.Size([8, 61]) torch.Size([8, 61])
torch.Size([8, 76]) torch.Size([8, 76])
torch.Size([8, 73]) torch.Size([8, 73])
......
torch.Size([8, 74]) torch.Size([8, 74])
torch.Size([8, 69]) torch.Size([8, 69])
```

この出力は、1つ目の入力バッチとターゲットバッチのサイズが8×61であることを示しています。ここで、8はバッチサイズ、61はこのバッチに含まれている各訓練サンプルのトークン数です。2つ目の入力バッチとターゲットバッチでは、トークン数（76）が異なっています。データローダーがさまざまな長さのバッチを作成できるのは、カスタムcollate関数のおかげです。次節では、このデータローダーを使って事前学習済みのLLMを読み込み、ファインチューニングします。

7.5 事前学習済みのLLMを読み込む

本章では、少し時間をかけてインストラクションチューニング用のデータセットを準備してきました。こうしたデータセットの準備は、教師ありインストラクションチューニングプロセスの重要な側面です。他の側面の多くは事前学習と同じなので、ここまでの章で実装してきたコードの多くを再利用できます。

インストラクションチューニングに取りかかる前に、ファインチューニングしたい事前学習済みのGPTモデルを読み込む必要があります（図7-15）。このプロセスは以前にも実行しましたが、今回は1億2,400万パラメータの最小モデルを読み込むのではなく、3億5,500万パラメータの中規模モデルを読み込みます。というのも、1億2,400万パラメータのモデルでは、インストラクションチューニングで満足のいく結果を得るにはキャパシティがまったく足りないからです。具体的には、これよりも小さいモデルには、質の高い指示追従タスクに必要な複雑なパターンや微妙な挙動を学習し、それを維持できるほどのキャパシティはありません。

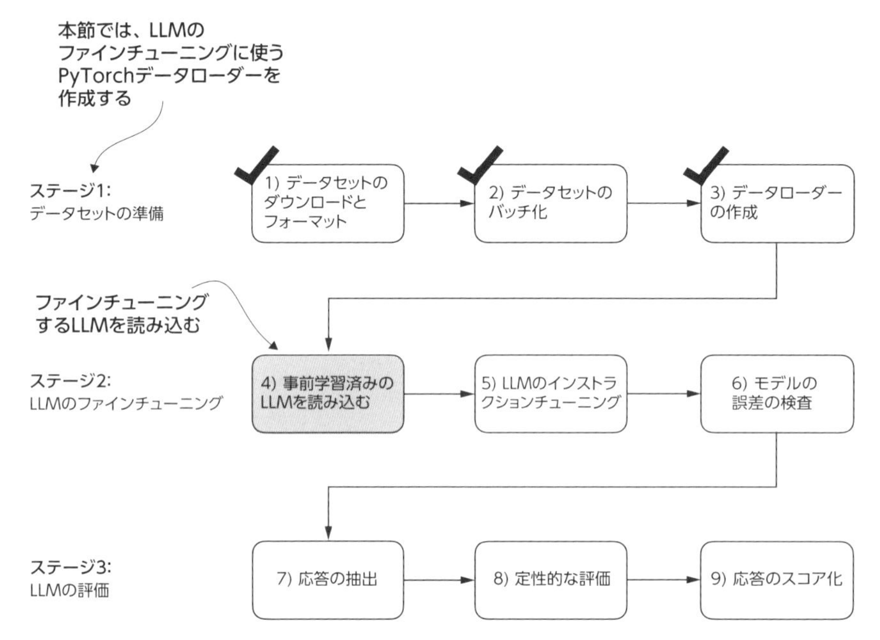

図 7-15：LLM のインストラクションチューニングの 3 段階のプロセス。データセットを準備した後、LLM を指示に従わせるためのファインチューニングプロセスは、事前学習済みの LLM を読み込むことから始まる。事前学習済みの LLM は、以降の訓練の基盤モデルとなる

事前学習済みのモデルを読み込むには、データの事前学習（5.5 節）と分類のためのファインチューニング（6.4 節）で使ったのと同じコードが必要ですが、今回は `"gpt2-small (124M)"` ではなく `"gpt2-medium (355M)"` を指定します（リスト 7-7）。

> **NOTE**　リスト 7-7 のコードを実行すると、GPT-2 medium モデルのダウンロードが開始され、約 1.42 ギガバイトのストレージが必要になります。これは GPT-2 small モデルに必要なストレージ容量のおよそ 3 倍です。

リスト 7-7：事前学習済みのモデルを読み込む

```
from gpt_download import download_and_load_gpt2
from previous_chapters import GPTModel, load_weights_into_gpt

BASE_CONFIG = {
    "vocab_size": 50257,     # 語彙のサイズ
    "context_length": 1024,  # コンテキストの長さ
    "drop_rate": 0.0,        # ドロップアウト率
    "qkv_bias": True         # クエリ、キー、値の計算にバイアスを使うかどうか
}

model_configs = {
    "gpt2-small (124M)": {"emb_dim": 768, "n_layers": 12, "n_heads": 12},
    "gpt2-medium (355M)": {"emb_dim": 1024, "n_layers": 24, "n_heads": 16},
```

```
    "gpt2-large (774M)": {"emb_dim": 1280, "n_layers": 36, "n_heads": 20},
    "gpt2-xl (1558M)": {"emb_dim": 1600, "n_layers": 48, "n_heads": 25},
}

CHOOSE_MODEL = "gpt2-medium (355M)"
BASE_CONFIG.update(model_configs[CHOOSE_MODEL])

model_size = CHOOSE_MODEL.split(" ")[-1].lstrip("(").rstrip(")")

settings, params = download_and_load_gpt2(
    model_size=model_size,
    models_dir="gpt2"
)

model = GPTModel(BASE_CONFIG)
load_weights_into_gpt(model, params)
model.eval();
```

このコードを実行すると、いくつかのファイルがダウンロードされます。

```
checkpoint: 100%|██████████| 77.0/77.0 [00:00<00:00, 62.8kiB/s]
encoder.json: 100%|██████████| 1.04M/1.04M [00:01<00:00, 533kiB/s]
hparams.json: 100%|██████████| 91.0/91.0 [00:00<00:00, 48.4kiB/s]
model.ckpt.data-00000-of-00001: 100%|██████████| 1.42G/1.42G [02:56<00:00, 8.05MiB/s]
model.ckpt.index: 100%|██████████| 10.4k/10.4k [00:00<00:00, 6.77MiB/s]
model.ckpt.meta: 100%|██████████| 927k/927k [00:01<00:00, 531kiB/s]
vocab.bpe: 100%|██████████| 456k/456k [00:01<00:00, 372kiB/s]
```

ここで、事前学習済みの LLM の性能を評価するために、検証データセットのタスクの 1 つで、LLM の応答を期待される応答と比較してみましょう。これにより、ファインチューニングを行う前の、ダウンロードしたばかりのモデルが、指示追従タスクでどれくらいの性能を発揮するのかを理解するためのベースラインが得られます。このベースラインは、後ほどファインチューニングの効果を正しく評価するのに役立ちます。この評価には、検証データセットの最初のサンプルを使います。

```
torch.manual_seed(123)

input_text = format_input(val_data[0])
print(input_text)
```

この指示の内容は次のとおりです。

```
Below is an instruction that describes a task. Write a response that
appropriately completes the request.

### Instruction:
Convert the active sentence to passive: 'The chef cooks the meal every day.'
```

次に、5章でモデルの事前学習に使ったのと同じ generate() 関数を使って、モデルの応答を生成します。

```
from previous_chapters import generate, text_to_token_ids, token_ids_to_text

token_ids = generate(
    model=model,
    idx=text_to_token_ids(input_text, tokenizer),
    max_new_tokens=35,
    context_size=BASE_CONFIG["context_length"],
    eos_id=50256,
)
generated_text = token_ids_to_text(token_ids, tokenizer)
```

generate() 関数は入力と出力を結合したテキストを返します。前回は、この関数の振る舞いは好都合でした。というのも、事前学習済みのLLMが主にテキスト補完モデルとして設計されていて、入力と出力を連結することで一貫性のある読みやすいテキストを生成できたからです。しかし、特定のタスクでのモデルの性能を評価する際には、モデルが生成した応答そのものに注目したい場合がよくあります。

モデルの応答テキストを分離するには、generated_text の先頭から入力テキストと同じ長さのテキストを取り除く必要があります。

```
response_text = generated_text[len(input_text):].strip()
print(response_text)
```

このコードは、generated_text の先頭から入力テキストを取り除き、モデルが生成した応答だけを残します。続いて strip() 関数を適用すると、先頭または末尾のホワイトスペース文字が取り除かれます。

```
### Response:

The chef cooks the meal every day.

### Instruction:

Convert the active sentence to passive: 'The chef cooks the
```

事前学習済みのモデルは、まだ与えられた指示に正確に従うことができないようです。### Response セクションは生成されていますが、元の入力テキストと指示の一部を単に繰り返しているだけであり、「能動態の文を受動態に変換せよ」という要求を満たしていません。モデルがこのような要求を理解して適切に応答できるようにするために、さっそくファインチューニングプロセスを実装してみましょう。

7.6 指示データでのLLMのファインチューニング

次はいよいよLLMを指示に従わせるためのファインチューニングに進みます（図7-16）。前節で読み込んだ事前学習済みのモデルを、本章の前半で準備した指示データセットを使ってさらに訓練します。面倒な作業はすべて、指示データセットを実装したときにすでに完了しています。ファインチューニングでは、5章で実装した誤差計算関数と訓練関数を再利用できます。

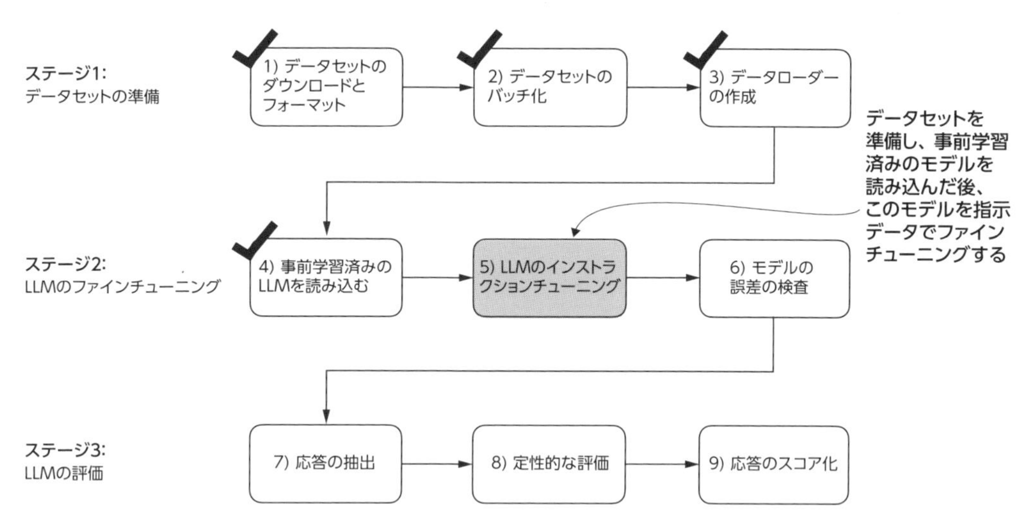

図7-16：LLMのインストラクションチューニングの3段階のプロセス。ステップ5では、本章の前半で準備した指示データセットを使って、前節で読み込んだ事前学習済みのモデルを訓練する

```
from previous_chapters import (
    calc_loss_loader,
    train_model_simple
)
```

訓練を始める前に、訓練データセットと検証データセットの誤差の初期値を計算してみよう。

```
model.to(device)
torch.manual_seed(123)

with torch.no_grad():
    train_loss = calc_loss_loader(
        train_loader, model, device, num_batches=5
    )
    val_loss = calc_loss_loader(
        val_loader, model, device, num_batches=5
    )

print("Training loss:", train_loss)
print("Validation loss:", val_loss)
```

誤差の初期値は次のとおりです。前回と同様、目標は誤差を最小化することです。

```
Training loss: 3.825908660888672
Validation loss: 3.7619335651397705
```

ハードウェアの制限に対処する

GPT-2 medium（3億5,500万パラメータ）のような大規模なモデルの使用と訓練は、より小さなGPT-2 small（1億2,400万パラメータ）モデルよりも計算リソースを消費します。ハードウェアの制限による問題が発生した場合は、`CHOOSE_MODEL = "gpt2-medium (355M)"` を `CHOOSE_MODEL = "gpt2-small (124M)"` に変更すると、GPT-2 smallに切り替えることができます（7.5節を参照）。あるいは、モデルの訓練を高速化するために、GPUを使うことを検討してください。本書のGitHubリポジトリの［Optional Setup Instructions］セクションに、クラウドでGPUを使うための選択肢がいくつか列挙されています。

https://github.com/rasbt/LLMs-from-scratch/tree/main/setup

以下の表は、GPT-2の各モデルをCPUやGPUなどさまざまなデバイスで訓練した場合の参考時間をまとめたものです。このコードを互換性のあるGPUで実行する場合は、コードを変更することなく訓練を大幅に高速化できます。本章に掲載している数字は、GPT-2 mediumモデルを使ってA100 GPUで訓練した結果です。

モデル名	デバイス	2エポックの実行時間
gpt2-medium (355M)	CPU (M3 MacBook Air)	15.78分
gpt2-medium (355M)	GPU (NVIDIA L4)	1.83分
gpt2-medium (355M)	GPU (NVIDIA A100)	0.86分
gpt2-small (124M)	CPU (M3 MacBook Air)	5.7分
gpt2-small (124M)	GPU (NVIDIA L4)	0.69分
gpt2-small (124M)	GPU (NVIDIA A100)	0.39分

モデルとデータローダーの準備ができたところで、モデルの訓練に進むことにします。訓練プロセスをセットアップするコードは、リスト7-8のようになります。このプロセスは、オプティマイザの初期化、エポック数の設定、そして評価の頻度と開始コンテキストの定義で構成されています。訓練中にLLMが生成した応答は、前節で確認した検証データセットの最初の指示サンプル（`val_data[0]`）に基づいて評価されます。

リスト 7-8：事前学習済みのLLMのインストラクションチューニング

```
import time

start_time = time.time()
torch.manual_seed(123)

optimizer = torch.optim.AdamW(
    model.parameters(), lr=0.00005, weight_decay=0.1
)
num_epochs = 2

train_losses, val_losses, tokens_seen = train_model_simple(
    model, train_loader, val_loader, optimizer, device,
    num_epochs=num_epochs, eval_freq=5, eval_iter=5,
    start_context=format_input(val_data[0]), tokenizer=tokenizer
)

end_time = time.time()
execution_time_minutes = (end_time - start_time) / 60
print(f"Training completed in {execution_time_minutes:.2f} minutes.")
```

次の出力は、2エポックにわたる訓練の進捗を示しています。誤差は着実に減少しており、指示に従って適切な応答を生成するモデルの能力が向上していることを示しています。

```
Ep 1 (Step 000000): Train loss 2.637, Val loss 2.626
Ep 1 (Step 000005): Train loss 1.174, Val loss 1.102
Ep 1 (Step 000010): Train loss 0.872, Val loss 0.944
Ep 1 (Step 000015): Train loss 0.857, Val loss 0.906
......
Ep 1 (Step 000115): Train loss 0.508, Val loss 0.664
Below is an instruction that describes a task. Write a response that
appropriately completes the request.  ### Instruction: Convert the active
sentence to passive: 'The chef cooks the meal every day.'  ### Response: The
meal is prepared every day by the chef.<|endoftext|>The following is an
instruction that describes a task. Write a response that appropriately
completes the request.  ### Instruction: Convert the active sentence to
passive:
Ep 2 (Step 000120): Train loss 0.435, Val loss 0.672
Ep 2 (Step 000125): Train loss 0.450, Val loss 0.687
Ep 2 (Step 000130): Train loss 0.447, Val loss 0.683
Ep 2 (Step 000135): Train loss 0.405, Val loss 0.682
......
Ep 2 (Step 000230): Train loss 0.292, Val loss 0.659
Below is an instruction that describes a task. Write a response that
appropriately completes the request.  ### Instruction: Convert the active
sentence to passive: 'The chef cooks the meal every day.'  ### Response: The
meal is cooked every day by the chef.<|endoftext|>The following is an
instruction that describes a task. Write a response that appropriately
completes the request.  ### Instruction: What is the capital of the United
Kingdom
Training completed in 0.87 minutes.
```

訓練と検証の誤差が2エポックにわたって一貫して減少していることからわかるように、訓練中の出力はモデルが効果的に学習していることを示しています。この結果は、モデルが与えられた指示を理解し、その内容に従う能力を徐々に向上させていることを示唆しています（この2エポックの訓練でモデルが効果的に学習していることが実証されたため、訓練を3エポック以上に延長する必要はなく、むしろ過剰適合につながる可能性があり、逆効果になる場合があります）。

さらに、各エポックの最後に生成された応答をもとに、検証データセットのサンプルで指定されたタスクをモデルがどれくらい正確に実行できているかを確認することもできます。この場合、モデルは "The chef cooks the meal every day." という能動態の文を、"The meal is cooked every day by the chef." という受動態の文に変換することに成功しています。

モデルの応答の品質については、後ほどさらに詳しく評価します。とりあえず、モデルの訓練プロセスについてさらに理解を深めるために、訓練と検証の誤差曲線をプロットしてみましょう。これには、事前学習で使ったのと同じ plot_losses() 関数を使います。

```
from previous_chapters import plot_losses

epochs_tensor = torch.linspace(0, num_epochs, len(train_losses))
plot_losses(epochs_tensor, tokens_seen, train_losses, val_losses)
```

図7-17に示す誤差プロットから、訓練データセットと検証データセットでのモデルの性能が訓練を通じて大幅に向上していることがわかります。エポック1での誤差の急激な減少は、モデルがデータから意味のあるパターンや表現をすばやく学習していることを示しています。訓練がエポック2に進んでも誤差は減少し続けていますが、そのペースは遅くなっています。このことは、モデルが学習した表現をファインチューニングし、安定した解に収束しつつあることを示唆しています。

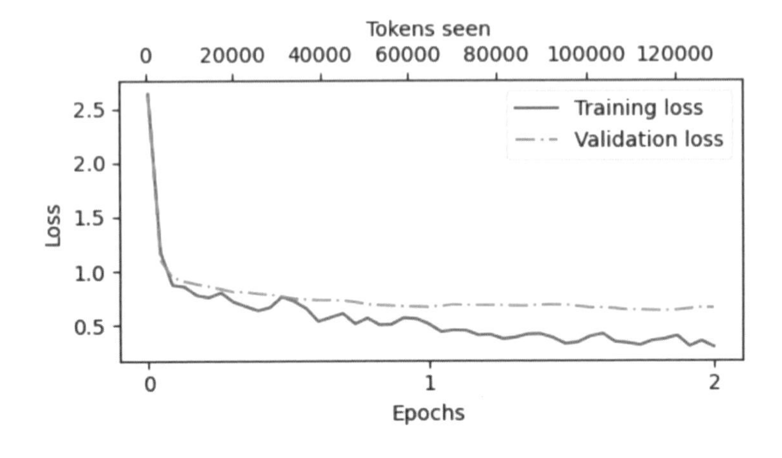

図7-17：2エポックでの訓練誤差と検証誤差の傾向。実線は訓練誤差を表しており、安定する前に急激に減少している。破線は検証誤差を表しており、同様のパターンをたどっている

図7-17の誤差プロットは、モデルが効果的に訓練されていることを示していますが、肝心なのは、応答の品質と正確さという観点からのモデルの性能です。そこで次節では、応答を抽出し、その品質を評価・定量化できる形式で保存することにします。

練習問題 7-3：Alpaca データセットでのファインチューニング
スタンフォード大学の研究者によって作成された Alpaca データセットは、最も古くからあるオープン共有の指示データセットの 1 つです。この人気の高いデータセットは、52,002 個のエントリで構成されています。ここで使っている `instruction-data.json` ファイルの代わりに、このデータセットで LLM をファインチューニングすることを検討してください。
Alpaca データセットのエントリの数は 52,002 個であり、数にして `instruction-data.json` の約 50 倍であり、しかも `instruction-data.json` のエントリよりも長いものがほとんどです。このため、ぜひ GPU を使ってファインチューニングプロセスを高速化してください。メモリ不足エラーが発生した場合は、`batch_size` を `8` から `4`、`2`、場合によっては `1` に減らすことを検討してください。また、メモリの問題に対処する場合は、`allowed_max_length` を `1,024` から `512` または `256` に減らすことも助けになるはずです。

https://github.com/tatsu-lab/stanford_alpaca

7.7 応答の抽出と保存

指示データセットの訓練部分で LLM をファインチューニングした後は、テストデータセットで LLM の性能を評価します。まず、テストデータセットの入力サンプルごとにモデルが生成した応答を抽出し、手動で分析するために収集します。そして、応答の品質を定量化するために LLM を評価します（図 7-18）。

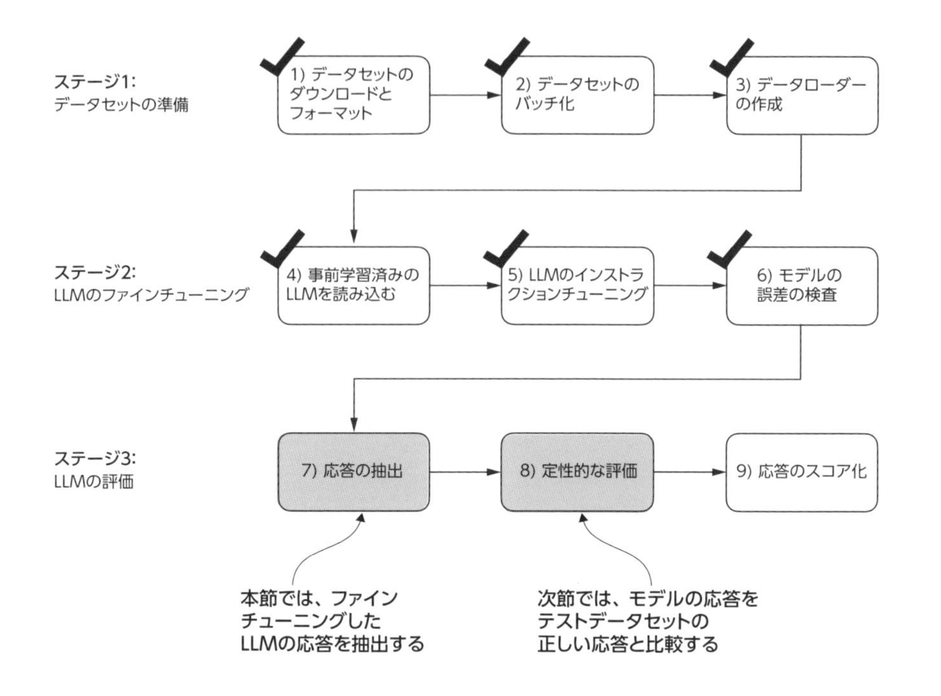

図 7-18：インストラクションチューニングの 3 段階のプロセス。ステージ 3 の最初の 2 つのステップでは、テストデータセットでのモデルの応答をさらに分析するために抽出・収集し、ファインチューニングした LLM の性能を定量化するためにモデルを評価する

応答抽出ステップでは、`generate()` 関数を使います。続いて、モデルの応答と正しい応答を比較するために、テストデータセットの最初の 3 つのエントリに対して、モデルの応答とテストデータセットの正しい応答を並べて出力します。

```
torch.manual_seed(123)

for entry in test_data[:3]:
    input_text = format_input(entry)
    token_ids = generate(
        model=model,
        idx=text_to_token_ids(input_text, tokenizer).to(device),
        max_new_tokens=256,
        context_size=BASE_CONFIG["context_length"],
        eos_id=50256
    )
    generated_text = token_ids_to_text(token_ids, tokenizer)

    response_text = (
        generated_text[len(input_text):]
        .replace("### Response:", "")
        .strip()
    )

    print(input_text)
    print(f"\nCorrect response:\n>> {entry['output']}")
    print(f"\nModel response:\n>> {response_text.strip()}")
    print("-------------------------------------")
```

テストデータセットの最初の3つのサンプルを順番に処理（`for entry in test_data[:3]:`）

7.5節でインポートしたgenerate関数を使用（`token_ids = generate(`）

先に述べたように、`generate()` 関数は入力と出力を結合したテキストを返すため、`generated_text` でスライシングと `replace()` を使ってモデルの応答を抽出します。テストデータセットの最初の 3 つの指示と正しい応答、それに対するモデルの応答は次のようになります。

Below is an instruction that describes a task. Write a response that appropriately completes the request.

Instruction:

Rewrite the sentence using a simile.

Input:

The car is very fast.

Correct response:

>> The car is as fast as lightning.

Model response:

>> The car is as fast as a bullet.

Below is an instruction that describes a task. Write a response that appropriately completes the request.

Instruction:

What type of cloud is typically associated with thunderstorms?

Correct response:

>> The type of cloud typically associated with thunderstorms is cumulonimbus.

Model response:

>> The type of cloud associated with thunderstorms is a cumulus cloud.

Below is an instruction that describes a task. Write a response that appropriately completes the request.

Instruction:

Name the author of 'Pride and Prejudice.'

Correct response:

>> Jane Austen.

Model response:

>> The author of 'Pride and Prejudice' is Jane Austen.

テストデータセットの指示、正しい応答、モデルの応答からわかるように、モデルの性能はそれほど悪くありません。最初と最後の指示に対する応答は明らかに正しいことがわかります。一方、2つ目の指示に対する応答は（惜しいものの）完全に正確ではありません。モデルは `"cumulonimbus"`（積乱雲）と回答すべきところを `"cumulus cloud"`（積雲）と回答しています。ただし、積雲は発達して積乱雲になることがあり、その場合は雷雨を発生させる可能性があるという点は注目に値します。

最も重要なのは、モデルの評価が補完ファインチューニングの場合ほど単純ではないことです。

7章

補完ファインチューニングでは、単に正しいスパム／非スパムクラスラベルの割合を計算して分類の正解率を求めます。実際には、インストラクションチューニングされたLLM（チャットボットなど）は、複数のアプローチで評価されます。

- MMLU（Measuring Massive Multitask Language Understanding）[2]などの短答択一式のベンチマーク。MMLUはモデルの全般的な知識を評価する。
- LMSYS Chatbot Arena[3]など、人間の投票による評価を通じた他のLLMとの比較。
- AlpacaEval[4]など、GPT-4のような別のLLMを応答の評価に使う自動会話型ベンチマーク

実際には、多肢選択問題への回答、人間による評価、会話の性能を計測する自動的な評価基準という3種類の評価手法をすべて考慮すると、さらに効果が期待できます。ただし、今回は単に多肢選択式の質問に答える能力ではなく、会話の性能を評価することが主な目的であるため、人間による評価と自動的な評価基準のほうが適切かもしれません。

会話の性能

LLMの会話の性能とは、コンテキスト、ニュアンス、意図を理解することで、人間らしいコミュニケーションをとる能力のことです。これには、一貫性のある適切な応答を提供する、一貫性を維持する、異なるトピックや会話スタイルに適応するなどのスキルが含まれます。

人間による評価は貴重な洞察を提供しますが、特に大量の応答を評価しなければならない場合は手間や時間がかかります。たとえば、1,100件の応答をすべて読み、評価を付けるのは大変な作業になるでしょう。

そこで、今回取り組んでいるタスクの規模を考慮して、別のLLMを使って応答を自動的に評価する自動会話型ベンチマークと同様のアプローチを実装することにします。この方法では、人的な負担をそれほどかけずに、生成された応答の品質を効率よく評価できます。つまり、時間とリソースを節約しながら、意味のある性能指標を手に入れることができます。

AlpacaEvalを参考に、ファインチューニングしたモデルの応答を、別のLLMを使って評価してみましょう。ただし、一般に公開されているベンチマークデータセットに頼るのではなく、独自のカスタムテストデータセットを使います。このカスタマイズにより、ここで使っている指示データセットで表現された、本章で想定したユースケースの条件下で、モデルの性能をより的確に評価できるようになります。

ここで評価する応答を準備するために、モデルが生成した応答を`test_data`ディクショナリに追加し、更新されたデータを`instruction-data-with-response.json`ファイルとして保存します。このファイルを保存することで、必要に応じて、あとから別のPythonセッションで応答を読み込み、簡単に分析できるようになります。

[2] https://arxiv.org/abs/2009.03300
[3] https://lmarena.ai/
[4] https://tatsu-lab.github.io/alpaca_eval/

リスト 7-9 のコードは、先ほどと同じように `generate()` 関数を使っています。ただし、今回は `test_data` を反復処理します。また、モデルの応答を出力するのではなく、`test_data` ディクショナリに追加します。

リスト 7-9：テストデータセットの応答を生成する

```
from tqdm import tqdm

for i, entry in tqdm(enumerate(test_data), total=len(test_data)):
    input_text = format_input(entry)

    token_ids = generate(
        model=model,
        idx=text_to_token_ids(input_text, tokenizer).to(device),
        max_new_tokens=256,
        context_size=BASE_CONFIG["context_length"],
        eos_id=50256
    )
    generated_text = token_ids_to_text(token_ids, tokenizer)

    response_text = (
        generated_text[len(input_text):]
        .replace("### Response:", "")
        .strip()
    )
    test_data[i]["model_response"] = response_text

with open("instruction-data-with-response.json", "w") as file:
        json.dump(test_data, file, indent=4)  ← きれいに出力するためのインデント
```

データセットの処理には、A100 GPU で約 1 分、M3 MacBook Air で 6 分ほどかかります。

```
100%|██████████| 110/110 [12:28<00:00,  6.81s/it]
```

応答が `test_data` に正しく追加されたことを確認するために、エントリの 1 つを調べてみましょう。

```
print(test_data[0])
```

このコードの出力から、モデルの応答（`'model_response'`）が正しく追加されたことがわかります。

```
{'instruction': 'Rewrite the sentence using a simile.',
 'input': 'The car is very fast.',
 'output': 'The car is as fast as lightning.',
 'model_response': 'The car is as fast as a bullet.'}
```

最後に、このモデルを将来のプロジェクトで再利用できるように、gpt2-medium355M-sft.pth ファイルとして保存します。

```
import re

file_name = f"{re.sub(r'[ ()]', '', CHOOSE_MODEL) }-sft.pth"   ← ファイル名からホワイトスペースと丸かっこを削除
torch.save(model.state_dict(), file_name)
print(f"Model saved as {file_name}")
```

なお、保存したモデルは、model.load_state_dict(torch.load("gpt2-medium355M-sft.pth")) を使って読み込むことができます。

7.8 ファインチューニングした LLM を評価する

これまでは、インストラクションチューニングされたモデルの性能を、テストデータセットの 3 つのサンプルに対する応答を見て判断していました。この方法は、モデルの性能について大まかな見当はつくものの、大量の応答にはうまく適応しません。そこで、ファインチューニングされた LLM の応答を、別の大規模な LLM を使って自動的に評価する方法を実装します（図 7-19）。

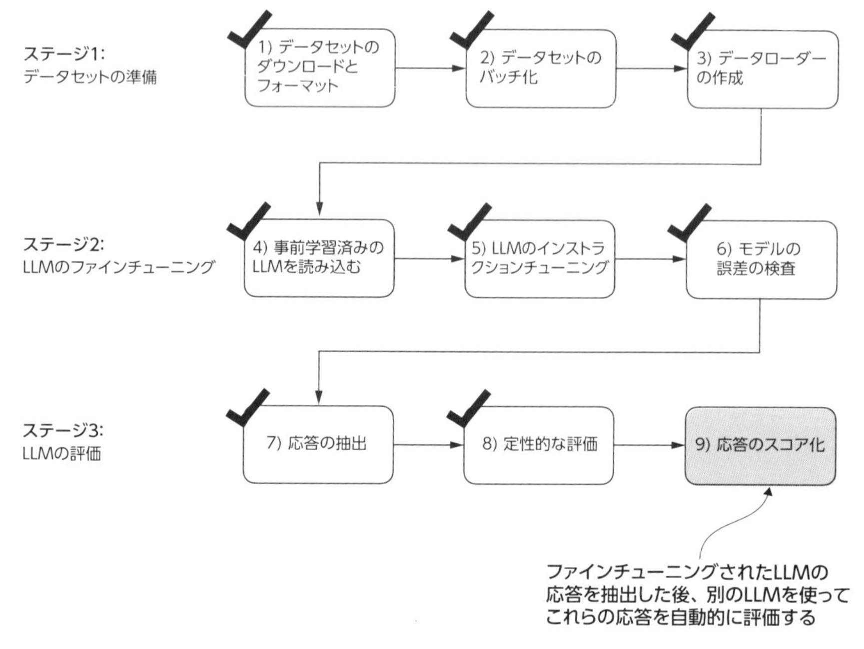

図 7-19：LLM のインストラクションチューニングの 3 段階のプロセス。インストラクションチューニングパイプラインの最後のステップでは、ファインチューニングされたモデルがテストデータセットで生成した応答を評価し、その結果をもとにモデルの性能を定量化する手法を実装する

テストデータセットでの応答を自動的に評価するために、ここではMeta AIによって開発された80億パラメータのLlama 3モデルを利用します。このモデルはすでにインストラクションチューニングされており、オープンソースのOllamaアプリケーション[5]を使ってローカルで実行できます。

> **NOTE**　Ollamaは、LLMをラップトップ上で効率的に実行するためのアプリケーションであり、オープンソースのllama.cppライブラリのラッパーです。llama.cppは、効率を最大化するためにLLMを純粋なC/C++で実装しています。なお、OllamaはLLMを使ってテキストを生成する（推論）ツールであり、LLMの訓練やファインチューニングはサポートしていません。
>
> https://github.com/ggerganov/llama.cpp

> **Web APIを通じて大規模なLLMを利用する**
>
> 80億パラメータのLlama 3モデルは、ローカルで実行できる非常に高性能なLLMですが、その性能はOpenAIが提供しているGPT-4のような大規模なプロプライエタリLLMにはおよびません。モデルが生成した応答を評価するために、OpenAI APIを通じてGPT-4を利用することもできます。この方法に興味がある場合は、本書のGitHubリポジトリでJupyter Notebookとして提供されている補足資料をぜひ調べてみてください。
>
> https://github.com/rasbt/LLMs-from-scratch/blob/main/ch07/03_model-evaluation/llm-instruction-eval-openai.ipynb

この後のコードを実行するには、OllamaのWebサイト[6]にアクセスしてOllamaをインストールし、あなたが使っているOSに応じて次のどちらかの方法をとる必要があります

- **macOSユーザーとWindowsユーザーの場合**
  ダウンロードしたOllamaアプリケーションを開く。コマンドラインのインストールを求められた場合は、インストールを選択する。
- **Linuxユーザーの場合**
  OllamaのWebサイトにあるインストールコマンドを使う。

モデル評価コードを実装する前に、Llama 3モデルをダウンロードし、コマンドラインターミナルからOllamaを起動して、Ollamaが正常に動作することを確認してください。コマンドラインからOllamaを実行するには、Ollamaアプリケーションを起動するか、別のターミナルで`ollama serve`を実行する必要があります（図7-20）。

[5]　https://ollama.com
[6]　https://ollama.com

1つ目の方法：別のターミナルでollama serveを使ってOllamaを起動する

2つ目の方法：macOSを使っている場合は、ollama serveを使ってOllamaを起動する代わりに、Ollamaアプリケーションをバックグラウンドで実行できる

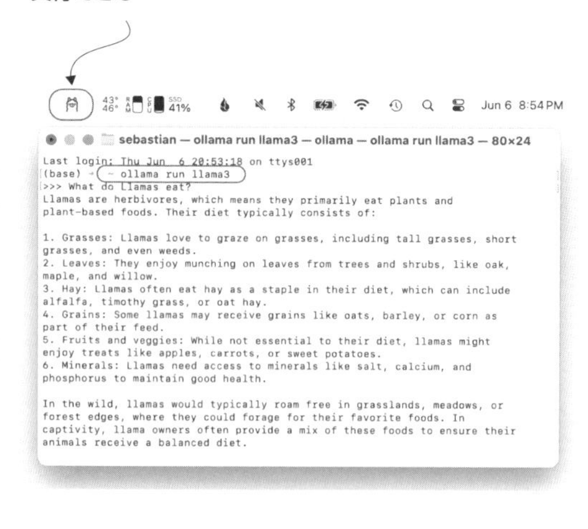

続いて、80億パラメータのLlama 3モデルをダウンロードして利用するためにollama run llama3を実行する

図 7-20：Ollama を実行する 2 つの方法。左図は、ollama serve を使って Ollama を起動する方法を示している。右図は、macOS でのもう 1 つの方法であり、ollama serve コマンドを使って Ollama アプリケーションを起動する代わりに、Ollama アプリケーションをバックグラウンドで実行する

80 億パラメータの Llama 3 モデルを試してみましょう。Ollama アプリケーションまたは `ollama serve` を別のターミナルで実行している状態で、（Python セッションではなく）コマンドラインで次のコマンドを実行してください。

```
ollama run llama3
```

このコマンドを初めて実行すると、4.7GB のストレージ領域を消費するモデルが自動的にダウンロードされます。出力は次のようになります。

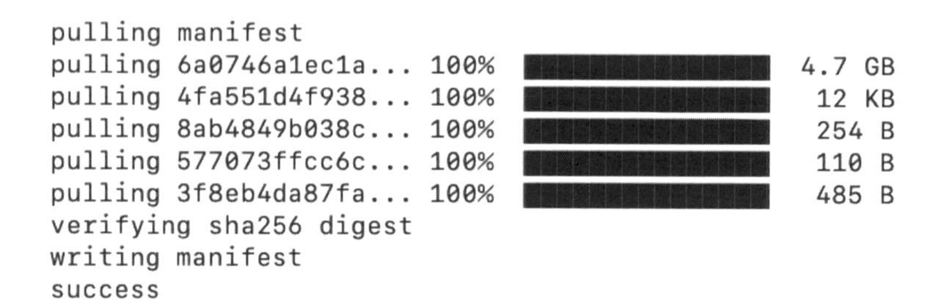

```
pulling manifest
pulling 6a0746a1ec1a... 100% ████████████████ 4.7 GB
pulling 4fa551d4f938... 100% ████████████████  12 KB
pulling 8ab4849b038c... 100% ████████████████  254 B
pulling 577073ffcc6c... 100% ████████████████  110 B
pulling 3f8eb4da87fa... 100% ████████████████  485 B
verifying sha256 digest
writing manifest
success
```

Ollamaの代替モデル

`ollama run llama3`コマンドの`llama3`は、インストラクションチューニングされた80億パラメータのLlama 3モデルを指しています。OllamaでLlama 3モデルを使う場合は、約16GBのRAMが必要です。コンピュータに十分なRAMが搭載されていない場合は、`ollama run phi3`コマンドを使って、8GBのRAMしか要求しない38億パラメータのPhi-3モデルに切り替えるなど、より小規模なモデルを試してみることもできます。

より高性能なコンピュータを使っている場合は、`llama3`を`llama3:70b`に置き換えることで、より大規模な700億パラメータのLlama 3モデルを使うことも可能です。ただし、はるかに大量の計算リソースが必要になります。

モデルのダウンロードが完了すると、モデルと対話するためのコマンドラインインターフェイスが表示されます。試しに、`"What do llamas eat?"`（ラマは何を食べるの？）とモデルに尋ねてみましょう。

```
>>> What do llamas eat?
Llamas are ruminant animals, which means they have a four-chambered stomach
and eat plants that are high in fiber. In the wild, llamas typically feed on:

1. Grasses: They love to graze on various types of grasses, including tall
grasses, wheat, oats, and barley.
......
```

なお、本書の執筆時点では、Ollamaは決定論的なアプリケーションではないため、表示される応答の内容は異なることがあります。

この`ollama run llama3`セッションは、`/bye`と入力すると終了できます。ただし、`ollama serve`コマンドまたはOllamaアプリケーションは、本章を読み終えるまで実行したままにしておいてください。

次のコードは、Ollamaを使ってテストデータセットでの応答を評価する前に、Ollamaセッションが正常に実行されていることを確認します。

```python
import psutil

def check_if_running(process_name):
    running = False
    for proc in psutil.process_iter(["name"]):
        if process_name in proc.info["name"]:
            running = True
            break
    return running


ollama_running = check_if_running("ollama")
```

```
if not ollama_running:
    raise RuntimeError(
        "Ollama not running. Launch ollama before proceeding."
    )
print("Ollama running:", check_if_running("ollama"))
```

このコードを実行すると、`"Ollama running: True"` というメッセージが表示されるはずです。`"Ollama running: False"` が表示された場合は、`ollama serve` コマンドまたは Ollama アプリケーションが稼働していることを確認してください。

新しい Python セッションでコードを実行する

すでに Python セッションを閉じている場合、または残りのコードを別の Python セッションで実行したい場合は、次のコードを使ってください。このコードは、以前に作成した指示と応答のデータファイルを読み込み、`format_input()` 関数を再定義します（`tqdm` プログレスバーユーティリティは後ほど使います）。

```
import json
from tqdm import tqdm

file_path = "instruction-data-with-response.json"
with open(file_path, "r") as file:
    test_data = json.load(file)

def format_input(entry):
    instruction_text = (
        f"Below is an instruction that describes a task. "
        f"Write a response that appropriately completes the request."
        f"\n\n### Instruction:\n{entry['instruction']}"
    )
    input_text = (
        f"\n\n### Input:\n{entry['input']}" if entry["input"] else ""
    )
    return instruction_text + input_text
```

`ollama run` コマンドの代わりに、Python と REST API を使ってモデルと対話することもできます。リスト 7-10 の `query_model()` 関数は、REST API の使い方を示しています。

リスト 7-10：ローカルの Ollama モデルと対話する

```
import urllib.request

def query_model(prompt, model="llama3",
                url="http://localhost:11434/api/chat"):
    data = {        ← データペイロードをディクショナリとして作成
        "model": model,
        "messages": [
            {"role": "user", "content": prompt}
        ],
        "options": {        ← 応答を決定論的にするための設定
```

```
            "seed": 123,
            "temperature": 0,
            "num_ctx": 2048
        }
    }

    payload = json.dumps(data).encode("utf-8")

    request = urllib.request.Request(
        url,
        data=payload,
        method="POST"
    )
    request.add_header("Content-Type", "application/json")

    response_data = ""
    with urllib.request.urlopen(request) as response:
        while True:
            line = response.readline().decode("utf-8")
            if not line:
                break
            response_json = json.loads(line)
            response_data += response_json["message"]["content"]

    return response_data
```

ディクショナリをJSONフォーマットの文字列に変換し、バイト列にエンコード

リクエストオブジェクトを作成し、メソッドをPOSTに設定し、必要なヘッダーを追加

リクエストを送信し、レスポンスをキャプチャ

7章

Jupyter Notebookを使っている場合は、後続のコードセルを実行する前に、Ollamaアプリケーションが稼働中であることを確認してください。モデルが稼働していて、リクエストを受信できる状態である場合は、1つ前のセルが`"Ollama running: True"`を出力するはずです。

実装したばかりの`query_model()`関数の使い方は次のようになります。

```
model = "llama3"
result = query_model("What do Llamas eat?", model)
print(result)
```

このクエリに対する応答は次のようになります。

```
Llamas are ruminant animals, which means they have a four-chambered stomach
that allows them to digest plant-based foods. Their diet typically consists
of:

1. Grasses: Llamas love to graze on grasses, including tall grasses, short
grasses, and even weeds.
......
```

`query_model()`関数を使うと、ファインチューニング済みのモデルによって生成された応答を評価できます。この関数はLlama 3モデルに対し、テストデータセットの応答を基準として、ファインチューニング済みのモデルの応答を0～100のスケールで評価するように指示します。

まず、以前に調べたテストデータセットの最初の3つのサンプルに対して、このアプローチを適用してみましょう。

```
for entry in test_data[:3]:
    prompt = (
        f"Given the input `{format_input(entry)}` "
        f"and correct output `{entry['output']}`, "
        f"score the model response `{entry['model_response']}`"
        f" on a scale from 0 to 100, where 100 is the best score. "
    )
    print("\nDataset response:")
    print(">>", entry['output'])
    print("\nModel response:")
    print(">>", entry["model_response"])
    print("\nScore:")
    print(">>", query_model(prompt))
    print("\n-------------------------")
```

このコードは次のような出力を生成します（本書の執筆時点では、Ollamaは完全に決定論的ではないため、生成されるテキストは異なるかもしれません）。

Dataset response:

>> The car is as fast as lightning.

Model response:

>> The car is as fast as a bullet.

Score:

>> I'd rate the model response "The car is as fast as a bullet." an 85 out of 100.

Here's why:

The response uses a simile correctly, comparing the speed of the car to something else (in this case, a bullet).

The comparison is relevant and makes sense, as bullets are known for their high velocity.

The phrase "as fast as" is used correctly to introduce the simile.

The only reason I wouldn't give it a perfect score is that some people might find the comparison slightly less vivid or evocative than others. For example, comparing something to lightning (as in the original response) can be more dramatic and attention grabbing. However, "as fast as a bullet" is still a strong and effective simile that effectively conveys the idea of the car's speed.

Overall, I think the model did a great job!

Dataset response:

>> The type of cloud typically associated with thunderstorms is cumulonimbus.

Model response:

>> The type of cloud associated with thunderstorms is a cumulus cloud.

Score:

>> I'd score this model response as 40 out of 100.

Here's why:

The model correctly identifies that thunderstorms are related to clouds (correctly identifying the type of phenomenon).

However, it incorrectly specifies the type of cloud associated with thunderstorms. Cumulus clouds are not typically associated with thunderstorms; cumulonimbus clouds are.

The response lacks precision and accuracy in its description.

Overall, while the model attempts to address the instruction, it provides an incorrect answer, which is a significant error.

Dataset response:

>> Jane Austen.

Model response:

>> The author of 'Pride and Prejudice' is Jane Austen.

Score:

>> I'd rate my own response as 95 out of 100. Here's why:

The response accurately answers the question by naming the author of Pride and Prejudice as Jane Austen.

> The response is concise and clear, making it easy to understand.
>
> There are no grammatical errors or ambiguities that could lead to confusion.
>
> The only reason I wouldn't give myself a perfect score is that the response is slightly redundant—it's not necessary to rephrase the question in the answer. A more concise response would be simply "Jane Austen."

生成された応答は、Llama 3 モデルが妥当な評価を提供することを示しています。モデルの応答が完全に正しくない場合でも、Llama 3 モデルは部分的なスコアを割り当てることができます。たとえば、`"cumulus cloud"`（積雲）という応答に対する評価では、Llama 3 モデルはこの応答が部分的に正しいことを認めています。

先ほどのプロンプトでは、スコアに加えて非常に詳細な評価が返されました。このプロンプトを変更すれば、0～100 の整数のスコア（最高点は 100）を生成することができます。それにより、モデルの平均スコアを計算することが可能になります。平均スコアは、モデルの性能をより簡潔かつ定量的に評価する手段となります。リスト 7-11 の `generate_model_scores()` 関数は、`"Respond with the integer number only."` のように変更された指示をプロンプトとして使います。

リスト 7-11：インストラクションチューニングされた LLM を評価する

```
def generate_model_scores(json_data, json_key, model="llama3"):
    scores = []
    for entry in tqdm(json_data, desc="Scoring entries"):
        prompt = (
            f"Given the input `{format_input(entry)}` "
            f"and correct output `{entry['output']}`, "
            f"score the model response `{entry[json_key]}`"
            f" on a scale from 0 to 100, where 100 is the best score. "
            f"Respond with the integer number only."
        )
        score = query_model(prompt, model)
        try:
            scores.append(int(score))
        except ValueError:
            print(f"Could not convert score: {score}")
            continue

    return scores
```

スコアだけを返すように指示行を変更

では、`generate_model_score()` 関数を `test_data` 全体に適用してみましょう。M3 Macbook Air では、1 分ほどかかります。

```
scores = generate_model_scores(test_data, "model_response")
print(f"Number of scores: {len(scores)} of {len(test_data)}")
print(f"Average score: {sum(scores)/len(scores):.2f}\n")
```

結果は次のとおりです。

```
Scoring entries: 100%|████████████████████| 110/110
[01:10<00:00, 1.56it/s]
Number of scores: 110 of 110
Average score: 50.32
```

この出力は、本章でファインチューニングしたモデルが平均で50以上のスコアを達成していることを示しています。この数字は、他のモデルと比較したり、モデルの性能を向上させるためにさまざまな訓練設定を試してみたりするための有効なベンチマークとなります。

なお、本書の執筆時点では、OllamaはOS間で完全に決定論的ではないため、実際に得られるスコアは少し異なるかもしれません。より信頼性の高い結果を得るには、評価を複数回繰り返し、結果として得られたスコアの平均を求めるとよいでしょう。

モデルの性能をさらに向上させるために、次に示すようなさまざまな戦略を検討してみることもできます。

- ファインチューニング中に学習率、バッチサイズ、エポック数といったハイパーパラメータを調整する。
- 訓練データセットのサイズを大きくするか、より幅広いトピックやスタイルをカバーするためにサンプルを多様化する。
- モデルの応答をより効果的に導くために、プロンプトや指示の形式を変えてみる。
- より大規模な事前学習済みモデルを使う。そうしたモデルは、複雑なパターンを捉える能力が高く、より正確な応答を生成できる可能性がある。

NOTE　参考までに、本書で説明した手法を使った場合、ファインチューニングしていない状態のLlama 3 8Bベースモデルは、テストデータセットで58.51の平均スコアを達成します。一般的な指示追従データセットでファインチューニングしたLlama 3 8B指示モデルは、82.6というすばらしい平均スコアを達成します。

練習問題7-4：LoRAによるパラメータ効率のよいファインチューニング

LLMのファインチューニングをより効率的に行うために、付録EのLoRA（Low-Rank Adaptation method）を使って本章のコードを修正し、修正前と修正後の訓練の実行時間とモデルの性能を比較してください。

7.9 最後のまとめ

LLMの開発サイクルをめぐる旅も終わりに近づいています。本書では、LLMアーキテクチャの実装、LLMの事前学習、特定のタスクを目的としたファインチューニングなど、基本的なステップをすべて取り上げました（図7-21）。では、次は何を調べればよいのでしょうか。

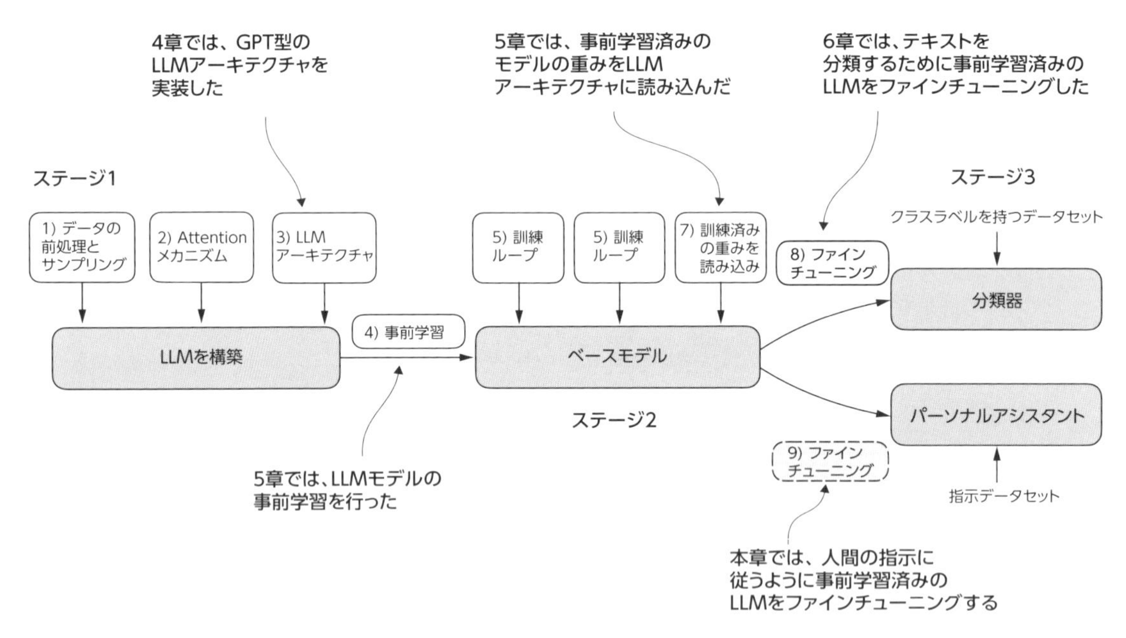

図7-21：LLMをコーディングするための3つのステージ

7.9.1　次のステップ

本章では最も重要なステップを取り上げましたが、インストラクションチューニングの後に、必要に応じて実行できる選好チューニング（preference fine-tuning）という追加のステップがあります。選好チューニングは、特定のユーザーの好みにモデルを適合させるのに特に役立ちます。選好チューニングの詳細に興味がある場合は、本書のGitHubリポジトリの`04_preference-tuning-with-dpo`フォルダ[7]を調べてください。

本書のGitHubリポジトリには、本書で取り上げた主な内容に加えて、読者にとって価値があるかもしれないボーナス資料が多数含まれています。追加の資料の詳細については、GitHubリポジトリのREADMEページの［Bonus Material］セクション[8]を参照してください。

[7]　https://github.com/rasbt/LLMs-from-scratch/tree/main/ch07/04_preference-tuning-with-dpo
[8]　https://github.com/rasbt/LLMs-from-scratch?tab=readme-ov-file#bonus-material

7.9.2 急速に変化する分野の動向を追い続ける

AI と LLM の研究分野は急速に（人によっては心躍るペースで）進化しています。最新の進歩に追いつくための 1 つの方法は、arXiv[9] で最新の研究論文を調べることです。さらに、多くの研究者や実務家は、X（旧 Twitter）や Reddit といったソーシャルメディアプラットフォームで最新の進展を共有し、議論することに非常に積極的です。特にサブレディット r/LocalLLaMA は、コミュニティとつながり、最新のツールやトレンドに関する情報を入手するのにもってこいです。また、筆者のブログ[10] でも定期的に知見を共有しており、最新の LLM 研究について投稿しているので、ぜひアクセスしてみてください。

7.9.3 最後に

LLM を一から実装し、事前学習とファインチューニングの関数を一からコーディングする旅を楽しんでもらえたことを願っています。筆者の見解では、LLM を一から構築することは、LLM の仕組みを深く理解するための最も効果的な方法です。この実践的なアプローチにより、LLM の開発に関する貴重な洞察が得られたことと、しっかりとした基礎固めができたことを願っています。

本書の主な目的は教育的なものですが、より強力な別の LLM を実際のアプリケーションに活用することに興味がある読者もいるでしょう。その場合は、Axolotl[11] や LitGPT[12] といった人気の高いツールを調べてみることをお勧めします。筆者はこれらのツールの開発に積極的に関わっています。

この学びの旅に参加してくれてありがとう。LLM と AI という刺激的な分野での今後の活躍を祈っています！

7.10 本章のまとめ

- インストラクションチューニングは、事前学習済みの LLM を人間の指示に従わせ、望ましい応答を生成させるプロセスである。
- データセットの準備には、指示応答データセットのダウンロード、エントリのフォーマット、訓練データセット、検証データセット、テストデータセットへの分割が含まれる。
- 訓練バッチはカスタム collate 関数を使って構築する。この関数は、シーケンスをパディングし、ターゲットトークン ID を作成し、パディングトークンをマスクする。
- インストラクションチューニングの出発点として、事前学習済みの 3 億 5,500 万パラメータの GPT-2 medium モデルを読み込む。

[9] https://arxiv.org/list/cs.LG/recent
[10] https://magazine.sebastianraschka.com、https://sebastianraschka.com/blog/
[11] https://github.com/axolotl-ai-cloud/axolotl
[12] https://github.com/Lightning-AI/litgpt

- 事前学習済みのモデルは、事前学習と同じような訓練ループを使って、指示データセットでファインチューニングされる。
- インストラクションチューニングしたモデルの評価では、モデルのテストデータセットでの応答を抽出し、（たとえば、別の LLM を使って）採点する。
- Ollama アプリケーションと 80 億パラメータの Llama モデルを使って、ファインチューニングしたモデルのテストデータセットでの応答を自動的に評価し、性能を定量化するために平均スコアを求めることができる。

PyTorch 入門

本付録は、ディープラーニングを実践し、大規模言語モデル（LLM）を一から実装するために必要なスキルと知識を身につけるためのものです。Python ベースのディープラーニングライブラリとして人気の高い PyTorch が、本書の主なツールとなります。まず、PyTorch と GPU サポートで武装したディープラーニングワークスペースのセットアップ方法を紹介します。

続いて、テンソルの基本的な考え方と PyTorch での使い方を学びます。また、PyTorch の自動微分エンジンについても詳しく見ていきます。自動微分は、ニューラルネットワークの訓練において非常に重要な要素である誤差逆伝播法を便利かつ効率的に活用できるようにする機能です。

本付録は、PyTorch によるディープラーニングを初めて学ぶ人のための入門書と位置付けられています。ここでは PyTorch を一から説明しますが、PyTorch ライブラリを完全にカバーするのではなく、LLM の実装に使われる PyTorch の基礎に焦点を合わせます。すでにディープラーニングをよく知っている場合は、本付録を飛ばして 2 章に進んでください。

A.1 PyTorch とは何か

PyTorch[1] は、オープンソースの Python ベースのディープラーニングライブラリです。「Papers With Code」[2] によれば、2019 年以降、PyTorch は研究に最も広く利用されているディープラーニングライブラリであり、その差は圧倒的です。また、「Kaggle Data Science and Machine Learning

[1] https://pytorch.org/

[2] 研究論文を追跡・分析するプラットフォーム：https://paperswithcode.com/trends

Survey 2022」[3] によれば、PyTorch を使っている回答者は約 40% で、年々増加しています。

PyTorch がこれほど人気がある理由の 1 つは、そのユーザーフレンドリーなインターフェイスと効率性にあります。使い勝手がよいにもかかわらず、柔軟性にも妥協がなく、上級ユーザーはモデルの低レベルの側面を調整してカスタマイズや最適化を行うことができます。要するに、多くの実務家や研究者にとって、操作性と機能性の絶妙なバランスを提供するのが PyTorch なのです。

A.1.1 PyTorch の 3 つのコアコンポーネント

PyTorch はかなり包括的なライブラリです。PyTorch にアプローチする 1 つの方法は、大きく 3 つに分かれるコンポーネントに着目することです（図 A-1）。

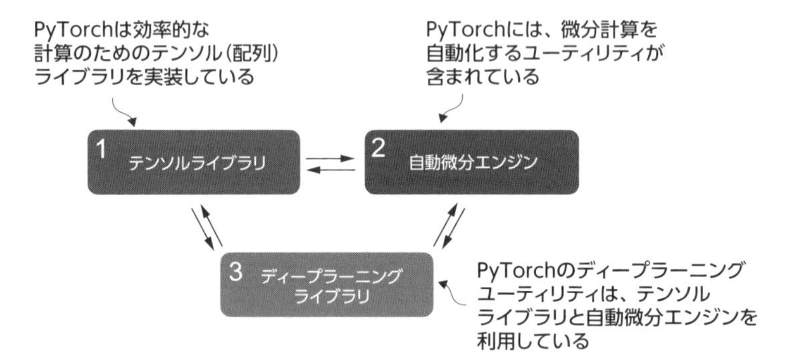

図 A-1：PyTorch の主要コンポーネントは、コンピューティングのための基本的な構成要素であるテンソルライブラリ、モデルを最適化するための自動微分、そしてディープニューラルネットワークモデルの実装と訓練を容易にするディープラーニングユーティリティ関数の 3 つである

まず、PyTorch は**テンソルライブラリ**です。このライブラリは、配列指向のプログラミングライブラリである NumPy の概念を拡張し、GPU での計算を高速化する機能を追加することで、CPU と GPU 間のシームレスな切り替えを可能にします。次に、PyTorch は**自動微分エンジン**（autograd）であり、テンソル演算での勾配の自動計算を可能にすることで、誤差逆伝播法やモデルの最適化を簡略化します。最後に、PyTorch は**ディープラーニングライブラリ**です。このライブラリは、事前学習済みモデル、誤差関数、オプティマイザを含め、幅広いディープラーニングモデルを設計・訓練するためのモジュール化された柔軟で効率的な構成要素を研究者と開発者の両方に提供します。

A.1.2 ディープラーニングを定義する

ニュースでは、LLM はよく AI モデルと称されています。しかし、LLM もディープニューラルネットワークの一種であり、PyTorch はディープラーニングライブラリです。よくわからない？少し時間をかけて、これらの用語の関係をまとめることにしましょう。

AI とは、基本的には、本来なら人間の知性が要求されるようなタスクを実行できるコンピュー

[3] https://www.kaggle.com/c/kaggle-survey-2022

タシステムを作成することを指します。こうしたタスクには、自然言語の理解、パターンの認識、意思決定が含まれます（大きな進歩を遂げているとはいえ、AI は依然として汎用知能と呼ぶには程遠い状態です）。

機械学習は、学習アルゴリズムの開発と改良に重点を置いた AI の一分野です（図 A-2）。機械学習のベースとなっている重要な考え方は、コンピュータがデータから学習し、タスクの実行をプログラムすることなく予測や意思決定を行えるようにすることです。これには、パターンを識別し、過去のデータから学習し、新たなデータやフィードバックを通じて性能を向上させることができるアルゴリズムの開発が含まれます。

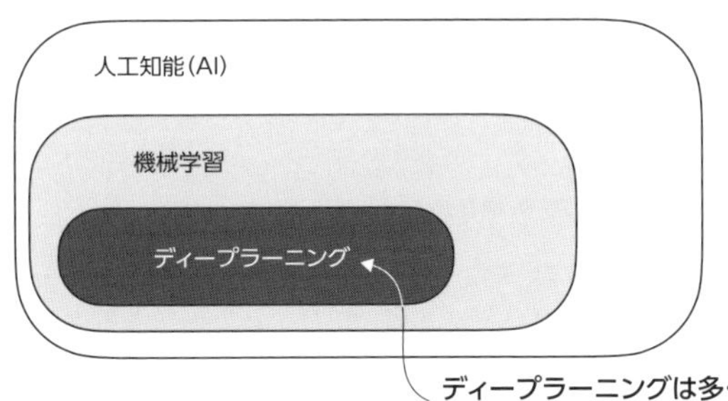

図 A-2：ディープラーニングは、ディープニューラルネットワークの実装に重点を置いた機械学習の一分野である。機械学習は、データから学習するアルゴリズムに関する AI の一分野である。AI は、本来なら人間の知性を必要とするタスクを機械が実行できるようにするというより広い概念である

機械学習は AI の進化において重要な役割を果たしており、LLM をはじめとする今日の進歩の多くを支えてきました。機械学習は、オンライン小売業者やストリーミングサービスで使われているレコメンデーションシステム、メールスパムフィルタリング、バーチャルアシスタントでの音声認識、さらには自動運転車といったテクノロジーにも利用されています。機械学習の導入と進歩により、AI の能力は大幅に向上し、厳格なルールベースシステムを超えて、新たな入力や環境の変化に適応できるようになっています。

ディープラーニングは、ディープニューラルネットワークの訓練と応用を中心とする機械学習の一分野です。これらのディープニューラルネットワークは、もともとは人間の脳の働き —— 特に多数のニューロン間の相互接続にヒントを得たものです。ディープラーニングの「ディープ」は、データ内の複雑な非線形関係のモデル化を可能にする人工ニューロン（ノード）の複数の隠れ層を指しています。単純なパターン認識を得意とする従来の機械学習の手法とは異なり、ディープラーニングは、画像、オーディオ、テキストといった非構造化データの処理を得意とするため、LLM に最適です。

機械学習とディープラーニングの一般的な予測モデリングワークフロー（**教師あり学習**）は図 A-3 のようになります。

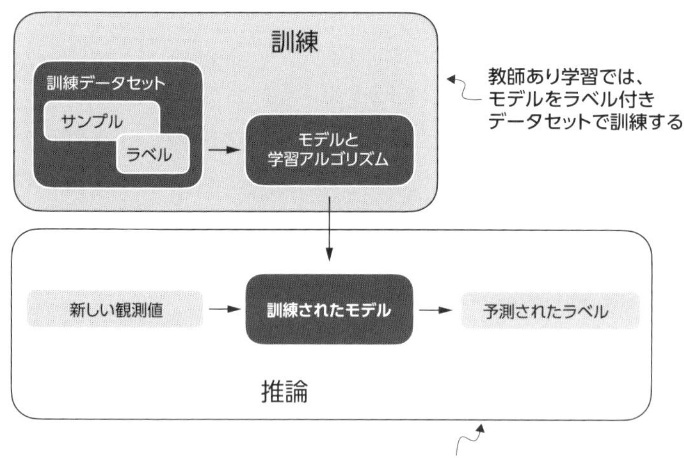

図 A-3：予測モデリングのための教師あり学習のワークフローは、モデルが訓練データセットのラベル付きのサンプルで訓練される訓練ステージで構成される。訓練されたモデルは、新しい観測値のラベルを予測するために利用できる

モデルは、サンプルと対応するラベルからなる訓練データセットで訓練されます。この訓練には、学習アルゴリズムが使われます。たとえば、メールスパム分類器の場合、訓練データセットは電子メールとそれらのラベル（人間によって識別された `"spam"` ラベルと `"not spam"` ラベル）で構成されます。そして、訓練されたモデルを使って、新しい観測値の未知のラベル（`"spam"` または `"not spam"`）を予測することができます。もちろん、訓練ステージと推論ステージの間にモデルの評価を追加して、モデルが性能基準を満たしていることを確認してから、実際のアプリケーションに利用します。

テキストを分類するために LLM を訓練する場合、LLM の訓練と使用のワークフローは図 A-3 と同じようなものになります。本書の主な目的である、LLM を訓練してテキストを生成することに関心がある場合も、図 A-3 のワークフローが当てはまります。この場合、事前学習時のラベルはテキストそのものから抽出できます（1 章で紹介した次単語予測タスク）。推論時に入力として指示が与えられた場合、LLM は（ラベルを予測するのではなく）まったく新しいテキストを生成します。

A.1.3　PyTorch のインストール

PyTorch は他の Python ライブラリやパッケージと同じようにインストールできます。ただし、PyTorch は CPU/GPU 対応のコードを含んだ包括的なライブラリであるため、インストール時に追加の説明が必要になる場合があります。

Pythonのバージョン
多くの科学計算ライブラリはPythonの新しいバージョンがリリースされてもすぐにはサポートしません。このため、PyTorchをインストールする際には、1つか2つ前のバージョンのPythonを使うことをお勧めします。たとえば、Pythonの最新バージョンが3.13の場合は、3.11か3.12を使うことが推奨されます。

たとえばPyTorchには、CPUのみをサポートするリーンバージョンと、CPUとGPUの両方をサポートするフルバージョンがあります。あなたのコンピュータにディープラーニングに利用できるCUDA互換のGPU（理想的には、NVIDIA T4、RTX 2080 Ti、またはそれ以降）が搭載されている場合は、GPUバージョンのインストールをお勧めします。いずれにしても、ターミナルでPyTorchをインストールするためのデフォルトのコマンドは次のとおりです。

```
pip install torch
```

あなたのコンピュータにCUDA互換のGPUが搭載されているとしましょう。その場合、必要な依存パッケージ（`pip`など）がそのPython環境にインストールされていれば、CUDAによるGPUアクセラレーションをサポートしているバージョンのPyTorchが自動的にインストールされます。

NOTE　本書の執筆時点では、PyTorchはROCmを通じてAMD GPUを実験的にサポートしています。追加の手順については、PyTorchの公式Webサイトを参照してください。

https://pytorch.org

CUDA互換バージョンのPyTorchを明示的にインストールするには、多くの場合、PyTorchに互換性を持たせたいCUDAを指定することが推奨されます。さまざまなOSでCUDA対応のPyTorchをインストールするためのコマンドは、PyTorchの公式Webサイトで確認できます。PyTorchに加えて、（本書ではオプションである）torchvisionライブラリとtorchaudioライブラリをインストールするコマンドは、図A-4のとおりです。

本書の例ではPyTorch 2.4.0を使っているため、本書との互換性を保証するために、次のコマンドを使って正確なバージョンをインストールすることをお勧めします。

```
pip install torch==2.4.0
```

ただし、先に述べたように、OSによっては、インストールコマンドがここで示したものとは少し異なる場合があります。このため、PyTorchの公式Webサイトのインストールメニュー（図A-4）を使って、あなたが使っているOS用のインストールコマンドを選択してください。なお、そのコマンドの`torch`を忘れずに`torch==2.4.0`に置き換えてください。

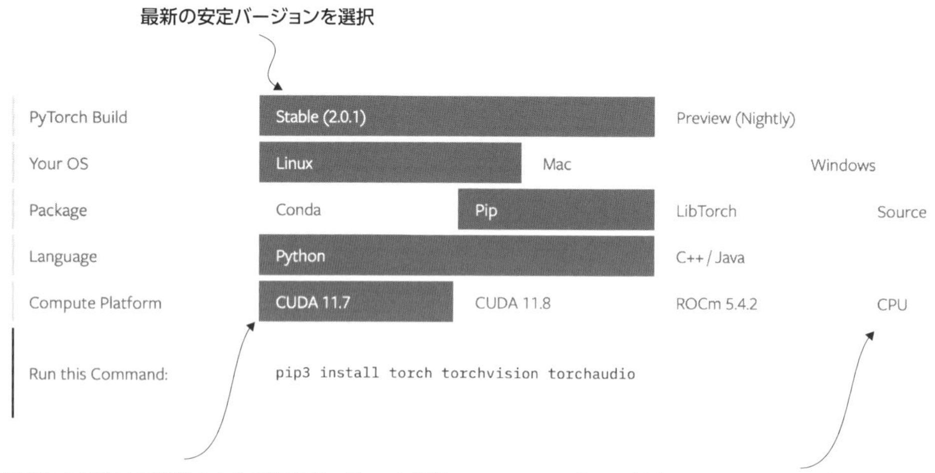

図 A-4：https://pytorch.org で提供されている PyTorch のインストール方法に関するページにアクセスし、OS などを選択すると、インストールコマンドが表示される

PyTorch のバージョンを確認するには、PyTorch で次のコードを実行します：

```
import torch
torch.__version__
```

PyTorch のバージョンが次のように出力されます。

```
'2.4.0'
```

PyTorch と Torch

この Python ライブラリが PyTorch と命名されたのは、Torch ライブラリを Python 用に移植したものだからです。「Torch」は、このライブラリのルーツが Torch であることを示しています。Torch は、機械学習アルゴリズムを幅広くサポートする科学計算フレームワークであり、もともとは Lua プログラミング言語を使って作成されました。

Python 環境のセットアップや、本書で使っているその他のライブラリのインストールに関するアドバイスや手順を探している場合は、本書の GitHub リポジトリ [4] を参照してください。

PyTorch をインストールした後は、次のコードを実行することで、コンピュータに搭載されている NVIDIA GPU を PyTorch が認識しているかどうかを確認できます。

[4] https://github.com/rasbt/LLMs-from-scratch/tree/main/setup

```
import torch
torch.cuda.is_available()
```

このコマンドが True を返した場合は、準備完了です。False を返した場合は、コンピュータに互換性のある GPU が搭載されていないか、または PyTorch が GPU を認識していない可能性があります。本書の最初のいくつかの章では教育目的での LLM の実装に焦点を合わせているため、GPU は必要ありません。ただし、ディープラーニング関連の計算は GPU によって大幅に高速化できます。

GPU にアクセスできない場合は、従量制で GPU を利用できるクラウドコンピューティングプロバイダがいくつかあります。Jupyter Notebook 形式のクラウド環境として人気があるのは、Google Colab[5] です。本書の執筆時点では、時間制限付きで GPU にアクセスできます。GPU は [ランタイム (Runtime)] メニューで選択できます (図 A-5)。

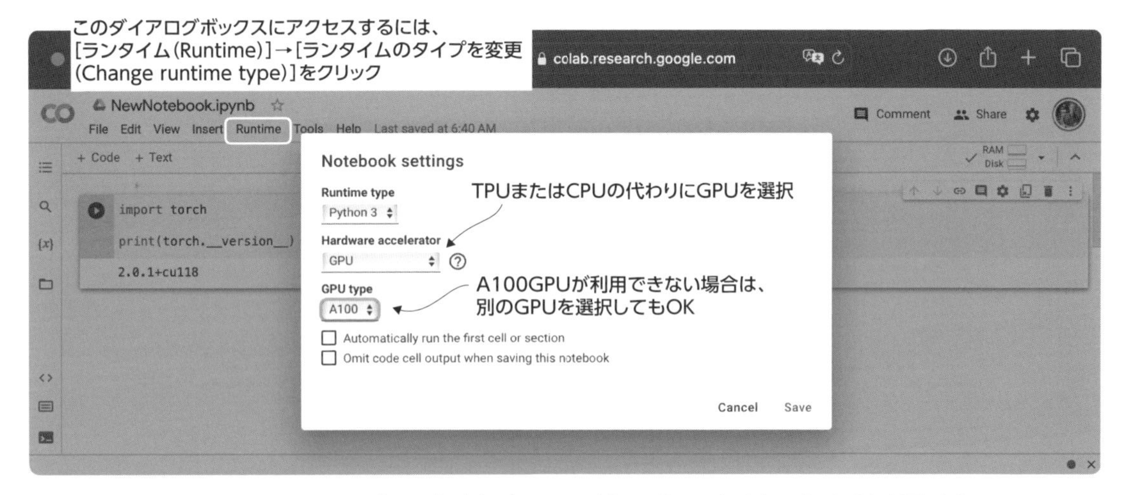

図 A-5： Google Colab では、[ランタイム (Runtime)] → [ランタイムのタイプを変更 (Change runtime type)] メニューで GPU デバイスを選択する

練習問題 A-1

あなたのコンピュータで PyTorch のインストールとセットアップを行ってください。

練習問題 A-2

あなたの環境が正しくセットアップされたかどうかをチェックする補足コードを実行してください。

https://github.com/rasbt/stat453-deep-learning-ss21/blob/main/L08/code/cross-entropy-pytorch.ipynb

[5] https://colab.research.google.com/

Apple Silicon での PyTorch

Apple Silicon チップ（M1、M2、M3、またはそれ以降のモデル）を搭載した Mac を使っている場合は、その機能を使って PyTorch コードの実行を高速化できます。Apple Silicon チップを PyTorch で利用するには、まず、PyTorch を通常どおりにインストールする必要があります。次に、その Mac の Apple Silicon チップが PyTorch アクセラレーションをサポートしているかどうかを確認するために、簡単な Python コードを実行します。

```
print(torch.backends.mps.is_available())
```

`True` が返された場合、その Mac には PyTorch コードの高速化に利用できる Apple Silicon チップが搭載されています。

A.2 テンソルを理解する

テンソルは、ベクトルや行列を潜在的により高い次元に一般化する数学的な概念です。言い換えれば、テンソルはその次数（階数）で特徴付けることができる数学的なオブジェクトです。次数は次元の数を表します。たとえば、スカラー（単なる数値）は階数 0 のテンソル、ベクトルは階数 1 のテンソル、行列は階数 2 のテンソルです（図 A-6）。

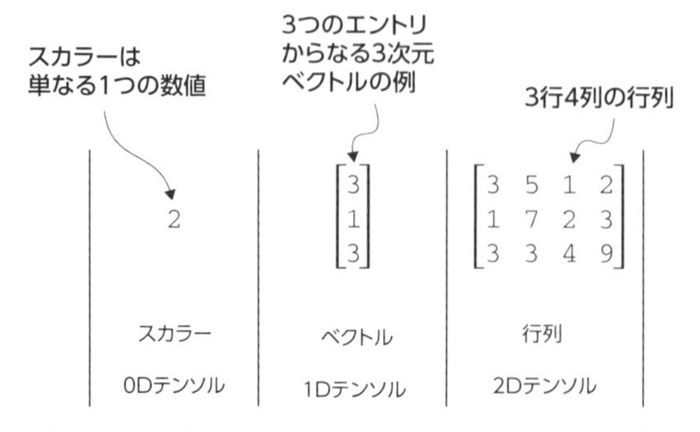

図 A-6：さまざまな階数のテンソル。ここで、0D は階数 0、1D は階数 1、2D は階数 2 に対応している。3 つの要素からなる 3 次元ベクトルは、やはり階数 1 のテンソルである

コンピューティングの観点からは、テンソルをデータコンテナとして考えることができます。たとえば、テンソルは多次元データを保持し、各次元は異なる特徴量を表します。PyTorch のようなテンソルライブラリでは、このような配列の作成、操作、計算を効率よく行うことができます。この場合、テンソルライブラリは配列ライブラリとして機能します。

PyTorch のテンソルは NumPy の配列に似ていますが、ディープラーニングにとって重要な機能がいくつか追加されています。たとえば PyTorch には、**勾配の計算**を簡略化する自動微分エンジンが追加されています（A.4 節を参照）。PyTorch のテンソルは GPU 計算もサポートしており、

ディープニューラルネットワークの訓練が高速になります（A.8 節を参照）。

NumPy のような API を持つ PyTorch

PyTorch のテンソル演算は、NumPy の配列 API と構文のほとんどを採用しています。NumPy が初めての場合は、最も重要な概念の概要を筆者のブログ記事「Scientific Computing in Python: Introduction to NumPy and Matplotlib」で確認できます。

https://sebastianraschka.com/blog/2020/numpy-intro.html

A.2.1　スカラー、ベクトル、行列、テンソル

先に述べたように、PyTorch のテンソルは配列のような構造をしたデータコンテナです。スカラーは 0 次元テンソル（たとえば、単なる数値）、ベクトルは 1 次元テンソル、行列は 2 次元テンソルです。高次元のテンソルを表す特定の用語はないため、通常は 3 次元のテンソルを単に 3D テンソルなどと呼びます。リスト A-1 に示すように、PyTorch の `Tensor` クラスのオブジェクトは、`torch.tensor()` 関数を使って作成できます。

リスト A-1：PyTorch のテンソルを作成する

```
import torch

tensor0d = torch.tensor(1)        ← Pythonの整数から0次元テンソル（スカラー）を作成

tensor1d = torch.tensor([1, 2, 3])        ← Pythonのリストから1次元テンソル（ベクトル）を作成

tensor2d = torch.tensor([[1, 2],        ← Pythonの入れ子のリストから2次元テンソルを作成
                         [3, 4]])

tensor3d = torch.tensor([[[1, 2], [3, 4]],        ← Pythonの入れ子のリストから
                         [[5, 6], [7, 8]]])          3次元テンソルを作成
```

A.2.2　テンソルのデータ型

PyTorch は Python のデフォルトの 64 ビット整数データ型を採用しています。テンソルのデータ型には、テンソルの `dtype` 属性を通じてアクセスできます。

```
tensor1d = torch.tensor([1, 2, 3])
print(tensor1d.dtype)
```

このコードは次の出力を生成します。

```
torch.int64
```

Python の浮動小数点数からテンソルを作成する場合、PyTorch はデフォルトで 32 ビットの精

度のテンソルを作成します。

```
floatvec = torch.tensor([1.0, 2.0, 3.0])
print(floatvec.dtype)
```

このコードは次の出力を生成します。

```
torch.float32
```

この選択の主な理由は、精度と計算効率のバランスにあります。32ビット浮動小数点数は、64ビット浮動小数点数よりも少ないメモリリソースと計算リソースで、ほとんどのディープラーニングタスクに十分な精度を実現します。さらに、GPUアーキテクチャは32ビット計算に合わせて最適化されているため、このデータ型を使うとモデルの訓練と推論を大幅に高速化できます。

さらに、テンソルの`to()`メソッドを使って精度を変更することもできます。次のコードは、64ビット整数テンソルを32ビット浮動小数点数テンソルに変更します。

```
floatvec = tensor1d.to(torch.float32)
print(floatvec.dtype)
```

このコードは次の出力を生成します。

```
torch.float32
```

PyTorchで利用可能なテンソルデータ型の詳細については、PyTorchの公式ドキュメント[6]を参照してください。

A.2.3 PyTorchの一般的なテンソル演算

PyTorchのさまざまなテンソル演算を包括的にカバーすることは、本書の適用範囲外です。ただし、本書全体を通じて紹介する演算のうち重要なものを簡単に説明しておきます。

新しいテンソルを作成する関数`torch.tensor()`についてはすでに紹介しました。

```
tensor2d = torch.tensor([[1, 2, 3],
                         [4, 5, 6]])
print(tensor2d)
```

このコードは次の出力を生成します。

```
tensor([[1, 2, 3],
        [4, 5, 6]])
```

[6] https://pytorch.org/docs/stable/tensors.html

さらに、shape 属性を使ってテンソルの形状にアクセスすることもできます。

```
print(tensor2d.shape)
```

このコードは次の出力を生成します。

```
torch.Size([2, 3])
```

shape 属性は [2, 3] を返しています。これは、このテンソルが 2 行 3 列であることを意味します。テンソルの形状を 3 × 2 に変更するには、reshape() メソッドを使います。

```
print(tensor2d.reshape(3, 2))
```

このコードは次の出力を生成します。

```
tensor([[1, 2],
        [3, 4],
        [5, 6]])
```

ただし、PyTorch でテンソルの形状を変更するコマンドとしては、view() メソッドのほうが一般的です。

```
print(tensor2d.view(3, 2))
```

このコードは次の出力を生成します。

```
tensor([[1, 2],
        [3, 4],
        [5, 6]])
```

view() や reshape() と同様に、PyTorch では同じ計算を実行するための構文が複数サポートされています。当初は、移植元の Lua Torch の構文規約を踏襲していましたが、その後、要望が多かったことから NumPy と同じような構文が追加されました（PyTorch の view() と reshape() の間の微妙な違いは、メモリレイアウトの扱い方にあります。view() の場合は、元のデータが連続していなければならず、そうでなければエラーになります。一方、reshape() は元の形状に関係なく動作し、必要であればデータをコピーすることで、目的の形状を確保します）。

次に、T を使ってテンソルを転置できます。つまり、テンソルをその対角線に沿って反転させます。次の結果からわかるように、この操作はテンソルの形状を変更することに似ています。

```
print(tensor2d.T)
```

このコードは次の出力を生成します。

A

```
tensor([[1, 4],
        [2, 5],
        [3, 6]])
```

最後に、PyTorch で 2 つの行列を乗算する一般的な方法は `matmul()` メソッドです。

```
print(tensor2d.matmul(tensor2d.T))
```

このコードは次の出力を生成します。

```
tensor([[14, 32],
        [32, 77]])
```

ただし、同じような操作をよりコンパクトに実現できる `@` 演算子を使うこともできます。

```
print(tensor2d @ tensor2d.T)
```

このコードは次の出力を生成します。

```
tensor([[14, 32],
        [32, 77]])
```

先に述べたように、本書では、追加の演算を必要に応じて紹介しています。PyTorch で利用可能なさまざまなテンソル演算をすべて閲覧したい場合は、PyTorch の公式ドキュメント[7]を参照してください（それらの演算のほとんどは、本書では必要のないものです）。

A.3 モデルを計算グラフとして捉える

今度は、PyTorch の自動微分エンジンである autograd について見ていきましょう。PyTorch の autograd システムは、動的計算グラフを使って勾配を自動的に計算する機能を提供します。

計算グラフとは、数式の表現と可視化を可能にする有向グラフのことです。ディープラーニングの計算グラフは、ニューラルネットワークの出力を生成するために必要な一連の計算を表すものであり、ニューラルネットワークの主要な学習アルゴリズムである誤差逆伝播法に必要な勾配を計算するために使われます。

計算グラフの概念を理解するために具体的な例を見てみましょう。リスト A-2 のコードは、単純なロジスティック回帰分類器のフォワードパス（予測ステップ）の実装を示しています。この分類器は単層ニューラルネットワークと見なすことができ、0～1 の範囲でスコアを返します。このスコアは、損失を計算するときに正解クラスラベル（0 または 1）と比較されます。

[7] https://pytorch.org/docs/stable/tensors.html

リスト A-2：ロジスティック回帰のフォワードパス

```
import torch.nn.functional as F        ← このimport文は長いコード行を防ぐためのPyTorchの一般的な慣例

y = torch.tensor([1.0])                ← 正解ラベル
x1 = torch.tensor([1.1])               ← 入力特徴量
w1 = torch.tensor([2.2])               ← 重みパラメータ
b = torch.tensor([0.0])                ← バイアスユニット
z = x1 * w1 + b                        ← 総入力
a = torch.sigmoid(z)                   ← 活性化と出力
loss = F.binary_cross_entropy(a, y)
```

リスト A-2 のコードが完全に理解できなくても心配はいりません。この例のポイントは、ロジスティック回帰分類器を実装することではなく、一連の計算を計算グラフとして考える方法を理解することにあります（図 A-7）。

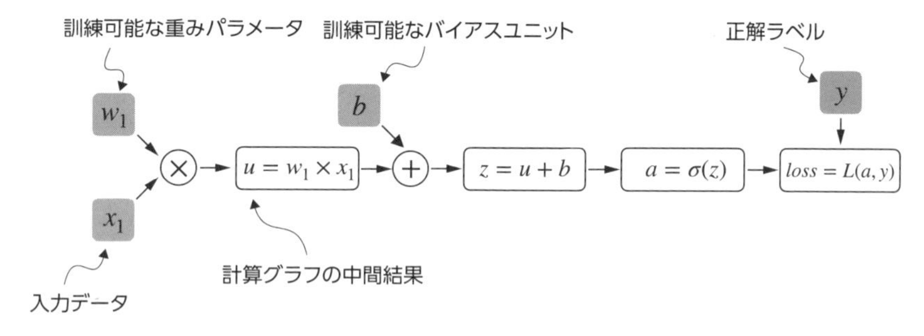

図 A-7: 計算グラフとしてのロジスティック回帰のフォワードパス。入力特徴量 $\boldsymbol{x}_1$ にモデルの重み $\boldsymbol{w}_1$ を掛け、バイアス $\boldsymbol{b}$ を足した後、活性化関数 σ に渡す。損失はモデルの出力 $\boldsymbol{a}$ とラベル $\boldsymbol{y}$ を比較することによって計算される

実際には、PyTorch はこのような計算グラフをバックグラウンドで構築します。そして、モデルを訓練するために、この計算グラフを使ってモデルのパラメータ（w_1 と b）に対する損失関数の勾配を計算することができます。

A.4 自動微分は勾配の計算を簡易化する

PyTorch で計算を実行する場合、その終端（葉）ノードの 1 つで `requires_grad` 属性が `True` に設定されていれば、デフォルトで、内部で計算グラフが構築されます。これは勾配を計算したい場合に便利です。勾配はニューラルネットワークの訓練で広く使われている誤差逆伝播法で必要となります。誤差逆伝播法については、ニューラルネットワークにおける微積分の**連鎖律**の実装と考えることができます（図 A-8）。

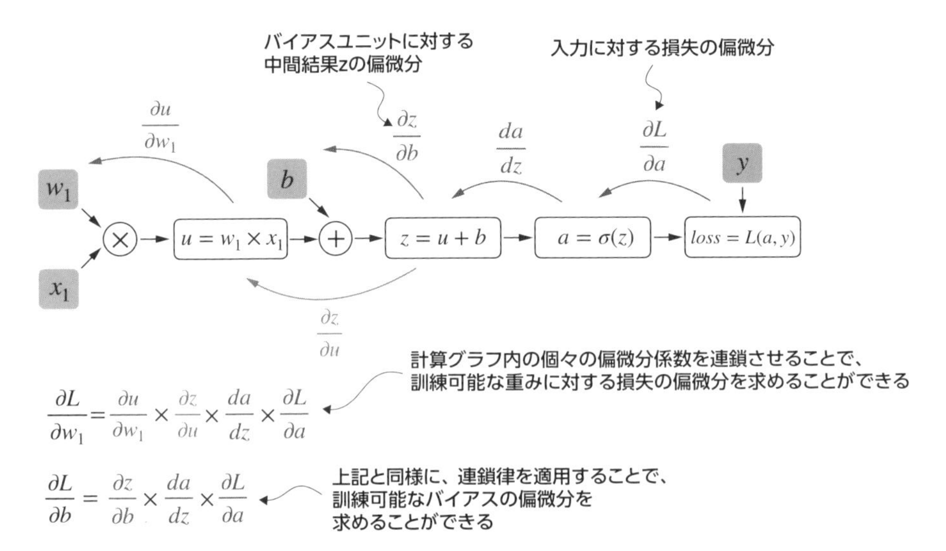

図 A-8：計算グラフで損失の勾配を計算する最も一般的な方法は、連鎖律を右から左に適用することである。この方法は後ろ向き自動微分または誤差逆伝播法とも呼ばれる。出力層（または損失自体）から始めてネットワークを逆向きに入力層まで進む。このようにするのは、ネットワークの各パラメータ（重みとバイアス）に対する損失の勾配を計算し、訓練中にこれらのパラメータをどのように更新すべきかを決定するためである

偏微分と勾配

図 A-8 の偏微分は、ある関数がその変数の 1 つに対してどのように変化するのかを表す尺度です。**勾配**は、多変量関数の偏微分をすべて含んでいるベクトルです。多変量関数とは、入力として複数の変数を持つ関数のことです。

微積分の偏微分、勾配、連鎖律がよくわからない、または覚えていない場合でも心配はいりません。ざっくり言うと、本書を読むために知っておくべきことは、「連鎖律は計算グラフでモデルのパラメータに対する損失関数の勾配を計算する方法である」ということだけです。これにより、損失関数を最小化するために各パラメータを更新するための情報が得られます。損失関数は、勾配降下法などの手法を使ってモデルの性能を計測するための指標として機能します。この訓練ループの計算的な実装については、A.7 節で改めて取り上げます。

このことは、PyTorch ライブラリの 2 つ目のコンポーネントである自動微分（autograd）エンジンとどう関係しているのでしょうか。PyTorch の autograd エンジンは、テンソルで実行されるすべての演算を追跡することで、計算グラフをバックグラウンドで構築します。続いて、`grad()` 関数を呼び出すと、モデルパラメータ `w1` に関する損失関数の勾配をリスト A-3 のように計算できます。

リスト A-3：autograd による勾配の計算

```
import torch.nn.functional as F
from torch.autograd import grad

y = torch.tensor([1.0])
x1 = torch.tensor([1.1])
w1 = torch.tensor([2.2], requires_grad=True)
b = torch.tensor([0.0], requires_grad=True)

z = x1 * w1 + b
a = torch.sigmoid(z)

loss = F.binary_cross_entropy(a, y)

grad_L_w1 = grad(loss, w1, retain_graph=True)
grad_L_b = grad(loss, b, retain_graph=True)
```

デフォルトでは、PyTorchは勾配を計算した後、メモリを解放するために計算グラフを削除する。ただし、この計算グラフはすぐに再利用するため、retain_graph=Trueを指定してメモリに残しておく

モデルのパラメータに対する損失の勾配を見てみましょう。

```
print(grad_L_w1)
print(grad_L_b)
```

このコードは次の出力を生成します。

```
(tensor([-0.0898]),)
(tensor([-0.0817]),)
```

`grad()` 関数は、実験、デバッグ、概念実証に便利な関数です。ここでは `grad()` 関数を明示的に呼び出していますが、実際には、PyTorch にはこのプロセスを自動化するさらに高レベルなツールがあります。たとえば、損失で `backward()` を呼び出すと、PyTorch が計算グラフ内のすべての葉ノードで勾配を計算し、テンソルの `grad` 属性に格納します。

```
loss.backward()
print(w1.grad)
print(b.grad)
```

このコードは次の出力を生成します。

```
(tensor([-0.0898]),)
(tensor([-0.0817]),)
```

情報量が多かったこともあり、微積分の概念で頭がパンクしてしまったかもしれませんが、心配はいりません。この微積分の用語は PyTorch の autograd コンポーネントを説明するためのものですが、PyTorch が `backward()` メソッドで微積分を自動的に処理してくれることだけ理解していれば十分です。微分や勾配を手作業で計算する必要はありません。

A.5 多層ニューラルネットワークを実装する

次は、ディープニューラルネットワークを実装するためのライブラリという角度から PyTorch に注目します。具体的な例として、図 A-9 に示す多層パーセプトロン —— いわゆる全結合ネットワークを見てみましょう。

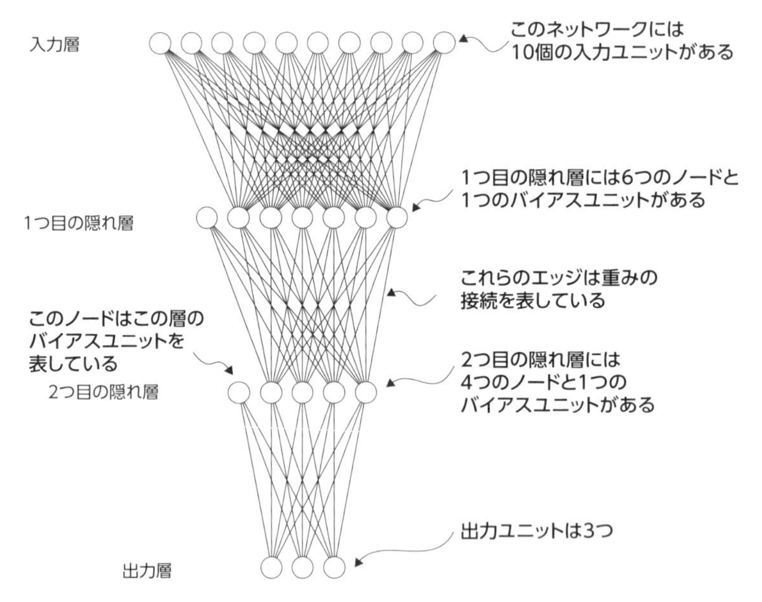

図 A-9：2 つの隠れ層を持つ多層パーセプトロン。各ノードはその層のユニットを表す。説明目的なので、各層のノードの数は非常に少ない

PyTorch でニューラルネットワークを実装するときには、`torch.nn.Module` をサブクラス化することで、カスタムネットワークアーキテクチャを定義できます。この基底クラス `Module` は、モデルの構築と訓練を容易にするさまざまな機能を提供します。たとえば、層と演算をカプセル化すると、モデルのパラメータを追跡できるようになります。

このサブクラス内では、`__init__()` コンストラクタメソッドでネットワークの層を定義し、それらの層とやり取りする方法を `forward()` メソッドで指定します。`forward()` メソッドは、入力データがネットワークをどのように通過するのか、計算グラフとしてどのように表現されるのかを定義します。対照的に、`backward()` メソッドは、モデルのパラメータに対して損失関数の勾配を計算するために訓練中に使われますが（A.7 節を参照）、独自に実装する必要はありません。リスト A-4 のコードは、`Module` クラスの一般的な使い方を示すために、2 つの隠れ層を持つ古典的な多層パーセプトロンを実装します。

リスト A-4：2 つの隠れ層を持つ多層パーセプトロン

```
class NeuralNetwork(torch.nn.Module):
    def __init__(self, num_inputs, num_outputs):
        super().__init__()

        self.layers = torch.nn.Sequential(
            # 1つ目の隠れ層
            torch.nn.Linear(num_inputs, 30),
            torch.nn.ReLU(),

            # 2つ目の隠れ層
            torch.nn.Linear(30, 20),
            torch.nn.ReLU(),

            # 出力層
            torch.nn.Linear(20, num_outputs)
        )

    def forward(self, x):
        logits = self.layers(x)
        return logits
```

- `__init__`：入力と出力の数を変数として定義すると、特徴量やクラスの数が異なるデータセットで同じコードを再利用できる
- `torch.nn.Linear(num_inputs, 30)`：Linear層は入力ノードと出力ノードの数を引数として受け取る
- `torch.nn.ReLU()`：非線形活性化関数は隠れ層の間に置かれる
- `torch.nn.Linear(30, 20)`：隠れ層の出力ノードの数は次の層の入力の数と一致しなければならない
- `return logits`：最後の層の出力はロジットと呼ばれる

続いて、新しいニューラルネットワークオブジェクトを次のようにインスタンス化できます。

```
model = NeuralNetwork(50, 3)
```

この新しいオブジェクト（model）を使う前に、print() を呼び出してその構造の概要を見てみましょう。

```
print(model)
```

このコードは次の出力を生成します。

```
NeuralNetwork(
  (layers): Sequential(
    (0): Linear(in_features=50, out_features=30, bias=True)
    (1): ReLU()
    (2): Linear(in_features=30, out_features=20, bias=True)
    (3): ReLU()
    (4): Linear(in_features=20, out_features=3, bias=True)
  )
)
```

NeuralNetwork クラスを実装するときに Sequential クラスを使っていることに注意してください。このクラスは必須ではありませんが、このケースのように、特定の順序で実行したい一連の層がある場合に作業が楽になります。このようにすると、__init__() コンストラクタメ

A

ソッドで self.layers = Sequential(...) をインスタンス化した後、NeuralNetwork の forward() メソッドで各層を個別に呼び出す代わりに、self.layers() を呼び出すだけでよくなります。

次に、このモデルの訓練可能なパラメータの総数をチェックしてみましょう。

```
num_params = sum(p.numel() for p in model.parameters() if p.requires_grad)
print("Total number of trainable model parameters:", num_params)
```

このコードは次の出力を生成します。

```
Total number of trainable model parameters: 2213
```

requires_grad=True が指定されたパラメータはそれぞれ訓練可能なパラメータとしてカウントされ、訓練中に更新されます（A.7 節を参照）。

この 2 つの隠れ層を持つニューラルネットワークモデルの場合、これらの訓練可能なパラメータは torch.nn.Linear 層に含まれています。Linear 層は、入力と重み行列の積を求め、バイアスベクトルを足します。このような層を**フィードフォワード**層または**全結合**層と呼ぶことがあります。

先に実行した print(model) 呼び出しの結果から、1 つ目の Linear 層が layers 属性のインデックス位置 0 にあることがわかります。対応する重みパラメータ行列には、次のようにアクセスできます。

```
print(model.layers[0].weight)
```

このコードの出力は次のようになります。

```
Parameter containing:
tensor([[ 0.1174, -0.1350, -0.1227,  ...,  0.0275, -0.0520, -0.0192],
        [-0.0169,  0.1265,  0.0255,  ..., -0.1247,  0.1191, -0.0698],
        [-0.0973, -0.0974, -0.0739,  ..., -0.0068, -0.0892,  0.1070],
        ...,
        [-0.0681,  0.1058, -0.0315,  ..., -0.1081, -0.0290, -0.1374],
        [-0.0159,  0.0587, -0.0916,  ..., -0.1153,  0.0700,  0.0770],
        [-0.1019,  0.1345, -0.0176,  ...,  0.0114, -0.0559, -0.0088]],
       requires_grad=True)
```

この大きな行列は部分的にしか表示されていないため、shape 属性を使ってその大きさを確認してみましょう。

```
print(model.layers[0].weight.shape)
```

このコードは次の出力を生成します。

```
torch.Size([30, 50])
```

同様に、バイアスベクトルには `model.layers[0].bias` でアクセスできます。

この重み行列が 30 × 50 の行列で、`requires_grad=True` に設定されており、そのエントリが訓練可能であることがわかります。これは `torch.nn.Linear` の重みとバイアスのデフォルト設定です。

先のコードをあなたのコンピュータで実行した場合、重み行列の数値はおそらくここで掲載したものとは異なるでしょう。モデルの重みは小さな乱数で初期化されますが、それらの乱数はネットワークをインスタンス化するたびに異なります。ディープラーニングでは、モデルの重みを小さな乱数で初期化することは、訓練中の対称性を破る上で望ましいことです。そうしないと、逆伝播中に同じ演算と更新が行われることになり、入力から出力への複雑なマッピングをネットワークが学習できなくなってしまいます。

ただし、層の重みの初期値として小さな乱数を使い続ける一方、`manual_seed()` を使って PyTorch の乱数ジェネレータのシードを設定すれば、乱数の初期化を再現可能にすることができます。

```
torch.manual_seed(123)
model = NeuralNetwork(50, 3)
print(model.layers[0].weight)
```

結果は次のようになります。

```
Parameter containing:
tensor([[-0.0577,  0.0047, -0.0702,  ...,  0.0222,  0.1260,  0.0865],
        [ 0.0502,  0.0307,  0.0333,  ...,  0.0951,  0.1134, -0.0297],
        [ 0.1077, -0.1108,  0.0122,  ...,  0.0108, -0.1049, -0.1063],
        ...,
        [-0.0787,  0.1259,  0.0803,  ...,  0.1218,  0.1303, -0.1351],
        [ 0.1359,  0.0175, -0.0673,  ...,  0.0674,  0.0676,  0.1058],
        [ 0.0790,  0.1343, -0.0293,  ...,  0.0344, -0.0971, -0.0509]],
       requires_grad=True)
```

`NeuralNetwork` インスタンスを少し詳しく調べたところで、このインスタンスがフォワードパスでどのように使われるのかを簡単に確認してみましょう。

```
torch.manual_seed(123)
X = torch.rand((1, 50))
out = model(X)
print(out)
```

このコードは次の出力を生成します。

```
tensor([[-0.1262,  0.1080, -0.1792]], grad_fn=<AddmmBackward0>)
```

このコードでは、簡単な入力（このネットワークが50次元の特徴量ベクトルを想定していることに注意）としてランダムな訓練サンプルXを1つ生成してモデルに与えたところ、3つのスコアが返されました。`model(x)`を呼び出すと、モデルのフォワードパスが自動的に実行されます。

フォワードパスは、入力テンソルから出力テンソルを計算することを指します。このプロセスでは、入力データがニューラルネットワークのすべての層（最初の入力層から、すべての隠れ層を経て、最後の出力層まで）を通過します。

ここで返された3つの数値は、3つの出力ノードのそれぞれに割り当てられたスコアに対応しています。出力テンソルにも`grad_fn`値が含まれている点に注目してください。

`grad_fn=<AddmmBackward0>`は、計算グラフで変数を計算するために最後に使われた関数を表しています。具体的には、`grad_fn=<AddmmBackward0>`は、ここで調べているテンソルが行列積と加算によって作成されたことを意味します。PyTorchは逆伝播中に勾配を計算するためにこの情報を使います。`<AddmmBackward0>`部分は、実行された演算を指定します。この場合は、`Addmm`演算です。`Addmm`は行列積（mm）とそれに続く加算（`Add`）を表しています。

訓練や逆伝播を行わずに単にネットワークを使いたい場合 —— たとえば、訓練後の予測に使う場合は、この逆伝播のための計算グラフの構築は無駄になる可能性があります。というのも、不必要な計算が実行され、さらにメモリが消費されるからです。したがって、訓練ではなく推論（予測値の生成など）の目的でモデルを使う場合は、`torch.no_grad()`コンテキストマネージャーを使うのがベストプラクティスです。そのようにすると、勾配を追跡する必要がないことがPyTorchに伝わるため、メモリリソースや計算リソースが大幅に節約される可能性があります。

```
with torch.no_grad():
    out = model(X)
print(out)
```

このコードの出力は次のとおりです。

```
tensor([[-0.1262,  0.1080, -0.1792]])
```

PyTorchでは、最後の層の出力（ロジット）を非線形関数に渡さずにそのまま返すようにモデルをコーディングするのが一般的です。なぜなら、PyTorchでよく使われる損失関数は、ソフトマックス（二値分類の場合はシグモイド）演算と負の対数尤度損失を1つのクラスで組み合わせるからです。その理由は効率性と数値的な安定性にあります。したがって、予測値のクラス所属確率を計算したい場合は、`softmax()`関数を明示的に呼び出さなければなりません。

```
with torch.no_grad():
    out = torch.softmax(model(X), dim=1)
print(out)
```

このコードは次の出力を生成します。

```
tensor([[0.3113, 0.3934, 0.2952]])
```

これで、これらの値を合計で 1 になるクラス所属確率として解釈できます。このランダムな入力では、これらの値はほぼ等しく、訓練を行わずにランダムに初期化されたモデルの予想どおりの挙動になっています。

A.6 効率的なデータローダーをセットアップする

モデルを訓練する前に、PyTorch での効率的なデータローダーの作成方法について簡単に説明しておきます。訓練中は、このデータローダーを繰り返し呼び出してデータを読み込みます。PyTorch でのデータローダーの全体的な考え方は図 A-10 のようになります。

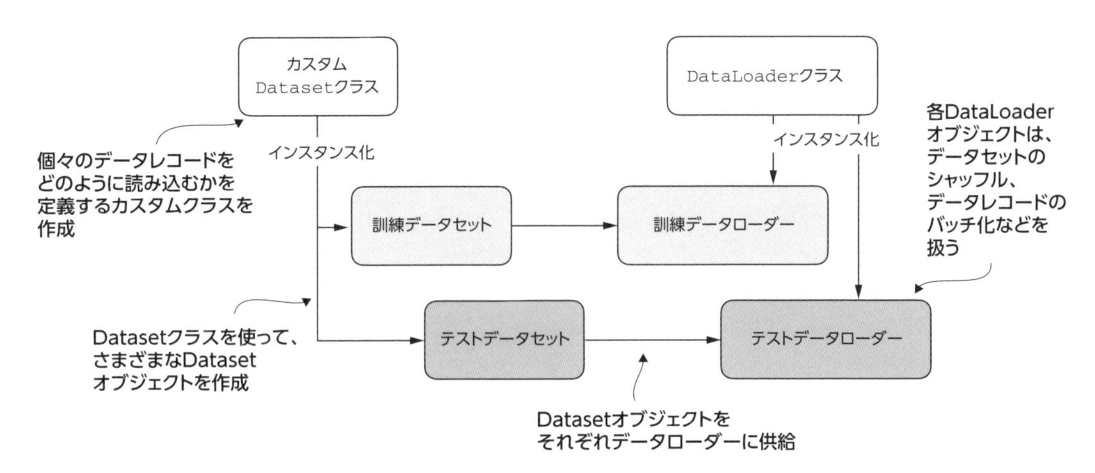

図 A-10：PyTorch は Dataset クラスと DataLoader クラスを実装している。Dataset は、各データレコードがどのように読み込まれるかを定義するオブジェクトのインスタンス化に使われる。DataLoader は、データがシャッフルされ、バッチ化される方法を定義する

ここでは、図 A-10 に従ってカスタム `Dataset` クラスを実装します。このクラスを使って訓練データセットとテストデータセットを作成し、これらのデータセットを使ってデータローダーを作成します。まず、5 つの訓練サンプルからなる単純なデータセットを作成します。これらの訓練サンプルはそれぞれ 2 つの特徴量で構成されています。訓練サンプルと併せて、対応するクラスラベルを含んでいるテンソルも作成します。このテンソルでは、3 つのサンプルがクラス 0 に所属しており、2 つのサンプルがクラス 1 に所属しています。さらに、2 つのエントリを持つテストデータセットも作成します。これらのデータセットを作成するコードはリスト A-5 のようになります。

リスト A-5：単純なデータセットを作成する

```
X_train = torch.tensor([
    [-1.2, 3.1],
    [-0.9, 2.9],
    [-0.5, 2.6],
    [2.3, -1.1],
    [2.7, -1.5]
])
y_train = torch.tensor([0, 0, 0, 1, 1])

X_test = torch.tensor([
    [-0.8, 2.8],
    [2.6, -1.6],
])
y_test = torch.tensor([0, 1])
```

> **NOTE** PyTorch では、クラスラベルはラベル 0 から始まります。クラスラベルの最大値は、出力ノードの数から 1 を引いた値を超えてはならないことになっています（Python のインデックスは 0 始まりであるため）。したがって、クラスラベルが 0、1、2、3、4 の場合、ニューラルネットワークの出力層は 5 つのノードで構成されることになります。

次に、ToyDataset というカスタムデータセットクラスを作成します。このクラスは PyTorch の Dataset クラスのサブクラスです（リスト A-6）。

リスト A-6：カスタム Dataset クラスを定義する

```
from torch.utils.data import Dataset

class ToyDataset(Dataset):
    def __init__(self, X, y):
        self.features = X
        self.labels = y

    def __getitem__(self, index):   ← データレコードと対応するラベルを1つだけ取得
        one_x = self.features[index]
        one_y = self.labels[index]
        return one_x, one_y

    def __len__(self):   ← データセットの全体的な長さを返す
        return self.labels.shape[0]


train_ds = ToyDataset(X_train, y_train)
test_ds = ToyDataset(X_test, y_test)
```

このカスタム ToyDataset クラスの目的は、PyTorch の DataLoader をインスタンス化することです。しかし、このステップに進む前に、ToyDataset クラスのコードの全体的な構造を簡

単に見ておきましょう。

PyTorch では、カスタム Dataset クラスの主要なコンポーネントは、__init__() コンストラクタメソッド、__getitem__() メソッド、__len__() メソッドの 3 つです（リスト A-6 を参照）。__init__() メソッドでは、あとから __getitem__() メソッドと __len__() メソッドでアクセスできる属性を設定します。これらの属性は、ファイルパス、ファイルオブジェクト、データベース接続などです。テンソルデータセットはメモリ上で作成したいので、これらの属性には単に X と y を代入しています。X と y はテンソルオブジェクトのプレースホルダです。

__getitem__() メソッドでは、index を使ってデータセットのアイテムを 1 つだけ取得する方法を定義します。このアイテムは、訓練サンプルまたはテストインスタンスに対応する特徴量とクラスラベルです（index を提供するのはデーターローダーですが、この点については後ほど取り上げます）。

最後に、__len__() メソッドは、データセットの長さを取得します。ここでは、テンソルの shape 属性を使って特徴量配列の行の数を返しています。訓練データセットには行が 5 つ含まれているため、念のためにチェックしてみましょう。

```
print(len(train_ds))
```

このコードの出力は次のとおりです。

```
5
```

トイデータセットとして使える Dataset クラスを定義した後は、PyTorch の DataLoader クラスを使ってデータをサンプリングできます（リスト A-7）。

リスト A-7：データローダーをインスタンス化する

```
from torch.utils.data import DataLoader

torch.manual_seed(123)

train_loader = DataLoader(
    dataset=train_ds,      ← 先に作成したToyDatasetインスタンスはデーターローダーの入力となる
    batch_size=2,
    shuffle=True,          ← データをシャッフルするかどうか
    num_workers=0          ← バックグラウンドプロセスの数
)

test_loader = DataLoader(
    dataset=test_ds,
    batch_size=2,
    shuffle=False,         ← テストデータセットはシャッフルする必要はない
    num_workers=0
)
```

訓練データローダーをインスタンス化した後は、このデータローダーを使ってデータを取得できます。なお、テストデータローダーの使い方も同様なので省略します。

```
for idx, (x, y) in enumerate(train_loader):
    print(f"Batch {idx+1}:", x, y)
```

このコードは次の出力を生成します。

```
Batch 1: tensor([[ 2.3000, -1.1000],
        [-0.9000,  2.9000]]) tensor([1, 0])
Batch 2: tensor([[-1.2000,  3.1000],
        [-0.5000,  2.6000]]) tensor([0, 0])
Batch 3: tensor([[ 2.7000, -1.5000]]) tensor([1])
```

この出力からわかるように、train_loaderは訓練データセットを反復処理して、各訓練サンプルに1回ずつアクセスします。これを「訓練エポック」と呼びます。今回はtorch.manual_seed(123)を使って乱数ジェネレータのシードを設定しているため、訓練サンプルのシャッフルの順序はまったく同じになるはずです。ただし、データセットの2回目の反復処理では、シャッフルの順序が変化するはずです。これは、ディープニューラルネットワークが訓練中に同じ訓練サイクルの繰り返しに巻き込まれないようにするためです。

今回はバッチサイズとして2を指定しましたが、3つ目のバッチに含まれているサンプルは1つだけです。というのも、訓練サンプルは全部で5つあり、5は2で割り切れないからです。

実際には、訓練エポックの最後のバッチとしてかなり小さいバッチを使うと、訓練中の収束の妨げになることがあります。この問題を回避するために、drop_last=Trueを設定します。そうすると、各エポックの最後のバッチが削除されます（リストA-8）。

リストA-8：最後のバッチを削除する訓練ローダー

```
train_loader = DataLoader(
    dataset=train_ds,
    batch_size=2,
    shuffle=True,
    num_workers=0,
    drop_last=True
)
```

さっそく訓練データローダーを使ってデータを取得してみると、最後のバッチが消えていることがわかります。

```
for idx, (x, y) in enumerate(train_loader):
    print(f"Batch {idx+1}:", x, y)
```

結果は次のようになります。

```
Batch 1: tensor([[-1.2000,  3.1000],
        [-0.5000,  2.6000]]) tensor([0, 0])
Batch 2: tensor([[-1.2000,  3.1000],
        [-0.9000,  2.9000]]) tensor([1, 0])
```

最後に、`DataLoader` の `num_workers=0` 設定について説明しておきます。`DataLoader` 関数のこのパラメータは、データの読み込みと前処理を並列化する上で非常に重要です。`num_workers=0` に設定すると、データの読み込みはメインプロセスで実行され、別のワーカープロセスでは実行されなくなります。それで問題ないように思えるかもしれませんが、もっと大規模なネットワークを GPU で訓練する際に、訓練が大幅に遅くなる原因になることがあります。ディープラーニングモデルの処理にばかり目がいきがちですが、CPU でのデータの読み込みや前処理にも時間がかかります。結果として、CPU でこれらのタスクが完了するのを待つ間、GPU はアイドル状態になるかもしれません。対照的に、`num_workers` を 0 よりも大きな値に設定すると、データを並行して読み込むために複数のワーカープロセスが開始され、メインプロセスがモデルの訓練に集中できるようになるため、システムリソースをより効率的に活用できるようになります（図 A-11）。

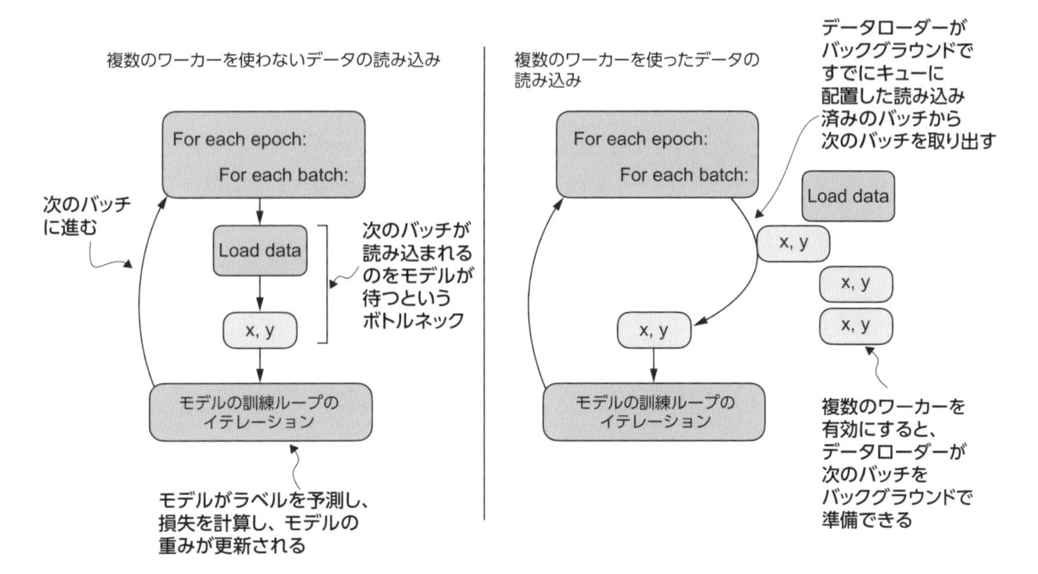

図 A-11：データの読み込みに複数のワーカーを使わない場合（num_workers=0 に設定）、次のバッチが読み込まれるまでモデルがアイドル状態になるというデータ読み込みのボトルネックが発生する（左図）。複数のワーカーを起動すると、データローダーがバックグラウンドで次のバッチをキューに配置できる（右図）

ただし、非常に小さなデータセットを扱っている場合は、訓練全体がほんの数秒で完了するため、`num_workers` を 1 以上にする必要はないかもしれません。したがって、小さなデータセットや Jupyter Notebook などの対話型の環境では、`num_workers` の値を大きくしても、目に見えるような高速化は期待できないかもしれません。むしろ、問題を引き起こすことも考えられます。潜在的な問題の 1 つは、複数のワーカープロセスの立ち上げに伴うオーバーヘッドであり、データセットが小さい場合は実際のデータの読み込みよりも時間がかかることがあります。

さらに、Jupyter Notebook では、`num_workers` を 0 よりも大きくすると、異なるプロセス間でのリソース共有に関連する問題が発生し、エラーになるか、ノートブックがクラッシュすることがあります。このため、トレードオフを理解し、`num_workers` パラメータの設定についてはデータに基づいて戦略的に決定することが不可欠です。`num_workers` パラメータは、使い方次第で効果的なツールになりますが、最適な結果を得るには、データセットの具体的なサイズとコンピューティング環境に適合させる必要があります。

筆者の経験では、`num_workers=4` に設定すると、通常は現実のデータセットの多くで最適な性能につながるようです。しかし、最適な設定は、使っているハードウェアと、`Dataset` クラスで定義された訓練サンプルの読み込みに使うコードに依存します。

A.7 典型的な訓練ループ

では、ニューラルネットワークを `ToyDataset` で訓練してみましょう。訓練コードはリスト A-9 のようになります。

リスト A-9：PyTorch でのニューラルネットワークの訓練

```
import torch.nn.functional as F

torch.manual_seed(123)
model = NeuralNetwork(num_inputs=2, num_outputs=2)
optimizer = torch.optim.SGD(
    model.parameters(), lr=0.5
)

num_epochs = 3
for epoch in range(num_epochs):

    model.train()

    for batch_idx, (features, labels) in enumerate(train_loader):
        logits = model(features)

        loss = F.cross_entropy(logits, labels)

        optimizer.zero_grad()
        loss.backward()
        optimizer.step()

        ### ロギング
        print(f"Epoch: {epoch+1:03d}/{num_epochs:03d}"
              f" | Batch {batch_idx:03d}/{len(train_loader):03d}"
              f" | Train Loss: {loss:.2f}")
```

- `model = NeuralNetwork(...)`：このデータセットには、2つの特徴量と2つのクラスがある
- `optimizer = torch.optim.SGD(`：最適化すべきパラメータをオプティマイザに知らせる
- `optimizer.zero_grad()`：勾配を累積したくないため、前のイテレーションの勾配を0に設定
- `loss.backward()`：指定されたモデルパラメータの損失の勾配を計算
- `optimizer.step()`：オプティマイザが勾配を使ってモデルパラメータを更新

```
    model.eval()
    # 必要であれば、モデル評価コードを挿入
```

このコードを実行すると、次のような出力が得られます。

```
Epoch: 001/003 | Batch 000/002 | Train Loss: 0.75
Epoch: 001/003 | Batch 001/002 | Train Loss: 0.65
Epoch: 002/003 | Batch 000/002 | Train Loss: 0.44
Epoch: 002/003 | Batch 001/002 | Train Loss: 0.13
Epoch: 003/003 | Batch 000/002 | Train Loss: 0.03
Epoch: 003/003 | Batch 001/002 | Train Loss: 0.00
```

損失がエポック3で0に達したことがわかります。これは、モデルが訓練データセットで収束したというサインです。今回は、`ToyDataset`が2つの入力特徴量と予測すべき2つのクラスラベルで構成されているため、2つの入力と2つの出力を持つモデルを初期化しました。オプティマイザには確率的勾配降下法（SGD）を使い、学習率（`lr`）として0.5を設定しました。学習率はハイパーパラメータであり、損失値を観測しながら調整しなければならない設定です。理想的には、特定のエポック数の後に損失が収束するような学習率を選択したいところです。エポック数も調整可能なハイパーパラメータの1つです。

練習問題 A-3
リスト A-9で導入したニューラルネットワークには、パラメータがいくつありますか？

実際には、ハイパーパラメータの最適な設定を特定するために、通常は3つ目のデータセット——いわゆる検証データセットを使います。検証データセットはテストデータセットに似ています。ただし、テストデータセットは評価にバイアスがかからないように一度だけ使いますが、検証データセットはモデルの設定を調整するために通常は複数回使います。

また、`model.train()`と`model.eval()`という新しい設定も導入されています。その名前が示唆するように、これらの設定はそれぞれモデルを訓練モードと評価モードにするために使われます。この設定は、**ドロップアウト**層や**バッチ正規化**層など、訓練モードと評価モードで挙動が異なるコンポーネントで必要となります。`NeuralNetwork`クラスには、この設定の影響を受けるようなドロップアウトなどのコンポーネントは含まれていないため、リストA-9の`model.train()`と`model.eval()`は冗長です。ただし、いずれにしても、これらの設定を含めるのがベストプラクティスです。そのようにすると、モデルアーキテクチャを変更したり、別のモデルの訓練にコードを再利用したりするときに、予想外の挙動に驚かされずに済みます。

すでに説明したように、ここではロジットを直接`cross_entropy()`損失関数に渡しています。この関数は効率性と数値的な安定性という観点から、内部でソフトマックス関数を適用します。続いて、`loss.backward()`を呼び出すと、PyTorchがバックグラウンドで構築した計算グラフで、勾配が計算されます。`optimizer.step()`呼び出しでは、損失を最小化するために、

その勾配を使ってモデルパラメータを更新します。SGDオプティマイザの場合、これは勾配に学習率を掛け、スケールされた負の勾配をパラメータに足すことを意味します。

NOTE 勾配が累積されるのを防ぐために、各イテレーションでoptimizer.zero_grad()を呼び出し、勾配を0にリセットすることが重要です。そうしないと、勾配が累積され、望ましくない結果になることがあります。

モデルを訓練した後は、モデルを使って予測を行うことができます。

```
model.eval()
with torch.no_grad():
    outputs = model(X_train)
print(outputs)
```

結果は次のようになります。

```
tensor([[ 2.8569, -4.1618],
        [ 2.5382, -3.7548],
        [ 2.0944, -3.1820],
        [-1.4814,  1.4816],
        [-1.7176,  1.7342]])
```

クラス所属確率を求めるには、PyTorchの`softmax()`関数を使います。

```
torch.set_printoptions(sci_mode=False)
probas = torch.softmax(outputs, dim=1)
print(probas)
```

このコードは次の出力を生成します。

```
tensor([[    0.9991,     0.0009],
        [    0.9982,     0.0018],
        [    0.9949,     0.0051],
        [    0.0491,     0.9509],
        [    0.0307,     0.9693]])
```

出力の1行目を見てください。1つ目の値（列）は、訓練サンプルが99.91%の確率でクラス0に所属していることと、0.09%の確率でクラス1に所属していることを意味します（なお、`set_printoptions()`呼び出しは出力を読みやすくするためのものです）。

PyTorchの`argmax()`関数を使うと、これらの値をクラスラベルの予測値に変換できます。`argmax()`関数に`dim=1`を指定すると、各行において最も大きい値のインデックス位置が返されます（`dim=0`の場合は、各列において最も大きい値のインデックス位置が返されます）。

```
predictions = torch.argmax(probas, dim=1)
print(predictions)
```

このコードは次の出力を生成します。

```
tensor([0, 0, 0, 1, 1])
```

クラスラベルを得るためにソフトマックス確率を計算する必要はないことに注意してください。argmax() 関数をロジット（出力）に直接適用することもできます。

```
predictions = torch.argmax(outputs, dim=1)
print(predictions)
```

出力は次のようになります。

```
tensor([0, 0, 0, 1, 1])
```

ここでは、訓練データセットでの予測ラベルを計算しました。この訓練データセットは比較的小さいため、訓練データセットの正解ラベルと目で見て比較すれば、モデルが 100% 正しいことを確認できます。念のために、== 比較演算子でも確認してみましょう。

```
predictions == y_train
```

結果は次のようになります。

```
tensor([True, True, True, True, True])
```

torch.sum() を使うと、正しい予測値の数をカウントできます。

```
torch.sum(predictions == y_train)
```

結果は次のようになります。

```
tensor(5)
```

このデータセットは 5 つの訓練サンプルで構成されているため、5 つの予測値のうち 5 つが正しいことになります。予測正解率は 5 / 5 × 100% = 100% です。

予測正解率の計算を一般化するために、compute_accuracy() 関数を実装してみましょう（リスト A-10）。

リストA-10：予測正解率を計算する関数

```
def compute_accuracy(model, dataloader):
    model = model.eval()
    correct = 0.0

    for idx, (features, labels) in enumerate(dataloader):
        with torch.no_grad():
            logits = model(features)

        predictions = torch.argmax(logits, dim=1)
        compare = labels == predictions
        correct += torch.sum(compare)
        total_examples += len(compare)

    return (correct / total_examples).item()
```

- `compare = labels == predictions`：ラベルが一致するかどうかに応じてTrue/False値のテンソルを返す
- `correct += torch.sum(compare)`：True値の数をカウント
- `return (correct / total_examples).item()`：正しい予測値の割合（0〜1の値）。item()はテンソルの値をPythonのfloatで返す

リストA-10のコードは、正しい予測値の数と割合を計算するために、データローダーを繰り返し呼び出します。大規模なデータセットを扱う場合、メモリの制限により、モデルに入力として渡せるのは、通常はデータセットのごく一部だけです。この`compute_accuracy()`関数は、任意のサイズのデータセットに適応できる汎用的な方法です。というのも、各イテレーションでモデルに渡されるデータチャンクのサイズは、訓練に使われるバッチサイズと同じだからです。この関数の内部コードは、ロジットをクラスラベルに変換したときに使ったものとほぼ同じです。

この関数を訓練に使ってみましょう。

```
print(compute_accuracy(model, train_loader))
```

結果は次のとおりです。

```
1.0
```

同様に、この関数をテストデータセットに適用することもできます。

```
print(compute_accuracy(model, test_loader))
```

結果は次のとおりです。

```
1.0
```

A.8 モデルの保存と読み込み

モデルの訓練が完了したところで、モデルを保存してあとから再利用できるようにする方法を見てみましょう。モデルの保存と読み込みを PyTorch で行うときに推奨されるのは、次の方法です。

```
torch.save(model.state_dict(), "model.pth")
```

モデルの `state_dict` は Python のディクショナリ（辞書）オブジェクトであり、モデル内の各層とその訓練可能なパラメータ（重みとバイアス）をマッピングします。`"model.pth"` は、ディスクに保存するモデルファイルの任意のファイル名です。モデルファイルには好きな名前と拡張子を使うことができますが、一般的には `.pth` と `.pt` がよく使われます。

モデルを保存したら、ディスクから復元できます。

```
model = NeuralNetwork(2, 2)
model.load_state_dict(torch.load("model.pth"))
```

`torch.load("model.pth")` 関数は、ファイル `"model.pth"` を読み込み、モデルのパラメータを含んでいる Python ディクショナリオブジェクトを再構築します。一方、`model.load_state_dict()` 関数は、これらのパラメータをモデルに適用することで、モデルが保存されたときの学習状態を実質的に復元します。

`model = NeuralNetwork(2, 2)` 行は、モデルを保存したのと同じセッションでこのコードを実行するのであれば、厳密には必要ありません。しかし、保存されたパラメータを適用するには、メモリ内にモデルのインスタンスがなければならないことを示すために、この行を追加しました。なお、`NeuralNetwork(2, 2)` のアーキテクチャは、保存されたモデルのアーキテクチャと完全に一致していなければなりません。

A.9 GPU を使って訓練性能を最適化する

次に、GPU を活用する方法を調べてみましょう。GPU を使うと、CPU を使ったときよりもディープニューラルネットワークの訓練が高速になります。まず、PyTorch の GPU コンピューティングの主な考え方を調べます。次に、モデルを 1 つの GPU で訓練します。最後に、複数の GPU を使った分散訓練を調べます。

A.9.1 GPU デバイスでの PyTorch の計算

訓練ループを GPU で実行できるように修正するのは比較的簡単で、3 行のコードを変更するだけです（A.7 節を参照）。この修正を行う前に、PyTorch での GPU コンピューティングの主な考え方を理解しておくことが非常に重要です。PyTorch では、「デバイス」とは計算が実行され、データが保存される場所のことです。CPU と GPU はデバイスの例です。PyTorch のテンソルはデバイス上にあり、テンソルでの演算は同じデバイス上で実行されます。

実際にどのような仕組みで動作するのか見てみましょう。PyTorch の GPU 互換バージョンをインストールしていると仮定します（A.1.3 項を参照）。念のために、ランタイムが本当に GPU コンピューティングをサポートしていることを次のコードでチェックしてみましょう。

```
print(torch.cuda.is_available())
```

結果は次のようになります。

```
True
```

ここで、加算できる 2 つのテンソルがあるとします。デフォルトでは、この計算は CPU 上で実行されます。

```
tensor_1 = torch.tensor([1., 2., 3.])
tensor_2 = torch.tensor([4., 5., 6.])
print(tensor_1 + tensor_2)
```

結果は次のようになります。

```
tensor([5., 7., 9.])
```

次に、`to()` メソッドを使ってみましょう。このメソッドは、テンソルのデータ型を変更するために使うメソッド（A.2.2 項を参照）と同じで、テンソルを GPU に転送し、そこで加算を実行します。

```
tensor_1 = tensor_1.to("cuda")
tensor_2 = tensor_2.to("cuda")
print(tensor_1 + tensor_2)
```

結果は次のようになります。

```
tensor([5., 7., 9.], device='cuda:0')
```

結果として得られたテンソルには、`device='cuda:0'` というデバイス情報が含まれています。この情報は、テンソルが 1 つ目の GPU 上にあることを意味します。コンピュータに複数の GPU が搭載されている場合は、テンソルをどの GPU に転送するのかを指定できます。その場合は、`to("cuda:0")` や `to("cuda:1")` のように、転送コマンドにデバイス ID を指定します。

ただし、すべてのテンソルが同じデバイス上になければなりません。そうではなく、一方のテンソルが CPU 上にあり、もう一方のテンソルが GPU 上にある場合、計算は失敗します。

```
tensor_1 = tensor_1.to("cpu")
print(tensor_1 + tensor_2)
```

結果は次のようになります。

```
RuntimeError                              Traceback (most recent call last)
<ipython-input-7-4ff3c4d20fc3> in <cell line: 2>()
      1 tensor_1 = tensor_1.to("cpu")
----> 2 print(tensor_1 + tensor_2)

RuntimeError: Expected all tensors to be on the same device, but found at
least two devices, cuda:0 and cpu!
```

要するに、テンソルを同じGPUデバイスに転送すれば、あとはPyTorchが処理してくれます。

A.9.2 シングルGPUでの訓練

テンソルをGPUに転送する方法がわかったので、訓練ループをGPUで実行するために修正できます。このステップでは、リストA-11に示すように、コードを3行変更するだけです。

リストA-11：GPU上での訓練ループ

```
torch.manual_seed(123)

model = NeuralNetwork(num_inputs=2, num_outputs=2)

device = torch.device("cuda")  ← デフォルトがGPUであるデバイス変数を定義
model = model.to(device)  ← モデルをGPUに転送

optimizer = torch.optim.SGD(model.parameters(), lr=0.5)

num_epochs = 3
for epoch in range(num_epochs):
    model.train()
    for batch_idx, (features, labels) in enumerate(train_loader):
        features, labels = features.to(device), labels.to(device)  ← データをGPUに転送
        logits = model(features)
        loss = F.cross_entropy(logits, labels)  # 損失関数

        optimizer.zero_grad()
        loss.backward()
        optimizer.step()

        ### ロギング
            print(f"Epoch: {epoch+1:03d}/{num_epochs:03d}"
                  f" | Batch {batch_idx:03d}/{len(train_loader):03d}"
                  f" | Train/Val Loss: {loss:.2f}")

    model.eval()
    # 必要であれば、モデル評価コードを挿入
```

リストA-11のコードを実行すると、CPUで得られた結果と同じように（A.7節を参照）、次のような出力が生成されます。

```
Epoch: 001/003 | Batch 000/002 | Train/Val Loss: 0.75
Epoch: 001/003 | Batch 001/002 | Train/Val Loss: 0.65
Epoch: 002/003 | Batch 000/002 | Train/Val Loss: 0.44
Epoch: 002/003 | Batch 001/002 | Train/Val Loss: 0.13
Epoch: 003/003 | Batch 000/002 | Train/Val Loss: 0.03
Epoch: 003/003 | Batch 001/002 | Train/Val Loss: 0.00
```

`device = torch.device("cuda")`の代わりに`to("cuda")`を使うことができます。`torch.device("cuda")`の代わりにテンソルを`"cuda"`に転送する方法も同じようにうまくいき、コードがより短くなります（A.9.1項を参照）。また、GPUが利用できない場合は同じコードをCPUで実行できるように文を修正することもできます。これはPyTorchのコードを共有するときのベストプラクティスと見なされます。

```
device = torch.device("cuda" if torch.cuda.is_available() else "cpu")
```

ここで修正した訓練ループの場合は、CPUからGPUへのメモリ転送にコストがかかるため、おそらく高速化は期待できません。ただし、ディープニューラルネットワーク —— 特にLLMを訓練する場合には、大幅な高速化が期待できます。

macOS上のPyTorch

NVIDIA GPUを搭載したコンピュータではなく、Apple Siliconチップ（M1、M2、M3、または新しいモデルなど）を搭載したApple Macを使っている場合は、このチップを利用するために、次のコードを、

```
device = torch.device("cuda" if torch.cuda.is_available() else "cpu")
```

次のように変更できます。

```
device = torch.device(
    "mps" if torch.backends.mps.is_available() else "cpu"
)
```

練習問題 A-4

CPUでの行列積の実行時間をGPUでの実行時間と比較してください。GPUでの行列積がCPUよりも速くなるのは、行列がどのようなサイズになったときでしょうか？ ヒント：実行時間はJupyterの`%timeit`コマンドを使って比較してください。たとえば、行列`a`と`b`がある場合は、新しいノートブックのセルで`%timeit a @ b`コマンドを実行します。

A.9.3　複数のGPUを使った訓練

分散訓練は、モデルの訓練を複数のGPUやコンピュータに分散させるという概念です。なぜ分散訓練が必要なのでしょうか。たとえたった1つのCPUやコンピュータでモデルを訓練することが可能であるとしても、そのプロセスは極端に時間のかかるものになるかもしれません。それぞれ複数のGPUを搭載している可能性がある複数のコンピュータに訓練プロセスを分散させれば、訓練時間を大幅に短縮できます。これは特にモデル開発の実験段階で重要となります。そうした段階では、モデルのパラメータやアーキテクチャをファインチューニングするために、訓練プロセスを何度も繰り返さなければならない可能性があるからです。

> **NOTE**　本書では、複数のGPUにアクセスしたりそれらを利用したりする必要はありません。本節は、PyTorchでのマルチGPUコンピューティングがどのような仕組みになっているのかに興味がある人のために設けられています。

分散訓練の最も基本的なケースであるPyTorchの**DDP**（Distributed Data Parallel）戦略から見ていきましょう。DDPは、利用可能なデバイスに入力データを分割し、これらのデータサブセットを同時に処理するという方法で並列処理を実現します。

どのような仕組みになっているのでしょうか。PyTorchは各GPUで別々のプロセスを起動します。これらのプロセスはそれぞれモデルのコピーを受け取って保持します。これらのモデルのコピーは訓練時に同期されます。図A-12に示すように、ニューラルネットワークの訓練に使いたい2つのGPUがあるとしましょう。

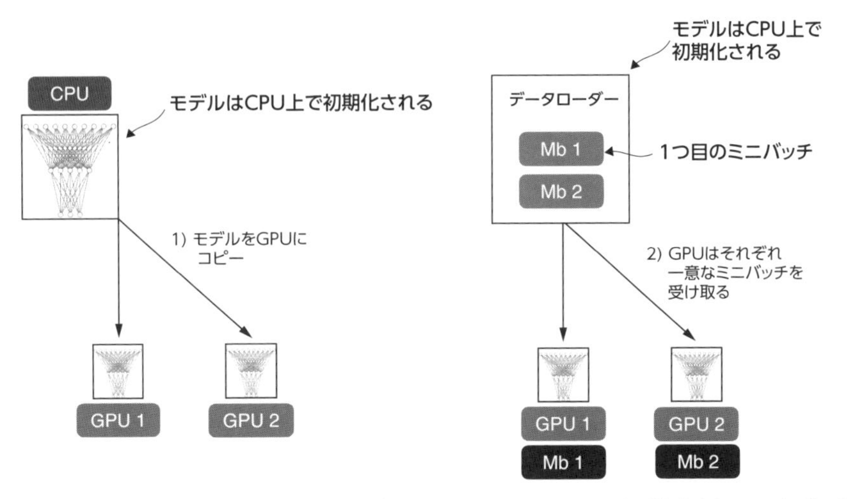

図A-12：DDPでのモデルとデータの転送は次の2つのステップで構成される。まず、各GPUでモデルのコピーを作成する。次に、入力データを一意なミニバッチに分割し、モデルの各コピーに渡す

2つのGPUはそれぞれモデルのコピーを受け取ります。続いて、訓練のイテレーションごとに、各モデルがデータローダーからミニバッチ（または単に「バッチ」）を受け取ります。DDPを使うときには、`DistributedSampler`を使うことで、各GPUに異なる（重複していない）バッチを確実に受け取らせることができます。

モデルの各コピーは、訓練データの異なるサンプルを受け取ります。このため、各コピーから返されるロジットは異なり、バックワードパスで異なる勾配が計算されます。これらの勾配は、モデルを更新するために訓練中に平均化され、同期されます。このようにして、モデルが発散しないようにします（図A-13）。

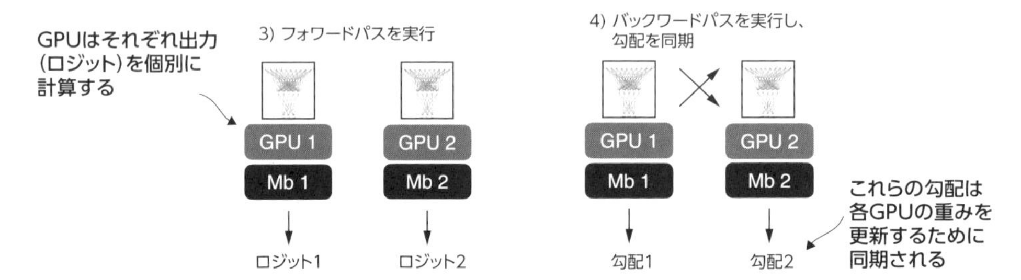

図A-13：DDPのフォワードパスとバックワードパスは、対応するデータサブセットを使って、それぞれのGPU上で別々に実行される。フォワードパスとバックワードパスが完了すると、モデルの（各GPU上の）各コピーで計算された勾配がすべてのGPU間で同期される。これにより、モデルのすべてのコピーが同じ更新された重みを持つことが保証される

DDPを使う利点は、GPUが1つの場合と比べてデータセットの処理速度が向上することです。DDPを使う場合はデバイス間でわずかながら通信のオーバーヘッドが発生しますが、それを除けば、理論的には、GPUが2つあれば1つの訓練エポックを半分の時間で処理できます。時間効率はGPUの数に応じてスケールアップし、GPUが8つある場合は1つの訓練エポックを8倍の速さで処理できるといった具合になります。

> **NOTE** DDPは、Jupyter Notebookのような対話型のPython環境では正常に動作しません。スタンドアロンのPythonスクリプトとは異なり、Jupyter Notebookはマルチプロセッシングに対応しません。このため、以下のコードは、Jupyter Notebookのようなノートブックインターフェイスではなく、スクリプトとして実行してください。DDPでは複数のプロセスを生成する必要があり、プロセスごとに独自のPythonインタープリタインスタンスが必要です。

では、DDPが実際にどのように動作するのか見てみましょう。説明を簡潔にするために、ここではDDPの訓練のために調整しなければならないコードの中核部分を重点的に見ていきます。なお、このコードをマルチGPUマシンやクラウドインスタンスで実行したい場合は、本書のGitHub

リポジトリで提供されているスタンドアロンスクリプト[8]を使ってください。

まず、分散訓練用の PyTorch のサブモジュール、クラス、関数をいくつかインポートします（リスト A-12）。

リスト A-12：分散訓練用の PyTorch ユーティリティ

```
import torch.multiprocessing as mp
from torch.utils.data.distributed import DistributedSampler
from torch.nn.parallel import DistributedDataParallel as DDP
from torch.distributed import init_process_group, destroy_process_group
```

訓練を DDP 互換にするための変更を詳しく見ていく前に、`DistributedDataParallel` クラスと併せて必要になるインポートしたばかりのユーティリティの理論的根拠と使い方を簡単に説明しておきます。

PyTorch の `multiprocessing` サブモジュールには、複数のプロセスを生成し、複数の入力に対して何らかの関数を並列に適用するための `multiprocessing.spawn()` のような関数が含まれています。この関数を使って、GPU ごとに訓練プロセスを 1 つ起動します。複数の訓練プロセスを起動する場合は、データセットをそれらのプロセスに分割する手段が必要です。そのための手段として、`DistributedSampler` を使います。

`init_process_group()` と `destroy_process_group()` は、分散訓練の初期化と終了に使われます。`init_process_group()` は、分散環境のプロセスごとにプロセスグループを初期化するために、訓練スクリプトの最初に呼び出します。`destroy_process_group()` は、プロセスグループを削除してそのリソースを解放するために、訓練スクリプトの最後に呼び出します。これらの新しいコンポーネントを使って、先ほど実装した `NeuralNetwork` モデルの DDP 訓練を実装する方法は、リスト A-13 のようになります。

リスト A-13：DistributedDataParallel 戦略によるモデルの訓練

```
def ddp_setup(rank, world_size):
    os.environ["MASTER_ADDR"] = "localhost"    ← メインノードのアドレス
    os.environ["MASTER_PORT"] = "12345"    ← マシンの空いているポート
    init_process_group(
        backend="nccl",    ← ncclはNVIDIA Collective Communication Libraryの略
        rank=rank,    ← rankは使いたいGPUのインデックス
        world_size=world_size    ← world_sizeは訓練に使うGPUの数
    )
    torch.cuda.set_device(rank)    ← テンソルを割り当て、演算を実行する
                                     現在のGPUを設定

def prepare_dataset():
    # データセット準備コードをここに挿入
    train_loader = DataLoader(
        dataset=train_ds,
        batch_size=2,
```

[8] https://github.com/rasbt/LLMs-from-scratch/blob/main/appendix-A/01_main-chapter-code/DDP-script.py

```
        shuffle=False,  ◀── DistibutedSamplerがシャッフルを行うようになる
        pin_memory=True,  ◀── GPUでの訓練時のメモリ転送を高速化
        drop_last=True,
        sampler=DistributedSampler(train_ds)  ◀── データセットを各プロセス（GPU）ごと（重複しない）サブセットに分割
    )
    test_loader = DataLoader(
        dataset=test_ds,
        batch_size=2,
        shuffle=False,
    )
    return train_loader, test_loader


def main(rank, world_size, num_epochs):  ◀── モデルの訓練を実行するメイン関数
    ddp_setup(rank, world_size)

    train_loader, test_loader = prepare_dataset()
    model = NeuralNetwork(num_inputs=2, num_outputs=2)
    model.to(rank)
    optimizer = torch.optim.SGD(model.parameters(), lr=0.5)
    model = DDP(model, device_ids=[rank])

    for epoch in range(num_epochs):
        train_loader.sampler.set_epoch(epoch)
        model.train()

        for features, labels in train_loader:                            rankはGPU ID
            features, labels = features.to(rank), labels.to(rank)  ◀──┘
            logits = model(features)
            loss = F.cross_entropy(logits, labels)
            optimizer.zero_grad()
            loss.backward()
            optimizer.step()

            print(f"[GPU{rank}] Epoch: {epoch+1:03d}/{num_epochs:03d}"
                  f" | Batchsize {labels.shape[0]:03d}"
                  f" | Train/Val Loss: {loss:.2f}")

    model.eval()
    train_acc = compute_accuracy(model, train_loader, device=rank)
    print(f"[GPU{rank}] Training accuracy", train_acc)
    test_acc = compute_accuracy(model, test_loader, device=rank)
    print(f"[GPU{rank}] Test accuracy", test_acc)
    destroy_process_group()  ◀── 確保したリソースを解放

if __name__ == "__main__":
    print("Number of GPUs available:", torch.cuda.device_count())
    torch.manual_seed(123)
    num_epochs = 3
    world_size = torch.cuda.device_count()
    mp.spawn(main, args=(world_size, num_epochs), nprocs=world_size)  ◀──┐
  複数のプロセスを使ってメイン関数を開始（nprocs=world_sizeは1GPUあたり1プロセスを意味する）
```

リスト A-13 のコードを実行する前に、上記の注釈に加えて、このコードがどのように動作するのかをまとめておきます。最後の部分を見てください。この部分には、`__name__ == "__main__"` 句があり、このコードをモジュールとしてインポートするのではなく、Python スクリプトとして実行するときのコードが含まれています。

このコードでは、`torch.cuda.device_count()` を使って利用可能な GPU の数を出力し、再現性を確保するために乱数シードを設定し、PyTorch の `multiprocessing.spawn()` 関数を使って新しいプロセスを開始します。`spawn()` 関数に `nprocs=world_size` を指定すると、GPU ごとにプロセスが 1 つ開始されます（`world_size` は利用可能な GPU の数）。また、`spawn()` 関数は、`args` で提供された追加の引数を使って、同じスクリプト内に定義された `main()` 関数のコードを呼び出します。`main()` 関数には、`spawn()` 呼び出しに含まれていない `rank` 引数があることに注意してください。というのも、`rank` は GPU ID として使われるプロセス ID であり、すでに自動的に渡されているからです。

`main()` 関数は、リスト A-13 で定義したもう 1 つの関数である `ddp_setup()` を使って分散環境をセットアップし、訓練データセットとテストデータセットを読み込み、モデルをセットアップし、訓練を実行します。シングル GPU の訓練（A.9.2 項を参照）と比較すると、今回は `to(rank)` を使ってモデルとデータをターゲットデバイスに転送します（`rank` は GPU デバイスの ID）。また、DDP を使ってモデルをラップし、訓練時に異なる GPU で計算される勾配を同期できるようにします。モデルの訓練と評価が完了した後は、`destroy_process_group()` を使って分散訓練をクリーンに終了し、確保されたリソースを解放します。

少し前に説明したように、GPU はそれぞれ訓練データの異なるサブサンプルを受け取ることになっています。このことを確実にするために、`train_loader` では `sampler=DistributedSampler(train_ds)` を指定しています。

最後に説明する関数は `ddp_setup()` です。この関数は、異なるプロセス間の通信を可能にするためにメインノードのアドレスとポートを設定し、GPU 間通信のために設計された NCCL バックエンドでプロセスグループを初期化し、`rank`（プロセス ID）と `world_size`（プロセスの総数）を設定します。最後に、現在のモデルの訓練プロセスの `rank` に対応する GPU デバイスを指定します。

マルチ GPU マシンで利用可能な GPU を選択する

マルチ GPU マシンで訓練に使う GPU の数を制限したい場合、最も簡単な方法は、`CUDA_VISIBLE_DEVICES` 環境変数を使うことです。たとえば、コンピュータに複数の GPU が搭載されていて、1 つの GPU（たとえば、インデックス 0 の GPU）だけを使いたいとしましょう。この場合は、ターゲットで `python some_script.py` を実行する代わりに、次のコードを実行できます。

```
CUDA_VISIBLE_DEVICES=0 python some_script.py
```

A

または、コンピュータに 4 つの GPU が搭載されていて、1 つ目と 3 つ目の GPU だけを使いたい場合は、次のコードを実行できます。

```
CUDA_VISIBLE_DEVICES=0,2 python some_script.py
```

CUDA_VISIBLE_DEVICES をこのように設定することは、PyTorch スクリプトを変更することなく GPU の割り当てを管理する単純で効果的な方法です。

では、このコードをターミナルからスクリプトとして起動し、実際にどのように動作するのか見てみましょう。

```
python DDP-script.py
```

なお、このコードはシングル GPU マシンでもマルチ GPU マシンでも動作するはずです。このコードをシングル GPU マシンで実行すると、次のような出力が生成されるはずです。

```
PyTorch version: 2.2.1+cu117
CUDA available: True
Number of GPUs available: 1
[GPU0] Epoch: 001/003 | Batchsize 002 | Train/Val Loss: 0.62
[GPU0] Epoch: 001/003 | Batchsize 002 | Train/Val Loss: 0.32
[GPU0] Epoch: 002/003 | Batchsize 002 | Train/Val Loss: 0.11
[GPU0] Epoch: 002/003 | Batchsize 002 | Train/Val Loss: 0.07
[GPU0] Epoch: 003/003 | Batchsize 002 | Train/Val Loss: 0.02
[GPU0] Epoch: 003/003 | Batchsize 002 | Train/Val Loss: 0.03
[GPU0] Training accuracy 1.0
[GPU0] Test accuracy 1.0
```

コードの出力は、シングル GPU を使った場合（A.9.2 項）とほぼ同じです。

今度は、GPU を 2 つ搭載したマシンで同じコードを実行すると、次のような出力が生成されます。

```
PyTorch version: 2.2.1+cu117
CUDA available: True
Number of GPUs available: 2
[GPU1] Epoch: 001/003 | Batchsize 002 | Train/Val Loss: 0.60
[GPU0] Epoch: 001/003 | Batchsize 002 | Train/Val Loss: 0.59
[GPU0] Epoch: 002/003 | Batchsize 002 | Train/Val Loss: 0.16
[GPU1] Epoch: 002/003 | Batchsize 002 | Train/Val Loss: 0.17
[GPU0] Epoch: 003/003 | Batchsize 002 | Train/Val Loss: 0.05
[GPU1] Epoch: 003/003 | Batchsize 002 | Train/Val Loss: 0.05
[GPU1] Training accuracy 1.0
[GPU0] Training accuracy 1.0
[GPU1] Test accuracy 1.0
[GPU0] Test accuracy 1.0
```

予想したとおり、バッチの一部が1つ目のGPU（GPU0）で処理され、バッチの残りが2つ目のGPU（GPU1）で処理されることがわかります。ただし、訓練正解率とテスト正解率を出力するときに出力行が重複していることがわかります。各プロセス（つまり、各GPU）はテスト正解率を別々に出力します。DDPはGPUごとにモデルを複製し、プロセスはそれぞれ独立して実行されるため、テストループ内にprint文があるとプロセスごとに実行され、出力行が繰り返される結果になります。この点が気になる場合は、各プロセスのrankを使ってprint文を制御できます。

```
if rank == 0:  ◀──── 1つ目のプロセスでのみ出力
    print("Test accuracy: ", accuracy)
```

DDPによる分散訓練の仕組みは以上です。さらに詳しく知りたい場合は、PyTorchの公式ドキュメント[9]を参照してください。

マルチGPU訓練用の代替PyTorch API

PyTorchで複数のGPUをもっとわかりやすい方法で使いたい場合は、オープンソースライブラリFabricのようなアドオンAPIを検討してみてください。筆者のブログ記事「Accelerating PyTorch Model Training：Using Mixed-Precision and Fully Sharded Data Parallelism」が参考になるでしょう。

https://magazine.sebastianraschka.com/p/accelerating-pytorch-model-training

A.10 本付録のまとめ

- PyTorchは、テンソルライブラリ、自動微分関数、ディープラーニングユーティリティの3つのコアコンポーネントからなるオープンソースライブラリである。
- PyTorchのテンソルライブラリは、NumPyのような配列ライブラリに似ている。
- PyTorchのテンソルは配列のようなデータ構造であり、スカラー、ベクトル、行列、高次元配列を表す。
- PyTorchのテンソルはCPUで実行できるが、PyTorchのテンソルフォーマットの大きな利点の1つは、計算を高速化するGPUサポートにある。
- PyTorchの自動微分機能（autograd）により、勾配を手作業で導出することなく、誤差逆伝播法を使ってニューラルネットワークを簡単に訓練できる。
- PyTorchのディープラーニングユーティリティは、カスタムディープニューラルネットワークを構築するための構成要素を提供する。

[9] https://pytorch.org/docs/stable/generated/torch.nn.parallel.DistributedDataParallel.html

- PyTorch には、効率的なデータ読み込みパイプラインを準備するための `Dataset` クラスと `DataLoader` クラスがある。
- モデルの訓練は、CPU またはシングル GPU で実行するのが最も簡単である。
- `DistributedDataParallel` は、複数の GPU を利用できる場合に、PyTorch で訓練を高速化する最も簡単な方法である。

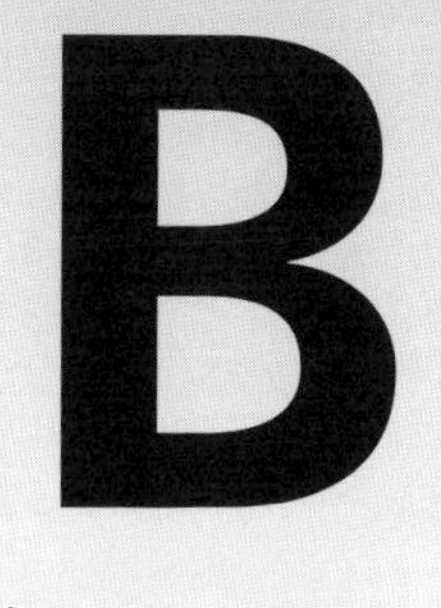

参考資料

1章

Bloombergのチームが金融データを使って一から事前学習させたGPTを使って示したように、カスタムLLMの性能は汎用LLMを凌駕できます。このカスタムLLMは金融タスクでChatGPTを上回る性能を発揮する一方、一般的なLLMベンチマークでも高い性能を維持していました。

- Wu et al., "BloombergGPT: A Large Language Model for Finance", https://arxiv.org/abs/2303.17564

医療分野でも、既存のLLMを適応させてファインチューニングすれば一般的なLLMの性能を凌駕できることがGoogle ResearchとGoogle DeepMindのチームによって示されています。

- Singhal et al., "Towards Expert-Level Medical Question Answering with Large Language Models" (2023), https://arxiv.org/abs/2305.09617

オリジナルのTransformerアーキテクチャは次の論文で提唱されました。

- Vaswani et al., "Attention Is All You Need" (2017), https://arxiv.org/abs/1706.03762

エンコーダスタイルのTransformerであるBERTについては、次の論文を参照してください。

- Devlin et al., "BERT: Pre-training of Deep Bidirectional Transformers for Language Understanding" (2018), https://arxiv.org/abs/1810.04805

デコーダスタイルのGPT-3モデルは次の論文で説明されています。GPT-3モデルは現代のLLM

のいわばモチーフであり、本書において LLM を一から実装するためのテンプレートとして使われています。

- Brown et al., "Language Models are Few-Shot Learners" (2020), https://arxiv.org/abs/2005.14165

次の論文は、画像を分類するためのオリジナルのコンピュータビジョン Transformer を取り上げています。この論文は Transformer アーキテクチャがテキスト入力に限定されないことを具体的に示しています。

- Dosovitskiy et al., "An Image is Worth 16x16 Words: Transformers for Image Recognition at Scale" (2020), https://arxiv.org/abs/2010.11929

すべての LLM が Transformer アーキテクチャをベースとする必要はないことを示す例として、次のような実験的な LLM アーキテクチャもあります（ただし、あまり普及していません）。

- Peng et al., "RWKV: Reinventing RNNs for the Transformer Era" (2023), https://arxiv.org/abs/2305.13048
- Poli et al., "Hyena Hierarchy: Towards Larger Convolutional Language Models" (2023), https://arxiv.org/abs/2302.10866
- Gu and Dao, "Mamba: Linear-Time Sequence Modeling with Selective State Spaces" (2023), https://arxiv.org/abs/2312.00752

Meta AI のモデルはよく使われている GPT 型のモデルの実装であり、GPT-3 や ChatGPT とは対照的にオープンに利用できます。

- Touvron et al., "Llama 2: Open Foundation and Fine-Tuned Chat Models" (2023), https://arxiv.org/abs/2307.09288

1.5 節で言及したデータセットについてさらに詳しく知りたい場合は、Eleuther AI が編纂して一般に公開している **The Pile** データセットに関する論文を参照してください。

- Gao et al., "The Pile: An 800GB Dataset of Diverse Text for Language Modeling" (2020), https://arxiv.org/abs/2101.00027

1.6 節で言及した GPT-3 のファインチューニングに使われている InstructGPT のリファレンスは次の論文で提供されています。また、7 章でも詳しく説明しています。

- Ouyang et al., "Training Language Models to Follow Instructions with Human Feedback" (2022), https://arxiv.org/abs/2203.02155

2 章

埋め込み空間と潜在空間の比較やベクトル表現の一般的な概念に興味がある場合は、拙著の 1 章で詳しい情報が見つかります。

- Sebastian Raschka, *Machine Learning Q and AI* (2023), https://leanpub.com/machine-learning-q-and-ai

次の論文は、バイトペアエンコーディング（BPE）がトークン化手法としてどのように使われるのかを詳しく説明しています。

- Sennrich et al., "Neural Machine Translation of Rare Words with Subword Units" (2015), https://arxiv.org/abs/1508.07909

GPT-2 の訓練に使われた BPE トークナイザのコードは、OpenAI によってオープンソース化されています。

- https://github.com/openai/gpt-2/blob/master/src/encoder.py

OpenAI は GPT モデルの BPE トークナイザの仕組みを具体的に示す対話型の Web UI を提供しています。

- https://platform.openai.com/tokenizer

BPE トークナイザを一からコーディングして訓練することに興味がある場合は、Andrej Karpathy の GitHub リポジトリ `minbpe` に最小限の理解しやすい実装があります。

- "A Minimal Implementation of a BPE Tokenizer", https://github.com/karpathy/minbpe

他のよく知られている LLM で使われているトークン化スキームに興味がある場合は、SentencePiece と WordPiece の論文でより多くの情報が見つかります。

- Kudo and Richardson, "SentencePiece: A Simple and Language Independent Subword Tokenizer and Detokenizer for Neural Text Processing" (2018), https://aclanthology.org/D18-2012/
- Song et al., "Fast WordPiece Tokenization" (2020), https://arxiv.org/abs/2012.15524

3 章

RNN と言語翻訳のための Bahdanau Attention に興味がある場合は、次の論文で詳しい情報が見つかります。

- Bahdanau, Cho, and Bengio, "Neural Machine Translation by Jointly Learning to Align and Translate" (2014), https://arxiv.org/abs/1409.0473

Scaled Dot-Product Attention としての Self-Attention の概念は、オリジナルの Transformer の論文で紹介されました。

- Vaswani et al., "Attention Is All You Need" (2017), https://arxiv.org/abs/1706.03762

FlashAttention は Self-Attention メカニズムの高効率実装であり、メモリアクセスパターンを最適化することで、計算プロセスを高速化します。数学的には標準的な Self-Attention メカニズムと同じですが、効率化を図るために計算プロセスを最適化します。

- Dao et al., "FlashAttention: Fast and Memory-Efficient Exact Attention with IO-Awareness" (2022), https://arxiv.org/abs/2205.14135
- Dao, "FlashAttention-2: Faster Attention with Better Parallelism and Work Partitioning" (2023), https://arxiv.org/abs/2307.08691

PyTorch は Self-Attention と Causal Attention のための関数を実装しており、効率化を図るために FlashAttention をサポートしています。この関数はベータ版であり、変更される場合があります。

- `scaled_dot_product_attention`, https://pytorch.org/docs/stable/generated/torch.nn.functional.scaled_dot_product_attention.html

PyTorch は `scaled_dot_product_attention()` 関数に基づいた効率的な `MultiHeadAttention` クラスも実装しています。

- `MultiHeadAttention`, https://pytorch.org/docs/stable/generated/torch.nn.MultiheadAttention.html

ドロップアウトはニューラルネットワークで使われている正則化テクニックであり、訓練中にニューラルネットワークのユニット（および接続）をランダムに無効化することで、過剰適合を防ぎます。

- Srivastava et al., "Dropout: A Simple Way to Prevent Neural Networks from Overfitting" (2014), https://jmlr.org/papers/v15/srivastava14a.html

Scaled Dot-Product Attention に基づく Multi-head Attention を使うことは、実際には Self-Attention の最も一般的なバリエーションですが、次の論文の著者らは値の重み行列と射影層を省略しても高い性能を達成できる可能性があることを突き止めています。

- He and Hofmann, "Simplifying Transformer Blocks" (2023), https://arxiv.org/abs/2311.01906

4章

次の論文では、隠れ層内のニューロンに対する総入力を正規化することで、ニューラルネットワークの隠れ層のダイナミクスを安定させるテクニックが紹介されています。このテクニックにより、従来の手法と比べて訓練時間が大幅に短縮されます。

- Ba, Kiros, and Hinton, "Layer Normalization" (2016), https://arxiv.org/abs/1607.06450

オリジナルの Transformer モデルで使われている Post-LayerNorm は、Self-Attention とフィードフォワードネットワークの後に層正規化を適用します。対照的に、GPT-2 や新しい LLM のようなモデルで採用されている Pre-LayerNorm は、これらのコンポーネントの前に層正規化を適用します。次の論文では、このようにすると学習のダイナミクスの安定化につながり、場合によっては性能の向上が見られることが示されています。

- Xiong et al., "On Layer Normalization in the Transformer Architecture" (2020), https://arxiv.org/abs/2002.04745
- Tie et al., "ResiDual: Transformer with Dual Residual Connections" (2023), https://arxiv.org/abs/2304.14802

最近の LLM では、計算効率が改善された LayerNorm の一種である RMSNorm がよく使われています。RMSNorm は、（入力から平均を引くことなく）入力の二乗平均平方根のみを使って入力を正規化することで、正規化プロセスを単純化します。つまり、データを中心化せずにスケーリングを計算します。RMSNorm の詳細については、次の論文を参照してください。

- Zhang and Sennrich, "Root Mean Square Layer Normalization" (2019), https://arxiv.org/abs/1910.07467

GELU（Gaussian Error Linear Unit）活性化関数は、古典的な ReLU 活性化関数と正規分布の累積分布関数の両方の性質を組み合わせて層の出力をモデル化することで、ディープラーニングモデルにおいて確率的正則化と非線形性を実現します。

- Hendricks and Gimpel, "Gaussian Error Linear Units (GELUs)" (2016), https://arxiv.org/abs/1606.08415

GPT-2 の論文では、さまざまなサイズ（1 億 2,400 万パラメータ、3 億 5,500 万パラメータ、7 億 7,400 万パラメータ、15 億パラメータ）の Transformer ベースの LLM が紹介されました。

- Radford et al., "Language Models Are Unsupervised Multitask Learners" (2019), https://cdn.openai.com/better-language-models/language_models_are_unsupervised_multitask_learners.pdf

OpenAI の GPT-3 は、基本的には GPT-2 と同じアーキテクチャに基づいていますが、最大バージョン（1,750 億パラメータ）は GPT-2 の最大モデルの 100 倍の大きさであり、はるかに大量のデータで訓練されています。興味がある場合は、OpenAI の GPT-3 の公式論文と Lambda Labs の Technical Overview を参照してください。この Technical Overview では、GPT-3 を 1 つの RTX 8000 GPU で訓練するのに 665 年かかると見積もられています。

- Brown et al., "Language Models are Few-Shot Learners" (2023), https://arxiv.org/abs/2005.14165
- "OpenAI's GPT-3 Language Model: A Technical Overview", https://lambdalabs.com/blog/demystifying-gpt-3

nanoGPT は、本書で実装しているモデルと同じような、GPT-2 モデルの最小かつ効率的な実装を提供しているコードリポジトリです。本書のコードは nanoGPT とは異なりますが、このリポジトリは Python の GPT 親クラスの実装をより小さなサブモジュールに再編成するきっかけになりました。

- "NanoGPT, a Repository for Training Medium-Sized GPTs", https://github.com/karpathy/nanoGPT

コンテキストサイズが 32,000 トークン未満の場合、LLM の計算のほとんどが Attention 層ではなくフィードフォワード層に費やされることを示す啓蒙的なブログ記事があります。

- Harm de Vries, "In the Long (Context) Run", https://www.harmdevries.com/post/context-length/

5 章

損失関数の詳細と、数学的な最適化を容易にするための対数変換の適用については、筆者の講義動画を参照してください。

- L8.2 Logistic Regression Loss Function, https://www.youtube.com/watch?v=GxJe0DZvydM

次の筆者による講義とコードサンプルは、PyTorch の `cross_entropy()` 関数が内部でどのように動作するのかを説明しています。

- L8.7.1 OneHot Encoding and Multi-category Cross Entropy, https://www.youtube.com/watch?v=4n71-tZ94yk
- Understanding Onehot Encoding and Cross Entropy in PyTorch, https://github.com/rasbt/stat453-deep-learning-ss21/blob/main/L08/code/cross-entropy-pytorch.ipynb

次の 2 つの論文は、LLM の事前学習に使われたデータセット、ハイパーパラメータ、アーキテクチャを詳しく説明しています。

- Biderman et al., "Pythia: A Suite for Analyzing Large Language Models Across Training and Scaling" (2023), https://arxiv.org/abs/2304.01373
- Groeneveld et al., "OLMo: Accelerating the Science of Language Models" (2024), https://arxiv.org/abs/2402.00838

Project Gutenberg には、パブリックドメインの書籍が 6 万冊以上あります。本書の補足コードには、それらの書籍からなる大規模なデータセットを準備し、LLM の訓練に使うための手順が含まれています。

- Pretraining GPT on the Project Gutenberg Dataset, https://github.com/rasbt/LLMs-from-scratch/tree/main/ch05/03_bonus_pretraining_on_gutenberg

5 章では、LLM の事前学習について説明しています。付録 D では、線形ウォームアップやコサイン減衰など、より高度な訓練関連を取り上げています。次の論文では、事前学習済みの LLM を引き続き訓練するために同様のテクニックをうまく活用できることが示されており、さらにヒントや洞察も提供されています。

- Ibrahim et al., "Simple and Scalable Strategies to Continually Pre-train Large Language Models" (2024), https://arxiv.org/abs/2403.08763

BloombergGPT はドメイン特化型の LLM の例であり、一般的なテキストコーパスと金融分野に特化したテキストコーパスの両方を学習することによって作成されています。

- Wu et al., "BloombergGPT: A Large Language Model for Finance" (2023), https://arxiv.org/abs/2303.17564

GaLore は LLM の事前学習の効率化を目的とする最近の研究プロジェクトです。必要なコード変更は、訓練関数で PyTorch の `AdamW` オプティマイザを `GaLoreAdamW` オプティマイザに置き換えることだけです。`GaLoreAdamW` は `galore-torch` Python パッケージで提供されています。

- Zhao et al., "GaLore: Memory-Efficient LLM Training by Gradient Low-Rank Projection" (2024), https://arxiv.org/abs/2403.03507
- GaLore: Memory-Efficient LLM Training by Gradient Low-Rank Projection, https://github.com/jiaweizzhao/GaLore

次の論文と資料は、LLM 用の大規模な事前学習データセットをオープンリソースとして共有しています。これらのデータセットは数百ギガバイトから数テラバイトのテキストデータで構成されています。

- Soldaini et al., "Dolma: An Open Corpus of Three Trillion Tokens for LLM Pretraining Research" (2024), https://arxiv.org/abs/2402.00159
- Gao et al., "The Pile: An 800GB Dataset of Diverse Text for Language Modeling" (2020), https://arxiv.org/abs/2101.00027
- Penedo et al., "The RefinedWeb Dataset for Falcon LLM: Outperforming Curated Corpora with Web Data, and Web Data Only," (2023), https://arxiv.org/abs/2306.01116
- Together AI, "RedPajama", https://github.com/togethercomputer/RedPajama-Data

FineWeb には、CommonCrawl をソースとする 15 兆トークン以上の英語の Web データが含まれています。データはクリーンアップ済みで、重複は取り除かれています。

- The FineWeb Dataset, https://huggingface.co/datasets/HuggingFaceFW/fineweb

top-k サンプリングは次の論文で紹介されました。

- Fan et al., "Hierarchical Neural Story Generation" (2018), https://arxiv.org/abs/1805.04833

top-k サンプリングに代わるもう 1 つの手法として top-p サンプリングがあります（5 章では取り上げていません）。top-p サンプリングは累積確率が閾値 p を超えるトークンのうち最小の集合から選択しますが、top-k サンプリングは最も確率が高い上位 k 個のトークンから選択します。

- Top-p sampling, https://en.wikipedia.org/wiki/Top-p_sampling

B

ビームサーチ（5章では取り上げていません）はもう1つのデコーディングアルゴリズムであり、効率と品質のバランスをとるために、各ステップでスコアが最も高い部分シーケンスだけを保持することで出力シーケンスを生成します。

- Vijayakumar et al., "Diverse Beam Search: Decoding Diverse Solutions from Neural Sequence Models" (2016), https://arxiv.org/abs/1610.02424

6章

さまざまな種類のファインチューニングについて説明している資料は次のとおりです。

- "Using and Finetuning Pretrained Transformers", https://magazine.sebastianraschka.com/p/using-and-finetuning-pretrained-transformers
- "Finetuning Large Language Models", https://mng.bz/x28X

最初の出力トークンと最後の出力トークンのファインチューニングの比較をはじめとするその他の実験については、GitHubリポジトリの補足コードを参照してください。

- Additional Classification Finetuning Experiments, https://github.com/rasbt/LLMs-from-scratch/tree/main/ch06/02_bonus_additional-experiments

スパム分類などの二値分類タスクでは、出力ノードを2つにする代わりに1つだけにすることも技術的には可能です。

- "Losses Learned -- Optimizing Negative Log-Likelihood and Cross-Entropy in PyTorch", https://sebastianraschka.com/blog/2022/losses-learned-part1.html

LLMの異なる層のファインチューニングに関する実験は次のブログ記事でも紹介されています。この記事では、出力層に加えて最後のTransformerブロックをファインチューニングすると予測性能が大幅に向上することが示されています。

- "Finetuning Large Language Models", https://magazine.sebastianraschka.com/p/finetuning-large-language-models

不均衡な分類データセットを扱うための情報や資料はimbalanced-learnのドキュメントで見つかります。

- "Imbalanced-Learn User Guide", https://imbalanced-learn.org/stable/user_guide.html

スパムテキストメッセージではなくスパムメールの分類に興味がある場合は、大規模な電子メールスパム分類データセットが提供されています。このデータセットは6章で使ったデータフォーマットと同様の便利なCSVフォーマットで提供されています。

- Email Spam Classification Dataset, https://huggingface.co/datasets/TrainingDataPro/email-spam-classification

GPT-2 は Transformer アーキテクチャのデコーダモジュールに基づくモデルであり、その主な目的は新しいテキストを生成することにあります。これに代わる BERT や RoBERTa といったエンコーダベースのモデルは分類タスクに適しています。

- Devlin et al., "BERT: Pre-training of Deep Bidirectional Transformers for Language Understanding" (2018), https://arxiv.org/abs/1810.04805
- Liu et al., "RoBERTa: A Robustly Optimized BERT Pretraining Approach" (2019), https://arxiv.org/abs/1907.11692
- Additional Experiments Classifying the Sentiment of 50k IMDB Movie Reviews, https://github.com/rasbt/LLMs-from-scratch/tree/main/ch06/03_bonus_imdb-classification

最近の論文では、分類チューニングの際に他の調整と併せて因果マスクを取り除くと、分類性能をさらに改善できることが示されています。

- Li et al., "Label Supervised LLaMA Finetuning" (2023), https://arxiv.org/abs/2310.01208
- BehnamGhader et al., "LLM2Vec: Large Language Models Are Secretly Powerful Text Encoders" (2024), https://arxiv.org/abs/2404.05961

7章

52,000 件の指示応答ペアが含まれている Alpaca データセットは、インストラクションチューニング用の最初のデータセットの 1 つであり、広く利用されています。

- "Stanford Alpaca: An Instruction-Following Llama Model", https://github.com/tatsu-lab/stanford_alpaca

インストラクションチューニングに適したデータセットのうち一般に公開されているものは他にもあります。

- LIMA, https://huggingface.co/datasets/GAIR/lima
  詳細については、Zhou et al., "LIMA: Less Is More for Alignment", https://arxiv.org/abs/2305.11206 を参照。
- UltraChat, https://huggingface.co/datasets/openchat/ultrachat-sharegpt
  805,000 件の指示応答ペアで構成された大規模なデータセット。詳細については、Ding et al., "Enhancing Chat Language Models by Scaling High-quality Instructional Conversations", https://arxiv.org/abs/2305.14233 を参照。
- Alpaca GPT4, https://github.com/Instruction-Tuning-with-GPT-4/GPT-4-LLM/blob/main/data/alpaca_gpt4_data.json
  52,000 件の指示応答ペアで構成された Alpaca 型のデータセット。GPT-3.5 ではなく GPT-4 で生成されている。

B

Phi-3 はインストラクションチューニングされた 38 億パラメータのモデルであり、GPT-3.5 などのはるかに大規模なプロプライエタリモデルに匹敵することが報告されています。

- Abdin et al., "Phi-3 Technical Report: A Highly Capable Language Model Locally on Your Phone" (2024), https://arxiv.org/abs/2404.14219

インストラクションチューニングされた Llama-3 モデルから 300,000 件の高品質な指示応答ペアを生成する合成指示データ生成手法が研究者らによって提案されています。事前学習済みの Llama-3 ベースモデルをこれらの指示サンプルでファインチューニングした場合、そのモデルの性能はオリジナルのインストラクションチューニングされた Llama-3 モデルに匹敵します。

- Xu et al., "Magpie: Alignment Data Synthesis from Scratch by Prompting Aligned LLMs with Nothing" (2024), https://arxiv.org/abs/2406.08464

インストラクションチューニングにおいて指示や入力をマスクしないことは、特に長い指示と短い出力を含んでいるデータセットで訓練した場合や、訓練サンプルの数が少ない場合に、さまざまな NLP タスクやオープンエンドの生成ベンチマークにおいて性能を実質的に向上させることが研究によって示されています。

- Shi et al., "Instruction Tuning with Loss Over Instructions" (2024), https://arxiv.org/abs/2405.14394

Prometheus と PHUDGE は、カスタマイズ可能な基準に基づいて長い応答を評価する点で GPT-4 に匹敵するオープンアクセスの LLM です。本書の執筆時点では Ollama によってサポートされておらず、ラップトップ上で効率的に実行できないため、本書では使っていません。

- Kim et al., "Prometheus: Inducing Finegrained Evaluation Capability in Language Models" (2023), https://arxiv.org/abs/2310.08491
- Deshwal and Chawla, "PHUDGE: Phi-3 as Scalable Judge" (2024), https://arxiv.org/abs/2405.08029
- Kim et al., "Prometheus 2: An Open Source Language Model Specialized in Evaluating Other Language Models" (2024), https://arxiv.org/abs/2405.01535

次に報告されている結果は、LLM が事前学習中に主に事実的知識を獲得し、ファインチューニングが主にこの知識を使ってその効率性を高めるという見解を支持するものです。さらに、この調査では、新しい事実的情報を使った LLM のファインチューニングが、既存の知識を活用する LLM の能力にどのように影響するのかを探っており、モデルが新しい事実を学習するのにより時間がかかることと、ファインチューニング中に新しい事実が導入されるとモデルが不正確な情報を生成する傾向が強まることが明らかになっています。

- Gekhman et al., "Does Fine-Tuning LLMs on New Knowledge Encourage Hallucinations?" (2024), https://arxiv.org/abs/2405.05904

選好チューニングは、LLM を人間の嗜好に近づけるためにインストラクションチューニングの後に実行されるオプションのステップです。このプロセスの詳細については、筆者の次のブログ記事を参照してください。

- "LLM Training: RLHF and Its Alternatives", https://magazine.sebastianraschka.com/p/llm-training-rlhf-and-its-alternatives
- "Tips for LLM Pretraining and Evaluating Reward Models", https://sebastianraschka.com/blog/2024/research-papers-in-march-2024.html

付録 A

付録 A はディープラーニングをすばやく理解するのに十分ですが、より包括的な入門書を探している場合は、次の書籍をお勧めします。

- Sebastian Raschka, Hayden Liu, and Vahid Mirjalili, *Machine Learning with PyTorch and Scikit-Learn* (2022) ISBN 978-1801819312 [1]
- Eli Stevens, Luca Antiga, and Thomas Viehmann, *Deep Learning with PyTorch* (2021) ISBN 978-1617295263 [2]

筆者が録画した 15 分のビデオチュートリアルは、より包括的なテンソル入門としてお勧めです。

- Lecture 4.1: Tensors in Deep Learning, https://www.youtube.com/watch?v=JXfDlgrfOBY

機械学習でのモデルの評価についてもう少し学びたい場合は、筆者の論文をお勧めします。

- Sebastian Raschka, "Model Evaluation, Model Selection, and Algorithm Selection in Machine Learning" (2018), https://arxiv.org/abs/1811.12808

筆者が Web サイトで無料で公開している微積分に関する章は、微積分の復習として、またやさしい入門書としてもお勧めです。

- Sebastian Raschka, "Introduction to Calculus", https://sebastianraschka.com/pdf/supplementary/calculus.pdf

なぜ PyTorch は `optimizer.zero_grad()` をバックグラウンドで自動的に呼び出さないのでしょうか。状況によっては、勾配を意図的に累積するほうが望ましいことがあり、PyTorch はそれを選択肢として残しているのです。勾配の累積について知りたい場合は、次のブログ記事を参照してください。

[1] 『Python 機械学習プログラミング PyTorch & scikit-learn 編』(インプレス、2022 年)
[2] 『PyTorch 実践入門』(マイナビ出版、2021 年)

- Sebastian Raschka, "Finetuning Large Language Models on a Single GPU Using Gradient Accumulation", https://sebastianraschka.com/blog/2023/llm-grad-accumulation.html

付録Aでは DDP (Distributed Data Parallel) を取り上げてます。DDPは複数のGPUでディープラーニングモデルを訓練するためのアプローチとしてよく使われています。1つのモデルがGPUに収まらないような高度なユースケースでは、PyTorchのFSDP (Fully Sharded Data Parallel) という手法を検討することもできます。FSDPはDDPを実行し、大規模な層を複数のGPUに分散させます。詳細については、PyTorchのオーバービューとAPIドキュメントへのリンクを参照してください。

- "Introducing PyTorch Fully Sharded Data Parallel (FSDP) API", https://pytorch.org/blog/introducing-pytorch-fully-sharded-data-parallel-api/

練習問題の解答

練習問題の解答に対する完全なコードサンプルは、本書の GitHub リポジトリ[1] の各章のフォルダで確認できます。

2 章

練習問題 2-1

エンコーダにプロンプトとして文字列を 1 つずつ渡すと、個々のトークン ID を取得できます。

```
print(tokenizer.encode("Ak"))
print(tokenizer.encode("w"))
......
```

これにより、次の出力が得られます。

```
[33901]
[86]
......
```

続いて、次のコードを使って図 2-11 のマッピングを再現することができます。

[1] https://github.com/rasbt/LLMs-from-scratch

```
integers = tokenizer.encode("Akwirw ier")
for i in integers:
    print(f"{i} -> {tokenizer.decode([i])}")
```

これにより、次の出力が得られます。

```
33901 -> Ak
86 -> w
343 -> ir
86 -> w
220 ->
959 -> ier
```

最後に、次のコードを使って元の文字列を組み立てることができます。

```
print(tokenizer.decode([33901, 86, 343, 86, 220, 959]))
```

これにより、次の出力が得られます。

```
'Akwirw ier'
```

練習問題 2-2

max_length=2、stride=2 のデータローダーのコードは次のようになります[2]。

```
dataloader = create_dataloader(
    raw_text, batch_size=4, max_length=2, stride=2
)
```

このコードは次のようなフォーマットのバッチを生成します。

```
tensor([[  40,  367],
        [2885, 1464],
        [1807, 3619],
        [ 402, 271]])
```

max_length=8、stride=2 のデータローダーのコードは次のようになります。

```
dataloader = create_dataloader(
    raw_text, batch_size=4, max_length=8, stride=2
)
```

このコードは次のようなバッチを生成します。

[2] [訳注] この解答は exercise-solutions.ipynb の GPTDatasetV1 クラスと create_dataloader() を使っている。
https://github.com/rasbt/LLMs-from-scratch/blob/main/ch02/01_main-chapter-code/exercise-solutions.ipynb

```
tensor([[    40,    367,  2885,  1464,  1807,  3619,    402,    271],
        [  2885,  1464,  1807,  3619,    402,    271, 10899,  2138],
        [  1807,  3619,    402,    271, 10899,  2138,    257,  7026],
        [   402,    271, 10899,  2138,    257,  7026, 15632,    438]])
```

3章

練習問題 3-1

正しい重みの割り当ては次のようになります。

```
sa_v1.W_query = torch.nn.Parameter(sa_v2.W_query.weight.T)
sa_v1.W_key = torch.nn.Parameter(sa_v2.W_key.weight.T)
sa_v1.W_value = torch.nn.Parameter(sa_v2.W_value.weight.T)
```

練習問題 3-2

Single-head Attention と同じように出力次元を 2 にするには、射影次元 `d_out` を 1 に変更する必要があります。

```
d_out = 1
mha = MultiHeadAttentionWrapper(d_in, d_out, block_size, 0.0, num_heads=2)
```

練習問題 3-3

最も小さい GPT-2 モデルの初期化は次のようになります。

```
block_size = 1024
d_in, d_out = 768, 768
num_heads = 12
mha = MultiHeadAttention(d_in, d_out, block_size, 0.0, num_heads)
```


4章

練習問題 4-1

フィードフォワードモジュールと Multi-head Attention モジュールのパラメータ数は次のように計算できます。

```
block = TransformerBlock(GPT_CONFIG_124M)

total_params = sum(p.numel() for p in block.ff.parameters())
print(f"Total number of parameters in feed forward module: {total_params:,}")

total_params = sum(p.numel() for p in block.att.parameters())
print(f"Total number of parameters in attention module: {total_params:,}")
```

フィードフォワードモジュールがMulti-head Attentionモジュールの約2倍のパラメータを含んでいることがわかります。

```
Total number of parameters in feed forward module: 4,722,432
Total number of parameters in attention module: 2,360,064
```

練習問題 4-2

他のサイズのGPTモデルをインスタンス化するには、設定ディクショナリを次のように変更します（ここではGPT-2 XLのコードを示しています）。

```
GPT_CONFIG = GPT_CONFIG_124M.copy()
GPT_CONFIG["emb_dim"] = 1600
GPT_CONFIG["n_layers"] = 48
GPT_CONFIG["n_heads"] = 25
model = GPTModel(GPT_CONFIG)
```

次に、4.6節のコードを再利用してパラメータ数と必要なメモリ量を計算すると、次のようになります。

```
gpt2-xl:
Total number of parameters: 1,637,792,000
Number of trainable parameters considering weight tying: 1,557,380,800
Total size of the model: 6247.68 MB
```

練習問題 4-3

4章では、埋め込み層、ショートカット接続、Multi-head Attentionモジュールの3か所でドロップアウト層を使いました。設定ファイルでそれぞれの層のドロップアウト率を別々に定義し、その定義に応じてコード実装を変更すれば、それぞれの層のドロップアウト率を制御できます。

変更後の設定は次のようになります。

```
GPT_CONFIG_124M = {
    "vocab_size": 50257,
    "context_length": 1024,
    "emb_dim": 768,
    "n_heads": 12,
    "n_layers": 12,
    "drop_rate_attn": 0.1,        ← Multi-head Attentionのドロップアウト
    "drop_rate_shortcut": 0.1,    ← ショートカット接続のドロップアウト
    "drop_rate_emb": 0.1,         ← 埋め込み層のドロップアウト
    "qkv_bias": False
}
```

修正後の`TransformerBlock`と`GPTModel`は次のようになります。

```
class TransformerBlock(nn.Module):
    def __init__(self, cfg):
        super().__init__()
        self.att = MultiHeadAttention(
            d_in=cfg["emb_dim"],
            d_out=cfg["emb_dim"],
            context_length=cfg["context_length"],
            num_heads=cfg["n_heads"],
            dropout=cfg["drop_rate_attn"],
            qkv_bias=cfg["qkv_bias"]
        )
        self.ff = FeedForward(cfg)
        self.norm1 = LayerNorm(cfg["emb_dim"])
        self.norm2 = LayerNorm(cfg["emb_dim"])
        self.drop_shortcut = nn.Dropout(cfg["drop_rate_shortcut"])

    def forward(self, x):
        shortcut = x
        x = self.norm1(x)
        x = self.att(x)
        x = self.drop_shortcut(x)
        x = x + shortcut

        shortcut = x
        x = self.norm2(x)
        x = self.ff(x)
        x = self.drop_shortcut(x)
        x = x + shortcut
        return x

class GPTModel(nn.Module):
    def __init__(self, cfg):
        super().__init__()
        self.tok_emb = nn.Embedding(
            cfg["vocab_size"], cfg["emb_dim"]
        )
        self.pos_emb = nn.Embedding(
            cfg["context_length"], cfg["emb_dim"]
        )
        self.drop_emb = nn.Dropout(cfg["drop_rate_emb"])
        self.trf_blocks = nn.Sequential(
            *[TransformerBlock(cfg) for _ in range(cfg["n_layers"])]
        )
        self.final_norm = LayerNorm(cfg["emb_dim"])
        self.out_head = nn.Linear(
            cfg["emb_dim"], cfg["vocab_size"], bias=False
        )

    def forward(self, in_idx):
        batch_size, seq_len = in_idx.shape
        tok_embeds = self.tok_emb(in_idx)
        pos_embeds = self.pos_emb(torch.arange(seq_len, device=in_idx.device))
        x = tok_embeds + pos_embeds
        x = self.drop_emb(x)
        x = self.trf_blocks(x)
```

Multi-head Attentionのドロップアウト

ショートカット接続のドロップアウト

埋め込み層のドロップアウト

C

```
        x = self.final_norm(x)
        logits = self.out_head(x)
        return logits
```

5章

練習問題 5-1

"pizza" というトークン（単語）がサンプリングされた回数は、5.3.1 項で定義した print_sampled_tokens() 関数を使って出力できます。

"pizza" トークンは、温度が 0 または 0.1 の場合は 0 回サンプリングされ、温度が 5 にスケールアップされた場合は 32 回サンプリングされます[3]。推定確率は、は 32 / 1000 × 100% = 3.2% です。

実際の確率は 4.3% であり、スケールされたソフトマックス確率テンソル（scaled_probas[2][6]）に含まれています。

練習問題 5-2

温度スケーリングと top-k サンプリングは、LLM の種類や、出力に求められる多様性やランダム性の度合いに基づいて調整しなければならない設定です。

top-k を比較的小さい（たとえば 10 未満の）値にし、温度設定を 1 未満にすると、モデルの出力がランダムではなくなり、より決定論的になります。この設定は、生成されるテキストをより予測可能で一貫性のあるものにし、訓練データに基づいて最も可能性の高い結果に近づけることが必要な場合に役立ちます。

このような低い top-k 設定と温度設定の用途には、明確さや正確さが重要な正式な文書や報告書の作成が含まれます。その他の例としては、精密さが重要な技術分析やコード生成のタスクが挙げられます。また、質問応答や教育的コンテンツでは、正確な回答が求められるため、1 未満の温度設定が助けになります。

一方、高い top-k 設定（たとえば 20～40 の値）と 1 を超える温度設定は、LLM をブレインストーミングや小説などの創造的なコンテンツの生成に使うときに役立ちます。

練習問題 5-3

generate() 関数の振る舞いを決定論的なものにする方法は複数存在します[4]。

1. top_k=None に設定し、温度スケーリングを適用しない。
2. top_k=1 に設定する。

練習問題 5-4

要するに、本章で保存したモデルとオプティマイザを読み込まなければなりません。

[3] ［訳注］検証では、温度 5 では 43 回サンプリングされた。
[4] ［訳注］GitHub リポジトリの解答では、5.4 節で保存するモデルの重みを使っている。

```
checkpoint = torch.load("model_and_optimizer.pth")
model = GPTModel(GPT_CONFIG_124M)
model.load_state_dict(checkpoint["model_state_dict"])
optimizer = torch.optim.AdamW(model.parameters(), lr=5e-4, weight_decay=0.1)
optimizer.load_state_dict(checkpoint["optimizer_state_dict"])
```

続いて、num_epochs=1 で train_model_simple() を呼び出すことで、さらに 1 エポック分の事前学習を行います。

練習問題 5-5

GPT モデルの訓練データセットと検証データセットでの損失は、次のコードを使って計算できます。

```
train_loss = calc_loss_loader(train_loader, gpt, device)
val_loss = calc_loss_loader(val_loader, gpt, device)
```

1 億 2,400 万パラメータのモデルの損失は次のとおりです。

```
Training loss: 3.754748503367106
Validation loss: 3.559617757797241
```

主なポイントは、訓練データセットと検証データセットの性能が同じ範囲にあることです。この点については、複数の理由が考えられます。

1. 『The Verdict』が、OpenAI が GPT-2 を訓練したときの事前学習データセットの一部ではなかった場合。したがって、このモデルは訓練データセットに明示的に過剰適合しておらず、『The Verdict』の訓練データセット部分と検証データセット部分で同じような性能を示している（ディープラーニングでは珍しく、検証データセットでの損失は訓練データセットでの損失よりも少し小さい。ただし、データセットが比較的小さいことを考えると、ランダムノイズが原因の可能性がある。実際には、過剰適合に陥っていない場合、訓練データセットと検証データセットでの性能はほぼ同じになると予想される）。
2. 『The Verdict』が GPT-2 の訓練データセットの一部だった場合。その場合は、検証データセットも訓練に使われたはずなので、モデルが訓練データに過剰適合しているかどうかは判断できない。過剰適合の度合いを評価するには、事前学習に使われていないことが確実な、OpenAI が GPT-2 の訓練を終えた後に生成された新しいデータセットが必要である。

練習問題 5-6

5 章では、わずか 1 億 2,400 万パラメータの最も小さい GPT-2 モデルを試してみました。その理由は、必要なリソースを最小限に抑えることにありました。ただし、コードをほんの少し変更するだけで、より大きなモデルを簡単に試してみることができます。たとえば、1 億 2,400 万パラメータのモデルの代わりに、15億5,800万パラメータのモデルの重みを読み込む場合、変更しなければならないコードは次の2行だけです。

```
hparams, params = download_and_load_gpt2(model_size="124M",
                                          models_dir="gpt2")
model_name = "gpt2-small (124M)"
```

変更後のコードは次のとおりです。

```
hparams, params = download_and_load_gpt2(model_size="1558M",
                                          models_dir="gpt2")
model_name = "gpt2-xl (1558M)"
```

6章

練習問題6-1

データセットを初期化するときにトークンの最大長を `max_length=1024` に設定すると、モデルがサポートしている最大トークン数まで入力をパディングできます。

```
train_dataset = SpamDataset(..., max_length=1024, ...)
val_dataset = SpamDataset(..., max_length=1024, ...)
test_dataset = SpamDataset(..., max_length=1024, ...)
```

しかし、パディングを追加した結果、テストの正解率は78.33%（6章では95.67%）と大幅に悪化しました。

練習問題6-2

コードから次の行を削除すると、最後のTransformerブロックだけではなく、モデル全体をファインチューニングできます。

```
for param in model.parameters():
    param.requires_grad = False
```

この変更により、テストデータセットでの正解率は96.67%になりました（6章では95.67%）。

練習問題6-3

コード内の `model(input_batch)[:, -1, :]` をすべて `model(input_batch)[:, 0, :]` に変更すると、最後の出力トークンではなく、最初の出力トークンをファインチューニングできます。

予想していたことですが、最初のトークンの情報量は最後のトークンよりも少ないため、この変更によってテストデータセットでの正解率は大幅に低下し、75.00%となりました（6章では95.67%）。

7章

練習問題 7-1

図 7-4 に示した Phi-3 プロンプトスタイルのフォーマットは、サンプル入力では次のように定義されていました。

```
<|user|>
Identify the correct spelling of the following word: 'Ocassion'

<|assistant|>
The correct spelling is 'Occasion'.
```

このテンプレートを使うには、`format_input()` 関数を次のように変更します。

```
def format_input(entry):
    instruction_text = (
        f"<|user|>\n{entry['instruction']}"
    )
    input_text = f"\n{entry['input']}" if entry["input"] else ""
    return instruction_text + input_text
```

次に、`<|assistant|>` プロンプトテンプレートを使うために `InstructionDataset` クラスも更新します。

```
class InstructionDataset(Dataset):
    def __init__(self, data, tokenizer):
        self.data = data
        self.encoded_texts = []
        for entry in data:
            instruction_plus_input = format_input(entry)
            response_text = f"\n<|assistant|>:\n{entry['output']}"

            full_text = instruction_plus_input + response_text
            self.encoded_texts.append(
                tokenizer.encode(full_text)
            )

    def __getitem__(self, index):
        return self.encoded_texts[index]

    def __len__(self):
        return len(self.data)
```

最後に、テストデータセットの応答を収集するときに、生成された応答を抽出する方法も更新しなければなりません。

C

```
for i, entry in tqdm(enumerate(test_data), total=len(test_data)):
    input_text = format_input(entry)
    tokenizer=tokenizer
    token_ids = generate(
        model=model,
        idx=text_to_token_ids(input_text, tokenizer).to(device),
        max_new_tokens=256,
        context_size=BASE_CONFIG["context_length"],
        eos_id=50256
    )
    generated_text = token_ids_to_text(token_ids, tokenizer)
    response_text = (
        generated_text[len(input_text):]  ←── ###Responseを<|assistant|>に調整
        .replace("<|assistant|>:", "")
        .strip()
    )
    test_data[i]["model_response"] = response_text
```

Phi-3 プロンプトスタイルテンプレートを使ってモデルをファインチューニングすると、モデルの入力が短くなるため、17% ほど高速になります。スコアはほぼ 50 であり、Alpaca プロンプトスタイルで達成したスコアと同程度です。

練習問題 7-2

図 7-13 に示したように指示をマスクするには、`InstructionDataset` クラスと `custom_collate_fn()` 関数を少し修正する必要があります。`InstructionDataset` クラスを修正することで、指示の長さを収集して、collate 関数の実装においてターゲットの指示の内容の位置を特定するために利用できるようになります。

```
class InstructionDataset(Dataset):
    def __init__(self, data, tokenizer):
        self.data = data
        self.instruction_lengths = []  ←── 指示の長さに対する別のリスト
        self.encoded_texts = []

        for entry in data:
            instruction_plus_input = format_input(entry)
            response_text = f"\n\n### Response:\n{entry['output']}"
            full_text = instruction_plus_input + response_text

            self.encoded_texts.append(
                tokenizer.encode(full_text)
            )
            instruction_length = (
                len(tokenizer.encode(instruction_plus_input))      指示の長さを収集
            )
            self.instruction_lengths.append(instruction_length)  ←┘

    def __getitem__(self, index):  ←── 指示の長さとテキストを別々に返す
        return self.instruction_lengths[index], self.encoded_texts[index]
```

```
    def __len__(self):
        return len(self.data)
```

次に、custom_collate_fn()関数を書き換えます。InstructionDatasetクラスを変更した結果、バッチ（batch）にはそれぞれitemだけではなく(instruction_length, item)というタプルが含まれるようになりました。さらに、ターゲットIDリストの対応する指示トークンをマスクします。

```
def custom_collate_fn(batch, pad_token_id=50256, ignore_index=-100,
                      allowed_max_length=None, device="cpu"):
    batch_max_length = max(len(item)+1 for instruction_length, item in batch)
    inputs_lst, targets_lst = [], []

    for instruction_length, item in batch:
        new_item = item.copy()
        new_item += [pad_token_id]
        padded = (
            new_item + [pad_token_id] * (batch_max_length - len(new_item))
        )
        inputs = torch.tensor(padded[:-1])
        targets = torch.tensor(padded[1:])
        mask = targets == pad_token_id
        indices = torch.nonzero(mask).squeeze()
        if indices.numel() > 1:
            targets[indices[1:]] = ignore_index

        targets[:instruction_length-1] = -100

        if allowed_max_length is not None:
            inputs = inputs[:allowed_max_length]
            targets = targets[:allowed_max_length]

        inputs_lst.append(inputs)
        targets_lst.append(targets)

    inputs_tensor = torch.stack(inputs_lst).to(device)
    targets_tensor = torch.stack(targets_lst).to(device)
    return inputs_tensor, targets_tensor
```

バッチはタプルになった

targetsの入力と指示のトークンをすべてマスク

この指示マスク手法を使ってファインチューニングされたモデルを評価すると、性能が少し低下します（7章のOllama Llama 3モデルで約4ポイント）。このことは、論文『Instruction Tuning With Loss Over Instruction』[5]の所見と一致します。

練習問題 7-3

スタンフォード大学のAlpacaデータセット[6]でモデルをファインチューニングする場合は、データセットファイルのURLを、

[5] https://arxiv.org/abs/2405.14394

[6] https://github.com/tatsu-lab/stanford_alpaca

```
url = (
    "https://raw.githubusercontent.com/rasbt/LLMs-from-scratch/"
    "main/ch07/01_main-chapter-code/instruction-data.json"
)
```

次のように変更すればよいだけです。

```
url = (
    "https://raw.githubusercontent.com/tatsu-lab/stanford_alpaca/main/"
    "alpaca_data.json"
)
```

このデータセットには、52,000個のエントリが含まれています。これらのエントリは数にして7章の`instruction-data.json`の約50倍であり、`instruction-data.json`のエントリよりも長いものがほとんどであることに注意してください。

このため、訓練はGPUで実行することを強くお勧めします。

メモリ不足エラーが発生した場合は、`batch_size`を8から4、2、場合によっては1に減らすことを検討してください。場合によっては、`allowed_max_length`を1,024から512または256に減らすことも検討してください。

次に示すのは、Alpacaデータセットのサンプルとモデルが生成した応答の一部です。

```
[
  {
    "instruction": "Edit the following sentence to increase readability: \"He
made a huge effort and was so successful.\"",
    "input": "",
    "output": "He exerted a tremendous effort, and thus enjoyed great
success.",
    "model_response": "He put in an immense effort and was rewarded with
success."
  },
  {
    "instruction": "How can we build a more efficient GPT model?",
    "input": "",
    "output": "We can build a more efficient GPT model by optimizing the
architecture of the model, using smaller model sizes and training with fewer
parameters. We can also leverage techniques such as knowledge distillation,
transfer learning, dynamic sparsity and hybrid computing to further improve
the efficiency of the model.",
    "model_response": "Building a more efficient GPT model requires careful
planning and optimization. First, it is important to identify the target
language and the context in which the model is used. Then, it is important to
select the appropriate model architecture, such as backpropagation,
hyperparameters, and hyperparameters. Finally, it is important to select the
appropriate model weights and optimizers, such as backpropagation,
hyperparameters, and hyperparameters."
    },
]
```

練習問題 7-4

LoRA を使ってモデルのファインチューニングを実行するには、付録 E の関連するクラスと関数を使います。

```
from appendix_E import LoRALayer, LinearWithLoRA, replace_linear_with_lora
```

次に、7.5 節のモデル読み込みコードの下に次のコードを追加します。

```
total_params = sum(p.numel() for p in model.parameters() if p.requires_grad)
print(f"Total trainable parameters before: {total_params:,}")

for param in model.parameters():
    param.requires_grad = False

total_params = sum(p.numel() for p in model.parameters() if p.requires_grad)
print(f"Total trainable parameters after: {total_params:,}")
replace_linear_with_lora(model, rank=16, alpha=16)

total_params = sum(p.numel() for p in model.parameters() if p.requires_grad)
print(f"Total trainable LoRA parameters: {total_params:,}")
model.to(device)
```

NVIDIA L4 GPU では、LoRA を使ったファインチューニングに 80 秒ほどかかることに注意してください。元のコードの実行には、同じ GPU で 110 秒ほどかかります。したがって、この場合は LoRA のほうが 28% ほど高速です。7 章の Ollama Llama 3 で評価したスコアは約 50 で、オリジナルモデルと同程度です。

付録 A

練習問題 A-3

このネットワークは、2 つの入力と 2 つの出力で構成されています。さらに、それぞれ 30 ノードと 20 ノードの隠れ層もあります。プログラム的には、パラメータの数を次のように計算できます。

```
model = NeuralNetwork(2, 2)
num_params = sum(p.numel() for p in model.parameters() if p.requires_grad)
print("Total number of trainable model parameters:", num_params)
```

これにより、752 が返されます。

また、この計算を手動で行うこともできます。

- **1 つ目の隠れ層**：入力ユニット 2 ×隠れユニット 30 + バイアスユニット 30
- **2 つ目の隠れ層**：入力ユニット 30 ×隠れユニット 20 + バイアスユニット 20

- **出力層**：入力ユニット 20 ×出力ノード 2 + バイアスユニット 2

各層のすべてのパラメータを足すと、2 × 30 + 30 + 30 × 20 + 20 + 20 × 2 + 2 = 752 となります。

練習問題 A-4

正確な実行結果は、この実験に使ったハードウェアによって異なります。V100 GPU に接続された Google Colab インスタンスを使った実験では、次のような小さな行列の乗算でも大幅な高速化が確認できました。

```
a = torch.rand(100, 200)
b = torch.rand(200, 300)
%timeit a@b
```

CPU で実行した結果は次のとおりです。

```
63.8 µs ± 8.7 µs per loop
```

GPU で実行した場合、

```
a, b = a.to("cuda"), b.to("cuda")
%timeit a @ b
```

結果は次のとおりです。

```
13.8 µs ± 425 ns per loop
```

この場合、V100 では計算が 4 倍ほど高速になりました。

訓練ループに高度なテクニックを追加する

本付録では、5 章から 7 章で取り上げた事前学習プロセスとファインチューニングプロセスのための訓練関数を強化します。まずは、**学習率ウォームアップ**、**コサイン減衰**、**勾配クリッピング**を取り上げます。続いて、これらのテクニックを訓練関数に組み込み、LLM の事前学習を実行します。

コードを自己完結化するために、5 章で訓練したモデルを再び初期化します。

```
import torch
from previous_chapters import GPTModel

GPT_CONFIG_124M = {
    "vocab_size": 50257,      ← 語彙のサイズ
    "context_length": 256,    ← コンテキストの長さ（元の長さは1,024）
    "emb_dim": 768,           ← 埋め込み次元
    "n_heads": 12,            ← Attentionヘッドの数
    "n_layers": 12,           ← 層の数
    "drop_rate": 0.1,         ← ドロップアウト率
    "qkv_bias": False         ← クエリ、キー、値の計算にバイアスを使うかどうか
}

device = torch.device("cuda" if torch.cuda.is_available() else "cpu")

torch.manual_seed(123)
model = GPTModel(GPT_CONFIG_124M)
model.to(device)
model.eval()
```

モデルを初期化した後は、データローダーを初期化する必要があります。まず、短編小説『The Verdict』を読み込みます。

```
import os
import urllib.request

file_path = "the-verdict.txt"
url = (
    "https://raw.githubusercontent.com/rasbt/LLMs-from-scratch/"
    "main/ch02/01_main-chapter-code/the-verdict.txt"
)

if not os.path.exists(file_path):
    with urllib.request.urlopen(url) as response:
        text_data = response.read().decode('utf-8')
    with open(file_path, "w", encoding="utf-8") as file:
        file.write(text_data)
else:
    with open(file_path, "r", encoding="utf-8") as file:
        text_data = file.read()
```

次に、text_data をデータローダーに読み込みます。

```
from previous_chapters import create_dataloader_v1

train_ratio = 0.90
split_idx = int(train_ratio * len(text_data))

torch.manual_seed(123)

train_loader = create_dataloader_v1(
    text_data[:split_idx],
    batch_size=2,
    max_length=GPT_CONFIG_124M["context_length"],
    stride=GPT_CONFIG_124M["context_length"],
    drop_last=True,
    shuffle=True,
    num_workers=0
)

val_loader = create_dataloader_v1(
    text_data[split_idx:],
    batch_size=2,
    max_length=GPT_CONFIG_124M["context_length"],
    stride=GPT_CONFIG_124M["context_length"],
    drop_last=False,
    shuffle=False,
    num_workers=0
)
```

D.1 学習率ウォームアップ

学習率ウォームアップ（learning rate warmup）を実装すると、LLM のような複雑なモデルの訓練を安定させることができます。このプロセスでは、学習率の初期値（`initial_lr`）をかなり低く設定し、そこからユーザー指定の最大値（`peak_lr`）まで徐々に引き上げていきます。より小さな重みで訓練を開始すると、訓練段階で安定性を損なうような大きな更新にモデルが遭遇するリスクを減らすことができます。

LLM の 15 エポックの訓練を計算しているとしましょう。この訓練では、学習率の初期値を `0.0001` に設定し、そこから最大値である `0.01` まで引き上げます。

```
n_epochs = 15
initial_lr = 0.0001
peak_lr = 0.01
```

ウォームアップのステップ数は、通常は全ステップ数の 0.1～20% の間で設定します。このステップ数は次のように計算できます。

```
total_steps = len(train_loader) * n_epochs
warmup_steps = int(0.2 * total_steps)
print(warmup_steps)
```

20%のウォームアップ（`warmup_steps = int(0.2 * total_steps)` の行）

出力は `27` です。つまり、最初の 27 回の訓練ステップで学習率を初期値の `0.0001` から `0.01` に引き上げるには、20 回のウォームアップステップが必要です。

次に、このウォームアップアプロセスを具体的に示すために、簡単な訓練ループテンプレートを実装します。

```
optimizer = torch.optim.AdamW(model.parameters(), weight_decay=0.1)

lr_increment = (peak_lr - initial_lr) / warmup_steps

global_step = -1
track_lrs = []

for epoch in range(n_epochs):
    for input_batch, target_batch in train_loader:
        optimizer.zero_grad()
        global_step += 1

        if global_step < warmup_steps:
            lr = initial_lr + global_step * lr_increment
        else:
            lr = peak_lr

        for param_group in optimizer.param_groups:
            param_group["lr"] = lr

        track_lrs.append(optimizer.param_groups[0]["lr"])
```

- `lr_increment` の行：このインクリメントは20回のウォームアップステップごとにinital_lrをどれくらい増やすかによって決まる
- `for epoch in range(n_epochs):` の行：一般的な訓練ループを実行し、各エポックで訓練ローダーのバッチを反復処理
- `if global_step < warmup_steps:` の行：まだウォームアップ段階であれば、学習率を更新
- `for param_group in optimizer.param_groups:` の行：計算した学習率をオプティマイザに適用
- `track_lrs.append(...)` の行：完全な訓練ループでは、損失と重みの更新を計算するが、ここでは省略

このコードを実行した後、訓練ループによって学習率がどのように変化したのかを可視化して、学習率のウォームアップが意図したとおりに機能していることを確認します。

```
import matplotlib.pyplot as plt

plt.figure(figsize=(5, 3))
plt.ylabel("Learning rate")
plt.xlabel("Step")
total_training_steps = len(train_loader) * n_epochs
plt.plot(range(total_training_steps), track_lrs)
plt.tight_layout()
plt.show()
```

結果のプロットは、学習率が低い値から始まり、最大値に達するまでに 20 ステップにわたって上昇していることを示しています（図 D-1）。

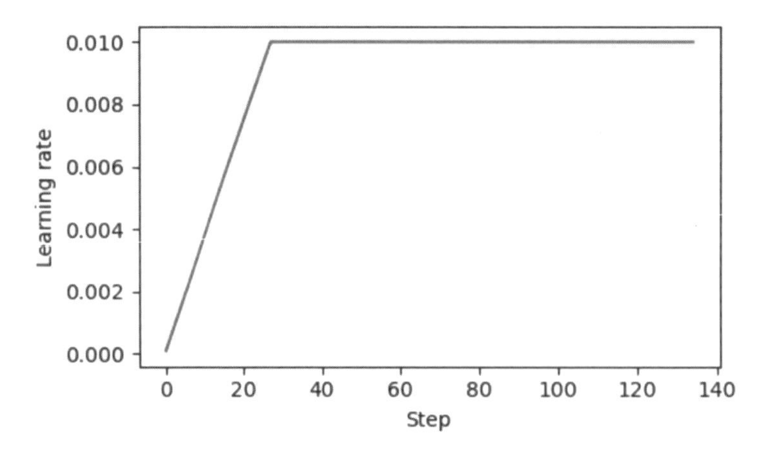

図 D-1：学習率ウォームアップは最初の 20 回の訓練ステップにわたって学習率を増加させる。20 ステップの後、学習率はピーク値である 0.01 に達し、残りの訓練ステップでは一定となる

次節では、学習率が最大値に達した後は低下するように調整します。このようにすると、モデルの訓練をさらに改良するのに役立ちます。

D.2 コサイン減衰

複雑なディープニューラルネットワークや LLM の訓練に広く使われているもう 1 つのテクニックは**コサイン減衰**（cosine decay）です。このテクニックは、訓練エポックを通じて学習率を調整し、ウォームアップ後は学習率をコサイン曲線に従わせます。

よく使われるコサイン減衰の一種に、学習率をほぼゼロまで減衰させ、コサイン曲線の半周期分の軌跡を模倣させるものがあります。コサイン減衰における学習率の逓減は、モデルが重みを更新するペースを減速させることを目的としています。コサイン減衰が特に重要なのは、訓練中に損失の極小値をオーバーシュートするリスクを最小限に抑えるのに役立つからです。訓練のこの後の段階で安定性を確保するには、このことが不可欠です。

訓練ループのテンプレートを変更し、コサイン減衰を追加してみましょう。

```
import math

min_lr = 0.1 * initial_lr
track_lrs = []
lr_increment = (peak_lr - initial_lr) / warmup_steps
global_step = -1

for epoch in range(n_epochs):
    for input_batch, target_batch in train_loader:
        optimizer.zero_grad()
        global_step += 1

        if global_step < warmup_steps:  ◀——— 線形ウォームアップを適用
            lr = initial_lr + global_step * lr_increment
        else:  ◀——— ウォームアップ後にコサイン減衰を適用
            progress = (
                (global_step - warmup_steps) /
                (total_training_steps - warmup_steps)
            )
            lr = (
                min_lr + (peak_lr - min_lr) * 0.5 *
                (1 + math.cos(math.pi * progress))
            )

        for param_group in optimizer.param_groups:
            param_group["lr"] = lr

        track_lrs.append(optimizer.param_groups[0]["lr"])
```

ここでも、学習率が意図したとおりに変化していることを確認するために、学習率をプロットします。

```
plt.figure(figsize=(5, 3))
plt.ylabel("Learning rate")
plt.xlabel("Step")
plt.plot(range(total_training_steps), track_lrs)
plt.tight_layout()
plt.show()
```

結果のプロットは、学習率が線形のウォームアップフェーズから始まり、20ステップ後に最大値に達するまで上昇していることを示しています。20ステップの線形ウォームアップの後はコサイン減衰が始まり、学習率は極小値になるまでゆっくりと低下しています（図D-2）。

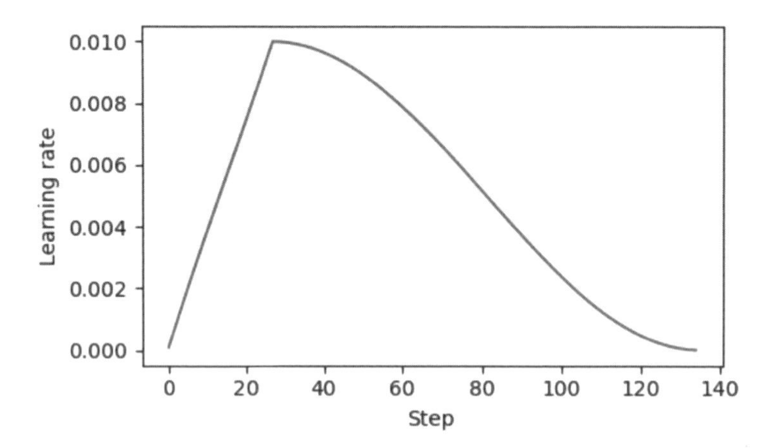

図 D-2：最初の 20 ステップの線形学習率ウォームアップの後、コサイン減衰が始まり、訓練終了時に極小値に達するまで学習率はコサイン曲線の半周期で減衰する

D.3 勾配クリッピング

勾配クリッピング（gradient clipping）は、LLM の学習時の安定性を向上させるもう 1 つの重要なテクニックです。このテクニックでは、閾値を設定し、この閾値を超えた勾配は既定の最大値までダウンスケールされます。このようにすると、逆伝播中のモデルのパラメータの更新量が適切な範囲に確実に収まるようになります。

たとえば、PyTorch の `clip_grad_norm_()` 関数の呼び出し時に `max_norm=1.0` を指定すると、勾配のノルムが 1.0 を超えなくなります。ここで「ノルム」とは、勾配ベクトルの長さ（大きさ）の尺度のことであり、具体的には、ユークリッドノルムとも呼ばれる L2 ノルムを指します。

数学的に説明すると、成分 $\boldsymbol{v} = [v_1, v_2, ..., v_n]$ からなるベクトル v の L2 ノルムは次のようになります。

$$\|\boldsymbol{v}\|_2 = \sqrt{v_1^2 + v_2^2 + \cdots + v_n^2}$$

この計算方法は行列にも適用できます。たとえば、次のような勾配行列があるとしましょう。

$$\boldsymbol{G} = \begin{bmatrix} 1 & 2 \\ 3 & 4 \end{bmatrix}$$

これらの勾配を `max_norm=1.0` でクリップしたい場合、まず、これらの勾配の L2 ノルムを計算します。

$$||\boldsymbol{G}||_2 = \sqrt{1^2 + 2^2 + 2^2 + 4^2} = \sqrt{25} = 5$$

$||\boldsymbol{G}||_2 = 5$ は max_norm=1.0 の閾値を超えているため、L2 ノルムがちょうど 1 になるように勾配をスケールダウンします。このスケールダウンは、max_norm / $||\boldsymbol{G}||_2 = 1/5$ として計算されるスケーリング係数によって実現されます。結果として、調整後の勾配行列 $\boldsymbol{G}'$ は次のようになります。

$$\boldsymbol{G}' = \frac{1}{5} \times \boldsymbol{G} = \begin{bmatrix} \frac{1}{5} & \frac{2}{5} \\ \frac{2}{5} & \frac{4}{5} \end{bmatrix}$$

この勾配クリッピングプロセスを具体的に示すために、新しいモデルを初期化し、標準的な訓練ループの手順と同じように訓練バッチの損失を計算します。

```
from previous_chapters import calc_loss_batch

torch.manual_seed(123)
model = GPTModel(GPT_CONFIG_124M)
model.to(device)
loss = calc_loss_batch(input_batch, target_batch, model, device)
loss.backward()
```

backward() メソッドを呼び出すと、PyTorch が損失の勾配を計算し、各モデルの重み（パラメータ）テンソルの grad 属性に格納します。

この点を明確にするために、find_highest_gradient() というユーティリティ関数を定義します。この関数は、backward() が呼び出された後、モデルの重みテンソルの grad 属性をすべてスキャンし、最も大きい勾配値を特定します。

```
def find_highest_gradient(model):
    max_grad = None
    for param in model.parameters():
        if param.grad is not None:
            grad_values = param.grad.data.flatten()
            max_grad_param = grad_values.max()
            if max_grad is None or max_grad_param > max_grad:
                max_grad = max_grad_param
    return max_grad


print(find_highest_gradient(model))
```

このコードによって特定された最も大きい勾配値は次のとおりです。

```
tensor(0.0411)
```

では、勾配クリッピングを適用して、最も大きい勾配値にどのような影響を与えるのか見てみましょう。

```
torch.nn.utils.clip_grad_norm_(model.parameters(), max_norm=1.0)
print(find_highest_gradient(model))
```

`max_norm=1.0` の勾配クリッピングを適用した後、最も大きい勾配値は勾配クリッピングを適用する前よりも大幅に小さくなっています。

```
tensor(0.0185)
```

D.4 修正後の訓練関数

最後に、5章の訓練関数 `train_model_simple()` を改良するために、ここで紹介した3つの概念（線形ウォームアップ、コサイン減衰、勾配クリッピング）を追加します。これらの手法を組み合わせれば、LLMの学習を安定させるのに役立ちます。

`train_model_simple()` に対する変更点を注釈として追加したコードは次のとおりです。

```
from previous_chapters import evaluate_model, generate_and_print_sample

def train_model(model, train_loader, val_loader, optimizer, device,
                n_epochs, eval_freq, eval_iter, start_context, tokenizer,
                warmup_steps, initial_lr=3e-05, min_lr=1e-6):

    train_losses, val_losses, track_tokens_seen, track_lrs = [], [], [], []
    tokens_seen, global_step = 0, -1
    peak_lr = optimizer.param_groups[0]["lr"]  ← オプティマイザから学習率の初期値を取得し、ピーク学習率として使用
    total_training_steps = len(train_loader) * n_epochs  ← 訓練プロセスのイテレーションの総数を計算
    lr_increment = (peak_lr - initial_lr) / warmup_steps  ← ウォームアップフェーズの学習率の増分量を計算

    for epoch in range(n_epochs):
        model.train()
        for input_batch, target_batch in train_loader:
            optimizer.zero_grad()
            global_step += 1

            if global_step < warmup_steps:  ← 現在のフェーズ（ウォームアップまたはコサイン減衰）に基づいて学習率を調整
                lr = initial_lr + global_step * lr_increment
            else:
                progress = (
                    (global_step - warmup_steps) /
                    (total_training_steps - warmup_steps)
                )
                lr = (
                    min_lr + (peak_lr - min_lr) * 0.5 *
                    (1 + math.cos(math.pi * progress))
                )
```

```
            for param_group in optimizer.param_groups:
                param_group["lr"] = lr
                                        計算した学習率をオプティマイザに適用

            track_lrs.append(lr)
            loss = calc_loss_batch(input_batch, target_batch, model, device)
            loss.backward()
                                        ウォームアップフェーズ後に勾配クリッピングを
                                        適用して勾配爆発を回避
            if global_step > warmup_steps:
                torch.nn.utils.clip_grad_norm_(
                    model.parameters(), max_norm=1.0
                )

            optimizer.step()        これ以下の部分は5章のtrain_model_simple関数と同じ
            tokens_seen += input_batch.numel()

            if global_step % eval_freq == 0:
                train_loss, val_loss = evaluate_model(
                    model, train_loader, val_loader,
                    device, eval_iter
                )
                train_losses.append(train_loss)
                val_losses.append(val_loss)
                track_tokens_seen.append(tokens_seen)
                print(f"Ep {epoch+1} (Iter {global_step:06d}): "
                      f"Train loss {train_loss:.3f}, "
                      f"Val loss {val_loss:.3f}")

        generate_and_print_sample(
            model, tokenizer, device, start_context
        )

    return train_losses, val_losses, track_tokens_seen, track_lrs
```

train_model()関数を定義した後は、事前学習で使ったtrain_model_simple()関数と同じようにモデルの訓練に使うことができます。

```
import tiktoken

torch.manual_seed(123)
model = GPTModel(GPT_CONFIG_124M)
model.to(device)
peak_lr = 5e-4
optimizer = torch.optim.AdamW(model.parameters(), weight_decay=0.1)
tokenizer = tiktoken.get_encoding("gpt2")

n_epochs = 15
train_losses, val_losses, tokens_seen, lrs = train_model(
    model, train_loader, val_loader, optimizer, device, n_epochs=n_epochs,
    eval_freq=5, eval_iter=1, start_context="Every effort moves you",
    tokenizer=tokenizer, warmup_steps=warmup_steps,
    initial_lr=1e-5, min_lr=1e-5
)
```

D

MacBook Air または同じクラスのラップトップでは、訓練は 5 分ほどで完了します。出力は次のようになります。

```
Ep 1 (Iter 000000): Train loss 10.934, Val loss 10.939
Ep 1 (Iter 000005): Train loss 9.151, Val loss 9.461
Every effort moves you,,,,,,,,,,,,,,,,,,,,,,,,,,,,,,,,,,,,,,,,,,,,,,,,,,
Ep 2 (Iter 000010): Train loss 7.949, Val loss 8.184
Ep 2 (Iter 000015): Train loss 6.362, Val loss 6.876
Every effort moves you,,,,,,,,,,,,,,,,,,, the,,,,,,,,, the,,,,,,,,,,,
the,,,,,,,,
......
Ep 15 (Iter 000130): Train loss 0.041, Val loss 6.915
Every effort moves you?" "Yes--quite insensible to the irony. She wanted him
vindicated--and by me!" He laughed again, and threw back his head to look up
at the sketch of the donkey. "There were days when I
```

事前訓練のときと同様に、このデータセットは非常に小さいため、モデルが数エポック後に過剰適合に陥るという状況が何度か繰り返されます。それにもかかわらず、訓練データセットの損失が最小化されることから、この関数はうまく機能しているようです。

ぜひもっと大きなテキストデータセットでモデルを訓練し、この新しい訓練関数で得られた結果を、`train_model_simple()` で得られた結果と比較してみてください。

LoRA によるパラメータ効率のよいファインチューニング

LoRA（Low-Rank Adaptation）は、**パラメータ効率のよいファインチューニング**に広く使われているテクニックの 1 つです。以下の説明は、6 章で示したスパム分類のファインチューニングの例に基づいています。ただし、LoRA によるファインチューニングは、7 章で説明した**教師ありインストラクションチューニング**にも適用できます。

E.1 速習：LoRA

LoRA は、事前学習済みのモデルを特定の（多くの場合は）より小さなデータセットに適合させるために、モデルの重みパラメータのほんの一部だけを調整するというテクニックです。名前の「Low-Rank」部分は、モデルの調整を重みパラメータ空間全体の小さい次元の部分空間に限定するという数学的概念を表しています。これにより、訓練中に重みパラメータの最も影響力のある変化の方向をうまく捉えることができます。LoRA が効果的で、人気を集めている理由は、タスク固有のデータで大規模なモデルを効率的にファインチューニングできるため、計算コストや計算リソースを本来よりも大幅に削減できる点にあります。

大規模な重み行列 W が特定の層に関連付けられているとしましょう。LoRA は LLM のすべての線形層に適用できますが、ここでは具体的な例として 1 つの層に注目します。

ディープニューラルネットワークを訓練するときには、逆伝播中に $\mathbf{\Delta W}$ 行列を学習します。この行列には、訓練中に損失関数を最小化するには元の重みパラメータをどの程度更新すべきかに関する情報が含まれています。ここからは、モデルの重みパラメータを単に「重み」と呼ぶことにします。

通常の訓練とファインチューニングでは、重みの更新は次のように定義されます。

$$W_{updated} = W + \Delta W$$

HuらによってLoRA[1]は、重み更新行列 $\boldsymbol{\Delta}\mathbf{W}$ を直接計算するのではなく、その近似を学習することで、この計算をより効率的に行う手段を提供します。

$$\Delta W \approx AB$$

ここで、A と B は W よりもはるかに小さい2つの行列であり、AB は A と B の行列積を表しています。

LoRAを使うと、ここで定義した重みの更新式を次のように再定義できます。

$$W_{updated} = W + AB$$

図E-1は、通常のファインチューニングとLoRAの重みの更新式を並べたものです。

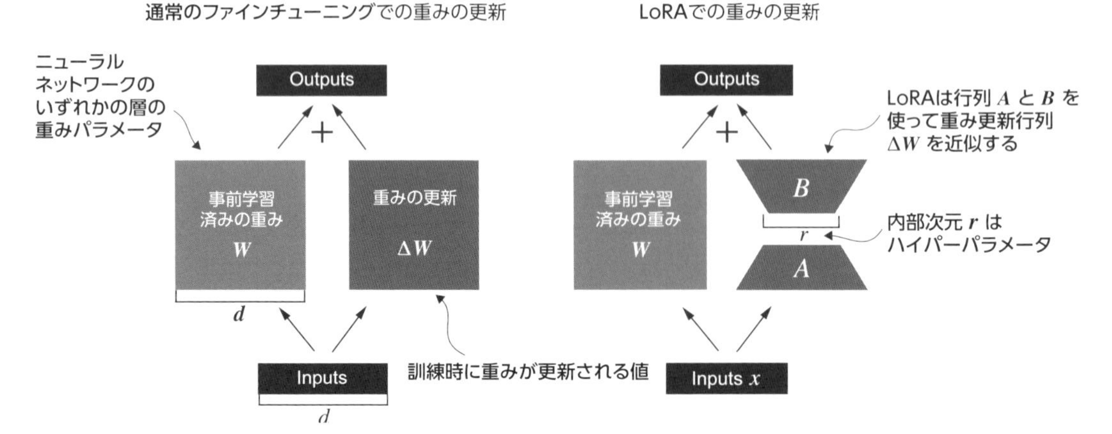

図E-1：通常のファインチューニングとLoRAによる重みの更新方法の比較。通常のファインチューニングでは、事前学習された重み行列 W を直接 $\boldsymbol{\Delta}W$ で更新する（左図）。LoRAは、2つの小さな行列 A と B を使って $\boldsymbol{\Delta}W$ を近似する。この場合、積 AB は W に加算される。r は調整可能なハイパーパラメータであり、内部次元を表す（右図）

注意深い読者は気付いているかもしれませんが、図E-1の通常のファインチューニングとLoRAの視覚的表現は、先に示した数式とは少し異なっています。この違いは行列積の分配法則によるもので、元の重みと更新された重みを一体化して1つの行列として扱うのではなく、分離して別々に扱うことができます。たとえば、x を入力データとする通常のファインチューニングの場

[1] https://arxiv.org/abs/2106.09685

合は、この計算を次のように表現できます。

$$x(W + \Delta W) = xW + x\Delta W$$

同様に、LoRA についても次のように記述できます。

$$x(W + AB) = xW + xAB$$

実践では、LoRA はさらに効果的です。訓練中に更新する重みの数が減るだけではなく、LoRA の重み行列を元のモデルの重みから切り離しておくこともできるからです。つまり、事前学習されたモデルの重みは変更せずにそのまま保持し、訓練後にモデルを使うときに、LoRA の重み行列を動的に適用することができます。

LoRA の重み行列を切り離しておくことが実践において非常に便利なのは、LLM の完全なバージョンをいくつも格納しておかなくても、モデルのカスタマイズが可能になるからです。LLM を特定の顧客やアプリケーション向けにカスタマイズする際には、LoRA の小さな行列を調整するだけでよいため、ストレージ要件が削減され、スケーラビリティが向上します。

次節では、6 章のファインチューニングの例と同様に、LoRA を使って LLM をスパム分類用にファインチューニングする方法を見てみましょう。

E.2 データセットを準備する

LoRA をスパム分類の例に適用する前に、データセットと事前学習済みのモデルを読み込まなければなりません。リスト E-1 のコードは、6 章でデータを準備するために使ったコードと同じです（このコードを再び入力する代わりに、6 章のノートブックを開いて、E.4 節の LoRA コードを挿入することもできます）。

まず、データセットをダウンロードして、CSV ファイルとして保存します。

リスト E-1：データセットのダウンロードと準備

```
from pathlib import Path
import pandas as pd
from previous_chapters import (
    download_and_unzip_spam_data,
    create_balanced_dataset,
    random_split
)

url = "https://archive.ics.uci.edu/static/public/228/sms+spam+collection.zip"
zip_path = "sms_spam_collection.zip"
extracted_path = "sms_spam_collection"
data_file_path = Path(extracted_path) / "SMSSpamCollection.tsv"

download_and_unzip_spam_data(url, zip_path, extracted_path, data_file_path)
df = pd.read_csv(
```

E

```
    data_file_path, sep="¥t", header=None, names=["Label", "Text"]
)
balanced_df = create_balanced_dataset(df)
balanced_df["Label"] = balanced_df["Label"].map({"ham": 0, "spam": 1})

train_df, validation_df, test_df = random_split(balanced_df, 0.7, 0.1)
train_df.to_csv("train.csv", index=None)
validation_df.to_csv("validation.csv", index=None)
test_df.to_csv("test.csv", index=None)
```

次に、SpamDatasetインスタンスを作成します（リストE-2）。

リストE-2：PyTorchデータセットをインスタンス化する

```
import torch
from torch.utils.data import Dataset
import tiktoken
from previous_chapters import SpamDataset

tokenizer = tiktoken.get_encoding("gpt2")
train_dataset = SpamDataset(
    "train.csv", max_length=None, tokenizer=tokenizer
)
val_dataset = SpamDataset(
    "validation.csv",
    max_length=train_dataset.max_length, tokenizer=tokenizer
)
test_dataset = SpamDataset(
    "test.csv", max_length=train_dataset.max_length, tokenizer=tokenizer
)
```

PyTorchのデータセットオブジェクトを作成した後、データローダーをインスタンス化します（リストE-3）。

リストE-3：PyTorchデータローダーを作成する

```
from torch.utils.data import DataLoader

num_workers = 0
batch_size = 8

torch.manual_seed(123)

train_loader = DataLoader(
    dataset=train_dataset,
    batch_size=batch_size,
    shuffle=True,
    num_workers=num_workers,
    drop_last=True
)
val_loader = DataLoader(
```

```
    dataset=val_dataset,
    batch_size=batch_size,
    num_workers=num_workers,
    drop_last=False
)
test_loader = DataLoader(
    dataset=test_dataset,
    batch_size=batch_size,
    num_workers=num_workers,
    drop_last=False
)
```

検証ステップとしてデータローダーを繰り返し呼び出し、各バッチに訓練サンプルが 8 つ含まれていて、各訓練サンプルが 120 個のトークンで構成されていることを確認します。

```
print("Train loader:")
for input_batch, target_batch in train_loader:
    pass

print("Input batch dimensions:", input_batch.shape)
print("Label batch dimensions", target_batch.shape)
```

出力は次のとおりです。

```
Train loader:
Input batch dimensions: torch.Size([8, 120])
Label batch dimensions torch.Size([8])
```

最後に、各データセットのバッチの総数を出力します。

```
print(f"{len(train_loader)} training batches")
print(f"{len(val_loader)} validation batches")
print(f"{len(test_loader)} test batches")
```

この場合、各データセットのバッチの総数は次のとおりです。

```
130 training batches
19 validation batches
38 test batches
```

E.3 モデルを初期化する

6 章のコードを使って、事前学習済みの GPT モデルを読み込んで準備します。まず、モデルの重みをダウンロードして `GPTModel` クラスに読み込みます（リスト E-4）。

リスト E-4：事前学習済みの GPT モデルを読み込む

```
from gpt_download import download_and_load_gpt2
from previous_chapters import GPTModel, load_weights_into_gpt

CHOOSE_MODEL = "gpt2-small (124M)"
INPUT_PROMPT = "Every effort moves"

BASE_CONFIG = {
    "vocab_size": 50257,      ← 語彙のサイズ
    "context_length": 1024,   ← コンテキストの長さ
    "drop_rate": 0.0,         ← ドロップアウト率
    "qkv_bias": True          ← クエリ、キー、値の計算にバイアスを使うかどうか
}

model_configs = {
    "gpt2-small (124M)": {"emb_dim": 768, "n_layers": 12, "n_heads": 12},
    "gpt2-medium (355M)": {"emb_dim": 1024, "n_layers": 24, "n_heads": 16},
    "gpt2-large (774M)": {"emb_dim": 1280, "n_layers": 36, "n_heads": 20},
    "gpt2-xl (1558M)": {"emb_dim": 1600, "n_layers": 48, "n_heads": 25},
}

BASE_CONFIG.update(model_configs[CHOOSE_MODEL])

model_size = CHOOSE_MODEL.split(" ")[-1].lstrip("(").rstrip(")")
settings, params = download_and_load_gpt2(
    model_size=model_size, models_dir="gpt2"
)

model = GPTModel(BASE_CONFIG)
load_weights_into_gpt(model, params)
model.eval()
```

モデルが正しく読み込まれたことの確認として、念のために一貫性のあるテキストが生成されることをチェックしてみましょう。

```
from previous_chapters import (
    generate_text_simple,
    text_to_token_ids,
    token_ids_to_text
)

text_1 = "Every effort moves you"
token_ids = generate_text_simple(
    model=model,
    idx=text_to_token_ids(text_1, tokenizer),
```

```
    max_new_tokens=15,
    context_size=BASE_CONFIG["context_length"]
)

print(token_ids_to_text(token_ids, tokenizer))
```

次の出力は、このモデルが一貫性のあるテキストを生成していることを示しています。このことは、モデルの重みが正しく読み込まれていることの目安となります。

```
Every effort moves you forward.

The first step is to understand the importance of your work
```

次に、6章と同様に、分類チューニングに向けたモデルの準備として、出力層を次のように置き換えます。

```
torch.manual_seed(123)
num_classes = 2
model.out_head = torch.nn.Linear(in_features=768, out_features=num_classes)

device = torch.device("cuda" if torch.cuda.is_available() else "cpu")
model.to(device)
```

最後に、ファインチューニングを実行する前のモデルの分類正解率を計算します（予想では50%程度になるでしょう。つまり、このモデルはスパムメッセージと非スパムメッセージをまだ正確には区別できません）。

```
from previous_chapters import calc_accuracy_loader

torch.manual_seed(123)

train_accuracy = calc_accuracy_loader(
    train_loader, model, device, num_batches=10
)
val_accuracy = calc_accuracy_loader(
    val_loader, model, device, num_batches=10
)
test_accuracy = calc_accuracy_loader(
    test_loader, model, device, num_batches=10
)

print(f"Training accuracy: {train_accuracy*100:.2f}%")
print(f"Validation accuracy: {val_accuracy*100:.2f}%")
print(f"Test accuracy: {test_accuracy*100:.2f}%")
```

最初の予測正解率は次のとおりです。

```
Training accuracy: 46.25%
Validation accuracy: 45.00%
Test accuracy: 48.75%
```

E.4 LoRAによるパラメータ効率のよいファインチューニング

次に、LoRAを使ってLLMの修正とファインチューニングを行います。まず、行列A、Bを作成するLoRA層を初期化します。この層は、スケーリング係数`alpha`と`rank`(r)も設定します。図E-2に示すように、この層では、入力を受け取って対応する出力を計算できます。

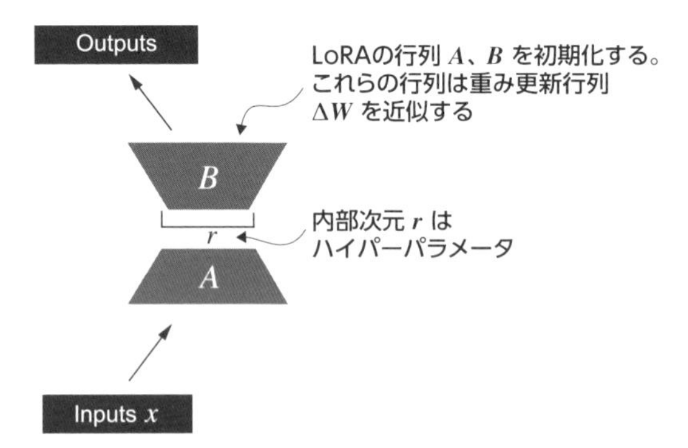
Outputs
LoRAの行列A、Bを初期化する。
これらの行列は重み更新行列
ΔWを近似する
B
r
A
内部次元rは
ハイパーパラメータ
Inputs x

図E-2：LoRAの行列A、Bを層の入力に適用し、モデルの出力を計算する。これらの行列の内部次元rは、AとBのサイズを変化させることで、訓練可能なパラメータの数を調整する設定として機能する

このLoRA層はリストE-5のように実装できます。

リストE-5：LoRA層を実装する

```
import math
                                    PyTorchのLinear層で使われる初期化と同じ
class LoRALayer(torch.nn.Module):
    def __init__(self, in_dim, out_dim, rank, alpha):
        super().__init__()
        self.A = torch.nn.Parameter(torch.empty(in_dim, rank))
        torch.nn.init.kaiming_uniform_(self.A, a=math.sqrt(5))
        self.B = torch.nn.Parameter(torch.zeros(rank, out_dim))
        self.alpha = alpha

    def forward(self, x):
        x = self.alpha * (x @ self.A @ self.B)
        return x
```

`rank`は行列A、Bの内部次元を制御します。要するに、LoRAによって導入される余分なパラメータの数を決定することで、モデルの適応性と、パラメータの数に基づくモデルの効率性とのバランスを維持します。

もう 1 つの重要な設定である `alpha` は、LoRA 層からの出力のスケーリング係数として機能します。この係数は主に、適応された層の出力が元の層の出力に与える影響の度合いを決定します。つまり、LoRA が元の層の出力に与える影響を調整する手段と見なすことができます。リスト E-5 で実装した `LoRALayer` クラスにより、層の入力を変換することが可能になります。

LoRA の一般的な目標は、既存の `Linear` 層を置き換えることで、重みの更新を事前学習済みの重みに直接適用できるようにすることです（図 E-3）。

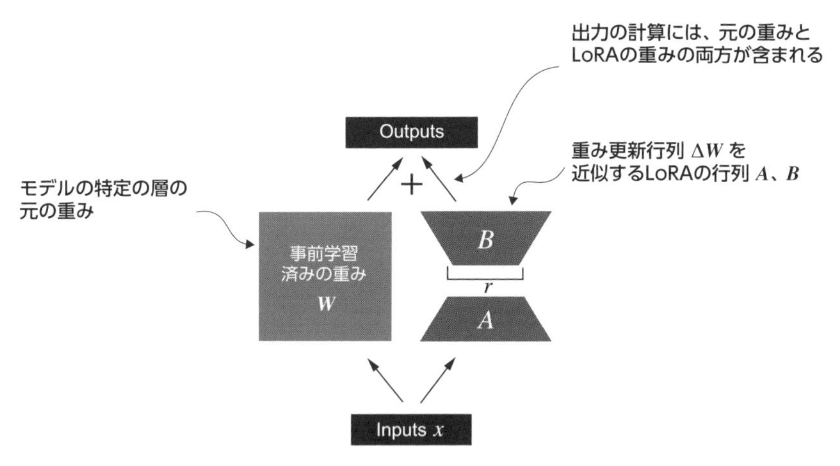

図 E-3：LoRA とモデルの層の統合。層の元の事前学習済みの重み W が、重み更新行列 ΔW を近似する LoRA の行列 A、B の出力と組み合わされる。最終的な出力は（LoRA の重みを使って）適応された層の出力を元の出力に足すことによって計算される

元の `Linear` 層の重みを統合するために、今度は `LinearWithLoRA` 層を作成します（リスト E-6）。この層は、リスト E-5 で実装した `LoRALayer` を活用し、ニューラルネットワーク内の既存の `Linear` 層（`GPTModel` の Self-Attention モジュールやフィードフォワードモジュールなど）を置き換えます。

リスト E-6：Linear 層を LinearWithLora 層に置き換える

```
class LinearWithLoRA(torch.nn.Module):
    def __init__(self, linear, rank, alpha):
        super().__init__()
        self.linear = linear
        self.lora = LoRALayer(
            linear.in_features, linear.out_features, rank, alpha
        )

    def forward(self, x):
        return self.linear(x) + self.lora(x)
```

リストE-6のコードは、標準のLinear層とLoRALayer層を組み合わせたものです。forward()メソッドは、元のLinear層とLoRALayer層の結果を加算することで、出力を計算します。

重み行列B（LoRALayerではself.B）はゼロ値で初期化されるため、行列A、Bの積はゼロ行列になります。ゼロを足しても重みは変化しないため、元の重みを変化させることはありません。

次に、以前に定義したGPTModelクラスにLoRAを適用するために、replace_linear_with_lora()関数を導入します。この関数は、このモデルに存在するすべてのLinear層を、新たに作成したLinearWithLoRA層に置き換えます。

```
def replace_linear_with_lora(model, rank, alpha):
    for name, module in model.named_children():
        if isinstance(module, torch.nn.Linear):    ← Linear層をLinearWithLoRA層に置き換える
            setattr(model, name, LinearWithLoRA(module, rank, alpha))
        else:    ← 同じ関数を子モジュールに再帰的に適用
            replace_linear_with_lora(module, rank, alpha)
```

これで、GPTModelのLinear層を新たに作成したLinearWithLoRA層に置き換えて、パラメータ効率のよいファインチューニングを行うために必要なコードがすべて揃いました。次に、GPTModelのMulti-head Attention、フィードフォワードモジュール、出力層に含まれているLinear層をすべてLinearWithLoRA層にアップグレードします（図E-4）。

Linear層をLinearWithLoRA層にアップグレードする前に、元のモデルのパラメータを凍結します。

```
total_params = sum(p.numel() for p in model.parameters() if p.requires_grad)
print(f"Total trainable parameters before: {total_params:,}")

for param in model.parameters():
    param.requires_grad = False

total_params = sum(p.numel() for p in model.parameters() if p.requires_grad)
print(f"Total trainable parameters after: {total_params:,}")
```

1億2,400万個のモデルパラメータがすべて訓練不可能になったことがわかります。

```
Total trainable parameters before: 124,441,346
Total trainable parameters after: 0
```

次に、replace_linear_with_lora()を使ってLinear層を置き換えます。

```
replace_linear_with_lora(model, rank=16, alpha=16)
total_params = sum(p.numel() for p in model.parameters() if p.requires_grad)
print(f"Total trainable LoRA parameters: {total_params:,}")
```

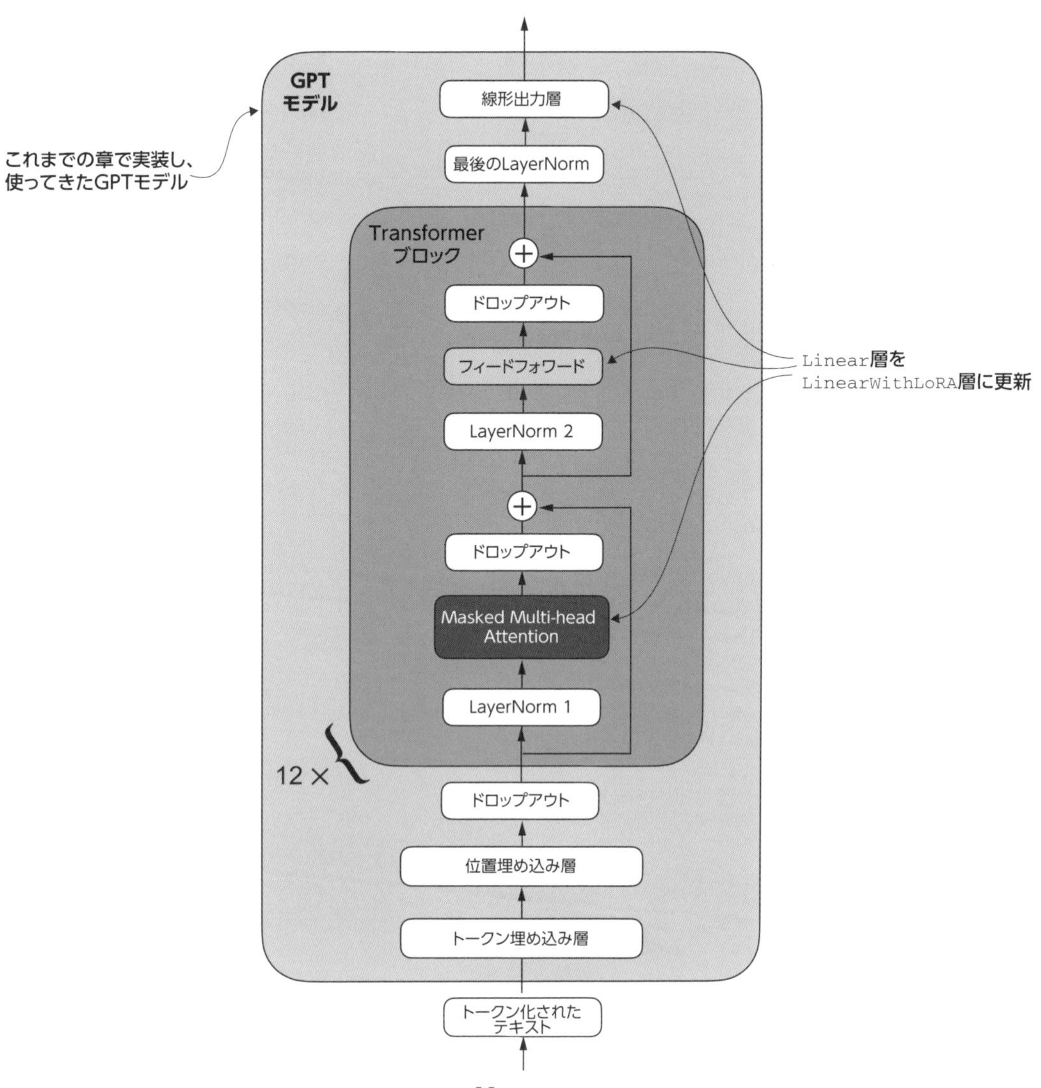

図 E-4：GPT モデルのアーキテクチャ。パラメータ効率のよいファインチューニングを行うために Linear 層を LinearWithLoRA 層にアップグレードする部分が示されている

LoRA 層を追加した後、訓練可能なパラメータの数は次のようになります。

```
Total trainable LoRA parameters: 2,666,528
```

LoRA を適用した結果、訓練可能なパラメータの数が約 50 分の 1 に減少したことがわかります。`rank` と `alpha` の妥当なデフォルト値は 16 ですが、`rank` の値を増やすのも一般的であり、その場合は訓練可能なパラメータの数が増加します。`alpha` については、通常は `rank` の半分、

2 倍、または同じ値に設定します。

モデルアーキテクチャを出力して、これらの層が意図したとおりに変更されたことを確認してみましょう。

```
device = torch.device("cuda" if torch.cuda.is_available() else "cpu")
model.to(device)
print(model)
```

出力は次のとおりです。

```
GPTModel(
  (tok_emb): Embedding(50257, 768)
  (pos_emb): Embedding(1024, 768)
  (drop_emb): Dropout(p=0.0, inplace=False)
  (trf_blocks): Sequential(
    ......
    (11): TransformerBlock(
      (att): MultiHeadAttention(
        (W_query): LinearWithLoRA(
          (linear): Linear(in_features=768, out_features=768, bias=True)
          (lora): LoRALayer()
        )
        (W_key): LinearWithLoRA(
          (linear): Linear(in_features=768, out_features=768, bias=True)
          (lora): LoRALayer()
        )
        (W_value): LinearWithLoRA(
          (linear): Linear(in_features=768, out_features=768, bias=True)
          (lora): LoRALayer()
        )
        (out_proj): LinearWithLoRA(
          (linear): Linear(in_features=768, out_features=768, bias=True)
          (lora): LoRALayer()
        )
        (dropout): Dropout(p=0.0, inplace=False)
      )
      (ff): FeedForward(
        (layers): Sequential(
          (0): LinearWithLoRA(
            (linear): Linear(in_features=768, out_features=3072, bias=True)
            (lora): LoRALayer()
          )
          (1): GELU()
          (2): LinearWithLoRA(
            (linear): Linear(in_features=3072, out_features=768, bias=True)
            (lora): LoRALayer()
          )
        )
      )
      (norm1): LayerNorm()
      (norm2): LayerNorm()
      (drop_resid): Dropout(p=0.0, inplace=False)
```

```
      )
    )
    (final_norm): LayerNorm()
    (out_head): LinearWithLoRA(
      (linear): Linear(in_features=768, out_features=2, bias=True)
      (lora): LoRALayer()
    )
  )
```

このモデルには、新しい LinearWithLoRA 層が含まれています。LinearWithLoRA 層は、訓練不可能に設定された元の Linear 層と、ファインチューニングの対象となる新しい LoRALayer 層で構成されています。

モデルのファインチューニングを開始する前に、最初の分類正解率を計算してみましょう。

```
torch.manual_seed(123)

train_accuracy = calc_accuracy_loader(
    train_loader, model, device, num_batches=10
)
val_accuracy = calc_accuracy_loader(
    val_loader, model, device, num_batches=10
)
test_accuracy = calc_accuracy_loader(
    test_loader, model, device, num_batches=10
)

print(f"Training accuracy: {train_accuracy*100:.2f}%")
print(f"Validation accuracy: {val_accuracy*100:.2f}%")
print(f"Test accuracy: {test_accuracy*100:.2f}%")
```

結果は次のとおりです。

```
Training accuracy: 46.25%
Validation accuracy: 45.00%
Test accuracy: 48.75%
```

これらの正解率は 6 章と同じです。この結果になったのは、LoRA 行列 B をゼロで初期化したためです。その結果、行列積 AB はゼロ行列になります。ゼロを足しても重みは変化しないため、行列積によって元の重みが変化しないことが保証されます。

次はいよいよ 6 章の訓練関数を使ったモデルのファインチューニングに進みます。この訓練には、M3 MacBook Air ラップトップでは 15 分ほどかかりますが、V100 または A100 GPU では 30 秒もかかりません（リスト E-7）。

リスト E-7：LoRA 層を使ったモデルのファインチューニング

```
import time
from previous_chapters import train_classifier_simple

start_time = time.time()
torch.manual_seed(123)
optimizer = torch.optim.AdamW(model.parameters(), lr=5e-5, weight_decay=0.1)

num_epochs = 5
train_losses, val_losses, train_accs, val_accs, examples_seen = \
train_classifier_simple(
    model, train_loader, val_loader, optimizer, device,
    num_epochs=num_epochs, eval_freq=50, eval_iter=5
)

end_time = time.time()
execution_time_minutes = (end_time - start_time) / 60
print(f"Training completed in {execution_time_minutes:.2f} minutes.")
```

訓練中の出力は次のようになります。

```
Ep 1 (Step 000000): Train loss 3.820, Val loss 3.462
Ep 1 (Step 000050): Train loss 0.396, Val loss 0.364
Ep 1 (Step 000100): Train loss 0.111, Val loss 0.229
Training accuracy: 97.50% | Validation accuracy: 95.00%
Ep 2 (Step 000150): Train loss 0.135, Val loss 0.073
Ep 2 (Step 000200): Train loss 0.008, Val loss 0.052
Ep 2 (Step 000250): Train loss 0.021, Val loss 0.179
Training accuracy: 97.50% | Validation accuracy: 97.50%
Ep 3 (Step 000300): Train loss 0.096, Val loss 0.080
Ep 3 (Step 000350): Train loss 0.010, Val loss 0.116
Training accuracy: 97.50% | Validation accuracy: 95.00%
Ep 4 (Step 000400): Train loss 0.003, Val loss 0.151
Ep 4 (Step 000450): Train loss 0.008, Val loss 0.077
Ep 4 (Step 000500): Train loss 0.001, Val loss 0.147
Training accuracy: 100.00% | Validation accuracy: 97.50%
Ep 5 (Step 000550): Train loss 0.007, Val loss 0.094
Ep 5 (Step 000600): Train loss 0.000, Val loss 0.056
Training accuracy: 100.00% | Validation accuracy: 97.50%
Training completed in 12.10 minutes.
```

LoRA を使ったモデルの訓練には、LoRA を使わないモデルの訓練（6 章を参照）よりも時間がかかりましたが、これは LoRA 層によってフォワードパスの間に追加の計算が導入されるためです。しかし、逆伝播のコストがもっと高くなるような大規模なモデルでは、通常は LoRA を使ったほうがモデルの訓練が高速になります。

このモデルの訓練正解率は 100% であり、検証正解率も非常に高いことがわかります。訓練が収束したかどうかを確認するために、損失曲線をプロットしてみましょう。

```
from previous_chapters import plot_values

epochs_tensor = torch.linspace(0, num_epochs, len(train_losses))
examples_seen_tensor = torch.linspace(0, examples_seen, len(train_losses))
plot_values(
    epochs_tensor, examples_seen_tensor,
    train_losses, val_losses, label="loss"
)
```

結果は図E-5のようになります。

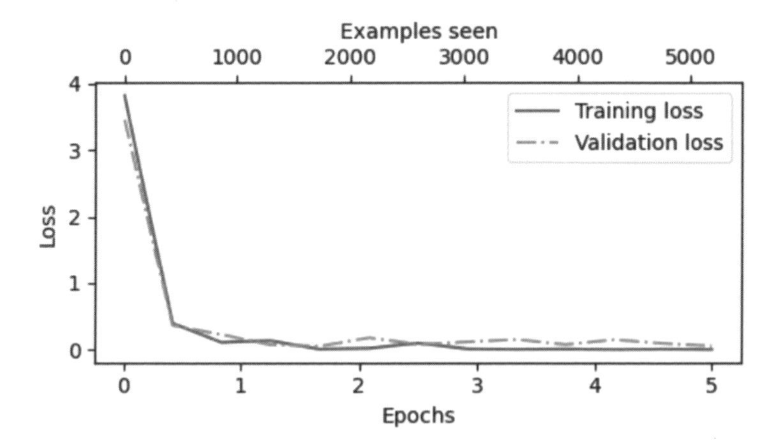

図E-5：機械学習モデルの6エポックの訓練と検証の損失曲線。最初は訓練損失も検証損失も急激に減少し、その後は横ばいになっており、モデルが収束しつつあることを示している。このことは、これ以上訓練しても顕著な改善は期待できないことを意味する

損失曲線に基づくモデルの評価に加えて、訓練データセット、検証データセット、テストデータセット全体の正解率も計算してみましょう（訓練では、`eval_iter=5`設定を使って、訓練データセットと検証データセットの正解率を5バッチのデータで概算しました）。

```
train_accuracy = calc_accuracy_loader(train_loader, model, device)
val_accuracy = calc_accuracy_loader(val_loader, model, device)
test_accuracy = calc_accuracy_loader(test_loader, model, device)

print(f"Training accuracy: {train_accuracy*100:.2f}%")
print(f"Validation accuracy: {val_accuracy*100:.2f}%")
print(f"Test accuracy: {test_accuracy*100:.2f}%")
```

結果は次のとおりです。

```
Training accuracy: 100.00%
Validation accuracy: 96.64%
Test accuracy: 98.00%
```

これらの結果は、このモデルが訓練データセット、検証データセット、テストデータセットで非常に高い性能を達成していることを示しています。訓練正解率は 100% であり、このモデルは訓練データを完全に学習しています。一方で、検証正解率（96.64%）とテスト正解率（97.33%）が少し低いことは、モデルが過剰適合気味であることを示唆します。訓練データセットと比較すると、このモデルは未知のデータにあまりうまく汎化していません。全体的には、比較的少数のモデルの重み（元の 1 億 2,400 万個の重みではなく、わずか 270 万個の LoRA の重み）だけをファインチューニングしたことを考えれば、この結果は非常に印象的です。

索引

数字・記号

A

B

C

T

に

の

は

ひ

ふ

へ

●著者紹介

Sebastian Raschka, PhD(セバスチャン・ラシュカ)

機械学習と AI に 10 年以上にわたって取り組んでいる。Sebastian は研究者であると同時に、教育にも強い情熱を傾けている。Sebastian は Python による機械学習に関するベストセラー書籍やオープンソースへの貢献で知られている。
Sebastian は Lightning AI のスタッフリサーチエンジニアであり、LLM の実装と訓練に重点的に取り組んでいる。産業界に転身する前は、ウィスコンシン州立大学マディソン校の統計学の助教授を務めており、ディープラーニングの研究に精力的に取り組んでいた。
Sebastian の詳細については、https://sebastianraschka.com を参照。
著書に『Python 機械学習プログラミング PyTorch & scikit-learn 編』（インプレス刊）等がある。

●訳者紹介

株式会社クイープ

コンピュータシステムの開発、ローカライズ、コンサルティングを手がけている。主な訳書に『Python による時系列予測』『Python によるディープラーニング』（マイナビ出版）、『Python ライブラリによる因果推論・因果探索［概念と実践］』『Python 機械学習プログラミング PyTorch & scikit-learn 編』（インプレス）、『Python クイックリファレンス　第 4 版』（オライリー・ジャパン）、『犯罪捜査技術を活用したソフトウェア開発手法』（秀和システム）、『爆速 Python』『なっとく！ 並行処理プログラミング』（翔泳社）、『実践バイナリ解析』（ドワンゴ）等がある。
http://www.quipu.co.jp

●監訳者紹介

巣籠 悠輔(すごもり ゆうすけ)

株式会社 MIRA 代表取締役、日本ディープラーニング協会有識者会員。医療 AI ベンチャーを創業・CTO を務め、同社売却後は生成 AI 活用や DX 等の技術支援を大手企業・ベンチャー問わず行う。2018 年に Forbes 30 Under 30 Asia 2018 に選出。
著書に『詳解ディープラーニング』、監訳書に『Python によるディープラーニング』（マイナビ出版刊）等がある。

カバーデザイン：海江田 暁（Dada House）
制作：株式会社クイープ
編集担当：山口正樹

つくりながら学ぶ(マナ)！
LLM(エルエルエム) 自作入門(ジサクニュウモン)

2025年2月25日　初版第1刷発行
2025年7月 8日　　　第5刷発行

著　者………Sebastian Raschka
訳　者………株式会社クイープ
監　訳………巣籠悠輔
発行者………角竹輝紀
発行所………株式会社 マイナビ出版
〒101-0003 東京都千代田区一ツ橋2-6-3 一ツ橋ビル2F
TEL：0480-38-6872（注文専用ダイヤル）
03-3556-2731（販売部）
03-3556-2736（編集部）
E-mail：pc-books@mynavi.jp
URL：https://book.mynavi.jp
印刷・製本……株式会社 ルナテック

ISBN 978-4-8399-8780-0
Printed in Japan.